머리말

현대 통계학의 주류는 추리통계학이다. 모집단의 규모가 작으면 전수조사를 하지만 규모가 큰 경우가 일반적이기 때문에 비용이나 시간관계상 모집단을 대표할 수 있는 일부의 표본을 추출하여 여기서 얻는 표본통계량에 입각하여 우리가 얻고자 하는 모집단의 모수를 추정하는 것이다.

이 개정판을 쓰는 동안 제20대 국회의원 선거가 한창 진행되었다. 신문이나 언론매체를 통해서 매일 수많은 여론조사기관에서 각 후보에 대해서 또는 각 정당에 대해서 유권자들의 표본지지율을 발표하여 유권자들을 혼란스럽게 만들었다. 이 좁은 나라에 여론조사업체는 왜 이렇게 많은지, 선거때만 되면 우후죽순처럼 나타나 한탕 챙기려는 이들 업체들을 규제할 수는 없는지 한심스럽다.

표본조사에서 핵심은 모집단을 대표할 수 있는 표본의 추출이다. 전화번호부 하나만 가지고 덤벼드니 맞을리가 있는가. A후보가 이 기관에서는 앞서지만 저 기관에서는 B후보가 앞서지 않나, 선거결과를 보면 예측과 동떨어진 결과가 나오니 유권자들은 도무지 여론조사라는 것을 믿을 수 없게 되었다. 여론조사 자체를 불신한다는 것은 통계학을 학문으로 여길 수 없다는 것을 의미한다. 참으로 불행한 일이 아닐 수 없다. 정부당국도 무자격 여론조사 업체를 철저히 규제하고 여론조사 업체도 책임있는 조사와 발표를 해야 할 것이다.

통계학은 학생들이 공부할 때 기피하려는 과목 중의 하나다. 수많은 공식을 유도할 줄 알아야 하고 이를 현실문제에 응용할 줄 알아야 하기 때문이다. 따라서 학생들이 좀 더 재미를 느낄 수 있도록 강의를 해야 함과 동시에 저자 또한 이 점을 고려하면서 저술해야 할 줄 안다. 좀 더 재미를 느끼고 싫증을 느끼지 않도록 많은 노력을 기울였다. 이해하기 쉽도록 간명하면서 조리있게 체계적으로 서술함으로써 의심스럽거나 질문할 여지를 주지 않도록 하였다.

공식이나 이론의 설명이 있은 후에는 바로 예제를 제시하고 이의 풀이과정을 체계적으로 보여줌과 동시에 Excel을 사용하는 과정을 설명하였다. 각 장의 연습문제로서 20

여 개의 문제를 제시하고 풀이과정과 Excel에 의한 해답을 제공함으로써 학생들로 하여금 독학할 수 있도록 하였다. 아무쪼록 이 개정판이 통계학을 공부하는 학생들의 학습능력을 향상시키는 데 기여를 하기를 바란다.

독자들은 「도서출판 오래」의 홈페이지에서 「본문의 예제 · 예제와 해답 · 연습문제」의 Excel활용 문제풀이와 「연습문제」의 손사용 문제풀이를 받아 사용하기 바라고 강사님들께는 이들 외에 파워포인트를 이용하여 만든 강의안을 CD에 담았으니 오래출판사에 연락하면 돕도록 하겠다.

끝으로 그동안 이 개정판이 순조롭게 햇빛을 볼 수 있도록 아낌없는 성원과 협조를 해 주신 오래출판사의 황인욱 사장님께 감사의 말씀을 드리고 편집노력을 성실하게 수행해 주신 편집위원들께 심심한 감사의 뜻을 전하고자 한다.

2016. 6.23

강금식 · 정우석

문제풀이 download 받는 방법

① www.orebook.com에 접속한다.
② 「자료실」을 클릭한다.
③ 「알기쉬운 통계학」을 클릭한다.
④ 「손 사용 문제풀이」 또는 「Excel활용 문제풀이」를 download 받는다.

차 례

제3장　기술통계학 Ⅱ: 수치적 방법

제**4**장 확률이론

제**5**장 이산확률분포

제6장 연속확률분포

제9장 가설검정: 한 모집단

제13장 χ^2 검정과 비모수통계학

제 1 장

통계학의 기초

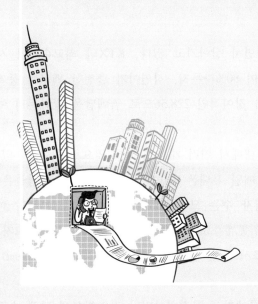

오늘날 우리는 불확실성의 사회에 살고 있다. 그 속에서 변화는 빨리 진행한다. 이러한 변화에 대응하기 위해서는 자료와 정보가 필요하다. 미래에 발생할 상황이 무엇이며, 그의 결과는 무엇인지를 잘 모르는 환경에서 효과적인 예측과 의사결정을 하기 위해서는 필요한 자료와 정보를 수집하고 정리하고 표현하는 기법을 습득할 필요가 있다. 특히 오늘날 정보 통신기술의 발달로 컴퓨터에 모든 자료가 축적됨에 따라 빠르고 효율적인 분석이 가능해지면서 통계학의 중요성과 필요성이 더욱 강조되고 있는 것이다.

통계학은 불확실한 환경에서 발생하는 자연현상이나 사회현상을 과학적으로 예측하고 분석하여 합리적 의사결정을 할 수 있도록 돕는 도구요 기법이다. 따라서 통계학은 공학, 의학, 농학, 화학, 물리학, 기상학, 경제학, 경영학, 사회학, 심리학, 교육학, 행정학, 법학, 정치학 등의 학문을 공부하기 위한 기초과목으로 이수할 필요가 있다. 이는 나아가 정부, 산업체, 병원, 교육, 교통, 스포츠, 군사 등 여러 기관과 부문에서 폭넓게 응용되고 있다.

본장에서는 통계학의 개념, 통계학의 분류, 통계학을 배워야 하는 이유, 모집단과 표본 등 통계학에 관한 기초를 공부하게 될 것이다.

1   통계학의 개념

우리는 매일 수치와 접하면서 살아가고 있다. KTX의 최고속도가 시속 350km라든지, 오늘 비올 확률이 80%라든지, 김연아가 출전한 밴쿠버 동계올림픽에서 피겨스케이팅 기록이 경이적인 228.56으로 금메달을 땄다든지 예는 수없이 들 수 있다.

그런데 우리는 한 문제에 대해서 여러 개의 수치를 필요로 할 때가 있다. 예를 들면 '201A년 1년 동안 매일 휴대폰 010에 신규로 가입한 사람들은 얼마인가?'이다. 이 예에서 가입자 수는 모두 365개의 수치로 구성된다. 이와 같은 여러 개의 수치의 집합을 통계자료라고 한다. 통계자료란 분석하고자 하는 모집단 또는 표본에 대해 조사 또는 실험을 통해 얻는 자료세트(data set) 또는 이의 요약된 형태를 말한다.

그런데 본서에서 취급할 통계학은 사회현상이나 자연현상에 관해 수집한 수치정보를 단순히 정리하고 요약하며 그래프나 표로 표현하는 것 이상의 넓은 의미를 갖는다.

통계학(statistics)이란 불확실한 상황에서 효과적이고 합리적인 의사결정을 하는 데 도움이 되는 정보를 얻기 위하여 일상생활에 관련된 또는 기업경영과 관련된 자료를 측정하거나 수집한 후 이를 정리하고, 요약하고, 표현하고, 나아가서 분석하고, 해석하여 의사결정을 하는 데 도움이 되도록 하는 이론과 방법을 연구하는 학문이다.

기업을 운영하는 관리자들은 기업환경의 특성에 관한 많은 수치들을 필요로 한다. 예를 들면 이자율, 성장률, 통화량, 실업률, 코스피지수 등의 움직임을 주시할 필요가 있고 또는 제품수요를 예측하기 위하여 시장조사를 행할 수 있다.

이러한 방대한 양의 자료를 정보로 전환하기 위하여 정리하고 표와 그래프로 표현하는 도구와 분석기법이 필요하고 이에 따라 합리적 의사결정을 내릴 수 있어야 한다. 따라서 통계학은 기술통계학과 추리통계학을 포함한다.

2 통계학의 분류

통계학은 자료분석의 목적에 따라 기술통계학과 추리통계학으로 분류할 수 있다. 우리는 어떤 문제에 대해 방대한 자료를 수집하였을 때 그 자체만으로는 정보로서 이용할 수 없다. 따라서 이러한 자료는 정리·표현·요약·분석함으로써 모집단의 특성(characteristics)을 규명하고 의사결정에 필요한 정보를 얻을 수 있다. 이때 수집된 자료를 표, 차트, 그래프로 표현하거나 요약특성치(예: 평균, 표준편차)로 요약하면 자료가 주는 특성을 쉽게 규명할 수 있는데 이러한 통계분석 방법과 기법을 기술통계학(descriptive statistics)이라고 한다.

예를 들면 물가지수, 코스피지수, 실업률, 타율, 남녀간 소득비교, 투자수익률 등은 기술통계학을 이용한 결과이다. 기술통계학은 이와 같이 이미 발생한 자료를 요약하는 데에 관심이 있다. 본서의 제2장과 제3장은 기술통계학의 내용이다.

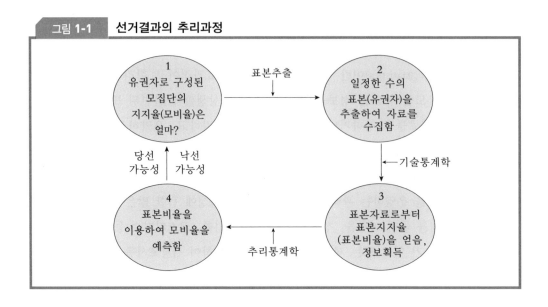

모집단의 규모가 작을 때에는 이들 모두를 기술통계학을 이용하여 측정하면 되지만 규모가 큰 경우에는 시간과 비용상 모두를 측정할 수 없다. 따라서 이러한 경우에는 모집단으로부터 랜덤(random)하게 일부의 대표적인 표본을 추출하여 이들을 측정하게 된다. 여기서의 목적은 표본측정을 기술하는 것 외에 표본의 결과에 의해서 모집단의 특성에 관한 일반적 결론을 도출하거나 의사결정하는 것이다.

추리통계학(inferential statistics) 또는 추측통계학이란 한 모집단에서 추출한 표본에 대해 기술통계학을 이용하여 구한 표본정보에 입각하여 그의 모집단의 어떤 특성에 대해 예측하거나 결론을 추론하는 통계분석 절차와 기법을 말한다. 추리통계학은 통계적 추리(statistical inference)라고도 한다. 이와 같이 추리통계학은 장래에 어떤 일이 발생할 가능성을 계산하는 데에 관심이 있다.

예를 들면 국회의원이나 대통령 선거가 임박하게 되면 전체 유권자를 조사할 수는 없기 때문에 전체를 대표할 수 있는 일부의 유권자를 추출하여 이들에 대해 후보 또는 정당에 대한 지지도를 조사한 후 특정 후보의 당선가능성을 예측하게 된다. 이러한 추리과정은 [그림 1-1]과 같다.

여기서 표본정보와 선거결과는 일치하지 않을 불확실성과 위험을 수반하지만 유권자 모두를 대상으로 조사하는 것은 어려움이 있기 때문에 표본조사에 의해 모집단의 특성을 추측하는 것이 일반적인 관행이다.

이와 같이 모집단의 규모가 큰 것이 일반적이므로 대부분의 실제 연구에서는 표본자료를 사용하게 된다. 따라서 추리통계학의 사용과 중요성이 계속 증가하여 오늘날 통계학의 주류를 이룬다고 할 수 있겠다. 본서의 제4장부터는 추리통계학의 내용이다.

3 불확실한 환경에서의 의사결정

개인뿐만 아니라 기업이나 정부기관에서 행하는 매일매일의 의사결정 (decision making)은 미래의 상황이 어떻게 전개될지 전혀 모르는 불확실한 환경에서 주관적 판단이나 불완전하고 제한된 정보와 지식에 입각하여 이루어진다. 예를 들면 증권이나 채권에 투자하려는 돈 많은 투자자가 금융시장이 앞으로 침체국면에 빠져들지 또는 활황국면을 계속 이어갈지 불확실한 상황에서 의사결정을 해야 하는 것이다. 또 다른 예를 들면 '우리가 대학교 4학년을 졸업하는 해에는 취업시장이 확 열릴 것인가?'에 대해 불확실한 상황에서 지

그림 1-2 의사결정과정

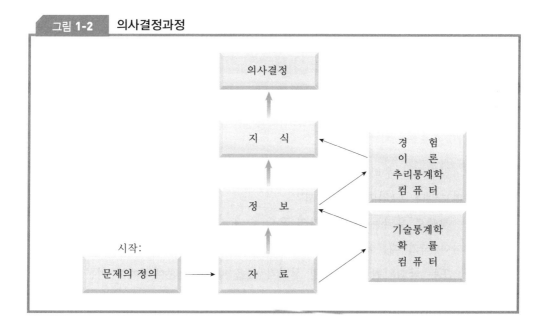

금 공부하고 있는 것이다.

그런데 다행스럽게도 시행착오와 불확실성을 완전히 제거할 수는 없지만 문제를 정의한 후 필요한 자료를 수집하고 정리하고 분석함으로써 좀 더 효과적이고 합리적인 의사결정을 할 수 있는 길이 있는 것이다. 예를 들면 제조업자는 신상품을 시장에 출시하기 전에 그 상품에 대한 수요예측도 하고 시장조사도 하게 된다.

즉 이러한 자료를 분석함으로써 불확실성하에서 예측도 할 수 있고 여러 가지 대안들을 검토하여 타당성 있는 결론이나 객관적인 의사결정을 수행할 수 있게 된다.

해결하고자 하는 문제가 결정되면 필요한 실증자료는 서베이(survey)나 실험을 통하여 수집된다. 이렇게 수집된 자료는 통계적 절차에 따라 요약하거나 도표로 가공하고 분석된다. 이러한 통계분석을 통해서 자료는 정보(information)로 변형이 되고 정보는 다시 특정한 경험, 이론, 통계적 추리절차를 통해 지식(knowledge)으로 변형된다. 지식은 끝으로 효과적 의사결정을 내리는 원천이 된다. 이러한 과정은 [그림 1-2]가 보여 주고 있다. 문제의 정의로부터 의사결정으로의 진행과정에 준비(자료수집을 위한 표본조사방법) → 분석(그래프작성, 자료분석) → 결론(결과가 통계적으로 유의한지 결정)이라는 통계적 사고(statistical thinking)가 적용된다.

4 통계학을 배워야 하는 이유

앞절에서 우리는 수많은 분야에서 통계학을 기초과목으로 이수해야 함을 살펴보았다. 그러면 왜 그럴까?

첫째로 우리는 매일 숫자의 홍수 속에 사는데 이들을 이해하고 이용할 줄 알아야 하기 때문이다. 예를 들면 국민적 관심의 대상이 되는 이슈가 발생할 때, 또는 국회의원 및 대통령 선거가 있을 때 각 언론매체에서 여론조사를 실시하여 발표함으로써 여론의 흐름을 판단할 수 있도록 도와준다. 이런 발표와 동시에 표본크기, 허용오차, 신뢰수준 등을 밝히는데 이러한 용어의 의미는 무엇인가, 표본크기는 적지 않은가, 표본이 어떻게 추출되는가를 이해하기 위해서는 통계학의 개념을 알고 있으면 큰 도움이 된다.

경우에 따라서는 수집된 자료를 차트나 그래프로 표현하는데 이들을 읽고 이해하기 위해서는 통계학의 기초를 배워야 한다.

둘째로 우리의 일상생활에 영향을 미치는 의사결정을 함에 있어서 통계적 기법과 도구를 사용하기 때문이다. 예를 들면 정부는 한강의 수질을 평가하기 위하여 정기적으로 시료(표본: sample)를 채취하여 오염도를 측정한다.

앞절에서 살펴본 바와 같이 오늘날에는 불확실한 상황에서 의사결정을 해야 하기 때문에 이에 필요한 자료와 정보를 분석하고 이용할 수 있어야 한다.

통계학을 배워야 하는 셋째 이유는 통계방법을 알고 있으면 어떤 결론이 어떻게 도출되었으며 이것이 우리에게 어떤 영향을 미칠 것인지를 이해하는 데 도움이 되기 때문이다. 예를 들면 우리는 직장에 출근하거나 학교에 등교할 때 일기예보에 귀를 기울이게 된다. 만일 비가 200mm 이상 내릴 확률이 90%라고 하면 기상대에서 대기의 이동상황과 외국으로부터의 정보에 입각하여 이런 결론을 내린 것으로 믿고 철저한 준비를 갖추고 집을 나서게 된다.

5 모집단과 표본

우리는 자료를 수집할 때 그의 대상을 모집단으로 할 것인가 또는 표본으로 할 것인가를 결정하게 된다.

모집단(population)이란 관심 있는 전체 기본단위(elementary unit)를 대상으로 어떤 특성(변수)에 대해 조사한 가능한 모든 관찰치들의 집합을 말한다.[1]

---

1 기본단위란 예를 들면 사람, 회사, 상품, 주식, 사건처럼 자료를 구성하는 관찰대상(항목)을 말하는데 이에 대해서는 제2장에서 지세히 공부할 것이다.

예를 들면 금년에 Excel 대학교에 입학한 5,000명 학생의 수능점수를 조사 한다면 기본단위는 5,000명 학생의 이름이고 수능점수는 그의 특성인데 이때 모집단은 5,000개의 수능점수로 구성된다. 이와 같이 모집단은 연구자의 관심 있는 특성의 전체 관찰치들로 구성된다. 모집단은 조사의 목적과 내용에 따라 그의 규모와 범위가 달라진다.

통계분석의 목적은 우리가 모르는 모집단의 어떤 특성에 대해 알고자 하 는 것이므로 모집단의 규모가 작은 경우에는 모집단에 대한 전수조사(census) 를 실시함으로써 그 특성에 대한 더 많은 정보를 얻고자 한다. 이때 모집단의 특정 특성을 기술하는 요약특성치를 모수(parameter)라고 한다.

모수에는 일반적으로 모평균(μ), 모분산(σ^2), 모표준편차(σ), 모비율(p) 등의 특성이 포함된다.

모집단의 크기는 연구자가 정하는 연구대상의 범위에 따라 결정되는데 모 집단이 크건 작건 상관없이 모집단을 구성하는 개체(요소)들이 한정되어 있느 냐에 따라 모집단은 유한모집단(finite population)과 무한모집단(infinite population)으로 구분된다. 예컨대 우리 가족 4명의 평균 연령을 구하고 싶다면 4명의 연령은 유한모집단이고 한라산의 등산객 수, 우리나라의 전체 인구, 생 산공정에서 생산되는 제품 수 등은 무한모집단이다. 또한 유한모집단에서 추 출한 표본을 복원하는 복원추출의 경우도 무한모집단이라고 할 수 있다.

모집단은 보통 규모가 크고 무한대인 경우가 많으므로 이를 전수조사하는 데는 막대한 시간과 비용이 소요되고 파괴검사인 경우에는 불가능하기 때문에 모집단의 특성을 가장 잘 반영하는 적당한 크기의 대표적인(representative) 표본 을 추출하여 얻는 자료를 가공한 후 미지의 모수를 추정하는 데 이용한다.

이와 같이 표본(sample)이란 모집단에서 랜덤하게 추출한 일부분의 관찰치 들의 집합(부분집합)을 말한다. 위의 예에서 모집단인 5,000개의 수능점수에서 100명 학생의 표본을 추출한다면 이 100개의 수능점수는 표본자료가 된다.

표본을 추출하면 요약특성치를 계산하고 이를 모수의 값(value) 추정과 모 수에 대한 가설검정(hypothesis test)을 위하여 사용한다. 이러한 표본의 특정 특 성을 기술하는 요약특성치를 통계량(statistic)이라고 한다.

표본의 통계량에는 표본평균($\bar{x}$), 표본분산(s^2), 표본표준편차(s), 표본비율 ($\hat{p}$) 등의 특성이 포함된다.

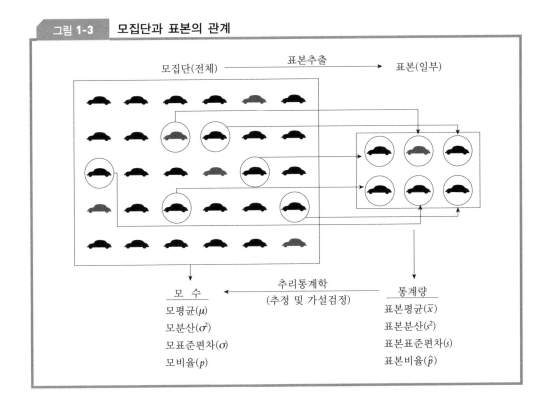

그림 1-3 모집단과 표본의 관계

예를 들면 위의 예에서 100개의 수능점수의 평균은 표본평균이고 그의 값이 500점이라면 이는 5,000개 수능점수의 모수인 모평균이 500점이라고 추정하거나 480점에서 520점 사이일 확률이 얼마일 것이라고 추정할 수 있는 것이다. 여기서 통계량의 구체적인 값은 통계치(statistic)라 하고 모수의 값은 모수치(parameter)라고 한다. 위에서 500점은 통계치이다.

[그림 1-3]은 모집단과 표본 그리고 모수와 통계량과의 관계를 나타내고 있다.

연/습/문/제

1. 통계학이란 어떤 학문인가?

2. 의사결정은 일반적으로 불확실한 환경에서 이루어지는가?

3. 통계학을 배워야 하는 이유는 무엇인가?

4. 기술통계학과 추리통계학을 비교 설명하라.

5. 추리통계학이 오늘날 통계학의 주류를 이루는 이유는 무엇인가?

6. 전수조사 대신에 표본조사를 실시하는 이유는 무엇인가?

7. 모집단과 표본을 비교 설명하라.

8. 모수와 통계량을 비교 설명하라.

9. 다음 그룹은 표본인가? 또는 모집단인가?
   ① Excel 대학교 경영학과 1학년의 경영학원론 수강학생들
   ② 지난달 경부 고속도로에서 속도위반 티켓을 받은 운전자들
   ③ 서울특별시 시민 중 복지혜택을 받는 사람들
   ④ 어느 날 코스피 시장에서 값이 하락한 주식들
   ⑤ 어느 날 창경원을 찾은 구경꾼들의 연령
   ⑥ 연금소득이 월 400만 원 이상인 사람들

10. 컴퓨터 마우스의 제조업자는 생산량의 0.1% 미만이 불량품이라고 주장한다. 많은 생산량 가운데 1,000개의 마우스를 추출하여 조사하여 보니 그 가운데 0.03%가 불량품이었다.

　① 모집단은 무엇인가?

　② 표본은 얼마인가?

　③ 모수는 무엇인가?

　④ 통계량은 무엇인가?

　⑤ 0.1%는 모수의 값인가? 또는 통계량의 값인가?

　⑥ 0.03%는 모수의 값인가? 통계량의 값인가?

　⑦ 주장을 테스트하기 위하여 통계량이 어떻게 모수에 대한 추론을 할 수 있는지 설명하라.

11. 서울특별시장에 출마하고자 하는 K 씨는 당선가능성을 예측하기 위하여 유권자 1,000명을 대상으로 여론조사를 실시한 결과 그 가운데 49%가 자기를 지지하는 것으로 나타났다.

　① 모집단은 얼마인가?

　② 표본은 얼마인가?

　③ 49%는 모수의 값인가? 또는 통계량의 값인가?

　④ K 씨가 내릴 수 있는 결론은 무엇인가?

12. 동전을 수없이 던질 때 앞면과 뒷면이 나올 횟수가 같다는 의미에서 그 동전은 공정 (fair)하다고 할 수 있다.

　① 이 주장을 테스트하기 위한 실험은 어떻게 하는가?

　② 이 실험에서 모집단은 무엇인가?

　③ 표본은 얼마인가?

　④ 모수는 무엇인가?

　⑤ 통계량은 무엇인가?

13. 우리나라 가정의 평균 저축은행 대출금은 6,000만 원이라는 보고가 있었다. 이것이 사실인지 알아보기 위하여 저축은행 대출금을 갖고 있는 1,000가정을 랜덤으로

선정하여 조사한 결과 평균 대출금은 9,000만 원으로 밝혀졌다.

① 모집단은 무엇인가?

② 표본은 무엇인가?

③ 내릴 수 있는 추론은 무엇인가?

14. 대한전선(주)은 전선을 생산하여 우리나라에서 건설업에 종사하는 약 2,000개의 업체에 판매한다. 회사의 판매부장은 회사 제품에 대한 업체의 만족도를 측정하기 위하여 50개 업체를 랜덤하게 추출하여 10점부터 50점에 이르는 만족도 점수를 매기는 설문지를 발송하였다. 회사는 50개 업체의 평균 점수를 구하려고 한다.

① 이 연구를 위한 모집단은 무엇인가?

② 표본은 무엇인가?

③ 통계량은 무엇인가?

④ 모수는 무엇인가?

⑤ 이 연구를 위해 전수조사 대신 표본조사를 실시할 이유는 있는가?

15. 제약회사 사장 김 씨는 고혈압용 새로운 약을 개발하였다. 그는 고혈압 환자 가운데 이 약 사용으로 상태가 호전되는 사람의 비율이 얼마인지 알고자 한다. 고혈압 환자 가운데 15,000명을 랜덤으로 선정하여 실험을 실시한 결과 82%의 환자가 긍정적인 효과를 보였다.

① 모집단은 무엇인가?

② 표본은 무엇인가?

③ 관심 있는 모수는 무엇인가?

④ 통계량은 무엇이며 그의 값은 얼마인가?

⑤ 관심 있는 모수의 값은 얼마인가?

16. Excel 대학교 학생 30명에게 필요할 때 큰 도움을 받을 수 있는 친한 친구가 몇 명인지 물어보았다. 그랬더니 평균적으로 2명이 넘었다.

① 모집단은 무엇인가?

② 표본은 무엇인가?

③ 2명은 모수치인가? 아니면 통계치인가?

제 **2** 장

기술통계학 I : 표와 그래프적 방법

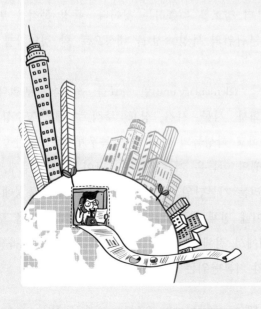

모집단을 이루는 통계자료이든 이로부터 추출된 표본을 이루는 자료이든 방대한 원자료 (raw data set)가 수집되면 그 자체는 의미 있는 정보를 제공하지 못하므로 의사결정에 도움이 될 수 있는 정보로 변형하기 위하여 이들을 정리하고 표, 그래프, 차트 등으로 표현해야 한다. 물론 자료를 정리하는 방법이나 이렇게 정리된 자료를 분석하는 방법은 자료의 종류에 따라 다르다.

이와 같이 표, 그래프, 차트는 의사결정자에게 의미 있는 형태로 자료를 표현할 수 있는 가장 효과적인 방법이다. 즉 표, 그래프, 차트는 자료의 특성, 예컨대 분포의 형태와 중심의 위치를 시각적으로 보이기 때문에 기술통계학의 핵심이 된다. 특히 직장에서 리포트나 프레젠테이션(presentation)을 준비할 때 기술적 기법(descriptive technique)을 사용하면 더욱 빨리 의사결정에 이르게 된다.

본장에서는 변수와 자료의 종류를 살펴보고 자료의 정리방법으로 널리 이용되는 도수분포표의 작성방법과 이를 그래프나 차트로 나타내는 방법에 대해서 공부할 것이다.

1 변수의 형태

통계학의 목적은 자료로부터 정보를 추출하는 것이다. 특정 목적을 위하여 자료를 수집할 때 어떤 기본단위의 특성(속성)을 대상으로 할 것인가를 우선 결정해야 한다.

모집단 또는 표본의 기본단위(elementary unit)란 자료를 구성하는 관찰대상(항목)이다.[1] 예를 들면 사람, 회사, 사물, 사건, 상표, 주식, 가계, TV수상기, 축구팀, 펀드 등이다. Excel 중학교 학생들의 나이, 키, 몸무게, 종교, 가족 수 등을 조사한다고 할 때 각 학생의 이름은 기본단위이고 나이, 키, 몸무게, 종교, 가족 수 등은 특성인데 우리는 기본단위 그 자체가 아니라 그의 특성에 관한 자료를 수집하는 것이다. 이때 전체 기본단위의 완전한 목록(listing)을 프레임(frame)이라고 한다. 위의 예에서 전체 학생의 이름을 기록한 하나의 목록이 프레임이다. 일반적으로 하나의 기본단위는 하나 이상의 특성을 갖는다.

---

[1] 기본단위는 관찰단위(observational unit), 실험단위(experimental unit), 요소(element)라고도 한다.

모집단 또는 표본에서 관심의 대상이 되는 기본단위의 어떤 특성 (characteristic)을 변수라고 한다. 즉 변수(variable)란 시간에 따라 변하는 어떤 특성 또는 특정 시점에서 다른 사람이나 물체간에 변하는 어떤 특성을 말한다.

예를 들면 선택되는 사람(기본단위)에 따라 키, 소득, 직종, 연령, 지능지수, 자녀 수 등이 다른 값을 가지기 때문에 이들은 변수라고 할 수 있다.

변수의 값(value)을 부여하기 위하여 측정(measurement) 또는 관찰 (observation)을 실시하는데 이때 자료세트(data set) 또는 간단히 자료(data)란 하나 이상의 기본단위에 속하는 각각의 변수의 측정 또는 관찰을 통해 얻는 측정치 또는 관찰치들의 집합을 말한다. 예를 들어 전체 25명의 키, 몸무게, 나이, 가족 수, 소득수준 등 다섯 개의 변수에 대해 조사한다고 할 때 각 학생에 대한 자료의 수는 다섯 개씩이다. 한편 모집단은 각 변수의 값들로 구성되기 때문에 예를 들면 키의 모집단은 25개의 값들이 된다. 이때 25명의 자료는 $25 \times 5 = 125$개로 구성된다.

1.1 질적 변수와 양적 변수

변수는 질적 변수와 양적 변수로 구분할 수 있다. 질적 변수(qualitative variable)란 특성상 수치로 나타내거나 또는 수치로 나타낼 수 없는 변수를 말하는데 예를 들면 성별, 종교, 출생지, 직업, 전공 등이다. 그러나 대학생의 학년은 1, 2, 3, 4와 같은 수치적 범주로 나타낼 수 있다. 한편 축구선수들의 등번호도 수치로 나타내지만 이는 단순히 선수 이름을 대신한 것이다. 질적 변수를 관찰하여 얻는 자료를 질적 자료, 정성자료 또는 범주자료(categorical data)라고 한다. 질적 자료는 수치로 전환시키는 규칙, 즉 척도를 이용하여 양적 자료로 전환시켜야 통계분석이 가능하다.

질적 자료에는 명목자료와 서열자료가 포함되는데 언제나 이산자료의 형태를 취한다.

양적 변수(quantitative variable)란 특성상 수치로 나타낼 수 있는 변수를 말하는데 예를 들면 예금잔액, 회사 사장들의 연령, 자녀 수, 체중, 수명 외에 불량품 수, TV 판매량 등이다. 양적 변수에 대한 측정자료를 양적 자료 또는 정량자료(quantitative data)라고 한다. 일반적으로 질적 자료는 수치로 표현되지

않은 자료인 반면 양적 자료는 수치로 표현된 자료이다. 양적 변수든 질적 변
수든 수치로 표현되기 때문에 모두 양적 자료에 속한다고 할 수 있다.

양적 변수는 이산변수(discrete variable)와 연속변수(continuous variable)로 나
눌 수 있다. 이산변수는 하나하나 셀 수 있는(counting) 정수값(integer)을 취할
수 있다. 예를 들면 통계학 교실에 등록한 학생 수가 25명이라고 하는 경우이
다. 이와 같이 이산자료는 값들 사이에 갭(gap)을 갖게 된다.

한편 연속변수의 측정치 사이에는 갭(간격)이 없으므로 소수점 이하의 실
수를 취할 수 있다. 예를 들면 키, 온도, 몸무게, 이자율, 거리 등이다.

이산변수를 관찰하여 얻는 자료를 이산자료라 하고 연속변수를 측정하여
얻는 자료를 연속자료라고 한다. 양적 자료에는 구간자료와 비율자료가 포함
된다.

1.2 단변수와 다변수

관찰대상이 되는 각 기본단위가 하나의 변수(단변수)를 가질 때 이를 측정
하여 얻는 자료를 일변량 자료(univariate data), 두 개의 변수를 함께 관찰하여
얻는 자료를 이변량 자료(bivariate data), 여러 개의 변수(다변수)를 갖는 자료를
다변량 자료(multivariate data)라고 한다.

일변량 자료는 변수가 하나이기 때문에 자료의 대표치, 기본단위들의 동
질성, 이상치(outlier)의 존재여부 등에 관한 특성을 요약하는 통계분석방법이
사용된다.

다변량 자료는 각 기본단위에 변수가 두 개 이상이므로 일변량 자료에서
얻는 특성 외에 변수간의 관계, 변수간의 밀접성, 한 변수의 값이 주어질 때
다른 변수의 값 예측 등을 밝히는 통계분석방법이 사용된다.

이변량 자료는 분할표를 작성하여 여러 가지 확률을 계산하는 데 사용되
는데 제4장에서, 그리고 분할표를 사용하지 않는 경우는 제12장에서 자세히
공부할 것이다.

예 2-1

다음은 종로㈜에 근무하는 전체 종업원들에 관한 특성을 조사한 자료이다.

종업원 이름	인종	성	직위	근무연수	연봉
홍길동	황인종	남	대리	5년	5천만 원
장길산	황인종	남	청소부	7	6
연개소문	황인종	남	비서	10	7
스탈린	백인종	남	기능공	8	6.2
마돈나	백인종	여	과장	3	3.9
브라운	흑인종	남	이사	20	20.5
게바라	흑인종	여	부장	12.5	10.2

① 기본단위는 무엇이며, 몇 개인가?
② 프레임은 무엇이며, 몇 개인가?
③ 변수는 무엇인가?
④ 질적 변수와 양적 변수는 무엇인가? 양적 변수는 이산변수인가, 연속변수인가?
⑤ 모집단의 수는 얼마인가?
⑥ 직위의 모집단은 무엇인가?
⑦ 각 기본단위에는 몇 개의 자료가 있는가?
⑧ 자료의 수는 모두 얼마인가?
⑨ 표는 어떤 종류의 자료를 포함하고 있는가?

풀이 ① 열 1에 있는 홍길동, 장길산, 연개소문, 스탈린, 마돈나, 브라운, 게바라 등 7개
② 열 1에 나열된 7개 기본단위로 구성되는 목록, 1개
③ 인종, 성, 직위, 근무연수, 연봉
④ 질적 변수: 인종, 성, 직위
   양적 변수(연속변수): 근무연수, 연봉
⑤ 5개(변수의 수와 같음)
⑥ 대리, 청소부, 비서, 기능공, 과장, 이사, 부장
⑦ 5
⑧ 35($=7 \times 5$)
⑨ 35개의 자료를 갖는 다변수 자료 ◆

2 | 측정척도의 형태

    자료는 변수에 대해 측정척도(measurement scale)를 사용하여 얻는다. 측정 척도란 측정대상이나 사건의 속성에 측정도구를 사용하여 숫자 또는 부호를 부여하는 규칙으로서 자료형태의 구분기준이 된다. 예를 들면 키를 측정하기 위해서는 자가 필요한데 자는 cm나 inch를 단위로 사용하고 있다. 따라서 어떤 측정척도를 사용하느냐에 따라 얻는 자료의 형태도 다르게 된다.

    측정척도에는 다음과 같이 네 가지 형태가 있다.

- 명목척도
- 서열척도
- 구간척도
- 비율척도

    명목척도(nominal scale), 서열척도(ordinal scale), 구간척도(interval scale), 비율척도(ratio scale)를 사용하여 얻는 자료는 각각 명목자료, 서열자료, 구간자료, 비율자료라고 한다. 자료의 형태는 [그림 2-1]이 보여 주는 바와 같다.

그림 2-1   **자료의 형태**

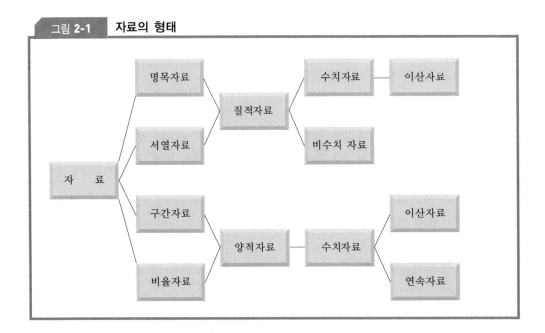

2.1 명목자료

명목자료(nominal data)의 값(value)은 범주(category) 또는 레이블(label)이다. 예를 들면 배우자의 유무에 관한 응답은 명목자료를 구성한다. 이 변수의 값은 미혼, 기혼, 이혼, 미망인이다. 이때 응답을 쉽게 하도록 각 범주에 1, 2, 3… 등 코드(code)를 부여하지만 이는 수치가 아니고 다만 그 범주를 기술하는 구분부호일 따름이다. 또 다른 예를 들면 박지성 선수의 등번호는 7번인데 이는 다른 선수와 구분하기 위하여 사용할 뿐이다.

명목자료는 다만 '=', '≠'만을 가지고 비교할 수 있다.

2.2 서열자료

서열자료(ordinal data)는 명목자료와 같이 범주에 대해 관찰하지만 그의 값은 관찰대상간의 높고 낮음, 많고 적음, 크고 작음, 좋고 싫음, 선후 등의 상대적인 서열순서를 갖게 된다. 예를 들면 학생들의 통계학 학점을 A^+, A, B^+, B, C^+, C, D^+, D, F로 매기는 경우이다. 이때 각 학점을 나타내는 코드를 사용한다면 어떤 코드를 사용해도 무방하나 그들의 순서는 꼭 지켜져야 한다.

학생들의 학점은 순서를 갖기 때문에 A^+는 A보다 낮다고 할 수 있다. 이와 같이 자료 사이의 상대적 비교는 가능하지만 두 학점 사이의 차이의 크기는 계산할 수 없다. 예를 들면 A^+와 A 사이의 차이는 D와 F 사이의 차이와 같다고는 말할 수 없다. 서열자료는 순위뿐만 아니라 명목자료가 갖고 있는 대상의 구분 정보도 포함한다.

서열자료의 수학적 연산은 '=, ≠, ≤, ≥'이 가능하다.

2.3 구간자료

구간자료(interval data)는 명목자료와 서열자료의 특성을 가질 뿐만 아니라 값들 사이의 차이(간격)가 일정한 크기를 갖게 된다. 이는 등간자료라고도 한다. 예를 들면 온도, 지능지수, 연도, 학년 등의 변수에 관한 자료이다. 이들 자료는 차이가 의미 있을 뿐 차이의 비율은 의미가 없다. 예를 들면 서울의 어제 온도는 15℃이었고 부산의 온도는 30℃라고 할 때 그 차이는 15℃라고 말할 수는 있지만 서울보다 부산이 두 배 덥다고 말할 수는 없다.

이는 명목자료, 서열자료, 구간자료에는 0이 상대적 위치를 나타낼 뿐 수 치간의 비율을 말할 수 없기 때문이다.

구간자료에 대한 수학적 연산은 '=, ≒, ≤, ≥, +, −'가 가능하다.

2.4 비율자료

비율자료(ratio data)는 앞에서 설명한 명목자료, 서열자료, 구간자료의 모 든 특성을 가질 뿐만 아니라 절대적 위치를 나타내는 원점(0)을 가지기 때문에 두 관찰치 사이의 상대적 크기 비교는 물론 절대적 크기인 비율을 계산할 수 있다. 예를 들면 강 교수의 월소득은 1,000만 원이고 김 교수의 월소득은 500 만 원이라고 할 때 강 교수의 소득은 김 교수보다 두 배 더 많다고 말할 수 있다.

비율자료는 모든 산술적인 연산 '=, ≒, ≤, ≥, +, −, ×, ÷'가 가 능하다.

이상에서 설명한 네 가지 형태의 자료는 포함되는 특성이 많을수록 [그림 2-2]와 같이 명목자료-서열자료-구간자료-비율자료의 순서로 정보의 수준이 높아진다. 중심이 동일한 사각형은 높은 수준의 척도를 사용한 자료는 낮은 수준의 척도를 사용한 자료에 응용된 어떤 기법에 의해서도 분석 가능하다는

그림 **2-2** **상이한 자료수준의 사용가능성**

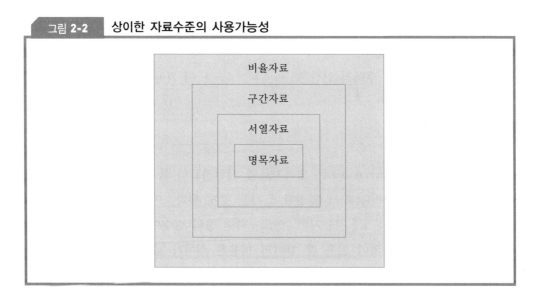

것을 나타낸다.

예를 들면 비율자료는 다른 세 가지 형태의 척도가 갖는 특성을 모두 갖기 때문에 세 가지 자료에 응용할 수 있는 통계적 기법을 사용할 수 있다.

따라서 변수를 측정할 때는 어떤 척도를 사용할 것인가를 잘 생각해야 한다. 왜냐하면 사용되는 척도에 따라 적용되는 통계분석방법이 달라지기 때문이다.

2.5 시계열 자료와 횡단면 자료

양적 자료가 시간 순서로 기록되면 시계열 자료(time series data)라 하고 순서와 관련이 없이 어느 특정 시점에서 관찰하는 자료는 횡단면 자료(cross-sectional data)라 한다. 시계열 자료의 예를 들면 매일매일의 주가, 매월 판매량, 분기별 구매량 등이고, 횡단면 자료의 예로는 각국의 1/4분기 경제성장률, 201A년 산업별 취업률 등이다. 앞의 [예 2-1]은 일곱 개의 기본단위에 관해 다섯 개의 변수를 동시에 기술하기 때문에 횡단면 자료에 속한다고 할 수 있다.

3 통계표와 그래프

우리는 앞절에서 변수와 자료의 형태에 대해서 공부하였다. 측정이나 관찰을 통해 수집한 자료 자체는 아무런 의미가 없다. 의사결정에 필요한 유용한 정보가 되기 위해서는 수집된 자료를 정리하고 요약해야 한다. 그런데 자료를 정리하고 기술하는 기법은 수집된 자료의 형태에 따라 다르다.

정리되지 않고 수집된 자료의 전체적인 특성이나 구조를 파악하기 위하여 자료를 정리하고 요약하는 데 사용되는 중요한 도구가 통계표(statistical table)이다. 통계표의 기본목적은 독자가 쉽게 이해할 수 있도록 자료를 통합하고 요약하는 것이다. 통계표는 자료를 시각적으로 보이기 위하여 차트(chart)나 그래프(graph)를 작성하는 데 이용된다.

여기서 통계표란 도수분포표를 말하는데 이는 그래프와 차트기법과 함께 기술통계학의 핵심이다. 도수분포표는 질적 자료는 물론 양적 자료를 위해서도 사용되지만 자료의 형태에 따라 작성방법이 약간 다르다. 도수분포표(frequency distribution table)란 주어진 자료를 한 변수가 가질 수 있는 값들의 계급(class) 또는 범주(category)로 나누고 각 계급에 속하는 관찰치의 도수(빈도수, frequency)를 일목요연하게 나타내는 통계표를 말한다. 다시 말하면 자료를 몇 개의 계급으로 나누어 계급별 빈도를 한눈에 볼 수 있도록 만든 것이 도수분포표이다.

도수분포표를 작성하면 자료의 분포모양, 도수가 제일 많은 계급(범주) 등 자료의 특성이나 패턴을 쉽게 발견할 수 있다. 그러나 관찰치들을 그룹핑하면 관찰치들이 각 계급 속에서 어떻게 분포되어 있는가의 정보는 상실하게 되는 단점을 갖는다. 계급의 수가 너무 적으면 자료분포의 특성을 파악하기 어렵고 반대로 너무 많으면 자세하게 되어 자료를 요약하는 기능을 상실하게 된다. 도수분포표를 작성한 후에는 이를 차트나 그래프로 그릴 수 있다.

그래프 방법으로서는 질적 자료를 위해서 막대그래프와 파이차트가 이용되고 양적 자료를 위해 히스토그램, 꺾은선 그래프, 누적백분율곡선이 이용된다. 막대그래프 또는 히스토그램은 자료의 분포모양, 분산정도, 중심위치 등을 시각적으로 보여 주는 이점을 갖는다.

4 | 질적 자료의 정리

4.1 도수분포표

질적 자료를 이용하여 도수분포표를 작성하는 것은 매우 쉽다. 이 경우 도수분포표는 두 개의 열을 갖는다. 첫째 열에는 자료의 범주(계급)를 늘어놓고, 둘째 열에는 각 범주에 해당하는 도수를 적으면 된다.

간단한 예를 들어 보자. Excel 대학교 통계학 A반 50명 학생의 혈액형을 조사한 결과 다음과 같은 자료를 얻었다.

O	A	O	B	AB	A	A	O	O	O
B	B	A	AB	A	O	B	A	O	AB
O	O	B	B	A	A	O	O	AB	O
B	B	A	A	O	O	O	O	O	AB
O	B	O	A	AB	A	B	O	O	A

이 자료에서는 각 혈액형이 범주가 되어 범주의 수는 네 개가 되므로 도수분포표는 다음과 같이 작성할 수 있다.

■■■ 표 2-1 │ 혈액형 도수분포표

범 주	도 수
O	21
A	13
B	10
AB	6
합 계	50

위 도수분포표를 보면 O형인 학생이 제일 많고 AB형인 학생이 제일 적음을 쉽게 볼 수 있다.

질적 자료의 도수분포표를 작성하는 경우에는 상대도수(relative frequency)를 계산할 수 있다. 상대도수란 각 범주에 속한 도수(관찰치의 수)가 총도수에서 차지하는 비율을 말한다.

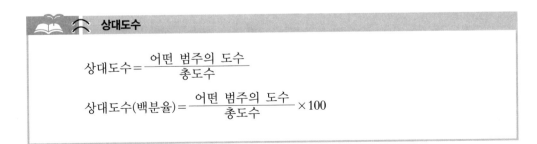

상대도수

$$상대도수 = \frac{어떤\ 범주의\ 도수}{총도수}$$

$$상대도수(백분율) = \frac{어떤\ 범주의\ 도수}{총도수} \times 100$$

[표 2-1]에서 B형인 학생들의 전체 학생 중에서 차지하는 상대도수를 구하면 다음과 같다.

$$상대도수 = \frac{10}{50} = 0.2 = 20\%$$

이와 같은 방식으로 [표 2-1]에 대해 상대도수와 백분율을 구하면 [표 2-2]와 같다.

■ 표 2-2 | 혈액형 상대도수와 백분율

범 주	도 수	상대도수	상대도수(%)
O	21	0.42	42
A	13	0.26	26
B	10	0.2	20
AB	6	0.12	12
합 계	50	1.00	100

 예 2-2

이번 대통령 선거에 출마한 여섯 사람의 성씨는 김, 이, 박, 강, 정, 조이었다. Excel 대학교 경영대학원에 등록한 학생 40명의 투표행위를 조사한 결과 다음과 같은 자료를 얻었다. 도수와 상대도수를 나타내는 도수분포표를 작성하라.

강	김	조	강	이	김	정	박	박	강
김	이	박	조	정	정	강	김	이	강
조	강	이	김	김	강	정	이	김	강
정	강	박	김	이	박	강	이	김	박

풀 이

범 주	도 수	상대도수	백분율(%)
김	9	0.225	22.5
이	7	0.175	17.5
박	6	0.15	15
강	10	0.25	25
정	5	0.125	12.5
조	3	0.075	7.5
합 계	40	1.000	100.0 ◆

4.2 그래프

　자료의 도수분포표가 자료를 정리하고 요약하는 역할을 하지만 자료의 전체적인 특성·구조와 흩어진 정도, 시간의 흐름에 따른 변동추이의 가시적 효과를 갖기 위해서는 도수분포표를 그래프로 표현해야 한다.

　질적 자료를 그래프로 표현하는 방법은 다음과 같이 두 가지 방법이 있다.

- 막대그래프
- 파이차트

　막대그래프(bar chart)란 도수분포표에 있는 도수 또는 상대도수를 막대의 형태로 나타낸 그래프를 말한다. 막대그래프는 질적 자료 또는 이산자료를 그래프로 나타낼 때 사용된다.

 예 2-3

[예 2-2]에서 도수를 나타내는 도수분포의 막대그래프를 그려라.

풀 이

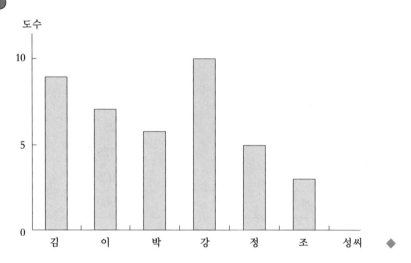

질적 자료는 파이차트(pie chart)로 나타낼 수 있다. 도수분포표에서 각 계급의 상대도수가 구해지면 이에 360°를 곱한 다음 각 범주가 차지하는 도(°)로 원을 쪼개면 된다. 따라서 파이차트는 상대도수분포와 유사하다고 할 수 있다.

[예 2-2]에서 각 범주에 해당하는 조각의 도를 구하면 다음과 같다.

범 주	상대도수	도(°)
김	0.225	$360 \times 0.225 = 81$
이	0.175	$360 \times 0.175 = 63$
박	0.15	$360 \times 0.15 = 54$
강	0.25	$360 \times 0.25 = 90$
정	0.125	$360 \times 0.125 = 45$
조	0.075	$360 \times 0.075 = 27$
합 계	1.000	360

위에서 구한 각 범주의 도를 나타내는 파이차트를 그리면 [그림 2-3]과 같다.

그림 2-3 **파이차트**

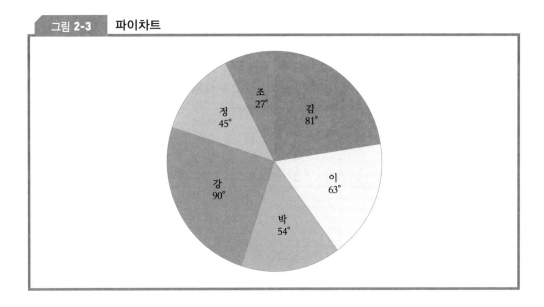

5 양적 자료의 정리: 이산자료

5.1 도수분포표

이산자료의 도수분포표 작성방법은 질적 자료의 경우와 동일하게 변수의 각 값이 하나의 계급(범주)을 나타낸다. 그러나 이산자료의 경우에는 수치가 어떤 의미를 가지기 때문에 계급은 수치적 순서를 지켜야 하지만 질적 자료의 경우에는 계급의 나열 순서를 지킬 필요는 없다.

이산자료의 도수분포표에서는 질적 자료와 같이 각 계급의 상대도수를 구할 수 있을 뿐만 아니라 질적 자료에서 구할 수 없는 누적도수(cumulative frequency)와 누적상대도수(cumulative relative frequency)를 구할 수 있다.

누적도수는 어느 특정 계급의 이상 또는 이하에 해당하는 도수를 누적하여 구한다. 한편 누적상대도수는 어느 특정 계급의 상대도수를 누적하여 구한다. 질적 자료의 경우에는 각 계급이 어떤 크기를 나타내지 못하므로 얼마 이상 또는 이하라는 수치를 계산할 수 없다.

예 2-4

Excel 대학교 통계학과 B반 학생들에게 가족의 수를 조사한 원자료는 다음과 같다. 도수분포표를 작성하고 상대도수, 누적도수, 누적상대도수를 계산하라.

1	2	4	1	3	4	5	1	2	3
4	3	3	5	3	4	5	5	4	2
2	5	3	4	4	5	2	3	4	4
4	3	2	5	3	4	3	3	4	3

풀 이

계 급	도 수	상대도수	누적도수	누적상대도수
1	3	0.075	3	0.075
2	6	0.15	9	0.225
3	12	0.3	21	0.525
4	12	0.3	33	0.825
5	7	0.175	40	1.000
합 계	40	1.000		◆

5.2 그래프

이산자료의 막대그래프를 그리는 요령은 질적 자료의 경우와 같다. 그러나 이산자료의 경우에는 도수와 상대도수 이외에 누적도수와 누적상대도수를 나타내는 막대그래프를 그릴 수 있다.

예 2-5

[예 2-4]의 자료에 대해 도수와 누적상대도수를 나타내는 막대그래프를 그려라.

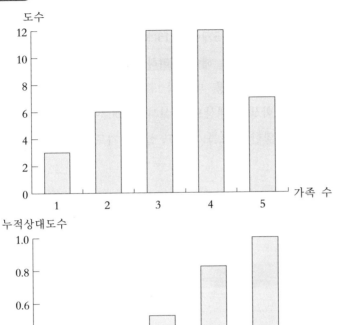

6 | 양적 자료의 정리: 연속자료

6.1 도수분포표

소수점 이하의 값을 가질 수 있는 측정자료의 경우에는 각 값이 도수분포표의 계급이 될 수 없기 때문에 계급을 어떻게 정의할 것인가, 즉 자료 전체를 적당한 크기의 계급(간격)으로 묶어서 구간을 정한 후 각 구간별로 도수를 표시하기 때문에 계급의 수와 계급 폭을 어떻게 정할 것인가 신경을 써야 한다.

연속자료의 도수분포표를 작성하기 위해서는 다음 사항에 유념해야 한다.

• 각 계급은 동일한 폭을 가져야 한다.

- 계급이 중복되지 않아야 하고 각 자료는 한 계급에만 속해야 한다.
- 계급의 수는 자료의 크기, 편리성, 도수분포표의 작성목적 등에 의하여 주관적으로 결정하지만 보통 5개에서 15개 사이로 한다.
- 가급적이면 계급 폭은 짝수로 해야 편리하다.

연속자료의 도수분포표는 보통 다음과 같은 단계를 거쳐 작성하는데 Excel 중학교 2학년 50명 학생을 대상으로 실시한 100분짜리 영어 시험에 소요된 시간(분)을 순서로 나열한 자료를 가지고 설명하기로 하자.

■■■ 표 2-3 │ 시간 자료

8	8	11	17	17	18	19	20	21	23
23	28	29	29	30	30	31	31	33	34
36	37	39	39	39	40	41	41	42	44
44	46	50	51	53	54	54	56	56	56
59	62	67	69	72	73	77	78	80	87

□ 계급의 수 결정

계급(class)이란 크기 순서로 정렬된 자료에서 상한과 하한 사이에 놓일 모든 값들을 포함하는 구간을 말한다. 계급은 언제나 변수를 나타낸다. 계급의 수는 자료의 크기, 편리성, 도수분포표의 작성목적 등에 의하여 주관적으로 결정하지만 보통 5개에서 15개 사이로 하게 된다.

시간 자료는 모두 50개이므로 계급의 수는 7개로 하기로 한다.

□ 계급구간 결정

계급의 수를 결정하면 계급구간(class interval), 즉 계급 폭(class width)을 결정할 수 있다. 계급구간(계급간격)은 모든 계급에 있어 같아야 하기 때문에 다음 공식을 이용하여 구한다.

$$계급구간 = \frac{자료의\ 범위}{계급의\ 수} = \frac{자료의\ 최대치 - 자료의\ 최소치}{계급의\ 수}$$

[표 2-3]에서 최대치는 87이고 최소치는 8이기 때문에 계급의 수를 7로 할 때 모든 계급구간은 다음과 같이 구한다.

$$계급구간 = \frac{87-8}{7} = 11.286$$

여기서 계급구간을 절상하여 12로 하기로 한다. 한편 계급구간은 [표 2-4]에서 둘째 계급의 하한과 첫째 계급의 하한의 차이인 19-7=12와 같다.

□ 계급한계 설정

계급구간이 결정되면 계급한계를 설정할 수 있다. 모든 각 자료는 하나의 계급에만 속하도록 해야 하므로 계급한계가 서로 중복되지 않도록 주의해야 한다.

계급한계(class limit)는 하한(lower limit)과 상한(upper limit)을 갖는다. 하한은 그 계급에 속하는 가장 작은 수를 의미하고 상한은 가장 큰 수를 의미한다. 계급한계는 "~이상~미만", "~이상~이하", "~초과~이하" 등으로 표현할 수 있는데 주관적으로 결정하게 된다. 그러나 Excel에서는 어떤 구간의 상한과 동일한 자료는 그 구간에 포함시키기 때문에 이에 따라 본서에서는 "~이상~이하"로 표현하기로 한다.

[표 2-3]에서 최소치는 8이므로 이를 포함하기 위하여 첫 계급의 하한을 7로 하기로 한다. 그러면 계급구간이 12이므로 첫 계급의 한계는 "7 이상 18 이하"가 되는데 18은 상한이 된다. 또한 둘째 계급의 한계는 "19 이상 30 이하"가 된다. 이와 같은 방식으로 계급한계를 구하면 [표 2-4]와 같다.

■■ 표 2-4 | 시간 자료의 도수분포표

계급구간 (~이상~이하)	중간점	도 수	상대도수	누적도수	누적상대도수
7~18	12.5	6	0.12	6	0.12
19~30	24.5	10	0.2	16	0.32
31~42	36.5	13	0.26	29	0.58
43~54	48.5	8	0.16	37	0.74
55~66	60.5	5	0.1	42	0.84
67~78	72.5	6	0.12	48	0.96
79~90	84.5	2	0.04	50	1.00
합 계		50	1.00		

그런데 연속자료는 편리한 단위로 반올림하여 표시하였기 때문에 계급한계를 설정할 때 모든 실제의 관찰치를 포함할 수 있도록 정확한계(exact limit)를 사용할 수 있다. 그러나 본서에서는 이의 설명을 생략하고자 한다.

일단 계급한계가 설정되면 계급의 중간점(class midpoint)을 구할 수 있다. 이는 각 계급에 포함된 모든 자료를 대표하는 값으로서 $\frac{(계급하한 + 계급상한)}{2}$ 으로 구한다. 따라서 첫 계급의 중간점을 구하면 다음과 같다.

$$중간점 : \frac{(7+18)}{2} = 12.5$$

□ 계급도수 기록

각 계급구간에 포함되는 도수는 자료를 보고 수를 세어 구한다. 이 외에도 중간점, 상대도수, 누적도수, 누적상대도수를 계산할 수 있는데 이는 [표 2-4]에서 보는 바와 같다.

6.2 그래프

일단 연속자료에 대한 도수분포표와 누적도수분포표를 작성하면 다음과 같은 그래프를 그릴 수 있다.

- 히스토그램
- 꺾은선 그래프
- 누적백분율곡선

□ 히스토그램

히스토그램(histogram)은 질적 자료 또는 이산자료의 막대그래프와 같이 각 계급의 도수를 막대의 높이로 나타내는데 연속자료의 경우에는 막대 사이의 공간을 허용하지 않으며 각 계급의 중간점에서 막대의 높이를 표시한다.

연속자료의 경우에도 이산자료와 같이 도수, 상대도수, 누적도수, 누적상대도수를 나타내는 히스토그램을 그릴 수 있다. 그러나 도수와 상대도수 히스토그램이 가장 많이 사용된다.

[그림 2-4]는 [표 2-4]의 도수분포표를 이용하여 그린 도수 히스토그램이다.

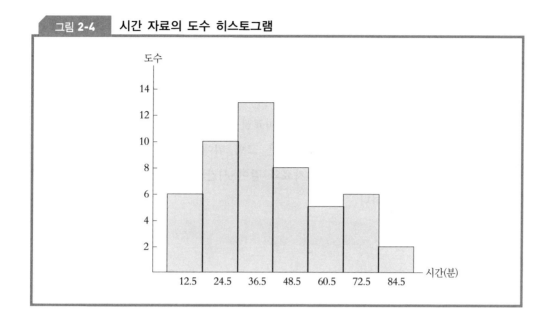

그림 2-4 시간 자료의 도수 히스토그램

□ **꺾은선 그래프**

　꺾은선 그래프(도수다각형: frequency polygon)는 질적 자료나 이산자료의 경우에는 사용할 수 없고, 연속자료에 대해서만 그릴 수 있다. 꺾은선 그래프는 x축에 나타내는 각 계급의 중간점에서 그 계급의 도수에 해당하는 점을 찍은

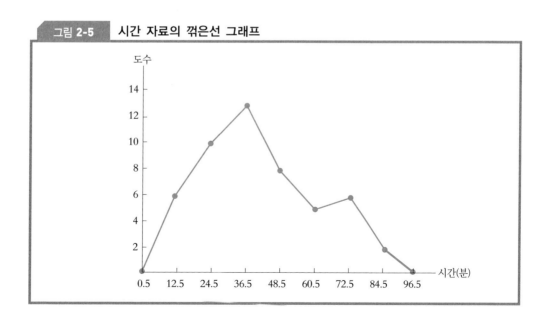

그림 2-5 시간 자료의 꺾은선 그래프

후 이들 점을 서로 연결하여 구한다. 다만 도수분포표의 양쪽 끝에는 도수가 없는 계급이 존재하는 것으로 간주하여 꺾은선 그래프가 그래프의 양쪽 끝에서 x축에 닿도록 한다.

[그림 2-5]는 [표 2-4]를 이용하여 그린 꺾은선 그래프이다.

꺾은선 그래프는 히스토그램과 비교할 때 분포의 모양을 더욱 분명히 보여주며, 두 개 이상의 도수분포를 같은 그림 위에 놓고 비교할 때 효과적이다. 특히 꺾은선 그래프는 시계열 자료와 같이 시간의 흐름에 따른 변화의 추이를 파악하는 데 유용하다.

□ 누적백분율곡선

누적백분율곡선(cumulative frequency polygon : ogive)은 각 계급에 대한 누적도수 또는 누적백분율을 그래프로 나타낸 것이다. x축은 각 계급의 상한을 표시하고 왼쪽의 y축은 누적도수를 그리고 오른쪽의 y축은 누적백분율을 나타낸다.

각 계급의 상한에서 해당하는 누적도수를 점으로 찍은 후 이들을 차례로 연결하면 누적백분율곡선이 된다. 이때 첫 계급의 하한에서는 도수가 없는 것으로 간주하여 x축으로 선을 연장한다.

[그림 2-6]은 [표 2-4]를 그린 누적백분율곡선이다.

그림 2-6 시간 자료의 누적백분율곡선

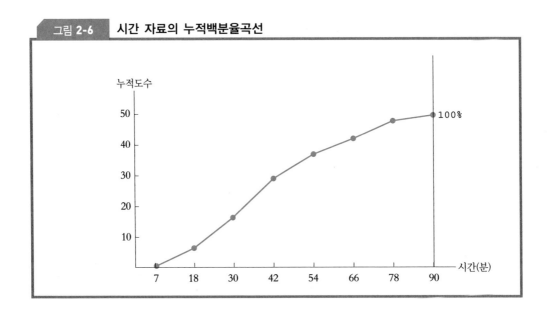

누적백분율곡선은 누적도수의 급격한 변화를 분명하게 보여 준다. 그림에서 가장 가파른 구간은 누적도수가 급증한 31~42 구간이다.

누적백분율곡선은 예컨대 '42분을 소요한 학생은 전체 학생의 몇 %의 위치에 해당하는가?, 18분 이하인 학생들은 얼마이고 전체 학생들의 중간시간은 몇 분쯤 되는가' 등의 질문에 답을 줄 수 있다.

누적백분율곡선은 꺾은선 그래프와 마찬가지로 두 개 이상을 같은 그림 위에 놓고 그들의 특성을 비교할 수 있다.

1. 다음 자료는 K 사장이 25일 동안 하루에 신문을 읽는 데 소요한 시간(분)을 측정한 것이다. 계급구간 0~7을 사용하여 다음 질문에 답을 구하라.

30	7	7	39	13	9	25	8	22	0	2	18	2
15	16	35	12	15	8	5	6	29	0	11	39	

① 계급구간과 중간점을 구하라.
② 도수분포표를 작성하라.
③ 상대도수분포표를 작성하라.
④ 누적도수분포표를 작성하라.
⑤ 누적상대도수분포표를 작성하라.
⑥ 도수 히스토그램, 꺾은선 그래프, 누적백분율곡선을 그려라.
⑦ 9분 이하의 시간을 사용한 날은 25일 가운데 몇 %인가?
⑧ 계급 폭은 얼마인가?

풀 이

① ② ③ ④ ⑤

계급구간	도 수	중간점	상대도수	누적도수	누적상대도수
0~7	8	3.5	0.32	8	0.32
8~15	8	11.5	0.32	16	0.64
16~23	3	19.5	0.12	19	0.76
24~31	3	27.5	0.12	22	0.88
32~39	3	35.5	0.12	25	1.00
합 계	25		1.00		

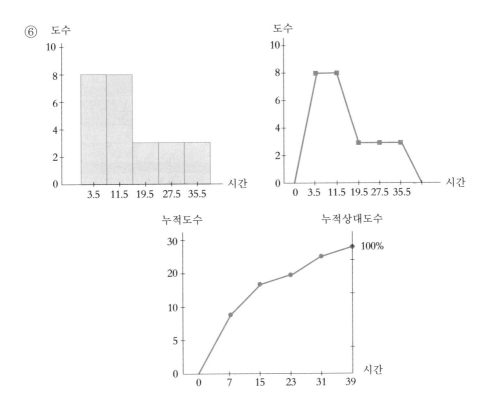

⑥

⑦ 11/25＝44%

⑧ 8(＝8-0)

2. Excel 대학교 경영통계학 수강학생 60명은 학기 말에 과목에 대한 평가를 위해 여러 가지 질문에 답을 해야 한다. 각 질문에 대한 답은 수, 우, 미, 양, 가로 해야 한다. 컴퓨터 처리를 위해서 수=5, 우=4, 미=3, 양=2, 가=1이라는 코드를 사용한다. 학생들의 어떤 질문에 대한 답은 다음과 같다.

1	3	5	3	4	4	3	5	4	3	4	4	3	4	2
5	4	5	4	4	1	5	4	2	4	5	2	4	4	4
4	4	3	1	5	5	3	4	5	2	3	5	4	3	4
2	5	3	5	4	5	2	3	4	4	4	5	5	4	3

① 질적 자료인가?

② 도수, 상대도수, 상대도수백분율을 나타내는 도수분포표를 작성하라.

③ 도수분포표의 막대그래프를 그려라.

④ 파이차트를 그려라.

풀 이

① 예

②

평가	도수	상대도수	백분율
가	3	0.05	5
양	6	0.1	10
미	12	0.2	20
우	24	0.4	40
수	15	0.25	25
합계	60	1.00	100

③

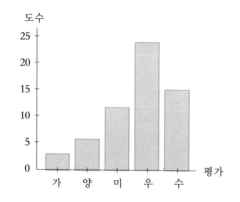

④

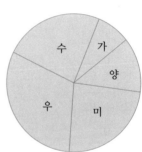

3. 다음은 자동차 49대의 개스 마일리지를 측정한 자료이다.

32.5	31.4	31.8	31.9	32.8	31.5	31.6
30.6	32.2	30.6	31.7	31.5	32.2	31.4
31.7	30.6	31.2	32.7	32.3	31.1	29.8
31.0	32.4	31.5	32.0	32.8	30.8	31.4
32.0	30.9	30.4	32.5	30.3	31.3	32.1
32.5	31.8	30.4	30.5	32.4	32.0	31.0
31.3	33.3	32.1	31.6	30.1	31.7	30.7

① 계급의 수는 여섯 개로 하고 첫 계급의 하한은 29.8로 하는 도수분포표를 작성하라.

② 각 계급의 계급구간, 중간점, 상대도수, 누적도수, 누적상대도수를 구하라.

③ 도수분포표의 히스토그램, 꺾은선 그래프, 누적백분율곡선을 그려라.

풀 이

① ② $(33.3 - 29.8)/6 = 0.58 \fallingdotseq 0.6$

계급구간	도 수	중간점	상대도수	누적도수	누적상대도수
29.8~30.3	3	30.05	0.0612	3	0.0612
30.4~30.9	9	30.65	0.1837	12	0.2449
31.0~31.5	12	31.25	0.2449	24	0.4898
31.6~32.1	13	31.85	0.2653	37	0.7551
32.2~32.7	9	32.45	0.1837	46	0.9388
32.8~33.3	3	33.05	0.0612	49	1.0000
합 계	49		1.0000		

③
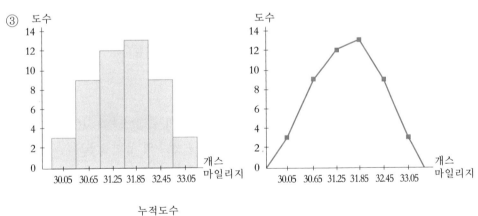

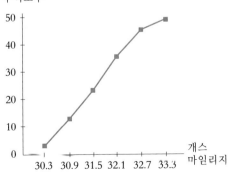

연/습/문/제

1. 자료의 정리 및 표현을 위해 사용되는 기법은 무엇인가?

2. 변수를 정의하고 그의 형태를 설명하라.

3. 자료의 측정척도의 형태를 설명하라.

4. 자료의 형태를 예를 들어 설명하라.

5. 도수분포표가 자료의 정리기법으로 많이 이용되는 이유와 그의 작성절차를 설명하라.

6. 다음의 용어를 간단히 설명하라.
   ① 계급
   ② 기본단위
   ③ 꺾은선 그래프
   ④ ogive

7. 다음과 같은 자료를 수집하기 위해서는 어떤 형태의 측정척도를 사용해야 하는가?
   ① 전화 지역코드
   ② 김태균 선수의 등번호 52
   ③ 주민등록번호
   ④ 응급실의 처리시간
   ⑤ Fortune 500에 나타난 회사의 순위
   ⑥ 지능지수
   ⑦ 통계학 시험의 학생 학점
   ⑧ 출신지에 따른 학생의 분류
   ⑨ 대학생의 학년
   ⑩ 제품의 선호도
   ⑪ 군대의 계급
   ⑫ 우편번호
   ⑬ 학번
   ⑭ 출생연도
   ⑮ 비밀번호 0503
   ⑯ 코스닥지수
   ⑰ 신입생들의 수능점수
   ⑱ 올림픽 순위
   ⑲ 혈액형

ⓞ 마라톤선수들의 골인 순서   ㉑ 영종도 공항의 실내온도

㉒ 컴퓨터 모델   ㉓ 사회경제적 계층(상, 중, 하)

㉔ 자동차의 컬러   ㉕ 한 가정에서 18세 미만의 어린이 수

8. 100명이 거주하는 콘도미니엄에서 80명을 골라 다음과 같은 질문을 하였다. 각 질
   문에 대해 얻는 자료의 형태는 무엇인가?

   ① 귀하의 연령은?

   ② 몇 층에 거주하십니까?

   ③ 집을 소유하십니까?

   ④ 거실 온도는 몇 도로 유지합니까?

   ⑤ 귀하의 직업은 무엇입니까?

   ⑥ 콘도미니엄 안에 있는 가게들에서 하루 평균 얼마나 구매하십니까?

   ⑦ 사용하는 컴퓨터의 모델은 무엇입니까?

   ⑧ 이 문제에서 모집단은 몇 명인가? 표본은 몇 명인가?

9. 다음은 어느 해 Fortune지에 발표된 전체 회사 자료의 전부라고 가정하자.

회사(1)	국가(2)	산업(3)	수입(4) (억 달러)	이익(5) (백만 달러)	종업원 수(6) (천 명)
1. GM	미국	자동차	161.3	2,956	594
2. 다임러크라이슬러	독일	자동차	154.6	5,656	442
3. 포드 자동차	미국	자동차	144.4	22,071	345
4. 월 마트	미국	소매	139.2	4,430	910
5. 미쓰이	일본	무역	109.4	233	33

① 기본단위는 무엇이며 몇 개인가?

② 프레임은 무엇이며 몇 개인가?

③ 변수의 수는 몇 개인가?

④ 모집단의 수는 몇 개인가?

⑤ 질적 변수와 양적 변수는 어느 것인가?

⑥ 이산변수와 연속변수는 어느 것인가?

⑦ 각 기본단위에는 몇 개의 자료가 포함되는가?

⑧ 자료의 수는 모두 얼마인가?

⑨ 단변수 자료인가? 다변수 자료인가?

⑩ 시계열 자료인가? 횡단면 자료인가?

10. 다음 자료는 통계학 수강학생 50명의 성적이다.

98	74	70	77	78	68	88	70	72	76
66	72	64	83	75	67	74	70	82	91
72	95	97	85	80	88	64	68	55	92
95	58	63	44	94	82	86	90	89	50
47	77	39	78	86	60	90	77	58	72

① 첫 계급구간을 38~46으로 하는 도수분포표를 작성하라.

② 각 계급의 중간점, 상대도수, 누적도수, 누적상대도수를 구하라.

③ 도수 히스토그램, 꺾은선 그래프, 누적백분율곡선을 그려라.

④ 계급 폭은 얼마인가?

11. 다음 차트는 어느 해 SAT 점수를 나타내고 있다.

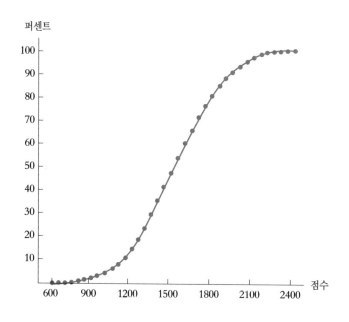

    ① 이 차트의 이름은 무엇인가?

    ② 계급구간은 얼마인가?

    ③ 72번째 백분위수(제3장 참조)에 해당하는 점수는 대강 얼마인가?

    ④ 위 점수는 무엇을 의미하는가?

12. 부분 상대도수분포표가 다음과 같이 주어졌다.

계 급	상대도수	계 급	상대도수
가	0.23	다	0.42
나	0.18	라	

    ① 계급 라의 상대도수는 얼마인가?

    ② 표본크기가 300이라고 할 때 계급 라의 도수는 얼마인가?

    ③ 도수분포표, 누적도수분포표, 누적상대도수분포표를 작성하라.

    ④ 파이차트를 그려라.

13. 다음과 같은 자료를 사용하여 물음에 답하라.

19.1	19.9	26.4	27.3	27.3	30.4	32.1	32.5	32.5	32.7
35.3	37.4	38.1	39.1	40.1	46.8	46.8	47.5	47.9	48.2
48.9	52.7	52.9	53.3	54.6	54.8	54.9	55.1	55.6	56.8
57.3	58.1	58.6	60.1	60.2	60.5	60.5	61.4	61.7	63.9
65.1	67.9	71.1	71.6	73.4	74.1	76.4	77.4	81.6	87.8

    ① 계급의 수는 6개, 계급 폭은 11.5, 첫 계급의 하한은 19.0으로 하는 도수분포
표를 작성하라.

    ② 중간점, 상대도수, 누적도수, 누적상대도수를 구하라.

14. Excel 대학교 학생들은 통계학 수강을 마치면서 교수에 대한 강의평가를 요구받고
다음과 같은 코드를 제출하였다. 여기서 가=1, 양=2, 미=3, 우=4, 수=5이다.

4	4	3	5	4	2	4	5	3	5	1	5	4	3	4
5	5	4	4	1	4	5	4	5	2	4	2	4	4	4
5	5	4	3	2	5	5	4	3	4	4	5	3	4	5
3	4	4	5	5	4	3	5	3	4	4	5	3	3	1

① 사용한 척도는 무엇인가?

② 질적 자료인가? 또는 양적 자료인가?

③ 도수 및 상대도수분포표를 작성하라.

④ 도수 막대그래프를 그려라.

⑤ 파이차트를 그려라.

15. 다음 질문에 사용되는 척도는 무엇인가?

　① 귀하의 종교는 무엇입니까?

　　① 기독교　　② 불교　　③ 이슬람교　　④ 없음

　② 강 교수의 강의방법에 어느 정도 만족합니까?

　　매우 불만족한다　　　보통이다　　　매우 만족한다

　　　　①── ②── ③── ④── ⑤

　③ 귀하의 결혼 대상자가 갖추어야 할 가장 중요한 속성은 무엇인지 보기에서 골라 순서대로 적으시오.

　　　첫째(　　)　　둘째(　　)　　셋째(　　)　　넷째(　　)

　　　보기: ① 외모　② 성격　③ 가문　④ 학벌

제 3 장

기술통계학Ⅱ: 수치적 방법

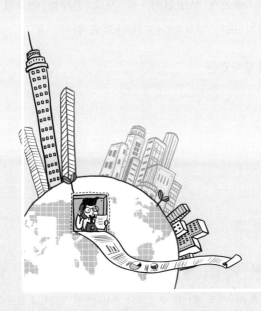

우리는 제2장에서 기술통계학의 한 부분인 자료정리의 표현방법으로서의 표와 그래프적 방법을 공부하였다. 표와 그래프는 자료분포의 특성에 관한 전체적인 정보를 시각적으로 제시하는 기능을 수행한다.

그러나 자료의 분포가 내포하는 특성들을 하나의 요약특성치(summary measure)로 나타낼 때 자료에 대한 통계분석이 정확하고 의미 있는 결과를 가져온다고 할 수 있다.

따라서 본장에서는 자료분포의 특성을 요약하는 특성치로서 다음 네 가지를 설명하고자 한다.

- 집중경향치
- 산포도 측정치
- 위치의 측정치
- 형태의 측정치

1   집중경향치

집중경향의 측정치인 집중경향치(measure of central tendency)는 수집된 자료에서 집중되어 있는 중심위치(center)가 무엇인지, 즉 자료 전체를 대표할 수 있는 요약특성치로서 중심경향치 또는 대표치(대표값)라고도 한다.

중심경향을 측정하는 특성치로는
- 산술평균
- 중앙치
- 최빈치

등을 들 수 있다.[1]

1.1   산술평균

산술평균이란 우리가 흔히 말하는 평균(mean, average)을 뜻한다. 평균

---

[1] 집중경향치는 원자료가 도수분포표로 정리되었을 경우에도 계산할 수 있으나 계산과정이 복잡하고 실제로 사용되는 경우가 적으므로 본서에서는 이들에 관한 설명은 생략하고 다만 원자료에 대한 계산방법을 설명하고자 한다.

(arithmetic mean)은 모든 자료의 값들을 합한 후 이를 자료의 수로 나누어 얻은 값을 말한다.

평균은 양적 자료에 대해서만 사용할 수 있는데 표본자료에 대해서 구하면 표본평균(sample mean)이라 하고 모집단에 대해서 구하면 모집단 평균(모평균: population mean)이라고 한다. 표본평균과 모평균은 계산하는 요령은 동일하나 다만 표기상 차이가 있을 뿐이다. 한편 모평균은 하나의 값을 갖는 상수(constant)지만 표본평균은 모집단으로부터 표본을 어떻게 추출하느냐에 따라서 값이 달라지는 변수이다.

산술평균은 구간자료나 비율자료인 경우에만 사용할 수 있다.

📖 🎿 평 균

모집단: $\mu = \dfrac{x_1 + x_2 + \cdots + x_N}{N} = \dfrac{\sum\limits_{i=1}^{N} x_i}{N}$

표 본: $\bar{x} = \dfrac{x_1 + x_2 + \cdots + x_n}{n} = \dfrac{\sum\limits_{i=1}^{n} x_i}{n}$

x_i : 개별 관찰치
N : 모집단 크기
n : 표본크기

예 3-1

우리집 식구는 모두 다섯 명이다. 그들의 나이가 다음과 같을 때 평균 나이는 얼마인가?

64	62	35	32	25

풀이 $\mu = \dfrac{\sum\limits_{i=1}^{N} x_i}{N} = \dfrac{64 + 62 + 35 + 32 + 25}{5} = 43.6$ ◆

이상에서 설명한 평균의 공식은 한 집단의 경우 각 개별치가 똑같이 중요하다든지 또는 두 개 이상의 집단을 비교하는 경우 각 집단의 평균이 똑같이 중요하다고 가정하는 경우에 사용할 수 있다. 따라서 중요성에 있어서 차이가 있는 경우에는 가중평균을 계산하게 된다.

가중평균(weighted mean)은 각 개별치에 그의 중요도에 따른 가중치를 곱하고 모든 개별치에 대해 이들을 합한 후 이를 가중치의 합계로 나누면 구할 수 있다.

📖 ☺ 가중평균

$$\bar{x}(\text{또는 } \lambda) = \frac{\displaystyle\sum_{i=1}^{n} W_i x_i}{\displaystyle\sum_{i=1}^{n} W_i}$$

x_i : i번째 관찰치
W_i : i번째 관찰치에 적용하는 가중치

예 3-2

Excel 대학교 경영학부 1학년 학생 강 양은 다섯 과목을 수강하였는데 그들의 학점은 두 과목 A, 한 과목 B, 한 과목 C, 한 과목 D였다. A=4, B=3, C=2, D=1이라고 할 때 강 양의 평점은 얼마인가?

풀이 $\lambda = \dfrac{2(4) + 1(3) + 1(2) + 1(1)}{5} = \dfrac{14}{5} = 2.8$ ◆

1.2 중앙치

중앙치는 서열자료와 양적 자료의 중심위치를 나타내는 집중경향치의 하나로서 중앙값, 중위수라고도 한다. 중앙치(median: Md)는 자료를 크기 순서로 나열하였을 때 중간위치에 해당하는 관찰치를 말한다. 따라서 중앙치를 중심으로 좌우에는 같은 수의 자료가 있어야 한다.

자료의 수가 홀수이냐 또는 짝수이냐에 따라 중앙치를 구하는 방법이 약간 다르다.

중앙치를 구하는 절차를 요약하면 다음과 같다.

- 자료를 크기 순서로 나열한다.
- 자료의 수 n이 홀수이면 $\frac{(n+1)}{2}$ 번째 위치의 자료 값이 중앙치가 되고

  짝수이면 $\frac{n}{2}$ 번째와 $\left(\frac{n}{2}+1\right)$ 번째 위치의 자료 값을 평균한 값이 중앙치가 된다.

중앙치는 다음에 설명할 최빈치와 달리 자료 가운데 어떤 수치가 변하더라도 이는 크게 달라지지 않는 특징을 갖고 있다.

 예 3-3

Excel 대학교에서 통계학을 강의하는 교수들의 나이는 35, 40, 47, 50, 50, 62이다. 이들 교수들 나이의 중앙치는 얼마인가?

풀 이 $Md = \dfrac{47+50}{2} = 48.5$ ◆

1.3 최빈치

최빈치(mode: Mo)는 양적 자료 또는 질적 자료 중에서 빈도수가 가장 많은 관찰치를 말하는데 최빈값이라고도 한다. 만일 도수가 모두 같은 자료는 최빈치를 갖지 않으며, 동시에 두 개의 최빈치를 갖는 경우에는 쌍봉(bimodal), 세 개 이상의 최빈치를 갖는 경우에는 다봉(multimodal)이라고 한다.

 예 3-4

다음 자료의 최빈치를 구하라.
    ① 0 0 2 3 3 4 4
    ② 1 3 5 7 9
    ③ 1 1 2 2 3 3

풀 이 ① 0, 3, 4
② 없다. 반복하는 수치가 없기 때문이다.
③ 없다. 가장 대표적인 수치가 없기 때문이다. ◆

1.4 대표치의 선택

수집된 자료의 대표치로는 평균, 중앙치, 최빈치가 사용될 수 있다. 그러나 이들은 계산하는 방법이 다르고 대표치로서 자료의 특성을 나타내는 데 적합한 경우가 서로 다르다.

중앙치와 최빈치는 범주자료를 기술하는 데 널리 이용된다. 그러나 이들은 자료의 일부만을 이용하여 구하는 반면 평균은 양적 자료의 크기뿐만 아니라 도수까지 고려함으로써 모든 자료의 정보를 이용하여 구한다.

중앙치와 최빈치는 수학적 연산이 불가능함에 반하여 평균은 수학적 연산이 가능하다. 또한 중앙치와 최빈치는 두 집단의 가중평균을 구할 수 없지만 평균은 이러한 계산이 가능하다. 특히 최빈치는 양적 자료의 중심을 나타내지 못하기 때문에 경영문제를 취급할 때 평균이나 중앙치보다 덜 사용된다.

평균은 분산의 계산, 모수의 추정, 가설검정 등 통계분석의 대표치로서 가장 널리 사용되고 있다.

이와 같이 평균이 중앙치 또는 최빈치보다 우수한 특성을 갖고 있지만 경우에 따라서는 중앙치나 최빈치가 너욱 활용되는 경우가 있다.

자료 속에 극단적인 이상치(outlier)가 있는 경우에는 이에 크게 영향을 받는 평균보다는 이에 덜 민감한 중앙치가 대표치로서 사용된다. 예컨대 극단적인 부유층이 존재하는 개인소득의 자료에 대해서는 오히려 중앙치의 사용이 적절하다고 하겠다.

자료의 분포가 비대칭적인 경우, 즉 오른쪽 또는 왼쪽으로 긴 꼬리를 갖는 경우에는 평균과 함께 중앙치를 대표치로 사용해야 한다.

최빈치는 양적 자료에 대해서도 구할 수 있지만 특히 명목자료와 서열자료에 대해서는 대표치로서 사용된다. 왜냐하면 이들 자료에 대해서는 평균과 중앙치를 계산할 수 없기 때문이다. 예를 들면 학생들에게 가장 좋아하는 스포츠가 무엇이냐고 물어 조사한 자료에 대해서는 평균이나 중앙치를 계산해 보았자 무의미한 일이다. 이런 경우에는 다수의 학생들이 좋아하는 스포츠를 대표치로 사용해야 한다.

따라서 최빈치는 기성복이나 가구를 만들 때 그리고 색상이나 상용한자를 결정할 때 가장 널리 사용된다.

2 | 산포도 측정치

집중경향치는 자료의 중심을 구할 뿐 자료들이 서로 얼마나 흩어져 있는 가는 말해 주지 않는다. 예컨대 강을 건너야 하는 경우 평균 깊이만 알아서는 의사결정하기가 쉽지 않다. 이때 최고의 깊이는 얼마이고 최소의 깊이는 얼마 인지를 알면 큰 도움이 된다.

통계자료의 수치들은 일반적으로 그 크기가 다르다. 수치들의 크고 작음 을 변동(variation)이라고 한다.

산포도 또는 분산도(degree of dispersion)는 자료들이 그들의 평균으로부터 흩어진 정도(spread)를 측정하는 중요한 특성치이다. 산포도는 두 분포에서 자 료의 흩어짐을 비교하는 데 이용된다. 예를 들면 아래의 그림에서 두 집단의 평균은 같더라도 그들의 분포는 서로 상이하다고 할 수 있다. 산포도가 작으 면 자료들이 평균 주위에 모이기 때문에 평균을 신뢰하여도 위험이 크지 않다 는 것을 의미한다. 따라서 산포도가 크면 클수록 평균으로 전체 자료를 대표 하는 신뢰도는 낮아질 수밖에 없다.

이와 같이 자료의 특성을 완전히 이해하기 위해서는 중심경향치와 함께 산포도를 알아야 한다. 예를 들면 주식투자를 할 때 평균 수익률이 동일하다 면 수익률의 변동이 적은 안정적인 주식을 선택하는 것이 바람직스럽다.

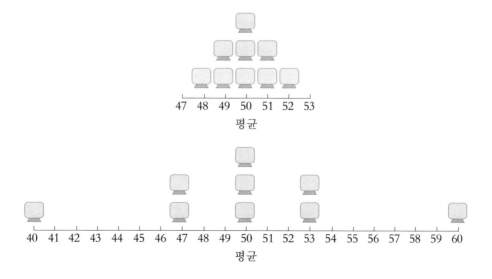

분산도를 측정하는 요약특성치로는

- 범위
- 분산
- 표준편차
- 변동계수

등을 들 수 있는데 분산(표준편차)이 가장 많이 이용된다.

2.1 범위

범위(range)란 자료에서 최대치와 최소치의 차이를 말하는데 산포도를 측정하는 가장 간단한 방법이다.

범위는 단순성이 장점이자 결점이다. 범위는 다만 두 관찰치만 가지고 계산하기 때문에 이 두 값의 변화에 아주 민감하지만 다른 관찰치에 대해서는 아무것도 말해 주지 않는다. 이와 같이 자료 속에 이상치가 존재하면 범위는 이에 바로 영향을 받는다. 범위가 큰 자료는 산포도가 크고 작은 자료는 산포도가 작다고 할 수 있다.

예 3-5

다음 두 자료의 범위를 구하라.
① 4 5 5 10 15 70
② 4 30 52 55 67 70

풀이 두 자료의 범위는 70 − 4 = 66으로서 같지만 분포의 양상은 현저히 다르다. ◆

2.2 분산과 표준편차

분산과 표준편차는 평균과 함께 통계학에서 자주 사용되는 산포도의 대표적인 특성치이다.

📖 ⌇⌇ 분 산

모집단: $\sigma^2 = \dfrac{\sum\limits_{i=1}^{N}(x_i - \mu)^2}{N}$

표   본: $s^2 = \dfrac{\sum\limits_{i=1}^{n}(x_i - \bar{x})^2}{n-1}$

자료의 각 관찰치 x와 그들 자료 평균 $\bar{x}$의 차이($x - \bar{x}$)를 편차(deviation)라고 하는데 분산(variance)을 구하기 위해서는 각 관찰치에 대해 편차의 제곱들을 합한 후 이를 전체 관찰치의 수로 나누면 된다. 이와 같은 편차제곱(squared deviation)의 평균이 분산이다. 분산을 계산할 때 편차제곱을 하는 이유는 (+)편차와 (−)편차가 존재하여 이들의 합계가 0이 됨을 막기 위함이다.

예를 들면 자료 7, 4, 9, 6, 4에서 평균 $\bar{x}$는 6이므로 편차는 다음과 같이 구하는데 총편차 $\sum(x_i - \bar{x}) = 0$이 된다.

• 자료 x 7 4 9 6 4
• 편차 $x - \bar{x}$ 1 −2 3 0 −2

분산은 모집단의 경우 모분산(population variance: σ^2)이라 하고 표본의 경우 표본분산(sample variance: s^2)이라고 한다. 대상에 따라 계산하는 공식도 다르다.

표본분산은 모르는 모분산을 구하고자 할 때 추정치로서 사용된다. 그런데 표본분산을 구하는 공식에서 분모로서 ($n-1$) 대신에 n을 사용하면 모분산을 과소평가하여 편의추정치(biased estimate)를 제공하게 된다. 즉 ($n-1$)을 사용하게 되면 표본분산은 모분산의 불편추정치가 된다. 여기서 ($n-1$)을 자유도라고 한다. 자유도(degree of freedom)란 특성치를 계산할 때 자료 가운데서 자유롭게 값을 취할 수 있는 관찰치의 수를 말한다. 예를 들면 1, 2, 3의 자료에서 평균은 2이다. 따라서 우리가 평균을 알고 있으면 세 숫자 가운데 자유롭게 어떤 두 숫자($n-1=3-1=2$)만 알게 되면 나머지 한 숫자는 자동적으로 알게 된다. 이때 $n-1=2$가 자유도이다. 즉 두 숫자는 자유롭게 가질 수 있는 자유가 있으나 마지막으로 남은 한 숫자는 자유가 상실되어 지정된 특정한 값

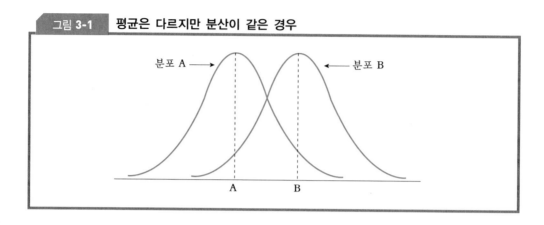

그림 3-1 평균은 다르지만 분산이 같은 경우

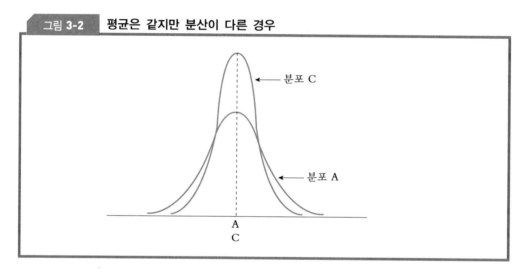

그림 3-2 평균은 같지만 분산이 다른 경우

만을 자동적으로 취하게 된다.

분산이란 주어진 각 자료가 그들 자료의 평균 주위로 얼마나 집중되어 있는가를 측정한다. 만일 모든 관찰치가 평균과 같으면 분산은 0이 된다. 따라서 분산의 값이 0에 가까우면 자료들의 변동이 심하지 않으며 대체로 평균 가까이에 분포되어 있음을 의미하고 분산이 0보다 크면 클수록 관찰치들이 평균으로부터 멀리 떨어져 있음을 의미한다.

[그림 3-1]은 평균은 다르지만 분산은 같은 경우이고 [그림 3-2]는 평균은 같지만 분산이 다른 경우이다. [그림 3-2]에서 분포 A는 분포 C보다 큰 분산을 갖고 있다.

분산은 각 자료에 대한 편차제곱으로 구하기 때문에 원자료의 단위보다 큰 단위로 표시하게 된다. 예를 들면 cm로 측정한 키 자료에 대해 평균을 구하면 cm단위로 표현할 수 있지만 분산은 제곱단위로서 cm²를 사용하게 된다. 그런데 cm²는 면적의 단위이고 키 단위는 cm이다. 따라서 원자료의 단위로 환원하여 평균과 동일한 단위를 사용하기 위해서 분산의 정의 제곱근을 구하는데 이것이 표준편차이다.

📖 👀 **표준편차**

모집단: $\sigma = \sqrt{\sigma^2}$

표　본: $s = \sqrt{s^2}$

표준편차(standard deviation)는 자료 값들이 그들의 평균으로부터 얼마나 떨어져 있는가를 측정하는데 평균이나 다른 통계량과 동일한 단위로 쉽게 비교할 수 있어 산포도를 측정하는 데 많이 이용된다.

　표준편차는 뒤에서 설명할 변동계수와 함께 위험(risk)을 측정하는 데 사용된다. 예를 들면 평균 수익률이 같더라도 가격의 변동이 심한 주식보다 변동이 덜한 주식이 덜 위험하다. 다른 조건이 같다고 할 때 납기의 변동이 심한 업체보다 변동이 덜한 업체를 선정하는 것은 일반적이다.

　표준편차도 분산과 같이 모집단이냐 또는 표본이냐에 따라 모표준편차(population standard deviation)와 표본표준편차(sample standard deviation)로 구분한다.

예 3-6

다음의 자료를 이용하여 분산과 표준편차를 구하라.
　① 자료가 모집단이라고 가정할 때
　② 자료가 표본이라고 가정할 때

37	42	46	46	54

풀 이   평균 $= \dfrac{37+42+46+46+54}{5} = 45$

x_i	$\overline{x}$	$x_i - \overline{x}$	$(x_i - \overline{x})^2$
37	45	−8	64
42	45	−3	9
46	45	1	1
46	45	1	1
54	45	9	81
합 계		0	156

① $\sigma^2 = \dfrac{156}{5} = 31.2$ $\sigma = \sqrt{31.2} = 5.59$

② $s^2 = \dfrac{156}{5-1} = 39$ $s = \sqrt{39} = 6.24$ ◆

분산과 표준편차의 특성을 요약하면 다음과 같다.

📖 분산과 표준편차의 특성

- 자료가 흩어지면 흩어질수록 범위, 분산, 표준편차는 더욱 커진다.
- 자료가 평균 주위로 집중할수록 범위, 분산, 표준편차는 더욱 작아진다.
- 자료가 모두 동일한 수치이면 범위, 분산, 표준편차는 0이 된다.
- 범위, 분산, 표준편차는 음수일 수 없다.

2.3 변동계수

표준편차는 변동의 절대적 측정치이기 때문에 두 자료의 표준편차를 직접 비교하는 것이 불가능한 경우가 있다. 예를 들면 달러와 연령과 같이 측정단위가 다른 두 자료들이라든가 측정단위가 같더라도 평균에 있어 큰 차이를 보이는 자료들의 표준편차는 직접 비교할 수가 없다.

이러한 경우에는 표준편차 또는 분산과 같은 절대적 수치보다 평균을 고려한 변동의 상대적 수치를 사용해야 한다. 이를 변동계수(coefficient of variation: CV) 또는 상대적 표준편차라고 부른다.

 변동계수

모집단: $CV = \dfrac{표준편차(\sigma)}{평균(\mu)} \times 100$

표 본: $CV = \dfrac{표준편차(s)}{평균(\overline{x})} \times 100$

예 3-7

가정주부 김 씨는 다음과 같이 5주 동안 가격변동을 나타낸 자산 1과 자산 2 중에서 하나를 골라 투자하려고 한다. 어떤 자산에 투자하는 것이 덜 위험한가? (모집단 가정)

자산 1	자산 2
55	10
68	18
63	8
72	20
65	13

풀 이 $\mu_1 = 64.6$(컴퓨터 사용) $\mu_2 = 13.8$

$\sigma_1 = 5.68$ $\sigma_2 = 4.58$

$CV_1 = \dfrac{\sigma_1}{\mu_1} \times 100 = \dfrac{5.68}{64.6} \times 100 = 8.79\%$

$CV_2 = \dfrac{\sigma_2}{\mu_2} \times 100 = \dfrac{4.58}{13.8} \times 100 = 33.19\%$

표준편차만을 고려하면 자산 2가 덜 위험하지만 변동계수를 고려하면 자산 1이 덜 위험하다. 따라서 투자의 대상은 김 씨가 주관적으로 결정해야 한다. ◆

3 위치의 측정치

우리는 자료에서 어떤 특정 관찰치의 상대적 위치(relative position, relative standing)를 알고자 하는 경우가 있다. 예를 들면 대학입학을 위해 수능 시험을 본 어떤 학생의 점수가 다른 모든 응시자의 점수에 비해 어느 위치에 놓이는가를 알고자 한다면 시험점수를 백분위수로 발표하면 가능하다.

다른 모든 자료와 비교한 한 특정 자료의 상대적 위치를 측정하는 위치의 측정치(measures of position)로는 다음과 같은 것을 들 수 있다.

- 중앙치
- 백분위수
- 사분위수
- Z값

3.1 백분위수

백분위수(percentile)란 자료를 크기순으로 정렬하여 백등분하였을 때 각 등분점에 위치하는 자료를 말한다. 백분위수는 P번째 백분위수로 나타내는데 이는 자료를 두 그룹으로 나누었을 때 적어도 P%의 관찰치가 그보다 작거나 같고 $(100-P)$%의 관찰치가 그보다 큰 값을 말한다. 위 수능 시험에서 어떤 학생의 점수가 90번째 백분위수라면 모든 응시생의 90%는 이 학생의 점수보다 낮거나 같고 10%는 높다는 것을 뜻한다.

이와 같이 백분위수는 서열자료의 경우에 자료를 표준화하게 된다.

P번째 백분위수를 구하는 절차는 다음과 같다.

- 자료를 작은 것부터 큰 순서로 정렬한다.
- 지수 i를 다음과 같이 구한다.

$$i = n\left(\frac{P}{100}\right)$$

P: 관심 있는 백분위수

n : 자료의 수

• 만일 i가 정수이면 i와 $(i+1)$의 위치에 있는 두 자료를 평균한 것이 P번째 백분위수이다. 만일 i가 정수가 아니면 이를 절상한 것에 해당하는 수치가 P번째 백분위수이다.

예 3-8

다음 자료는 Excel 대학교 50명 학생의 통계학 성적이다.

22	25	28	31	34	35	39	39	40	42
44	44	47	48	49	51	54	54	55	55
56	57	59	60	61	63	63	63	65	66
67	68	69	71	72	72	74	75	75	76
78	78	80	82	83	85	88	90	92	96

① 35번째 백분위수를 구하라.

② 60번째 백분위수를 구하라.

③ 어떤 학생의 점수가 80점일 때 이는 몇 번째 백분위수에 해당하는가?

풀 이 ① $i = 50\left(\dfrac{35}{100}\right) = 17.5$이므로 18번째 자료인 54가 P_{35}이다.

② $i = 50\left(\dfrac{60}{100}\right) = 30$이므로

$$P_{60} = \frac{30\text{번째 자료} + 31\text{번째 자료}}{2} = \frac{66+67}{2} = 66.5$$

③ 80점은 43번째 값이므로 $P = \dfrac{43}{50} \times 100 = 86$번째 백분위수이다. ◆

3.2 사분위수

백분위수 중에서 25번째 백분위수를 1사분위수(first quartile) Q_1, 50번째 백분위수를 2사분위수(second quartile) 또는 중앙치 Q_2, 75번째 백분위수를 3사분위수(third quartile) Q_3라고 한다.

특히 1사분위수와 3사분위수의 차이를 사분위수 범위(interquartile range:

IQR) 또는 중간범위(midrange)라고 한다. 이는 정렬된 자료의 중간 50%의 범위를 측정한다. 자료 속에 이상치가 존재하더라도 사분위수 범위는 범위와 달리 이에 영향을 받지 않는다.

 예 3-9

[예 3-8]의 자료에 대해서 다음을 구하라.

    ① 1사분위수

    ② 2사분위수

    ③ 3사분위수

    ④ 사분위수 범위

풀 이 ① $i = 50\left(\dfrac{25}{100}\right) = 12.5$이므로 13번째 자료인 47이다. $Q_1 = 47$

    ② $i = 50\left(\dfrac{50}{100}\right) = 25$이므로 25번째 자료인 61과 26번째 자료인 63의 평균은 62이다. $Q_2 = 62$

    ③ $i = 50\left(\dfrac{75}{100}\right) = 37.5$이므로 38번째 자료인 75이다. $Q_3 = 75$

    ④ $IQR = Q_3 - Q_1 = 75 - 47 = 28$ ◆

3.3 Z값

서열자료의 경우에는 백분위수를 사용하여 자료를 표준화할 수 있다. 그러나 구간자료와 비율자료 같은 양적 자료의 경우에는 자료의 평균과 표준편차를 이용하여 특정 자료의 상대적 위치를 측정하는 Z값이라는 척도를 사용한다. Z값(Z score, Z value)이란 백분위수처럼 특정 관찰치가 평균의 위 아래로부터 몇 개의 표준편차만큼 떨어져 있는가를 나타내는 상대적 위치를 결정한다. Z값이 양수이면 특정 관찰치가 Z값이 나타내는 표준편차의 수만큼 평균보다 크게 위치함을 의미한다.

따라서 Z값이 크면 클수록 특정 관찰치가 평균으로부터 멀리 떨어져 있음을 의미한다. 일반적으로 Z값이 ±3을 벗어나면 그 특정 관찰치는 이상치라고 말할 수 있다.

Z값은 측정단위가 서로 다른 자료를 비교할 때 사용한다. 예를 들면 일한 시간에 비하여 임금이 적다든지, 공부한 시간에 비해 성적이 좋다든지와 같이 측정단위가 서로 다른 두 자료를 비교하기 위해서는 측정단위를 표준화 (standardization)해서 동일한 형태로 통일시켜야 하는데 이때 Z값을 사용하게 된다. 즉 Z값의 크기로 측정단위가 다른 두 자료를 직접 비교할 수 있는 것이다.

Z값은 표준편차를 이용하여 다음과 같이 구한다.

 Z값

모집단: $Z = \dfrac{x - \mu}{\sigma}$

표　본: $Z = \dfrac{x - \bar{x}}{s}$

 예 3-10

Excel 고등학교 3학년 해외 유학반 학생들 30명의 주당 평균 공부시간이 20시간이고 표준편차는 5시간이며 TOEFL 성적은 평균이 600점이고 표준편차는 10점이었다. 그런데 강 양은 평균 24시간을 공부하여 610점을 받았다. 강 양은 다른 학생들과 비교할 때 공부하는 시간에 비해 TOEFL 성적이 좋다고 말할 수 있는가?

풀 이 공부시간: $Z = \dfrac{24 - 20}{5} = 0.8$

성적: $Z = \dfrac{610 - 600}{10} = 1$

강 양의 공부시간은 전체 학생 30명의 평균보다 0.8표준편차만큼 더 많지만 성적은 1표준편차만큼 더 높기 때문에 강 양의 공부시간에 비해 성적은 더 좋다고 말할 수 있다. ◆

4 형태의 측정치

자료를 분석할 때 분포형태가 좌우대칭(symmetric)인지 관심을 갖게 된다. 자료분포의 모양을 측정하는 형태의 측정치(measures of shape)로는 다음과 같은 것을 들 수 있다.

- 비대칭도
- 첨도

4.1 비대칭도

자료분포의 모양을 측정하는 비대칭도(skewness)는 자료분포의 좌우대칭 정도를 측정하는데 왜도라고도 한다. 자료분포의 모양에 따라 평균, 중앙치, 최빈치의 상대적 위치가 결정된다. 비대칭도의 가능한 한 원인은 자료 속에 이상치의 존재 때문이다.

자료분포는 그의 평균과 중앙치의 상대적 크기에 따라 다음과 같이 세 가지 형태로 구분할 수 있다.

- 좌우대칭
- 오른쪽 꼬리분포
- 왼쪽 꼬리분포

[그림 3-3]은 좌우대칭인 히스토그램을, [그림 3-4]는 오른쪽 꼬리분포

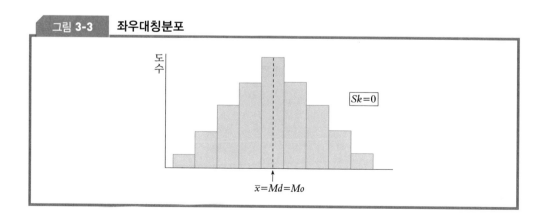

그림 3-3 **좌우대칭분포**

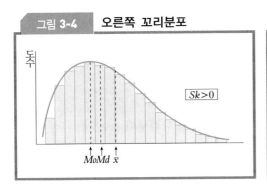

그림 3-4　오른쪽 꼬리분포

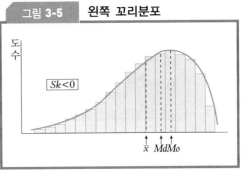

그림 3-5　왼쪽 꼬리분포

(skewed right)를, [그림 3-5]는 왼쪽 꼬리분포(skewed left)를 나타낸다.

비대칭도를 측정하는 방법은 피어슨의 비대칭도계수(Pearson's coefficient of skewness)를 계산하는 것이다.

비대칭도계수

$$Sk = \frac{3(\bar{x} - Md)}{s}$$

이는 평균과 중앙치의 차이가 표준편차에 비하여 얼마나 떨어져 있는가를 나타내는 척도이다.

Sk의 값은 -3부터 $+3$까지의 값을 갖는다. Sk의 값에 따라 분포는 다음과 같이 세 가지 형태를 취한다.

- $Sk = 0$인 경우: $\bar{x} = Md = Mo$이므로 자료의 분포는 좌우대칭이다.
- $Sk > 0$인 경우: $\bar{x} \geq Md \geq Mo$이므로 자료의 분포는 왼쪽으로 치우쳐 있어 오른쪽으로 긴 꼬리를 갖는다.
- $Sk < 0$인 경우: $\bar{x} \leq Md \leq Mo$이므로 자료의 분포는 오른쪽으로 치우쳐 있어 왼쪽으로 긴 꼬리를 갖는다.

예 3-11

[예 3-8]의 자료는 어떤 모양의 분포를 나타내는가?

> **풀 이** $\bar{x} = 60.36$
>
> $s = 18.61$(컴퓨터 사용)
>
> $Md = 62$
>
> $Sk = \dfrac{3(60.36 - 62)}{18.61} = -0.26$

이 자료의 히스토그램은 약간 왼쪽으로 긴 꼬리분포를 나타낸다. ◆

4.2 첨도

비대칭도는 분포의 모양이 좌우대칭인지, 오른쪽 꼬리분포인지, 또는 왼쪽 꼬리분포인지 등과 같이 늘어진 꼬리의 방향을 나타내는 데 반하여 첨도(kurtosis)는 자료분포의 뾰족함(peakedness)의 정도를 측정한다.

첨도는 계산하기가 매우 복잡하고 통계학에서 별로 사용하지 않기 때문에 생략하고자 한다.

예제와 풀이

1. Excel 대학교 통계학 교실 옆에 설치된 자판기에서 다음 여섯 가지 종류의 음료수를 사 마실 수 있다. 그들의 캔당 판매가격(단위: 원)은 다음과 같다.

음 료 수	코카콜라	킨사이다	네스카페	봄빛매실	허니레몬	쿠우
가 격	450	500	550	600	600	650

① 캔당 평균 판매가격은 얼마인가?

② 판매가격의 중앙치를 구하라.

③ 판매가격의 최빈치를 구하라.

④ 판매가격의 범위를 구하라.

⑤ 판매가격의 30번째 백분위수, 1사분위수, 3사분위수를 구하라.

⑥ 판매가격의 사분위수 범위를 구하라.

⑦ 판매가격의 분산과 표준편차를 구하라.

⑧ 판매가격이 630원일 때의 Z값을 구하라.

⑨ 비대칭도계수를 구하고 자료분포의 형태를 말하라.

⑩ 어느 날 판매된 캔 수는 다음과 같다. 모든 캔들의 평균 판매가격은 얼마인가?

음 료 수	코카콜라	킨사이다	네스카페	봄빛매실	허니레몬	쿠우
판 매 량	20	15	18	25	20	13

풀 이

① $\mu = \dfrac{450+500+550+600+600+650}{6} = 558.33$

② $Md = \dfrac{550+600}{2} = 575$

③ 600

④ $650-450 = 200$

⑤ 500, 500, 600

⑥ $600-500 = 100$

⑦

x	$x-\mu$	$(x-\mu)^2$
450	-108.33	11,735.39
500	-58.33	3,402.39
550	-8.33	69.39
600	41.67	1,736.39
600	41.67	1,736.39
650	91.67	8,403.39
합 계	0	27,083.34

$$\sigma^2 = \frac{27,083.34}{6} = 4,513.89$$

$$\sigma = \sqrt{4,513.89} = 67.19$$

⑧ Z값 $= \dfrac{630 - 558.33}{67.19} = 1.07$

⑨ $Sk = \dfrac{3(558.33 - 575)}{67.19} = -0.74$

왼쪽 꼬리분포

⑩ $\mu = \dfrac{20(450) + 15(500) + 18(550) + 25(600) + 20(600) + 13(650)}{20 + 15 + 18 + 25 + 20 + 13} = 557.2$

2. 다음은 채권 15개의 수익률(단위: %)이다.

3.6	4.5	7.2	7.5	7.7	8.0	8.3	8.5
8.7	9.2	10.6	11.4	11.7	12.1	15.9	

① 중심경향치 가운데 어느 것이 가장 알맞다고 생각하는가? 계산하라.

② 표본표준편차를 계산하라.

③ 자료의 분포형태를 말하라.

풀이

① 평균: 8.99   중앙치: 8.5

② 표본표준편차: 3.062

③ $Sk = \dfrac{3(\bar{x} - Md)}{s} = \dfrac{3(8.99 - 8.5)}{3.062} = 0.48$ 오른쪽 꼬리분포

연/습/문/제

1. 자료분포의 특성을 요약하는 척도에는 무엇이 있는가?

2. 대표치의 선택은 어떻게 하는가?

3. 평균과 분산(표준편차)의 관계를 설명하라.

4. 다음 용어를 설명하라.
   ① 집중경향치   ② 산포도
   ③ 비대칭도   ④ 변동계수
   ⑤ 백분위수

5. Excel 대학교 통계학반 학생 수는 50명인데 평균 키는 170cm, 표준편차는 10cm 이고 체중은 평균 70kg, 표준편차는 5kg이다. 그런데 최 군의 키는 165cm, 체중 은 68kg이다. 최 군은 반에서 키에 비해 뚱뚱한 편이라고 할 수 있는가?

6. 다음은 201A년 B월의 19개 산업의 공업생산지수이다. 공업생산지수는 경제상황 을 감시하는 유용한 지표로서 각 산업에 대하여 발표한다.

60.6	115.1	122.8	124.7	139.8	140.6	146.0	147.9	160.9	164.9
169.0	172.6	176.5	176.7	181.8	192.6	221.5	232.0	341.4	

다음 ①부터 ⑫까지 값을 구하라.
   ① 평균   ② 중앙치
   ③ 최빈치   ④ 분산
   ⑤ 표준편차   ⑥ 범위

⑦ 변동계수   ⑧ 비대칭도계수

⑨ 1사분위수   ⑩ 85번째 백분위수

⑪ 146.0에 해당하는 Z값   ⑫ 사분위수 범위

7. 종로산업㈜의 품질관리부는 오븐을 생산하는 세 개의 조립라인을 항상 감시한다. 오븐은 4분 안에 화씨 240°까지 가열한 후 끄도록 설계되어 있다. 그런데 차단시설의 잘못으로 4분 안에 240°에 이르지도 못하거나 반대로 이를 초과하는 경우도 발생한다. 생산라인으로부터 온도에 관한 많은 표본을 추출한 결과 다음과 같은 자료를 얻었다.

통계 측정치	라인 1	라인 2	라인 3
평 균	238.1	240.0	242.9
중 앙 치	240.0	240.0	240.0
최 빈 치	241.5	240.0	239.1
표준편차	3.0	0.4	3.9
평균편차	1.9	0.2	2.2
사분위수 범위	2.0	0.2	3.4

① 어떤 라인이 종모양의 분포를 나타내는가?

② 온도에 있어 심한 변동을 나타내는 라인은 어느 것인가?

③ 온도분포가 오른쪽 꼬리모양을 갖는 라인은 어느 것인가?

④ 라인 2에 대하여 1사분위수와 3사분위수를 구하라.

⑤ 라인 3에서 변동계수는 얼마인가?

⑥ 라인 1에서 비대칭도는 얼마인가?

⑦ 라인 1에 대하여 분산을 구하라.

8. 다음과 같은 자료에 대하여 물음에 답하라.

3	5	6	7	8	8
9	10	11	12	13	14

① 평균을 구하라.

② 중앙치를 구하라.

③ 최빈치를 구하라.

④ 범위를 구하라.

⑤ 모집단자료라고 할 때 모분산을 구하라.

⑥ 모집단자료라고 할 때 모표준편차를 구하라.

⑦ 표본자료라고 할 때 표본분산을 구하라.

⑧ 표본자료라고 할 때 표본표준편차를 구하라.

⑨ 표본자료라고 할 때 변동계수를 구하라.

⑩ 40번째 백분위수를 구하라.

⑪ 3사분위수를 구하라.

⑫ 모집단자료라고 할 때 11에 해당하는 Z값을 구하라.

⑬ 비대칭도계수를 구하라.

9. 강 군은 사법고시 시험에서 민법은 70점, 형사소송법은 74점을 받았다. 그런데 민법의 전체 수험생의 평균은 68점, 표준편차는 4점이고, 형사소송법의 전체 평균은 70점, 표준편차는 6점이었다. 강 군은 어느 과목에서 다른 수험생들에 비하여 더 높은 점수를 받았는가?

10. 다음은 동일한 제품을 판매하는 10개 회사의 시장점유율을 조사한 자료이다.

회 사	점유율(%)
A	8.91
B	7.69
C	7.13
D	4.49
E	4.46
F	4.42
G	4.31
H	4.06
I	4.06
J	3.34

① 평균, 중앙치, 최빈치를 구하라.

② 범위, 표본분산, 표본표준편차, 변동계수를 구하라.

③ 40번째 백분위수, 사분위수 범위, 회사 C의 점유율에 해당하는 Z값을 구하라.

④ 자료의 분포는 좌우대칭인가, 어느 쪽으로 치우쳐 있는가?

11. 다음 자료는 경부 고속도로와 서해안 고속도로에서 12월 중 랜덤으로 추출해 10일 동안 조사한 교통 위반자들의 수이다. 각 도로상 교통 위반자들의 변동계수를 구하라.

경부 고속도로	서해안 고속도로
20	28
16	38
19	23
20	18
12	18
16	29
21	32
20	18
18	28
15	24
177	256

12. 다음은 어느 해 동유럽국가 중 여덟 나라의 일인당 GDP 자료이다.

국 가	GDP(단위: US $)
알바니아	4,900
보스니아	6,500
루마니아	7,700
불가리아	8,200
크로아티아	11,200
폴란드	12,000
헝가리	14,900
체코	16,800

① 평균, 중앙치, 최빈치를 구하라.

② 표본분산, 표본표준편차, 변동계수를 구하라.

③ 범위, 40번째 백분위수, 사분위수 범위, 크로아티아에 해당하는 Z값을 구하라.

④ 자료의 분포는 좌우대칭인가? 어느 쪽으로 치우쳐 있는가?

⑤ 알바니아, 불가리아, 크로아티아, 체코의 평균과 표준편차를 구하라.

⑥ 헝가리, 폴란드, 루마니아, 보스니아의 평균과 표준편차를 구하라.

⑦ 위 ⑤, ⑥에서 구한 표준편차를 비교하기 위하여 변동계수를 사용하라.

13. 다음 자료를 사용하여 물음에 답하라.

15	28	30	40	42	51	53	59	60	62
65	68	70	71	73	76	77	81	82	85

① 15번째 백분위수를 구하라.

② 1사분위수를 구하라.

③ 2사분위수를 구하라.

④ 80번째 백분위수를 구하라.

⑤ 사분위수 범위를 구하라.

⑥ 73에 해당하는 Z값을 구하라.

14. 다음 자료는 변수 X의 관찰치이다.

1	2	3	4	5	6	7	8	9	10

다음을 계산하라.

① $\sum_{i=1}^{4} x_i$ ② $\dfrac{1}{5} \sum_{i=6}^{10} x_i$

③ $\sum_{i=1}^{5} x_i^2$ ④ $\dfrac{1}{9} \sum_{i=1}^{3} (x_i - \bar{x})^2$

15. 다음 자료는 Excel 대학교 12명 농구선수들의 키(인치)와 몸무게(파운드)를 측정한 결과이다.

키	73	77	69	70	79	72	69	74	76	68	74	72
몸무게	210	185	171	174	162	197	192	189	201	225	168	180

① 각 자료의 변동계수를 구하라.
② 결론은 무엇인가?

제 **4** 장

확률이론

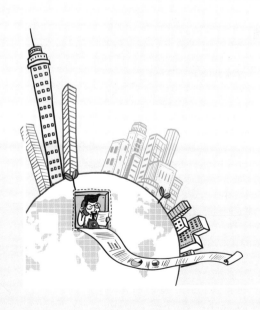

우리는 제1장에서 통계학을 기술통계학과 추리통계학으로 구분하면서 추리통계학은 모집단으로부터 추출한 표본의 정보에 입각하여 모르는 모집단의 모수에 대하여 추측하는 분야라고 배웠다.

우리가 모집단의 특성을 알고 있으면 이로부터 표본을 추출할 때 표본결과의 가능성을 기술하기 위하여 확률이 사용된다. 예를 들면 흰 돌 6개와 검은 돌 4개가 들어 있는 바둑통(모집단은 10개)에서 임의로 돌 한 개를 꺼낼 때 이것이 흰 돌일 확률은 6/10이고 검은 돌일 확률은 4/10이다. 이와 같이 확률은 모집단을 알고 있음을 전제로 한다.

그러나 우리가 모집단의 특성을 모르는 상황에서 제한된 표본정보에 입각하여 모집단에 대해 결론을 내리는 데 이용되는 도구가 바로 확률이다.

이와 같이 불확실성하에서 의사결정을 하기 위해서는 모집단의 특성을 예측하는 데 확률을 부여하거나 어떤 결과가 발생하는 데 따르는 위험을 분석하고 이를 최소화하는 데 확률을 적용한다.

확률과 추리통계학은 역의 관계이다. 확률은 모집단으로부터 표본을 판단(추론)하지만 추리통계학은 표본으로부터 모집단에 대해 추론한다. 이는 [그림 4-1]이 보여 주는 바와 같다.

확률이론(probability theory)이 추리통계학의 기초이기 때문에 기본적인 확률개념이 필요하다. 따라서 본장에서는 사상과 표본공간, 확률법칙, 베이즈 정리 등에 관하여 공부할 것이다.

그림 4-1   확률과 추리통계학의 관계

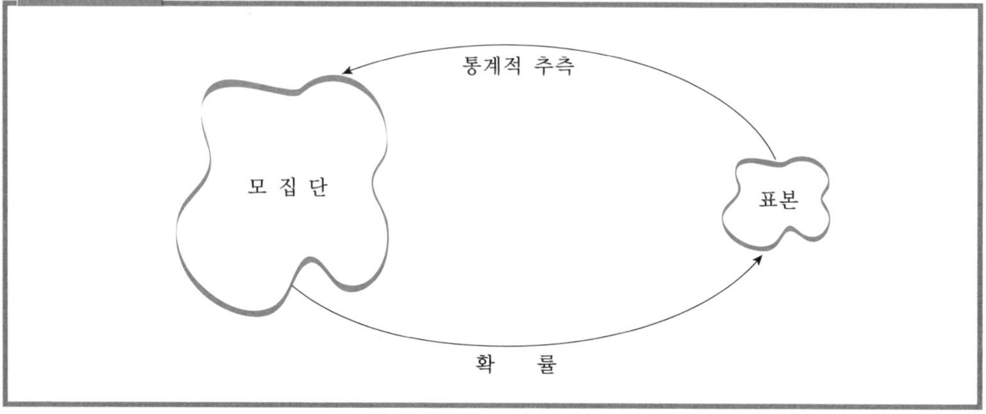

1 사상과 표본공간

확률을 정의하기 전에 세 가지 용어에 대한 설명이 필요하다.

실험(experiment)이란 유사한 조건하에서 어떤 변수의 관찰이나 측정을 유발하는 과정을 통해 결과로 나타나는 값을 기록하는 행위를 말하는데 의사결정에 필요한 자료를 수집하기 위하여 실시하며 두 개 이상의 가능한 결과(outcome)를 유발한다. 그런데 실험을 해보기 전에는 어떤 결과가 발생할지 전혀 불확실하다. 따라서 우리는 확률실험(random experiment)이라고도 부른다.

실험과 그의 결과에 대한 예를 들면 다음과 같다.

- 동전을 던지면 앞면 또는 뒷면이 나타난다.
- 주사위를 던지면 1, 2, 3, 4, 5, 6 가운데 하나가 나타난다.
- 생산라인에서 표본을 추출하여 불량품이 있는지를 조사한다.

위 예에서 동전을 던지는 실험에서 결과는 앞면(head) 아니면 뒷면(tail)이 나타나는 것이다. 앞면 또는 뒷면은 동시에 발생할 수 없기 때문에 이는 실험의 기본결과(basic outcome)라고 한다. 이와 같이 확률실험은 기본결과 가운데 어떤 하나를 발생시킨다.

실험에서 발생할 수 있는 가능한 모든 기본결과(표본점)들의 집합을 표본공간(sample space)이라 하고 보통 S로 표시한다.

예를 들면 동전 던지기 실험의 표본공간은 $S = \{$앞면, 뒷면$\}$이고, 주사위 던지기 실험의 표본공간은 $S = \{1, 2, 3, 4, 5, 6\}$이다.

표본공간을 구성하는 어떤 하나의 기본결과(단일사상)를 표본점(sample point)이라고 한다. 주사위 한 개를 던지는 실험에서 표본점은 1, 2, 3, 4, 5, 6 등 6개이고 동전 던지기 실험의 표본점은 앞면과 뒷면의 2개이다. 이럴 경우 표본공간 내 어떤 사상이 발생할 확률은 0부터 1까지의 값을 가지고 모든 사상들이 발생할 확률의 합은 꼭 1이 된다.

표본공간을 구성하는 각 표본점은 동시에 발생할 수 없는 상호 배타적(mutually exclusive)이고 포괄적(exhaustive)인 사상이다.[1]

---

[1] 상호 배타적이라 함은 주사위 한 개를 던질 때 두 개 이상의 수가 동시에 나타날 수 없음을 의미하고 포괄적이라 함은 표본공간에 실험의 모든 가능한 결과가 포함됨을 의미한다.

표본공간이 이루어지면 이를 구성하는 특정 표본점을 얻을 수 있는 확률은 1/(전체 표본점들의 수)로 구한다. 예를 들면 동전 던지기에서 특정한 표본점인 앞면(또는 뒷면)이 나올 확률은 1/2이고, 주사위 던지기에서 각 표본점이 나올 확률은 1/6이다. 이와 같이 표본공간을 구성하는 사상들이 상호 배타적이고 포괄적이면 모든 사상들이 일어날 확률의 합은 항상 1이 된다.

사상(event) 또는 사건이란 확률실험의 실시로 나타나는 기본결과를 말한다. 즉 사상이란 표본공간을 이루는 특정 표본점을 말한다.

사상은 단일사상과 복합사상으로 구분할 수 있다. 예를 들어 주사위 한 개를 던지는 실험에서 눈금 1을 관찰하는 것은 더 이상 단순한 결과로 분해할 수 없는 기본결과이기 때문에 단일사상(simple event)이라 한다. 단일사상은 하나의 표본점에 의해 정의된다. 단일사상은 중요한 특성을 갖는다. 실험이 한 번 실시될 때 다만 하나의 단일사상을 관찰할 수 있다.

반면 예컨대 홀수를 관찰하는 사상의 경우 눈금 1, 3, 5라는 세 개의 단일사상을 포함하기 때문에 이러한 사상은 복합사상(compound event)이라고 한다. 주사위와 동전을 동시에 던지거나 광고비에 따른 매출액의 변화 등 두 가지 실험을 통해 얻는 결과도 복합사상이다. 따라서 복합사상은 단일사상의 집합이라고 말할 수 있다. 이와 같이 복합사상은 두 개 이상의 표본점으로 정의된다.

 예 4-1

동전 한 개와 주사위 한 개를 동시에 던지는 실험의 표본공간을 구하라. 단 동전의 앞면은 H, 뒷면은 T라고 한다.

풀 이 $S = \{(H, 1)\}, (H, 2), (H, 3), (H, 4), (H, 5), (H, 6), (T, 1), (T, 2),$
$(T, 3), (T, 4), (T, 5), (T, 6)\}$ ◆

2 | 복합사상

실제로 우리가 관심을 갖는 사상은 수많은 단일사상을 동시에 고려해야 하는 복합사상이다. 예를 들면 두 사상 가운데서 적어도 어느 하나만 발생해도 되는 사상이 있는가 하면 두 사상이 모두 발생해야 되는 사상도 있다. 전자는 합사상이라 하고 후자는 교사상이라 한다.

2.1 합사상

두 사상 가운데서 적어도 어느 한 사상이 발생하기 위해서는 확률실험의 단일사상이 적어도 한 사상에 속하면 된다. 적어도 어느 한 사상에 속하는 단일사상의 집합을 합사상(union of event)이라 한다.

A와 B를 두 사상이라고 할 때 합사상은 일반적으로 $A \cup B$로 표시하고 "A 또는 B"로 읽는다. $A \cup B$(A or B)는 사상 A 또는 사상 B에 속하는 모든 단일사상(원소)을 포함한다.

 예 4-2

주사위 한 개를 던지는 실험에서 "사상 A: 짝수를 관찰한다. 사상 B: 5 미만의 수를 관찰한다"라고 할 때 A∪B를 구하라.

풀 이 $A \cup B = \{1, \ 2, \ 3, \ 4, \ 6\}$ ◆

2.2 교사상

두 사상 모두가 발생하기 위해서는 확률실험의 단일사상이 두 사상에 공통적으로 속하면 된다. 두 사상 모두에 속하는 단일사상의 집합을 교사상(intersection of event)이라 한다.

A와 B를 두 사상이라고 할 때 교사상은 일반적으로 $A \cap B$로 표시하고 "A 그리고 B"로 읽는다. $A \cap B$(A and B)는 사상 A 그리고 사상 B에서 공통되는 단일사상을 포함한다.

 예 4-3

[예 4-2]에서 $A \cap B$를 구하라.

풀이 $A \cap B = \{2, 4\}$ ◆

2.3 여사상

사상 A의 여사상(complement of A)이란 표본공간을 이루는 모든 단일사상 가운데서 사상 A에 속하지 않는 단일사상의 집합을 말한다.

사상 A의 여사상을 $\overline{A}$ 또는 A^C로 표시한다.

예 4-4

[예 4-2]에서 A^C를 구하라.

풀이 $A^C = \{1, 3, 5\}$ ◆

3 확률의 개념

우리는 불확실한 상황에서 경험이나 실험의 실시로 어떤 사상 또는 결과가 미래에 발생할 가능성 또는 확실성을 측정하기 위하여 확률(probability)을 사용한다. 예를 들어 보자.

- 오늘 비가 올 가능성은 얼마인가?
- 강 씨가 이번 대통령선거에서 당선될 가능성은 얼마인가?

확률은 일상생활에서 의사결정을 할 때 판단기준이 된다. 즉 확률이 높으면 진행하겠지만 낮으면 단념하게 된다.

확률은 0부터 1까지의 값을 갖는다. 확률이 1이라 함은 그 사상이 확실하게 발생할 것임을 의미하고 0이라 함은 절대로 발생할 가능성이 없음을 의미한다.

추리통계학에서는 모집단에서 추출하여 얻는 제한된 표본통계량에 입각하여 그 모집단의 특성을 나타내는 모수를 추정하거나 모수에 대한 가설검정을 실시하여 결론을 내리게 된다. 그런데 이러한 결론은 모집단의 특성을 완벽하게 파악할 수 없기 때문에 언제나 불확실하다고 말할 수 있다. 따라서 이와 같은 결론의 신뢰도를 측정할 필요가 있다. 모집단으로부터 선정되는 표본에 따라 매번 값이 달라지는 표본통계량으로 통계적 추론을 하는 데 따르는 불확실성과 위험(risk)을 분석하고 신뢰도를 평가하는 데 도움을 주는 도구가 확률이론(probability theory)이다. 확률이론이 추리통계학 연구에 필요한 이유가 바로 여기에 있다.

그러면 확률은 어떻게 측정할 것인가? 확률의 개념은 확률실험의 성격에 따라 다르다. 확률실험을 동일한 조건에서 반복해서 실시할 수 있으면 객관적 확률개념(objective probability concept)을 사용할 수 있지만 단 한 번만 발생하는 확률실험의 경우에는 주관적 확률개념(subjective probability concept)을 사용할 수 있다.

객관적 확률은 이론적으로 생각하는 실험을 반복할 때 측정하는 고전적 방법과 실제 실험을 반복하여 구하는 경험적 방법으로 구분된다.

3.1 고전적 방법

고전적 방법(classical approach)에 있어서는 사상의 확률을 결정하기 위해서 실험을 실제로 무한히 반복할 필요는 없다. 예를 들면 동전을 한 개 던질 때 앞면이 나올 확률이 1/2이라고 할 때 우리는 동전이 쭈그러들지 않고 균형이 잡혀 있다고 하는 동전의 구조를 믿고 앞면과 뒷면이 나올 동일발생가능성(equally likely)과 상호 배타성(mutually exclusive) 및 포괄성을 이론적으로 가정한다. 따라서 고전적 방법은 이론적 방법이라고도 한다.

어떤 실험이나 관찰의 결과로 특정 사상이 발생할 확률은 다음과 같은 공식을 이용하여 구한다.

$$P(A) = \frac{\text{사상 } A\text{와 관련된 사상의 수}}{\text{표본공간에 속하는 전체 사상의 수}}$$

예 4-5

다음 문제에 대한 답을 구하라.

① Excel 대학교 교수는 모두 100명이다. 이 가운데 남자는 60명이다. 교수 가운데 한 명을 랜덤으로 추출할 때 그가 여자일 확률은 얼마인가?

② 흰 돌 다섯 개와 검은 돌 열 개가 들어 있는 바둑통에서 한 개를 꺼낼 때 흰 돌일 확률은 얼마인가?

풀 이 ① $\dfrac{40}{100} = 0.4$

② $\dfrac{5}{15} = 0.333$ ◆

3.2 경험적 방법

사상에 확률을 부여하는 경험적 법칙(empirical approach)은 어떤 법칙에 의존하는 것이 아니라 과거에 실제로 관찰한 수많은 횟수의 확률실험의 경험에 바탕을 두고 있다. 경험적 방법은 상대도수개념(relative frequency concept)을 이용한다.

경험적 추정은 사상에 대한 사전지식이 없을 때 필요하다. 관찰치의 수 또는 실험횟수가 증가할 때 추정치는 더욱 정확하게 된다.

예를 들어 과거에 납품한 10,000 상자의 부품 가운데 불량품은 10 상자이었다고 할 때 이 공급자가 납품할 다음 상자가 불량품일 확률은 $\dfrac{10}{10,000} = 0.1\%$ 이다. 동전 던지기를 50번 할 때 앞면 또는 뒷면이 나올 확률은 예컨대 $\dfrac{1}{3}$, $\dfrac{7}{13}$, $\dfrac{10}{20}$, $\dfrac{28}{50}$ 등이 될 수 있다. 그러나 동전을 무한히 던지게 되면 앞면 또는 뒷면이 나올 확률은 $\dfrac{1}{2}$에 수렴한다.

여기서 대수의 법칙(law of large numbers)이 적용된다. 이 법칙은 시행횟수를 무한히 증가시키면 경험적 확률은 이론적 확률에 접근한다는 것을 말한다.

[그림 4-2]는 동전 던지기 실험에서 앞면이 나올 확률을 고전적 방법과 경험적 방법의 차이로 보여 주고 있다.

$$P(A) = \frac{\text{사상 } A \text{의 발생횟수}}{\text{실험의 총 반복횟수}}$$

상대도수적 확률개념은 경영문제 해결에 많이 이용되는 개념이기는 하지만 실험을 무수히 반복시행한다고 할 때 무수히란 얼마를 의미하는지 또는 현실적으로 무수히 실험을 반복할 수 있는지 등 문제점을 안고 있다.

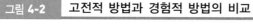
그림 4-2 **고전적 방법과 경험적 방법의 비교**

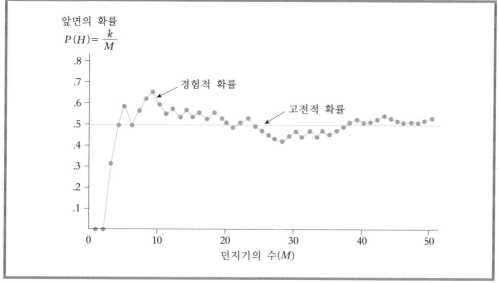

3.3 주관적 방법

주관적 방법은 실험의 반복에 의해서가 아니라 어떤 사상이 발생할 가능성에 대한 개인적 믿음의 정도(degree of belief)에 따라 순전히 주관적으로 확률을 결정하는 방법이다.

예를 들면 개인 투자자들은 주식시장의 미래 동향에 대하여 동일한 견해를 갖는다고 볼 수는 없기 때문에 각자의 지식, 정보, 경험에 따른 주관적 판단에 따라 투자를 하게 된다.

4 확률법칙

복합사상의 다른 형태에 대한 확률을 계산하는 법칙은 다음과 같이 구분할 수 있다.

- 덧셈법칙 〈 일반법칙(두 사상이 상호 배타적이 아닌 경우)
  특별법칙(두 사상이 상호 배타적인 경우)
- 곱셈법칙 〈 일반법칙(종속사상)
  특별법칙(독립사상)

4.1 덧셈법칙

확률의 덧셈법칙(addition law)은 두 사상 A와 B가 있을 때 두 사상 가운데서 적어도 한 사상이 발생할 합확률(union probability), 즉 $P(A$ 혹은 $B)=P(A\cup B)$를 구하는 법칙이다. 두 사상이 상호 배타적이냐 또는 아니냐에 따라 일반법칙과 특별법칙으로 구분된다.

□ 덧셈의 일반법칙(상호 배타적이 아닌 사상)

덧셈의 일반법칙(general law of addition)은 한 사람이 축구와 야구를 동시에 좋아한다든지 또는 산과 바다를 동시에 좋아하는 것처럼 두 사상이 상호 배타적이 아닌 경우에 적용된다. 이러한 경우의 합확률은 개별 사상의 발생확률을 합한 후 두 사상이 동시에 발생할 확률을 빼면 된다.

덧셈의 일반법칙

$$P(A\cup B)=P(A)+P(B)-P(A\cap B)$$

 예 4-6

Excel 대학교 배드민턴 동호회에 가입한 100명의 학생 가운데 단식을 좋아하는 학생은 40명이고 복식을 좋아하는 학생은 70명이다. 그리고 단식과 복식을 함께 좋아하는 학생은 25명이다. 한 학생을 랜덤으로 선정할 때 그 학생이 단식 또는 복식을 좋아할 확률은 얼마인가?

 $P(단식 \cup 복식) = P(단식) + P(복식) - P(단식 \cap 복식)$

$$= \frac{40}{100} + \frac{70}{100} - \frac{25}{100} = 0.85 \quad \blacklozenge$$

□ **덧셈의 특별법칙**(상호 배타적인 사상)

두 사상이 상호 배타적이면 두 사상이 동시에 발생할 확률은 0이 된다. 즉 두 사상이 A, B라고 하면 $P(A \cap B) = 0$이다. 예를 들면 아들과 딸, 밤과 낮, 삶과 죽음 등은 동시에 발생할 수 없다. 이러한 경우에는 덧셈의 특별법칙(special law of addition)이 적용된다.

상호 배타적인 두 사상 A와 B의 합확률은 개별 사상 A와 B의 발생확률을 합하면 된다.

덧셈의 특별법칙

$P(A \cup B) = P(A) + P(B)$

 예 4-7

Excel 대학교 통계학과 1학년 입학생들의 출신지별 학생 수는 다음과 같다.

사 상	학생 수
서 울	33
경 상 도	24
전 라 도	21
충 청 도	13
기 타	9
	100

① $P(서울)$을 구하라.

② 사상 경상도 출신과 사상 전라도 출신은 상호 배타적인가?
③ P(경상도∩전라도)를 구하라.
④ P(경상도∪전라도)를 구하라.

풀 이 ① $\dfrac{33}{100} = 0.33$

② 예

③ 0

④ P(경상도∪전라도)$=P$(경상도)$+P$(전라도)$-P$(경상도∩전라도)

$$= \frac{24}{100} + \frac{21}{100} - 0 = \frac{45}{100} = 0.45 \quad \blacklozenge$$

4.2 조건확률, 주변확률, 결합확률

확률의 종류에는 조건확률, 주변확률, 결합확률이 있는데 본절에서 차례로 공부하고자 한다. 우리는 지금까지 어느 특정 사상이 발생할 확률을 계산할 때 다른 사상의 발생과의 관계는 전혀 고려치 않은 무조건확률(unconditional probability)을 공부하여 왔다. 그러나 두 사상이 밀접한 관계가 있어서 한 사상의 확률이 다른 사상의 발생에 영향을 받는 경우가 있기 때문에 조건확률 (conditional probability)의 계산도 다르게 된다.

□ 종속사상

어떤 사상의 발생확률이 다른 사상의 발생여부에 의존한다면 두 사상은 통계적 종속성(statistical dependence)의 관계에 있다고 한다.

예를 들면 이자율과 유가의 변동은 주식시장에 영향을 미친다. 또한 오늘 비가 오느냐 하는 것은 구름이 어느 정도 끼어 있느냐에 의존한다.

한편 품질관리를 위해서 로트(lot) 속에 들어 있는 부품의 불량품을 솎아내기 위하여 부품을 비복원추출(sampling without replacement)하는 경우에 불량품을 찾아내는 확률은 앞 부품의 결과에 따라 계속해서 변한다. 카드 한 벌에서 여러 장의 카드를 차례로 비복원으로 뽑을 때도 불량품 검사과정에서처럼 어떤 카드를 뽑을 확률은 계속해서 영향을 받게 된다.

이와 같이 첫 번째 사상(B)의 확률은 두 번째 사상(A)의 확률에 영향을 미치기 때문에 사상 B가 이미 발생하였다는(또는 꼭 발생할 것이라는) 추가적인 정보를 갖게 되면 이를 이용하여 사상 A가 발생할 가능성을 새롭게 측정해야 한다. 이때 사상 A의 새로운 확률을 조건확률이라고 한다.[2]

📖 〰️ **조건확률(종속사상)**

$$P(A|B) = \frac{P(A \cap B)}{P(B)} \qquad P(B) > 0$$

또는

$$P(B|A) = \frac{P(A \cap B)}{P(A)} \qquad P(A) > 0$$

□ **분할표**

　　종속사상과 조건확률을 설명하는 데 분할표를 이용할 수 있다. 분할표 (contingency table)란 모집단에서 추출된 표본자료(주로 명목자료)를 두 가지 기준 (범주)에 따라 행과 열로 분류하여 작성한 통계표를 말한다. 도수분포표는 한 변수에 관한 자료를 정리할 때 사용한다. 모집단의 두 변수의 값을 관찰하여 얻는 자료를 이변량 자료(bivariate data)라 한다. 분할표는 이변량 자료를 이용하여 작성한 도수분포표이다. 두 변수간의 관계를 밝히기 위해 자료를 정리하여 행에 한 변수의 구간을 나타내고 열에 다른 변수의 구간을 정하여 행과 열이 교차하는 각각의 칸(cell)에 해당하는 값을 기록한다. 이때 수치(도수)로 나타내면 분할표이고 상대도수로 나타내면 결합확률표(joint probability table)가 된다. 이와 같이 두 종류의 자료를 분할표로 정리하면 두 변수간의 관계를 파악할 수 있다.

　　일단 분할표가 작성되면 결합확률표를 만들 수 있고 이로부터 주변확률과 조건확률을 계산할 수 있다.

　　일반적으로 r개의 행과 c개의 열을 갖는 분할표는 r×c개의 칸을 가지며 r×c 분할표라고 부른다.

---

2 조건확률의 예를 들면, 한 사람이 기아차를 소유하고 있을 때 또한 삼성차를 소유할 확률이다. 이는 전체 자동차 소유자 가운데서 기아차를 소유하는 사람으로 축소하고 기아차 소유자 가운데 삼성차를 또한 소유하는 사람의 수로 남는다. 이와 같이 조건확률은 주변확률과 결합확률과는 달리 사상을 선정하는 조건을 추가할수록 사상이 발생할 수 있는 표본공간이 축소되어 간다.

결합확률(joint probability)은 행과 열의 두 사상이 동시에 발생할 확률, 즉 A와 B의 교사상의 확률 $P(A \cap B)$를 말한다.

결합확률은 분할표로부터 다음과 같은 공식을 이용하여 구한다.

$$결합확률 = \frac{두\ 조건을\ 동시에\ 만족시키는\ 사상의\ 수}{전체\ 사상의\ 수}$$

이러한 공식을 이용하여 두 사상 A와 B의 관계를 나타내는 분할표에서 결합확률을 구해 표로 정리하면 [표 4-1]과 같다.

[표 4-1]에서 결합확률은 네 개로서 다음과 같다.

$P(A \cap B)$　　　$P(\overline{A} \cap B)$　　　$P(A \cap \overline{B})$　　　$P(\overline{A} \cap \overline{B})$

■ 표 4-1 | 결합확률표

	A	$\overline{A}$	합 계
B	$P(A \cap B)$	$P(\overline{A} \cap B)$	$P(B)$
$\overline{B}$	$P(A \cap \overline{B})$	$P(\overline{A} \cap \overline{B})$	$P(\overline{B})$
합　계	$P(A)$	$P(\overline{A})$	1.0

 예 4-8

강남에 있는 맥도널드 햄버거집에서 조사한 바에 의하면 모든 고객 1,000명 가운데 795명은 겨자를 사용하고 827명은 케첩을 사용하며 679명은 두 가지를 함께 사용한다는 것이다.
① 분할표를 만들어라.
② 결합확률표를 만들어라.
③ 고객이 두 가지 가운데 적어도 하나를 사용할 확률은 얼마인가?
④ 케첩 사용자 한 사람을 뽑을 때 그가 겨자도 사용할 확률은 얼마인가?
⑤ 겨자 사용자 한 사람을 뽑을 때 그가 케첩도 사용할 확률은 얼마인가?

풀이 ①

	겨자(A)	겨자($\overline{A}$)	합　계
케첩 (B)	679	148	827
케첩 ($\overline{B}$)	116	57	173
합　계	795	205	1,000

②

	겨자(A)	겨자($\overline{A}$)	합　계
케첩 (B)	0.679	0.148	0.827
케첩 ($\overline{B}$)	0.116	0.057	0.173
합　계	0.795	0.205	1.00

③ $A=$겨자 사용　　$B=$케첩 사용

$P(A)=0.795$　　$P(B)=0.827$　　$P(A \cap B)=0.679$

$P(A \cup B)=P(A)+P(B)-P(A \cap B)=0.795+0.827-0.679=0.943$

④ $P(A|B)=\dfrac{P(A \cap B)}{P(B)}=\dfrac{0.679}{0.827}=0.821$

⑤ $P(B|A)=\dfrac{P(A \cap B)}{P(A)}=\dfrac{0.679}{0.795}=0.854$　◆

　　여기서 케첩 사용자가 겨자를 사용할 조건확률은 $P(A|B)=0.821$인데 이는 겨자를 사용할 무조건확률 $P(A)=0.795$보다 높다. 이와 같이 케첩을 사용한다는 사실을 아는 것은 겨자를 사용하는 확률을 변경시킨다.

　　주변확률(marginal probability)은 한계확률 또는 무조건확률이라고도 하는데 어떤 단일사상 A가 발생할 확률, 즉 $P(A)$를 말한다. 어떤 사상에 대한 주변확률은 분할표를 이용하여 그의 합계를 총합계로 나누어 구할 수 있지만 결합확률표를 이용할 때는 그 사상에 해당되는 모든 결합확률을 합하여 구할 수 있다. 즉 주변확률은 각각의 해당 열 또는 행에 대해 결합확률들을 합하여 구한다.

　　[표 4-1]에서 주변확률은 네 개로서 다음과 같이 구할 수 있다.

$P(A)=P(A \cap B)+P(A \cap \overline{B})$

$P(\overline{A})=P(\overline{A} \cap B)+P(\overline{A} \cap \overline{B})$

$$P(B) = P(A \cap B) + P(\overline{A} \cap B)$$
$$P(\overline{B}) = P(A \cap \overline{B}) + P(\overline{A} \cap \overline{B})$$

앞절에서 설명한 두 종속사상의 경우 조건확률은 결합확률표를 사용하여 설명할 수 있다. 예컨대 $P(B|A)$는 결합확률 $P(A \cap B)$를 주변확률 $P(A)$로 나누어 구한다.

[표 4-1]에서 조건확률은 다음과 같이 구할 수 있다.

$$P(B \,|\, A) = \frac{P(B \cap A)}{P(A)}$$

$$P(\overline{B} \,|\, A) = \frac{P(\overline{B} \cap A)}{P(A)}$$

$$P(B \,|\, \overline{A}) = \frac{P(B \cap \overline{A})}{P(\overline{A})}$$

$$P(\overline{B} \,|\, \overline{A}) = \frac{P(\overline{B} \cap \overline{A})}{P(\overline{A})}$$

$$P(A \,|\, B) = \frac{P(A \cap B)}{P(B)}$$

$$P(\overline{A} \,|\, B) = \frac{P(\overline{A} \cap B)}{P(B)}$$

$$P(A \,|\, \overline{B}) = \frac{P(A \cap \overline{B})}{P(\overline{B})}$$

$$P(\overline{A} \,|\, \overline{B}) = \frac{P(\overline{A} \cap \overline{B})}{P(\overline{B})}$$

 예 4-9

Execl 대학교 통계학 A반에 등록한 80명 학생 가운데 백인은 50명, 남자는 40명, 여자 흑인은 25명이다.
① 분할표를 작성하라.
② 결합확률표를 작성하라.
③ 주변확률을 구하라.
④ 두 사상, M과 W는 종속적인가? 독립적인가? (이는 다음 절에서 공부할 것임)
⑤ 조건확률을 구하라.

풀이 ①

인종\성별	백인(W)	흑인(B)	합 계
남자 (M)	35	5	40
여자 (F)	15	25	40
합 계	50	30	80

② 네 개의 결합확률은 다음과 같다.

$$P(W \cap M) = \frac{35}{80} = 0.4375$$

$$P(W \cap F) = \frac{15}{80} = 0.1875$$

$$P(B \cap M) = \frac{5}{80} = 0.0625$$

$$P(B \cap F) = \frac{25}{80} = 0.3125$$

결합확률표는 다음과 같다.

인종\성별	백인(W)	흑인(B)
남자 (M)	0.4375	0.0625
여자 (F)	0.1875	0.3125

③ 네 개의 주변확률은 다음과 같다.

$$P(W) = \frac{50}{80} = 0.625 \qquad 또는 \qquad P(W) = 0.4375 + 0.1875 = 0.625$$

$$P(B) = \frac{30}{80} = 0.375 \qquad\qquad P(B) = 0.0625 + 0.3125 = 0.375$$

$$P(M) = \frac{40}{80} = 0.5 \qquad\qquad P(M) = 0.4375 + 0.0625 = 0.5000$$

$$P(F) = \frac{40}{80} = 0.5 \qquad\qquad P(F) = 0.1875 + 0.3125 = 0.5000$$

주변확률표는 다음과 같다.

인종\성별	백인(W)	흑인(B)	합 계
남자 (M)			0.5
여자 (F)			0.5
합 계	0.625	0.375	1.000

④ $P(M \mid W) = \dfrac{P(M \cap W)}{P(W)} = \dfrac{0.4375}{0.625} = 0.7 \doteqdot 0.625 = P(M)$

따라서 두 사상은 종속적이다. 이는 사상 M의 확률이 백인인가 또는 흑인인가의 추가적 정보에 따라 영향을 받고 있음을 뜻한다.

⑤ 조건확률은 다음과 같이 여덟 개가 된다.

$P(M \mid W) = \dfrac{P(M \cap W)}{P(W)} = \dfrac{0.4375}{0.625} = 0.7$

$P(F \mid W) = \dfrac{P(F \cap W)}{P(W)} = \dfrac{0.1875}{0.625} = 0.3$

$P(M \mid B) = \dfrac{P(M \cap B)}{P(B)} = \dfrac{0.0625}{0.375} = 0.1667$

$P(F \mid B) = \dfrac{P(F \cap B)}{P(B)} = \dfrac{0.3125}{0.375} = 0.8333$

$P(W \mid M) = \dfrac{P(W \cap M)}{P(M)} = \dfrac{0.4375}{0.5} = 0.875$

$P(B \mid M) = \dfrac{P(B \cap M)}{P(M)} = \dfrac{0.0625}{0.5} = 0.125$

$P(W \mid F) = \dfrac{P(W \cap F)}{P(F)} = \dfrac{0.1875}{0.5} = 0.375$

$P(B \mid F) = \dfrac{P(B \cap F)}{P(F)} = \dfrac{0.3215}{0.5} = 0.625$

두 사상이 종속적인 경우 주변확률, 결합확률, 조건확률을 구하는 공식을 요약하면 [표 4-2]와 같다.

■ 표 4-2 | 확률의 공식 : 종속사상의 경우

확률의 형태	부호	공식
주변확률	$P(A)$	사상 A가 발생하는 결합사상의 확률의 합
결합확률	$P(A \cap B)$ 또는 $P(B \cap A)$	$P(A \mid B)P(B)$ $P(B \mid A)P(A)$
조건확률	$P(B \mid A)$ 또는 $P(A \mid B)$	$\dfrac{P(B \cap A)}{P(A)}$ $\dfrac{P(A \cap B)}{P(B)}$

□ 독립사상

한 사상이 이미 발생하였다는 사실을 알더라도 다른 사상이 발생할 확률에 아무런 영향을 미칠 수 없을 때 두 사상은 통계적 독립성(statistical independence)의 관계에 있다고 말한다.

예를 들면 한 부부가 아이를 두 명 낳고자 할 때 두 번째 아이는 첫 번째 아이의 성별에 관계없이 아들을 낳을 확률은 0.5이고 딸을 낳을 확률도 0.5이다.

또한 복원추출(sampling with replacement)의 경우에도 모집단의 크기에는 변화가 없기 때문에 첫 사상의 발생확률은 두 번째 사상의 발생에 아무런 영향을 미치지 않는다.

 조건확률(독립사상)

$$P(B \mid A) = P(B) \text{ 또는 } P(A \mid B) = P(A)$$

 예 4-10

다음 분할표는 Excel 대학교 통계학 수강학생 100명에 대해서 상업은행으로부터 학자금 융자를 받은 내용을 조사한 결과이다.
① $P(M)$을 구하라.
② $P(M \mid P)$를 구하라.
③ 사상 M과 사상 P는 독립적인가?
④ $P(M \cap P)$를 구하라.

성별＼연체	연체(D)	완납(P)	합　　계
남(M)	18	42	60
여(F)	12	28	40
합　　계	30	70	100

풀 이　① $P(M) = \dfrac{60}{100} = \dfrac{3}{5}$

② $P(M \mid P) = \dfrac{P(M \cap P)}{P(P)} = \dfrac{\frac{42}{100}}{\frac{70}{100}} = \dfrac{3}{5}$

③ $P(M \mid P) = P(M) = \dfrac{3}{5}$ 이므로 두 사상은 독립적이다.

④ $P(M \cap P) = P(M)P(P) = \dfrac{60}{100} \times \dfrac{70}{100} = \dfrac{42}{100}$ (이는 다음 절에서 공부할 것임)

◆

4.3 곱셈법칙

확률의 덧셈법칙은 두 사상의 합확률을 구하는 데 이용되는 반면 확률의 곱셈법칙(multiplication law)은 두 사상의 결합확률, 즉 $P(A$ 그리고 $B) = P(A \cap B)$ 를 구하는 데 이용된다. 두 사상이 종속적이냐 또는 독립적이냐에 따라 일반법칙과 특별법칙으로 구분된다.

□ 곱셈의 일반법칙(종속사상)

확률의 곱셈법칙은 조건확률의 개념에 기초하고 있다. 우리는 이미 두 사상 A와 B가 종속적인 경우 조건확률을 다음과 같이 정의하였다.

$$P(A|B) = \frac{P(A \cap B)}{P(B)}$$

위 공식의 양변에 $P(B)$를 곱하면 곱셈의 일반법칙(general rule of multiplication)이 나온다.

곱셈의 일반법칙

$P(A \cap B) = P(B)P(A|B)$ 또는 $P(A \cap B) = P(A)P(B|A)$

위 조건이 성립하면 두 사상 A와 B는 통계적으로 종속적이라고 한다.

예 4-11

종로제약주식회사의 모든 종업원 수는 150명인데 그 가운데 20명이 감독관이다. 결혼한 종업원은 모두 85명이고 그중 20%는 감독관이다.
① 분할표를 작성하라.
② 종업원 한 명을 무작위로 뽑을 때 그가 결혼한 감독관일 확률은 얼마인가?
③ 결혼한 사상과 감독관인 사상은 종속적인가?

풀이 ①

	기혼(M)	미혼($\overline{M}$)	합 계
감독관(S)	17	3	20
비감독관($\overline{S}$)	68	62	130
합 계	85	65	150

② $P(S \mid M) = 0.2$

$P(M \cap S) = P(M)P(S \mid M) = 0.5667(0.2) = 0.1133$

③ 위 ②의 조건이 성립하므로 두 사상은 종속적이다.

한편 $P(M \cap S) = 0.1133 \neq P(M)P(S) = 0.5667(0.1333) = 0.0755$이므로 두 사상은 종속적이다(다음 절에서 설명함). ◆

□ **곱셈의 특별법칙**(독립사상)

우리는 앞절에서 두 사상의 독립성에 관해서 공부하였다. 이와 같이 두 사상이 독립적일 때에는 곱셈의 특별법칙(special rule of multiplication)이 적용된다.

두 사상 A와 B가 동시에 발생하거나 연속적으로 발생할 때 두 사상의 결합확률은 각 사상이 발생할 주변확률의 곱으로 구한다.

📖 ☰ **곱셈의 특별법칙**

$P(A \cap B) = P(A)P(B)$

결론적으로 두 사상 A와 B가 통계적으로 독립적이면 다음 두 조건이 성립한다.

$P(A \mid B) = P(A)$ 또는 $P(A \mid B) = P(B)$

$P(A \cap B) = P(A)P(B)$

따라서 위의 조건이 성립하지 않으면 두 사상은 종속적이라고 보아야 한다.

예 4-12

① 하나의 주사위를 두 번 던지는 실험에서 눈금이 두 번 모두 6이 나올 확률은 얼마인가? 두 사상은 독립적인가?

② 남학생 여섯 명과 여학생 네 명으로 구성된 테니스 동호회에서 두 명을 랜덤하게 선정하여 게임을 시키려고 한다. 두 명이 모두 여학생일 확률을 구하라. 두 사상은 종속적인가?

풀이 ① A: 첫 번째 6이 나오는 사상

B: 두 번째 6이 나오는 사상

$$P(A) = \frac{1}{6} \qquad P(B) = \frac{1}{6}$$

$$P(A \cap B) = P(A)P(B) = \frac{1}{6} \cdot \frac{1}{6} = \frac{1}{36}$$

또한 $P(B \mid A) = P(B) = P(A) = \frac{1}{6}$이므로 두 사상은 독립적이다. 복원추출이므로 두 번째 6이 나올 확률은 첫 번째 결과에 영향을 받지 않는다.

② A: 첫 번째 여학생이 선정되는 사상

B: 두 번째 여학생이 선정되는 사상

$$P(A) = \frac{4}{10} \qquad P(B \mid A) = \frac{3}{9}$$

$$P(A \cap B) = P(A)P(B \mid A) = \frac{4}{10} \cdot \frac{3}{9} = 0.133$$

비복원추출이므로 두 번째 여학생이 선정될 확률은 첫 번째 여학생(또는 남학생)이 선정된 결과에 영향을 받으므로 두 사상은 종속적이다. ◆

지금까지 설명한 사상의 형태별 덧셈법칙, 곱셈법칙, 조건법칙(conditional rule)을 정리하면 다음과 같다.

사상의 형태	덧셈법칙	곱셈법칙	조건법칙
상호 배타적	$P(A \cup B) = P(A) + P(B)$	$P(A \cap B) = 0$	$P(A \mid B) = 0$
독 립	$P(A \cup B) =$ $P(A) + P(B) - P(A \cap B)$	$P(A \cap B) =$ $P(A)P(B)$	$P(A \mid B) = P(A)$
종 속	$P(A \cup B) =$ $P(A) + P(B) - P(A \cap B)$	$P(A \cap B) =$ $P(A)P(B \mid A)$	$P(A \mid B) = \dfrac{P(A \cap B)}{P(B)}$

두 사상이 상호 배타적이라는 사실과 상호 독립적이라는 사실은 구별되어야 한다. 두 사상이 동시에 발생할 수 없을 때 사상은 상호 배타적이라고 한다. 즉 두 사상 A와 B가 상호 배타적이면 $A \cap B = \phi$ 이므로 항상 $P(A \cap B) = 0$이 성립한다.

한편 두 사상 A와 B가 독립적이면 $P(A \cap B) = P(A)P(B)$이므로 $P(A)$ 또는 $P(B)$가 0이 아닌 한, 두 개념은 동시에 만족할 수 없다.

예를 들면 "주가가 오늘 오를 것이다", "오늘 제주도에 비가 올 것이다"라는 두 사상은 분명히 독립사상이지만 이들 사상은 동시에 발생할 수 있기 때문에 상호 배타적인 사상이라고 할 수 없다.

5 │ 베이즈 정리

우리는 어떤 사상의 조건확률을 구할 때 다른 사상의 발생에 관한 새로운 정보를 고려하여 확률을 갱신하였다.

우리는 어떤 사상 A의 발생확률을 구할 때 실증적 정보는 고려하지 않았다. 이러한 확률 $P(A)$를 그 사상이 발생하기 전에 이미 알고 있기 때문에 사전확률(prior probability)이라고 한다.

그런데 어떤 사상 A에 관하여 표본, 서베이, 테스트 또는 실험과 같은 실증적 활동을 통하여 얻는 새로운 표본정보 B에 입각하여 그의 사전확률 $P(A)$를 수정 또는 갱신할 수 있는데 이러한 $P(A|B)$를 이미 발생한 사상의 원인에 대한 확률이기 때문에 사후확률(posterior probability)이라고 한다.

추가적인 표본정보에 입각하여 사전확률을 갱신하여 사후확률로 만드는데 베이즈 정리(Bayes' theorem)가 이용된다. 즉 베이즈 정리는 어떤 사상이 발생한 후 그 사상발생의 원인을 밝히는 사후확률을 사상발생 전의 사전확률을 이용하여 구하는 이론이다.

간단한 예를 들어 보자. 종로㈜는 두 생산라인을 이용해서 제품을 생산한다. 라인 1(L_1)은 성능이 좋아서 모든 제품 가운데 55%를 생산하고 라인

$2(L_2)$는 45%를 생산한다. 따라서 만일 불량품 하나가 발견되었다고 할 때 L_1에서 생산했을 사전확률은 $P(L_1)=0.55$이고 L_2에서 생산했을 확률은 $P(L_2)=0.45$이다.

제품의 품질은 생산라인의 성능에 따라 다르다. 역사적 자료에 의하면 L_1의 양품률은 99%이고 L_2의 양품률은 95%이다. 여기서 제품이 양품일 사상을 G, 불량품일 사상을 D라고 하면 조건확률은 다음과 같다.

$$P(G|L_1)=0.99 \qquad P(D|L_1)=0.01$$
$$P(G|L_2)=0.95 \qquad P(D|L_2)=0.05$$

회사가 제품을 판매한 후 불량품 한 개가 반송되어 왔다고 하자. 이것이 L_1에서 생산했을 확률, 즉 사후확률 $P(L_1|D)$는 얼마인지 또는 L_2에서 생산했을 확률, 즉 사후확률 $P(L_2|D)$는 얼마인지 알고자 할 때 베이즈 정리를 이용한다.

이와 같이 베이즈 정리는 사건발생 결과를 알게 될 때 이를 유발한 각 원인의 발생확률(사후확률)을 사건발생 전에 이미 알고 있는 정보(사전확률)를 사용하여 구하고자 이용된다.

조건확률의 정의에 따라 우리가 구하고자 하는 사후확률은 다음과 같다.

$$P(L_1|D)=\frac{P(L_1 \cap D)}{P(D)}=\frac{P(L_1)P(D|L_1)}{P(D)}$$
$$P(L_2|D)=\frac{P(L_2 \cap D)}{P(D)}=\frac{P(L_2)P(D|L_2)}{P(D)}$$

그런데 불량품을 발생시키는 원천은 L_1과 L_2이다. L_1이 생산하는 불량품 $L_1 \cap D$와 L_2가 생산하는 불량품 $L_2 \cap D$는 상호 배타적인 사상이므로 $P(D)$는 다음과 같이 표현할 수 있다.

$$P(D)=P(L_1 \cap D)+P(L_2 \cap D)$$

여기서

$$P(L_1 \cap D)=P(L_1)P(D|L_1) \text{이고} \ \ P(L_2 \cap D)=P(L_2)P(D|L_2)$$

이므로 $P(D)$는 다음과 같이 정리할 수 있다.

$$P(D) = P(L_1)P(D|L_1) + P(L_2)P(D|L_2)$$

이제 베이즈 정리는 다음과 같이 정의할 수 있다.

📖 ⟨⟩ **베이즈 정리**

$$P(L_1|D) = \frac{P(L_1)P(D|L_1)}{P(L_1)P(D|L_1) + P(L_2)P(D|L_2)}$$

$$P(L_2|D) = \frac{P(L_2)P(D|L_2)}{P(L_1)P(D|L_1) + P(L_2)P(D|L_2)}$$

이 공식을 이용하여 우리가 원하는 사후확률을 구하도록 하자.

$$P(L_1|D) = \frac{0.55(0.01)}{0.55(0.01) + 0.45(0.05)} = 0.1964$$

$$P(L_2|D) = \frac{0.45(0.05)}{0.55(0.01) + 0.45(0.05)} = 0.8036$$

이러한 결과로부터 불량품이 L_1에서 생산되었을 사전확률은 0.55이었지만 불량품이 발생하였다는 새로운 정보하에서의 사후확률은 0.1964로 떨어졌고 불량품이 L_2에서 생산되었을 사전확률 0.45에서 사후확률은 0.8036으로 올라 갔음을 알 수 있다.

📝 **예 4-13**

올림픽에 출전하는 선수들의 6%는 약물을 복용하고 94%는 복용하지 않는다고 한다. 선수가 약물을 복용하는지를 밝히기 위하여 테스트가 실시된다. 테스트의 결과는 양성 아니면 음성이다. 그러나 이러한 테스트는 결코 믿을 만한 것이 못된다. 약물을 복용해도 음성반응을 나타내고 복용을 하지 않아도 양성반응을 나타내는 경우가 있기 때문이다. 약물 복용자의 7%는 음성반응을 나타내고 비복용자의 3%는 양성반응을 나타내는 것으로 추정된다.
한 선수를 랜덤하게 추출하여 테스트한 결과 양성반응을 나타낼 때 이 선수가 실제로 약물을 복용했을 확률은 얼마인가?

풀이 다음과 같이 사상을 정의한다.

사상 D: 약물을 복용한다.

사상 N: 약물을 복용하지 않는다.

사상 T^+: 양성반응

사상 T^-: 음성반응

$P(D)=0.06$ $\qquad$ $P(N)=0.94$ $\qquad$ $P(T^-|D)=0.07$

$P(T^+|D)=0.93$ $\qquad$ $P(T^-|N)=0.97$ $\qquad$ $P(T^+|N)=0.03$

$$P(D|T^+)=\frac{P(D)P(T^+|D)}{P(D)P(T^+|D)+P(N)P(T^+|N)}$$

$$=\frac{0.06(0.93)}{0.06(0.93)+0.94(0.03)}=0.6643$$

양성반응을 나타낸 선수가 실제로 약물을 복용했을 확률은 겨우 66.43%이고 약물을 비복용했을 확률은 33.57%이다. ◆

예제와 풀이

1. (1) $P(A)=0.4$, $P(B)=0.5$, $P(A \cap B)=0.05$일 때

   ① $P(A \cup B)$, $P(A|B)$, $P(B|A)$를 구하라.

   ② 벤 다이어그램을 그려라.

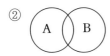

   ① $P(A \cup B)=P(A)+P(B)-P(A \cap B)=0.4+0.5-0.05=0.85$

   $P(A|B)=0.05/0.5=0.1$

   $P(B|A)=0.05/0.4=0.125$

   ②

   (2) $P(A)=0.7$, $P(B)=0.3$, $P(A \cap B)=0$일 때

   ① $P(A \cup B)$, $P(A|B)$, $P(B|A)$를 구하라.

   ② 벤 다이어그램을 그려라.

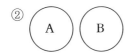

   ① $P(A \cup B)=P(A)+P(B)-P(A \cap B)=0.7+0.3-0=1$

   $P(A|B)=P(A \cap B)/P(B)=0/0.3=0$

   $P(B|A)=P(A \cap B)/P(A)=0/0.7=0$

   ②

2. $S=\{1, 2, 3, 4, 5, 6, 7, 8, 9, 10\}$, $A=\{1, 2, 3, 6, 8\}$, $B=\{2, 3, 7, 9, 10\}$일 때

   ① A^c를 구하라.

   ② $A \cup B$를 구하라.

   ③ $A \cap B$를 구하라.

   ④ $A \cap B^c$를 구하라.

⑤ $A^C \cup B^C$를 구하라.

⑥ $(A \cap B)^C$를 구하라.

풀이

① {4, 5, 7, 9, 10}   ② {1, 2, 3, 6, 7, 8, 9, 10}

③ {2, 3}   ④ {1, 6, 8}

⑤ {1, 4, 5, 6, 7, 8, 9, 10}   ⑥ ⑤와 같음

3. 종로건설㈜는 서해안에 건설하는 대규모 프로젝트에 응찰하고자 한다. 불확실한 건설비용(단위 : 억 원)을 예상하기 위하여 다음과 같은 확률분포표를 작성하였다.

비 용	확 률
300 미만	0.00
300~325	0.10
325~350	0.30
350~375	0.45
375~400	0.15
400 초과	0.00

사상을 다음과 같이 정의할 때

A: 비용은 적어도 350억 원일 것이다.

B: 비용은 350억 원 미만일 것이다.

① $P(A)$를 구하라.

② $P(B)$를 구하라.

③ $P(A \cup B)$를 구하라.

④ $P(A \cap B)$를 구하라.

⑤ 사상 A와 B는 상호 배타적인가?

풀이

① $0.45 + 0.15 = 0.60$ ② $0.10 + 0.30 = 0.40$ ③ $0.10 + 0.30 + 0.45 + 0.15 = 1$

④ 0   ⑤ 예

4. TV 광고의 목표 시청자 수는 2,000,000명이다. 광고 A를 본 시청자는 500,000명이고 광고 B를 본 시청자는 300,000명이며 두 광고를 본 시청자는 100,000명이었다.

① $P(A|B)$를 구하라.

② 광고 A를 본 사상 A와 광고 B를 본 사상 B는 독립적인가?

풀 이

① $P(A) = \dfrac{500,000}{2,000,000} = 0.25 \qquad P(B) = \dfrac{300,000}{2,000,000} = 0.15$

$P(A \cap B) = \dfrac{100,000}{2,000,000} = 0.05$

$P(A|B) = \dfrac{P(A \cap B)}{P(B)} = \dfrac{0.05}{0.15} = 0.3333$

② $P(A) \neq P(A|B)$이므로 두 사상은 종속적이다.

5. Excel 대학교 학생 800명을 대상으로 조사하여 성별, 금연여부별 분할표를 다음과 같이 작성하였다.

	흡연(S)	금연($\bar{S}$)	합 계
남자(M)	220	60	280
여자(F)	80	440	520
합 계	300	500	800

① 네 개의 주변확률을 구하라.

② 네 개의 결합확률을 구하라.

③ 결합확률표를 작성하라.

④ 여덟 개의 조건확률을 구하라.

풀 이

① ② ③

	S	$\bar{S}$	합 계
M	0.275	0.075	0.35
F	0.1	0.55	0.65
합 계	0.375	0.625	1.00

④ $P(M|S) = \dfrac{0.275}{0.375} = 0.733$

$P(F|S) = \dfrac{0.1}{0.375} = 0.267$

$P(M|\bar{S}) = \dfrac{0.075}{0.625} = 0.12$

$P(F|\bar{S}) = \dfrac{0.55}{0.625} = 0.88$

$P(S|M) = \dfrac{0.275}{0.35} = 0.786$

$P(\bar{S}|M) = \dfrac{0.075}{0.35} = 0.214$

$P(S|F) = \dfrac{0.1}{0.65} = 0.154$

$P(\bar{S}|F) = \dfrac{0.55}{0.65} = 0.846$

6. 우리나라 국민 중에서 한 사람을 랜덤으로 추출할 때 에이즈에 감염된 사상을 고려
하자. 국민의 0.2%가 감염되었다고 추정하자. 에이즈에 감염되었는지를 밝히기 위
하여 테스트가 실시된다. 역사적 자료에 의하면 에이즈에 감염된 사람들의 99.9%
는 양성반응을 나타낸다. 한편 에이즈에 감염되지 않은 사람들의 1%는 양성반응을
나타낸다고 한다.
국민 중에서 에이즈에 감염되었는지 아닌지 전혀 모르는 한 사람을 랜덤으로 추출하
여 검사한 결과 양성반응을 나타냈을 때
① 그 사람이 실제로 에이즈에 감염되었을 확률은 얼마인가?
② 위 ①의 결과를 설명하라.
③ 사전확률, 조건확률, 결합확률, 사후확률을 나타내는 표를 만들어라.

풀이

① 다음과 같이 사상을 정의하자.
사상 A: 에이즈에 감염되었다.
사상 $\bar{A}$: 에이즈에 감염되지 않았다.
사상 P: 양성반응을 나타내다.

사상 $\overline{P}$: 음성반응을 나타내다.

$P(A)=0.002 \qquad P(\overline{A})=0.998$

$P(P|A)=0.999 \qquad P(P|\overline{A})=0.01$

$P(P)=P(A\cap P)+P(\overline{A}\cap P)$

$$P(A|P)=\frac{P(A\cap P)}{P(P)}=\frac{P(A\cap P)}{P(A\cap P)+P(\overline{A}\cap P)}$$

$$=\frac{P(A)P(P|A)}{P(A)P(P|A)+P(\overline{A})P(P|\overline{A})}$$

$$=\frac{0.002(0.999)}{0.002(0.999)+0.998(0.01)}=0.1668$$

② 우리나라 국민 모두를 테스트할 때 양성반응을 나타낸 사람들의 16.68%만이 실제로 에이즈에 감염되었고 83.33%는 실제로 감염되지 않았다.

③

사상	사전확률	조건확률	결합확률	사후확률
A	$P(A)=0.002$	$P(P|A)=0.999$	$P(P\cap A)=0.001998$	$P(A|P)=\dfrac{0.001998}{0.011978}=0.1668$
$\overline{A}$	$P(\overline{A})=0.998$	$P(P|\overline{A})=0.01$	$P(P\cap\overline{A})=0.00998$	$P(\overline{A}|P)=\dfrac{0.00998}{0.011978}=0.8332$
합 계	1.000		$P(P)=0.011978$	1.0000

연/습/문/제

1. 확률을 정의하고 확률이론이 추리통계학에서 중요한 이유를 설명한 후 사상에 확률을 부여하는 세 가지 방법을 설명하라.

2. 확률법칙을 구분하라.

3. 베이즈 정리를 설명하라.

4. 다음 용어를 설명하라.
   ① 표본공간　　　② 사상　　　③ 집합　　　④ 조건확률
   ⑤ 결합확률　　　⑥ 사상의 독립성과 종속성　　　⑦ 상호 배타적 사상

5. 우리나라 기업 가운데 40명의 사장을 표본으로 추출하여 환경문제에 대해 예 또는 아니오로 대답할 수 있는 질문을 던졌다.
   ① 실험은 무엇인가?
   ② 하나의 가능한 사상을 기술하라.
   ③ 40명 가운데 10명이 예라고 대답하였다. 이에 근거하여 한 사장이 예라고 대답할 확률은 얼마인가?
   ④ 가능한 각 사상은 상호 배타적인가, 종속적인가?
   ⑤ 어떤 확률개념을 사용하였는가?

6. 기상청에서는 금년 7월 장마철을 맞아 비가 올 일수와 그의 확률을 다음과 같이 발표하였다. 사상을 다음과 같이 정의할 때

   사상 A: 4일보다 더 많이 비가 올 것이다.
   사상 B: 6일 이상은 비가 오지 않을 것이다.

일 수	확 률
3	0.08
4	0.24
5	0.41
6	0.20
7	0.07

① $P(A)$를 구하라.

② A^c를 기술하라.

③ $P(A^c)$를 구하라.

④ $A \cup B$를 기술하라.

⑤ $P(A \cup B)$를 구하라.

⑥ $A \cap B$를 기술하라.

⑦ $P(A \cap B)$를 구하라.

⑧ 사상 A와 사상 B는 상호 배타적인가?

7. 200개의 계산기가 들어 있는 상자에 불량품이 3개 있다. 랜덤하게 3개의 계산기를 꺼낼 때

① 모두 양품일 확률을 구하라.

② 모두 불량품일 확률을 구하라.

③ 적어도 불량품이 하나일 확률을 구하라.

④ 적어도 양품이 하나일 확률을 구하라.

8. 다음 분할표는 어느 해 성별 학사학위 및 석사학위를 받은 자들의 수를 나타내고 있다. 학생 한 명을 랜덤하게 선정할 때

	석사	학사	합 계
남자	95	1,015	1,110
여자	700	1,727	2,427
합 계	795	2,742	3,537

① 그가 남자이거나 석사일 확률을 구하라.

② 그가 여자이거나 석사가 아닐 확률을 구하라.

③ 그가 여자가 아니거나 석사일 확률을 구하라.

④ 남자라고 하는 사상과 석사학위를 받는다는 사상은 상호 배타적인가?

9. 다음과 같이 어느 나라 전체 인구 가운데 혈액형 분포가 주어졌을 때 물음에 답하라.

	O	A	B	AB
Rh$^+$	38%	34%	9%	4%
Rh$^-$	6%	6%	2%	1%

① 한 사람이 A형을 가질 확률을 구하라.

② 한 사람이 Rh$^+$를 가질 확률을 구하라.

③ 결혼한 부부가 함께 Rh$^-$를 가질 확률을 구하라.

④ 결혼한 부부가 함께 B형을 가질 확률을 구하라.

⑤ O형을 가진 사람이 Rh$^-$를 가질 확률을 구하라.

⑥ Rh$^-$를 가진 사람이 B형을 가질 확률을 구하라.

10. 1,000명의 소비자를 대상으로 술 복분자 1과 복분자 2 가운데서 하나를 고르도록 하고 술맛이 단것을 선호하는지 또는 매우 단것을 선호하는지 조사한 후 다음과 같은 결과를 얻었다.

- 소비자의 680명은 복분자 1을 선호하였다.
- 소비자의 600명은 단것을 선호하였다.
- 단것을 선호한 사람의 85%는 복분자 1을 선호하였다.

① P(복분자 1∩단것)을 구하라.

② 다음 분할표의 공란을 채워라.

사 상	단 것	매 우 단 것	합 계
복분자 1			
복분자 2			
합 계			1,000

   ③ P(복분자 1|매우 단것)을 구하라.

   ④ 사상 복분자 1과 단것은 종속적인가?

11. $S = \{1, 2, 3, 4, 5, 6, 7, 8, 9, 10\}$ $A = \{2, 4, 6, 8, 10\}$

  $B = \{1, 3, 5, 7, 9\}$ $C = \{1, 2, 3, 4, 5\}$일 때

   ① $A \cup C$, $A \cap C$를 구하라.

   ② $\bar{A}$를 구하라.

   ③ $B - C$를 구하라.

12. 김 군은 친구 두 명과 함께 피자를 맛있게 먹고 있다. 각자가 동전을 던져 다른 두 명과 다른 결과를 갖는 사람이 값을 모두 지불하기로 하였다. 그러나 세 명이 모두 같은 결과를 가지면 각자 지불하기로 하였다.

   ① 표본공간을 구하라.

   ② 김 군이 값을 모두 지불할 확률을 구하라.

   ③ 각자가 값을 지불할 확률을 구하라.

   ④ 나무그림으로 표본공간을 나타내라.

13. 서울 타이거스는 전체 야구경기 가운데 70%는 밤에 하고 30%는 낮에 한다. 이 팀은 밤에 경기하면 50% 이기고 낮에 하면 90% 이긴다. 아침 방송을 들으니 그 팀은 어제 이겼다고 한다. 그 경기가 밤에 있었을 확률을 구하라.

14. 다음 표는 어느 해 성별 학위를 받은 사람들의 수를 기록한 자료이다. 학위를 받은 한 사람을 랜덤하게 선정할 때 그가

	남자	여자	합 계
직업학교	280	405	685
학사	595	804	1,399
석사	230	349	579
박사	50	23	73
합 계	1,155	1,581	2,736

① 학사학위를 받았을 확률을 구하라.

② 여자라고 할 때 학사학위를 받았을 확률을 구하라.

③ 여자가 아니라고 할 때 학사학위를 받았을 확률을 구하라.

④ 직업학교를 졸업했거나 학사학위를 받았을 확률을 구하라.

⑤ 남자라고 할 때 박사학위를 받았을 확률을 구하라.

⑥ 석사학위를 받았거나 여자일 확률을 구하라.

⑦ 직업학교를 졸업하고 남자일 확률을 구하라.

⑧ 학사학위를 받았을 때 여자일 확률을 구하라.

15. 발렌타인 피자집에서는 큰 피자 한 판을 사면 쿠폰 한 장을 준다. 즉석에서 긁으면 상을 탈 수 있다. 음료수를 공짜로 받을 확률은 10%이고 스파게티 한 그릇을 받을 확률은 2%이다. 한 고객이 내일 그 집에서 점심을 먹으려고 할 때

① 음료수 또는 스파게티를 공짜로 받을 확률을 구하라.

② 상을 타지 못할 확률을 구하라.

③ 3일 연속 점심을 먹을 때 상을 타지 못할 확률을 구하라.

④ 3일 연속 점심을 먹는 어느 날 적어도 하나의 상을 탈 확률을 구하라.

16. $P(A)=0.65$, $P(B)=0.49$, $P(A \cup B)=0.92$일 때 $P(A \cap B)$를 구하라.

17. $P(B)=0.3$, $P(A \cup B)=0.65$, $P(A \cap B)=0.15$일 때 $P(B \mid A)$를 구하라.

18. 사상 가, 나, 다, 라에 관한 정보가 다음과 같다.
$P(가)=0.4$ $\qquad$ $P(나)=0.2$ $\qquad$ $P(다)=0.1$
$P(가 \cup 라)=0.6$ $\qquad$ $P(가 \cap 다)=0.04$ $\qquad$ $P(가 \cap 라)=0.03$
$P(가 \mid 나)=0.3$

① $P(라)$를 구하라.

② $P(가 \cap 나)$를 구하라.

③ $P(가 \mid 다)$를 구하라.

④ 사상 다의 여사상의 확률을 구하라.

⑤ 사상 가와 사상 나는 상호 배타적인가?

⑥ 사상 가와 사상 나는 독립적인가?

⑦ 사상 가와 사상 다는 상호 배타적인가?

⑧ 사상 가와 사상 다는 독립적인가?

19. 청호컴퓨터 제조회사에서는 공급업자 세 명으로부터 LED 스크린을 공급받는다. 공급업자 Ⅰ로부터는 물량의 65%를 공급받는데 스크린의 불량률은 2%이다. 공급업자 Ⅱ로부터는 불량률 3%의 스크린을 20% 공급받는다. 한편 공급업자 Ⅲ으로부터는 불량률 5%의 스크린을 15% 공급받는다.

① 들어오는 스크린이 불량일 확률을 구하라.

② 불량 스크린이 공급업자 Ⅱ로부터 들어왔을 확률을 구하라.

20. 우리나라 1,000가구를 표본조사한 결과 신문을 구독하는 가구는 650가구이고 잡지를 구독하는 가구는 500가구이었다. 그리고 신문과 잡지를 함께 구독하는 가구는 300가구이었다. 임의로 한 가구를 뽑았을 때 신문 또는 잡지를 구독하는 가구일 확률은 얼마인가?

21. 서울에 사는 146가정을 랜덤하게 선정하여 빌라를 소유하고 있는지 그리고 금년 여름에 제주도로 휴가를 갈 계획인지 조사하여 다음과 같은 자료를 얻었다.

		휴 가		합 계
		예	아니오	
빌라	예	46	11	57
	아니오	55	34	89
	합 계	101	45	146

① 랜덤하게 선정된 한 가정이 휴가를 가지 않을 확률은 얼마인가?

② 랜덤하게 선정된 한 가정이 빌라를 소유할 확률은 얼마인가?

③ 랜덤하게 선정된 한 가정이 빌라를 소유한다고 할 때 휴가를 갈 확률은 얼마인가?

④ 랜덤하게 선정된 한 가정이 휴가도 가고 빌라도 소유할 확률은 얼마인가?

⑤ 빌라를 소유한다는 사상과 휴가를 간다는 사상은 독립적인가? 왜?

22. 생산공정을 통하여 어떤 부품을 생산하는데 생산부품의 2%는 불량품이라고 한다. 각 부품은 출하하기 전에 검사를 받는다. 검사관은 보통 10%의 부품을 잘못 분류한다.
   ① 양품이라고 분류되는 부품의 비율은 얼마인가?
   ② 검사를 통과하는 부품은 출하되지만 불량품은 폐기처리된다. 출하되는 부품의 몇 %가 양품인가?
   ③ 원래 양품을 양품이라고 분류하는 부품의 비율은 얼마이고 원래 불량품을 양품이라고 분류하는 부품의 비율은 얼마인가?

23. $P(A)=0.3$, $P(B)=0.4$이고 사상 A와 B는 독립적이다.
   ① $P(A \ and \ B)$를 구하라.
   ② $P(B \mid A)$를 구하라.
   ③ $P(A \mid B)$를 구하라.

24. $P(A)=0.3$, $P(B)=0.4$, $P(A \ and \ B)=0.2$일 때
   ① $P(A \mid B)$, $P(B \mid A)$를 구하라.
   ② 사상 A와 B는 독립적인가? 왜?

제 5 장

이산확률분포

우리는 기술통계학을 공부하면서 이미 발생한(관찰한) 자료를 이용하여 도수분포와 히스토그램을 작성하였다. 그러나 확률이론에서는 앞으로 아마 발생할지도 모르는 가능한 결과에 확률을 부여하는 방법을 공부하였다.

본장에서는 도수분포와 확률이론 등 두 개념을 결합해서 확률분포를 작성하는 방법을 공부할 것이다. 확률분포는 이미 발생한 표본자료를 수집하여 작성하는 상대도수분포의 이론적 모델로서 미래실험의 모든 가능한 결과와 각 결과에 상응하는 도수들을 나타낸다.

확률분포를 작성할 때 확률변수가 사용된다. 실험의 결과는 양적 자료 또는 질적 자료로 나타내는 데 실험의 질적 결과를 양적 자료로 바꾸어 주는 역할을 확률변수가 수행한다.

본장에서는 확률변수, 확률분포, 확률함수, 확률분포의 기대값과 분산, 결합확률분포를 살펴본 후 이산확률분포로서 이항분포와 포아송분포에 대해서 공부할 것이다.

1   확률변수

확률실험은 일반적으로 사전에 확실히 예측할 수 없는 결과에 부여할 수 있는 수치(numerical value)를 유발한다. 주사위를 던질 때 가능한 결과는 1, 2, 3, 4, 5, 6이고 각 결과가 발생할 확률은 1/6이다.

여기서 실험의 결과 발생하는 값은 우연에 의해서 결정된다. 즉 눈금의 수는 예상할 수 없는 순서로 발생할 때마다 다른 값을 나타내게 된다. 이와 같이 주사위를 던질 때 나타나는 눈금의 수라든지 자주포의 사정거리와 같이 확률실험의 결과 결정되는 어떤 특정 값(수치)을 취할 가능성을 확률로 표시할 수 있는 변수를 확률변수(random variable)라고 한다. 예를 들면 어떤 병원에서 매일매일 출생하는 아기의 수는 우연히 결정되어 수없이 많은 값을 취할 수 있으므로 사전에 예측할 수 없기 때문에 확률변수이다. 또 다른 예를 들면 모집단으로부터 추출한 표본통계량은 추출되는 표본마다 그 값이 변하기 때문에 확률변수라고 할 수 있다. 확률변수는 이와 같이 확률실험의 결과를 나타낼 때 사용된다.

확률변수는 X, Y 등과 같이 대문자로 표시하지만 그의 값은 소문자 x, y로 표시한다. 확률변수가 취할 수 있는 수치는 실험의 결과에 달려 있다. 예를 들면 주사위를 한 번 던지는 실험에서 눈금의 수를 확률변수 X라고 할 때 그의 표본공간은 $S=\{1, 2, 3, 4, 5, 6\}$이며 X가 취할 수 있는 실수값은 $x=1$, $x=2$, $x=3$, $x=4$, $x=5$, $x=6$이고 확률변수 X의 확률은 다음과 같다.

$$P(x=1)=\frac{1}{6} \qquad P(x=2)=\frac{1}{6} \qquad P(x=3)=\frac{1}{6}$$

$$P(x=4)=\frac{1}{6} \qquad P(x=5)=\frac{1}{6} \qquad P(x=6)=\frac{1}{6}$$

확률변수는 이산확률변수와 연속확률변수로 나뉜다. 이산확률변수(discrete random variable)는 1, 2, 3 … 등 셀 수 있는 정수값을 취하는 변수를 말한다. 한 병원에서 하루 동안 태어나는 남자 아기의 수를 확률변수라고 하면 그의 값은 0, 1, 2, …을 취할 수 있다. [표 5-1]은 이산확률변수의 예를 보여 주고 있다.

■■■ 표 5-1 │ 이산확률변수

실　　험	확률변수(X)	가능한 값
경영학 수강생의 점수를 조사하다	경영학 시험점수	$0 \leq x \leq 100$
부품 20개를 검사하다	불량품의 수	$x=0, 1, 2, \cdots, 20$
월드컵 축구를 관람하다	승자가 넣는 골의 수	$x=0, 1, 2, \cdots$

한편 연속확률변수(continuous random variable)는 일정한 실수구간 내에서 연속적인 값을 취할 수 있는 변수를 말한다. 시간, 무게, 거리, 온도 등과 같은 측정척도로 나타내는 실험결과는 연속확률변수로 기술할 수 있다. [표 5-2]는 연속확률변수의 예를 보여 주고 있다.

■■■ 표 5-2 │ 연속확률변수

실　　험	확률변수(X)	가능한 값
전철역 창구를 관찰하다	고객간 도착시간	$x \geq 0$
고속도로를 건설하다	공정률	$0 \leq x \leq 100$
100m 경주를 관람하다 (최고기록 9.58초)	소요시간	$9.58 \leq x$

예 5-1

Excel 대학교 학생 세 명이 여름방학을 맞아 Excel 은행에 파트타임 일을 하고자
인터뷰를 신청하였다. 인터뷰의 결과는 합격(채용) 또는 불합격이다. 실험결과는
세 명의 인터뷰 결과로 정의한다.

① 실험결과를 나열하라.

② 합격자 수를 확률변수라 할 때 이는 이산변수인가? 또는 연속변수인가?

③ 각 실험결과에 대해 확률변수(합격자 수)의 값을 보여라.

풀 이 ① $S = \{$(합, 합, 합)①, (합, 합, 불)②, (합, 불, 합)③, (합, 불, 불)④, (불, 합,
합)⑤, (불, 합, 불)⑥, (불, 불, 합)⑦, (불, 불, 불)⑧ $\}$

② 이산변수

③

실험결과	①	②	③	④	⑤	⑥	⑦	⑧
확률변수의 값	3	2	2	1	2	1	1	0 ◆

2 확률분포

확률변수가 취할 수 있는 모든 값과 이러한 값에 대응하는 모든 확률을
알 수 있으면 확률분포를 작성할 수 있다. 확률분포(probability distribution)란 실
험을 할 때 나타나는 확률변수의 각 값과 이와 관련된 확률을 나열한 표, 그래
프 또는 함수를 말한다.

확률분포는 확률변수가 이산변수이냐 또는 연속변수이냐에 따라 이산확
률분포(discrete probability distribution)와 연속확률분포(continuous probability
distribution)로 나뉜다.

확률변수 X가 어떤 가능한 값 x를 취할 확률은 $P(X=x)$로 표현하는데 간
단히 $P(x)$로 표현하기도 한다.

이산확률분포의 예를 들어 보자. Excel 대학교 통계학 수강학생 50명을 조
사한 지난 학기 결석일 수와 학생 수는 다음과 같다고 하자. 결석일 수를 확률

변수 X라고 할 때 그의 확률분포와 그래프는 [표 5-3]과 [그림 5-1]과 같다.

결석일 수	학생 수
0	35
1	8
2	4
3	2
4	1
합　계	50

■■■ 표 5-3 | 확률분포

x	$P(x)$
0	35/50＝0.7
1	8/50＝0.16
2	4/50＝0.08
3	2/50＝0.04
4	1/50＝0.02
합　계	1.00

그림 5-1　　확률분포의 그래프

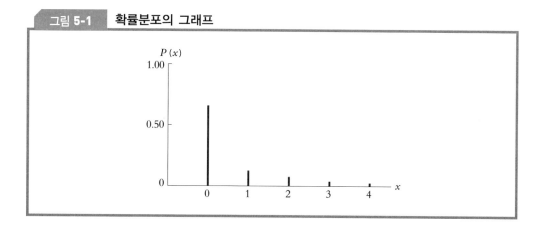

예 5-2

Excel 대학교 학생의 70%는 매일 Internet을 통하여 뉴스를 듣고 나머지 학생은 TV를 통해서 뉴스를 듣는다고 한다. 네 학생을 랜덤하게 선정하여 뉴스원을 조사하였다. Internet을 통해 뉴스를 듣는 학생의 수를 확률변수 X라고 할 때

① 확률변수 X의 확률분포를 구하라.
② 이를 나타내는 그래프를 그려라.

풀 이 ① 학생들은 Internet(I) 또는 TV(T)를 통해 뉴스를 듣기 때문에 조사결과의 수는 2(2)(2)(2)=16이다.

$x=0$	$x=1$	$x=2$	$x=3$	$x=4$
TTTT	TTTI	TTII	TIII	IIII
	TTIT	TITI	ITII	
	TITT	TIIT	IITI	
	ITTT	ITTI	IIIT	
		ITIT		
		IITT		

$P(I) = 0.7 \quad P(T) = 0.3$
$x = 0 \quad P(TTTT) = 0.3(0.3)(0.3)(0.3) = 0.0081$
$x = 1 \quad 4(0.3)^3(0.7)^1 = 0.0756$
$x = 2 \quad 6(0.3)^2(0.7)^2 = 0.2646$
$x = 3 \quad 4(0.3)^1(0.7)^3 = 0.4116$
$x = 4 \quad 1(0.7)^4 = 0.2401$

x	$P(x)$
0	0.0081
1	0.0756
2	0.2646
3	0.4116
4	0.2401
합 계	1.000

②

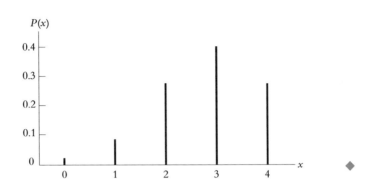

이산확률변수는 취할 수 있는 가능한 값이 유한한 정수이기 때문에 각 값에 대응한 확률을 구할 수 있으며 이를 확률분포표로 나타낼 수 있다.

이때 이산확률분포는 다음의 조건을 만족시켜야 한다.

$$0 \leq P(x_i) \leq 1$$

$$\sum_{i=1}^{n} P(x_i) = 1$$

반면 연속확률변수는 키, 온도, 거리, 무게 등과 같이 취할 수 있는 값이 무한히 많고 어떤 유한한 구간에서도 무수히 많은 값들을 취할 수 있기 때문에 연속확률변수가 특정한 값을 가질 확률은 $\frac{1}{\infty} = 0$이다. 따라서 연속확률변수의 확률은 특정 구간에 대해서 구하게 된다. 그러므로 이산변수처럼 확률분포표는 만들 수 없다.

연속확률변수가 어떤 구간 내에서 가능한 모든 값들을 취할 수 있을 때 연속확률분포의 모양은 부드러운 곡선이 된다.

이때 연속확률분포는 다음의 조건을 만족시켜야 한다.

$$P(X = x) = 0$$

$$f(x) \geq 0$$

$$\int_{-\infty}^{\infty} f(x)\,dx = 1$$

이산확률분포와 연속확률분포를 그림으로 비교하면 다음과 같다. 이산확률변수가 취하는 값들 사이에는 간격이 있어 그의 분포는 막대그래프로 표시할 수 있다. 이때 확률변수값에 대한 확률은 막대그래프의 높이에 해당된다. 그러나 연속확률변수가 취하는 값들 사이에는 간격이 없기 때문에 그의 분포는 부드러운 곡선의 형태로 표시된다. 이때 두 확률변수값의 구간에 해당하는 확률을 계산한다.

이와 같이 이산확률분포에서의 확률은 특정한 값에 대한 확률 $P(X=x)$의 형태로 표시하지만 연속확률분포에서의 확률은 $P(a \leq X \leq b)$와 같이 구간으로 표시한다.

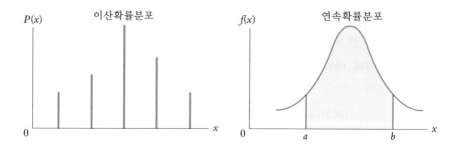

이산확률분포에는 이항분포, 포아송분포, 초기하분포 등이 포함되며 연속확률분포에는 균등분포, 정규분포, 지수분포, t분포, F분포, 카이제곱(χ^2)분포 등이 포함된다.

3 | 확률함수

이산확률변수의 각 값에 확률을 부여하는 방법으로는 앞절에서 공부한 확률분포표와 그래프를 이용하는 방법 외에 확률함수를 이용하는 방법이 있다. 확률변수는 실험의 결과치를 실수에 대응시키는 함수이지만 확률함수는 확률변수에 대해 정의된 실수를 0부터 1까지의 수치 또는 확률에 대응시키는 함수를 말한다. 즉 확률함수(probability function)란 확률분포에서 확률변수 X가 특정한 실수값 x를 취할 확률을 일일이 나열하지 않고 x의 함수로 간편하게 나타낸 것을 말한다. 즉 확률함수는 확률분포를 함수로 나타낸 것이다.

확률함수는 일반적으로 이산변수의 경우 실수값 x의 모든 값에 대하여 $P(X=x)=P(x)$로 나타내고 연속변수의 경우에는 $f(x)$로 나타낸다.

확률함수는 대상이 되는 변수가 이산변수이냐 또는 연속변수이냐에 따라 확률질량함수(probability mass function: pmf)와 확률밀도함수(probability density function: pdf)로 나뉜다. 확률밀도함수에 대해서는 다음 장에서 공부하기로 한다.

3.1 확률질량함수

확률질량함수란 이산확률변수 X가 취할 수 있는 각 실수값 x에 확률을 대응시키는 함수를 말한다. 이때 확률은 $P(X=x)$로 표시한다.

예를 들면 주사위 1개를 던지는 실험에서 확률함수는 다음과 같이 표현할 수 있다.

$$P(X=x)=P(x)=\begin{cases} \dfrac{1}{6} & x = 1,\ 2,\ \cdots,\ 6 \ \text{일 때} \\ 0 & \text{이 밖의 경우에} \end{cases}$$

이의 확률함수는 다음 그림과 같이 그래프로 나타낼 수 있다.

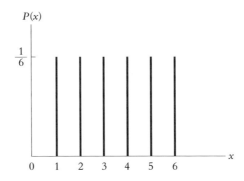

확률질량함수에서 이산확률변수 X가 취할 수 있는 몇 개의 구체적인 값들을 제외하고는 다른 값을 취할 확률은 모두 0이 된다.

질량함수라는 이름은 이산확률변수의 값과 관련이 있는 모든 결과가 그래프 위에서 그 값의 확률을 나타내는 수직선의 높이(또는 질량)로 표현될 수 있다는 사실에서 연유한다.

 예 5-3

확률변수 X가 1, 2, 3, 4의 가능한 값을 갖는다고 하자. 각 값에 대응하는 확률이 다음과 같다고 할 때 확률변수 X의 확률함수를 구하라.

x	$P(x)$
1	1/10
2	2/10
3	3/10
4	4/10

풀 이 $P(X=x)=P(x)=\dfrac{x}{10}$ $(x=1,\ 2,\ 3,\ 4)$ ◆

4 │ 이산확률분포의 기대값과 분산

이산확률변수의 확률분포가 구해지면 확률변수의 기대값(expected value)과 분산(variance)을 계산할 수 있다.

확률변수 X의 기대값 $E(x)$ 또는 μ는 확률변수 X의 가능한 모든 값들의 가중평균(weighted mean)인데 가중치는 각 값들의 확률이다. 즉 기대값은 확률변수의 각 값과 이에 대응하는 확률을 곱한 후 이들을 모두 합하여 구하는 평균과 같은 개념이다. 확률분포의 기대값과 분산은 그 분포의 모양, 즉 집중경향치와 산포도를 나타낸다.

> **📖 ☆ 이산확률변수의 기대값**
>
> $$E(x) = \mu = \sum_{i=1}^{k} x_i P(x_i)$$

확률변수의 기대값이란 실험을 무수히 반복할 때 그 확률변수가 나타내는 장기적 평균치라고 말할 수 있다. 이는 확률분포의 집중경향치를 나타내는 특성치이다.

예를 들어 주사위 한 개를 수없이 던질 때 나타나는 눈금의 기대값은

$$E(x) = 1\left(\frac{1}{6}\right) + 2\left(\frac{1}{6}\right) + 3\left(\frac{1}{6}\right) + 4\left(\frac{1}{6}\right) + 5\left(\frac{1}{6}\right) + 6\left(\frac{1}{6}\right) = 3.5$$

이다. 이는 주사위를 한 번 던질 때 3.5가 나오는 일은 절대로 없지만 수없이 던지면 평균적으로 눈금이 3.5가 될 것이라는 것을 의미한다.

확률분포의 기대값은 몇 가지 특성을 갖는다.

> **📖 ☆ 확률분포의 기대값의 특성**
>
> - $E(a) = a$
> - $E(a + bx) = a + bE(x)$
> - $E(ax + by) = aE(x) + bE(y)$
> - $E(bx) = bE(x)$
> - $E(x + y) = E(x) + E(y)$

확률분포의 기대값은 그 분포의 집중경향치를 나타내는 데 반하여 분산은 확률변수들이 기대값을 중심으로 어느 정도 흩어져 있는가를 나타내는 산포도를 의미한다. 즉 분산이란 평균으로부터 떨어진 편차제곱의 가중평균을 말한다.

> **📖 ☆ 이산확률변수의 분산과 표준편차**
>
> $$\mathrm{Var}(x) = \sigma^2 = \sum [x - E(x)]^2 P(x)$$
> $$\sigma = \sqrt{\mathrm{Var}(x)}$$

확률분포의 분산은 몇 가지 특성을 갖는다.

확률분포의 분산의 특성

- $\text{Var}(a) = 0$
- $\text{Var}(a + x) = \text{Var}(x)$
- $\text{Var}(bx) = b^2 \text{Var}(x)$
- $\text{Var}(x + y) = \text{Var}(x) + \text{Var}(y)$ (X와 Y는 독립적인 확률변수)
- $\text{Var}(x + y) = \text{Var}(x) + \text{Var}(y) + 2\text{Cov}(x, y)$

  $\text{Var}(x - y) = \text{Var}(x) + \text{Var}(y) - 2\text{Cov}(x, y)$

  $\text{Var}(ax + by) = a^2 \text{Var}(x) + b^2 \text{Var}(y) + 2ab\text{Cov}(x, y)$

  (X와 Y는 종속적인 확률변수)

 예 5-4

서울 도심에 있는 주차장에 자동차를 주차할 때 운전자는 주차하는 시간에 따라 주차비를 지불한다. 자동차가 주차하는 시간의 확률분포가 다음과 같다고 한다.

x	$P(x)$
1	0.25
2	0.18
3	0.13
4	0.1
5	0.07
6	0.04
7	0.04
8	0.19
합 계	1.00

① 자동차가 주차하는 시간 수의 기대값을 구하라.
② 시간 수의 분산과 표준편차를 구하라.
③ 시간당 주차비는 2,500원이라고 할 때 한 대당 지불하는 주차비의 기대값과 표준편차를 구하라.
④ $y = 2x - 1$일 때 $E(y)$와 $\text{Var}(y)$를 구하라.

풀 이 ①

x	$P(x)$	$xP(x)$	$x-E(x)$	$[x-E(x)]^2$	$[x-E(x)]^2P(x)$
1	0.25	0.25	−2.79	7.7841	1.946
2	0.18	0.36	−1.79	3.2041	0.5767
3	0.13	0.39	−0.79	0.6241	0.0811
4	0.1	0.4	0.21	0.0441	0.0044
5	0.07	0.35	1.21	1.4641	0.1025
6	0.04	0.24	2.21	4.8841	0.1954
7	0.04	0.28	3.21	10.3041	0.4122
8	0.19	1.52	4.21	17.7241	3.3676
합 계	1.00	3.79			6.6859

$E(x) = 3.79$

② 분산 $= 6.6859$

표준편차 $= \sqrt{6.6859} = 2.586$

③ 기대값 $= 3.79 \times 2,500 = 9,475$원

표준편차 $= 2.586 \times 2,500 = 6,464.27$

④ $E(2x-1) = 2E(x) - 1 = 2(3.79) - 1 = 6.58$

$\mathrm{Var}(2x-1) = 2^2\mathrm{Var}(x) = 4(6.6859) = 26.74$ ◆

5 | 결합확률분포

5.1 결합확률분포

제4장에서 우리는 조건확률, 결합확률, 주변확률을 공부하였다.

현실적으로 두 개 이상의 변수가 서로 연관되어 영향을 미치는 상황이 일반적이다. 예를 들면 경제성장률의 수준에 따라 실업률이 영향을 받는다. 이러한 경우에는 변수간의 결합적 형태를 나타내는 결합확률분포(joint probability distribution)의 분석이 필요하다.

　　두 개의 확률변수 X와 Y를 이용하여 결합확률함수 $P(X, Y)=P(X=x, Y=y)$를 정의할 수 있다. 예를 들면 $P(1, 2)$는 $x=1$과 $y=2$인 경우의 결합확률을 나타낸다.

　　결합확률분포란 확률변수 X와 Y의 값의 모든 쌍에 대해 결합확률 $P(x, y)$를 나열한 표를 말한다.

　　결합확률분포가 작성되면 주변확률분포를 구할 수 있다. 주변확률 (marginal probability)은 각 개별 변수 X와 Y의 확률로서 결합확률의 합으로 구하는데 결합확률분포의 가장자리에 나타낸다. 확률변수 X의 주변확률함수를 $P_1(x)$, 확률변수 Y의 주변확률함수를 $P_2(y)$로 표시한다. 따라서 예컨대 $P_1(3)$는 $x=3$의 확률을, $P_2(1)$은 $y=1$의 확률을 나타낸다.

　　두 이산확률변수 X와 Y의 주변확률분포는 다음과 같이 구한다.

$$P_1(x) = \sum_{\text{모든 } y} P(x, y)$$

$$P_2(y) = \sum_{\text{모든 } x} P(x, y)$$

예 5-5

종로에 있는 어느 회사의 종업원은 모두 40명인데 이들에 대해 성별 금연여부를 조사하여 다음과 같은 결과를 얻었다.

성별(X)	금연여부(Y)		합　계
	금연(1)	흡연(2)	
남자(1)	7	20	27
여자(2)	4	9	13
합　계	11	29	40

① 결합확률분포를 구하라.
② 주변확률분포를 구하라.

①

	금연(1)	흡연(2)	
남자(1)	$\frac{7}{40}=0.175$	0.5	
여자(2)	0.1	0.225	

②

	금연(1)	흡연(2)	X의 주변확률
남자(1)			0.675
여자(2)			0.325
Y의 주변확률	0.275	0.725	◆

5.2 두 이산확률변수의 독립성

두 개의 이산확률변수 X와 Y는 다음과 같은 조건이 성립하면 독립적이고 그렇지 않으면 종속적이다. 변수간의 독립성은 제4장에서 소개한 독립사상의 개념과 유사하다. 두 변수의 독립성이란 어느 한 변수가 어떤 값을 취했다는 사실이 다른 변수가 어떤 값을 취하든 전혀 영향을 미치지 않는다는 것을 의미한다.

> **두 확률변수의 독립성**
>
> $P(x,\ y)=P_1(x)\cdot P_2(y)$

앞의 [예 5-5]에서 확률변수 X와 Y가 독립적이기 위해서는 $P(1,\ 2)=P_1(1)\cdot P_2(2)$이어야 한다. 그런데 $P(1,\ 2)=0.5$, $P_1(1)=0.675$, $P_2(2)=0.725$이므로 $P(1,\ 2)=0.5\neq P_1(1)\cdot P_2(2)=0.675(0.725)=0.59$가 성립한다.

따라서 두 확률변수 X와 Y는 독립적이 아니고 종속적이다.

6 공분산과 상관계수

6.1 공분산

통계적으로 종속적인 두 확률변수 X와 Y의 연관성의 강도와 성격을 측정할 필요가 있다. 이때 분할표를 이용한 두 변수의 결합확률분포가 주어지는 경우와 그렇지 않은 경우로 나누어 볼 수 있는데 후자에 대해서는 제12장 회귀분석과 상관분석에서 공부할 것이다.

📖 〰️ **두 확률변수 X와 Y의 공분산**

- 모집단: $\mathrm{Cov}(x, y) = E[x_i - E(x)][y_i - E(y)]$

  $\quad\quad\quad\quad\quad = E(xy) - E(x)E(y)$　　: 결합확률분포의 기대값 이용

  $\mathrm{Cov}(x, y) = \dfrac{\sum(x_i - \mu_x)(y_i - \mu_y)}{N}$: 평균이용

공분산(covariance)이란 두 확률변수가 어느 정도로 함께 변화하는가를 측정하는 것으로 위와 같은 공식을 이용하여 계산한다. 공분산은 표본에 대해서도 구할 수 있으나 복잡하기 때문에 여기서 설명은 생략하고자 한다.

두 확률변수 X와 Y의 $(x-E(x))$와 $(y-E(y))$가 동시에 (+)이거나 (−)인 경우 공분산은 (+)의 값을 갖는다. 한편 이들의 부호가 서로 다른 경우 공분산은 (−)의 값을 갖는다. 즉 기대값보다 큰(작은) X와 기대값보다 큰(작은) Y가 대응되면 그의 공분산은 (+)의 값을 갖지만 기대값보다 큰(작은) X와 기대값보다 작은(큰) Y가 대응되면 그의 공분산은 (−)의 값을 값게 된다. 만일 두 변수 사이가 독립적이라서 선형관계가 아니라면 공분산은 0이 된다.

공분산은 분산 σ^2와 비슷하게 계산하지만 분산과 달리 (−)의 값을 갖는다. 공분산은 두 변수가 선형으로 움직이는지, 그들의 관계가 (+)인지 또는 (−)인지 방향을 밝혀 줄 뿐 선형관계의 강도를 나타내는 지표는 아니다. 왜냐하면 그의 크기는 두 변수의 측정단위에 의존하기 때문이다.[1] 그래서 모집단 공분산을 두

---

[1] 만일 X의 단위가 m²이고 Y의 단위가 1,000원일 때의 공분산과 X의 단위가 cm²이고 Y의 단위가 100원일 때의 공분산은 크기에 있어 차이가 있다.

변수의 표준편차의 곱으로 나누면 이는 다음 절에서 공부할 모집단 상관계수가
되는데 상관계수는 두 변수의 선형관계의 강도에 관한 정보를 제공한다.

 예 5-6

[예 5-5]에서 구한 결합확률분포에서 성별을 X, 금연여부를 Y라고 할 때 두 확률
변수 X와 Y의 공분산을 계산하라.

x ①	y ②	$P(x, y)$ ③	xy ④	③×④	①×③	②×③
1	1	0.175	1	0.175	0.175	0.175
1	2	0.5	2	1	0.5	1
2	1	0.1	2	0.2	0.2	0.1
2	2	0.225	4	0.9	0.45	0.45
				$E(xy)=2.275$	$E(x)=1.325$	$E(y)=1.725$

풀 이 $Cov(x, y) = E(xy) - E(x)E(y) = 2.275 - 1.325(1.725)$
$$=-0.0106$$

두 확률변수 X와 Y는 음(−)의 관계를 갖는다. ◆

6.2 상관계수

공분산은 두 확률변수 X와 Y의 선형관계의 여부(방향)를 나타낼 뿐 두 확
률변수 X와 Y의 측정단위에 따라 그의 값이 달라지기 때문에 두 변수 사이의
선형관계의 정도를 나타내 주지는 못한다.

따라서 단위에 관계없이 두 변수 X와 Y 사이의 밀접한 정도를 측정하기
위해서는 두 변수 X와 Y의 공분산을 X의 표준편차와 Y의 표준편차의 곱으로
나누는데 이와 같이 공분산을 표준화한 값을 모집단 상관계수(correlation
coefficient) 또는 X와 Y의 상관계수라고 한다.

이는 ρ(rho, 로)로 나타내는데 그의 공식은 다음과 같다.

📖 〽 **모집단 상관계수**

$$\rho = \frac{\text{Cov}(x, y)}{\sigma_x \sigma_y} \qquad (-1 \leq \rho \leq 1)$$

σ_x: 변수 X의 표준편차

σ_y: 변수 Y의 표준편차

예 5-7

[예 5-5]에서 구한 주변확률분포를 이용하여 두 확률변수 X와 Y의 모상관계수를 구하라.

풀 이
$$\sigma_x = \sqrt{\sum [x - E(x)]^2 P(x)}$$
$$= \sqrt{(1 - 1.325)^2 (0.675) + (2 - 1.325)^2 (0.325)}$$
$$= 0.4684$$

$$\sigma_y = \sqrt{\sum [y - E(y)]^2 P(y)}$$
$$= \sqrt{(1 - 1.725)^2 (0.275) + (2 - 1.725)^2 (0.725)}$$
$$= 0.4465$$

$$\rho = \frac{\text{Cov}(x, y)}{\sigma_x \sigma_y} = \frac{-0.0106}{0.4684(0.4465)} = -0.0508$$

두 변수 사이는 부의 관계이고 밀접도는 꽤 낮은 것을 의미한다. ◆

상관계수는 두 변수의 관계가 직선관계이고 완전한 정의 관계이면 +1의 값을 갖게 되지만 완전한 부의 관계이면 −1의 값을 갖게 된다. 따라서 상관계수는 1과 −1 사이의 값을 갖게 된다. 만일 상관계수의 값이 0이면 두 변수 사이에는 아무런 관계가 없음을 의미한다. 따라서 상관계수가 +1 또는 −1에 가까워질수록 두 변수는 밀접한 관계를 갖게 된다.

모집단의 모든 모수와 같이 모집단 상관계수도 확률표본을 사용하여 추정해야 한다. 표본상관계수에 대해서는 제12장 회귀분석과 상관분석에서 자세히 공부하게 될 것이다.

7 이항분포

7.1 이항실험

이산확률분포에는 이항분포, 포아송분포, 초기하분포가 포함되는데 이 중에서 경영문제에 가장 많이 이용되는 것은 이항분포이다.

표본공간이 상호 배타적인 두 개의 사상으로 구성된 실험을 하거나 표본을 추출하는 경우에 실험의 결과 또는 관찰은 꼭 두 개의 사상 중에 하나가된다. 예를 들면 동전을 던질 때 앞면 또는 뒷면이 나온다든지, 주사위를 던질 때 짝수 또는 홀수가 나온다든지, 제품을 검사할 때 양품 아니면 불량품으로 판정한다든지, 대답을 할 때 예 또는 아니오라고 한다든지, 대통령 선거에서 K 씨를 지지한다 또는 지지하지 않는다라든지, 입학 시험에서 합격 아니면 불합격이 된다든지 등과 같이 독립적인 실험의 결과는 둘 중에 하나가 된다.

위에서 예를 든 각 시행에서 나타날 두 개의 가능한 결과 가운데 어떤 하나를 성공(success: S)이라고 하면 다른 하나는 실패(failure: F)라고 간주할 수있다. 이러한 상호 배타적인 두 가지 결과만을 기대할 수 있는 실험의 시행 또는 관찰을 베르누이 실험(Bernoulli experiment) 또는 베르누이 시행(trial)이라고 한다.

베르누이 시행의 조건 외에 동일한 시행을 n번 반복한다는 조건이 추가되면 이항실험(binomial experiment)이라고 한다. 이항실험의 조건은 다음과 같다.

📖 ≋ 이항실험의 조건

- 동일한 시행을 n번 반복한다.
- 각 시행은 성공과 실패라는 꼭 두 가지의 상호 배타적인 결과를 갖는다.
- n번의 시행은 상호 독립적으로 한다.
- 한 번 시행할 때 성공확률 p와 실패확률 $(1-p)$는 시행할 때마다 동일하다.
- 확률변수 X는 n번 시행 중에서 성공횟수를 의미한다.

이항실험과 관련된 이항확률변수(binomial random variable) X는 n번 시행할 때 나타나는 원하는 성공횟수를 말한다. 이때 우리가 알고자 하는 것은 성공횟수와 그의 확률이다. 이항변수 X는 모수 n과 p를 갖는 변수로서 n번 시행에서 나타난 성공횟수에 따라 0, 1, 2, …, n 등 정수값을 가질 수 있다.

이러한 이항확률변수가 취할 수 있는 값들과 이에 대응하는 확률을 표시하는 분포를 이항확률분포(binomial probability distribution)라고 하고 $X \sim B(n,\ p)$로 표기한다.

7.2 이항확률변수의 확률

이항실험에서 확률변수의 확률을 구하기 위해서는 이항확률함수(binomial probability function) 또는 이항확률표(binomial probability table)를 이용할 수 있다.

□ 이항확률함수 이용

이항확률변수 X의 특정한 값에 대응하는 확률을 구하는 이항확률함수는 다음과 같이 정의할 수 있다.

📖 ⚖ 이항확률함수

$$P(X = x) = C_x^n\, p^x q^{n-x}$$
$$= \frac{n!}{(n-x)!\,x!}\, p^x (1-p)^{n-x} \qquad (x = 0,\ 1,\ 2, \cdots, n)$$

n: 시행횟수
x: 성공횟수
p: 한 번 시행에서의 성공확률
q: 한 번 시행에서의 실패확률 $(q = 1 - p)$

이항변수 X의 확률은 n번 시행 중에서 x번 성공할 확률을 의미하므로 x번 성공하고 $(n-x)$번 실패할 사상의 확률에 이러한 사상의 발생가능한 총순서(sequence)의 수를 곱하면 된다. 이때 사상의 발생가능한 총순서의 수란 n개에서 x개를 취하는 사상의 배열방법 C_x^n(또는 nCx, $\binom{n}{x}$)를 말하는데 이항계수(binomial coefficient)라고도 한다.

예 5-8

새로운 기계가 제대로 작동하면 생산되는 제품의 불량률은 5%이다. 그 기계가 생산하는 제품 가운데 세 개를 랜덤하게 뽑을 때 불량품이 몇 개일까에 관심이 있다고 하자.

① 이 실험은 어떤 조건하에서 이항실험이라고 할 수 있는가?
② 이 실험을 나타내는 나무그림을 그려라.
③ 두 개의 불량품을 뽑을 실험결과는 몇 개인가?
④ 발견할 불량품의 수를 확률변수 X라고 할 때 X의 이항분포를 구하라.
⑤ 이항분포의 그래프를 그려라.
⑥ 불량품이 두 개 이상 발견될 확률을 구하라.

풀 이 ① 불량품이 생산될 확률이 매 시행마다 5%로 동일하고(양품률은 95%) 매 시행은 독립적으로 진행되어야 한다.

②
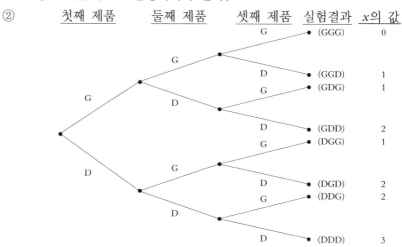

③ 실험결과는 3개(GDD, DGD, DDG)

④

x	$P(x)$
0	$\dfrac{3!}{3!0!}(0.05)^0(0.95)^3 = 0.8574$
1	$\dfrac{3!}{2!1!}(0.05)^1(0.95)^2 = 0.1354$
2	$\dfrac{3!}{1!2!}(0.05)^2(0.95)^1 = 0.0071$
3	$\dfrac{3!}{0!3!}(0.05)^3(0.95)^0 = 0.0001$
합 계	1.0000

⑤

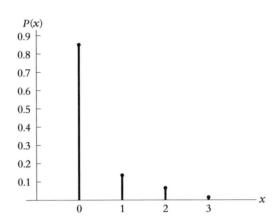

⑥ $0.0071 + 0.0001 = 0.0072$ ◆

□ **이항분포표 이용**

이항확률함수를 이용하여 확률을 계산할 때 시행횟수 n이 커질수록 계산이 복잡하게 된다. 이럴 경우에는 이항분포표(binomial table)를 이용하면 편리하다. [표 5-4]는 부표 A의 일부분인 이항분포표이다. 이 표를 이용하기 위해서는 이항확률함수의 경우와 마찬가지로 p, n, x의 값이 꼭 필요하다.

예를 들어 성공확률 $p=0.4$일 때 시행횟수 $n=10$번 중에서 성공횟수 $x=7$일 확률은 0.0425로서 이는 [표 5-4]에서 타원으로 표시하고 있다.

이항확률함수 또는 이항분포표를 이용하여 누적확률을 구할 수 있다. 즉 특정 성공횟수 이상, 이하, 초과, 미만 등의 누적확률을 계산할 수 있다.

표 5-4 | 이항분포표

n	x	.05	.10	.15	.20	.25	.30	.35	.40	.45	.50
10	0	.5987	.3487	.1969	.1074	.0563	.0282	.0135	.0060	.0025	.0010
	1	.3151	.3874	.3474	.2684	.1877	.1211	.0725	.0403	.0207	.0098
	2	.0746	.1937	.2759	.3020	.2816	.2335	.1757	.1209	.0763	.0439
	3	.0105	.0574	.1298	.2013	.2503	.2668	.2522	.2150	.1665	.1172
	4	.0010	.0112	.0401	.0881	.1460	.2001	.2377	.2508	.2384	.2051
	5	.0001	.0015	.0085	.0264	.0584	.1029	.1536	.2007	.2340	.2461
	6	.0000	.0001	.0012	.0055	.0162	.0368	.0689	.1115	.1596	.2051
	7	.0000	.0000	.0001	.0008	.0031	.0090	.0212	(.0425)	.0746	.1172
	8	.0000	.0000	.0000	.0001	.0004	.0014	.0043	.0106	.0229	.0439
	9	.0000	.0000	.0000	.0000	.0000	.0001	.0005	.0016	.0042	.0098
	10	.0000	.0000	.0000	.0000	.0000	.0000	.0000	.0001	.0003	.0010
11	0	.5688	.3138	.1673	.0859	.0422	.0198	.0088	.0036	.0014	.0005
	1	.3293	.3835	.3248	.2362	.1549	.0932	.0518	.0266	.0125	.0054
	2	.0867	.2131	.2866	.2953	.2581	.1998	.1395	.0887	.0513	.0269
	3	.0137	.0710	.1517	.2215	.2581	.2568	.2254	.1774	.1259	.0806
	4	.0014	.0158	.0536	.1107	.1721	.2201	.2428	.2365	.2060	.1611
	5	.0001	.0025	.0132	.0388	.0803	.1321	.1830	.2207	.2360	.2256
	6	.0000	.0003	.0023	.0097	.0268	.0566	.0985	.1471	.1931	.2256
	7	.0000	.0000	.0003	.0017	.0064	.0173	.0379	.0701	.1128	.1611
	8	.0000	.0000	.0000	.0002	.0011	.0037	.0102	.0234	.0462	.0806
	9	.0000	.0000	.0000	.0000	.0001	.0005	.0018	.0052	.0126	.0269
	10	.0000	.0000	.0000	.0000	.0000	.0000	.0002	.0007	.0021	.0054
	11	.0000	.0000	.0000	.0000	.0000	.0000	.0000	.0000	.0002	.0005

예 5-9

다음 문제에 대해서 확률을 구하라.
① 타율이 0.3인 야구선수가 다섯 번 타석에 나와 네 번 이상의 안타를 칠 확률을 구하라.
② 4지선다형 문제가 10개 있을 때 단순히 추측하여 세 문제 이하를 맞힐 확률을 구하라.
③ 자유투 성공률 90%인 농구선수가 세 번의 자유투를 모두 성공시킬 확률은 얼마인가?

풀 이 ① $P(x \geq 4) = 0.0284 + 0.0024 = 0.0308$
② $P(x \leq 3) = 0.0563 + 0.1877 + 0.2816 + 0.2503 = 0.7759$
③ $P(x=3)$은 실패확률 0.1일 때 한 번도 성공시키지 못할 확률과 같다. 즉 부표 A에서 0.729이다. ◆

7.3 이항확률변수의 기대값과 분산

확률분포는 모집단 모델이고 확률변수는 수치이므로 표본자료에서처럼 기대값과 표준편차를 구할 수 있다. 이항분포의 기대값과 분산은 다음과 같은 공식을 사용하면 쉽게 구할 수 있다.

📖 **이항분포의 기대값과 분산**

기 대 값: $\mu = E(x) = np$
분 산: $\sigma^2 = npq = np(1-p)$
표준편차: $\sigma = \sqrt{np(1-p)}$

 예 5-10

Excel 대학병원의 응급실에 들어오는 환자 1,000명 중에서 200명은 보험에 가입하지 않았다고 한다. 환자 10명을 랜덤하게 추출할 때 몇 명이 보험에 가입하지 않았으며 표준편차는 얼마인가?

풀 이 $p = \dfrac{200}{1,000} = 0.2$

$\mu = 10(0.2) = 2$

$\sigma = \sqrt{10(0.2)(0.8)} = 1.255$ ◆

7.4 이항분포의 형태

이항분포의 형태는 모수인 시행횟수 n과 성공확률 p의 값에 따라 결정된다.

① 만일 성공확률 $p=0.5$이면 시행횟수 n의 크기에 관계없이 이항분포는 좌우대칭의 종모양을 나타낸다. 이는 [그림 5-2](a)가 보여 주고 있다.

② 반대로 시행횟수 n이 크면 성공확률 p의 크기에 관계없이 이항분포는 좌우대칭을 이룬다. 이는 [그림 5-2](b)가 보여 주고 있다. n의 크기가 무한대이면 이항분포는 정규분포에 근접한다.

③ 만일 $p < \dfrac{1}{2}$이고 n이 작은 경우에 이항분포는 오른쪽 꼬리분포를 나타낸다. 이는 [그림 5-2](c)와 같다.

그림 5-2 **이항분포의 형태**

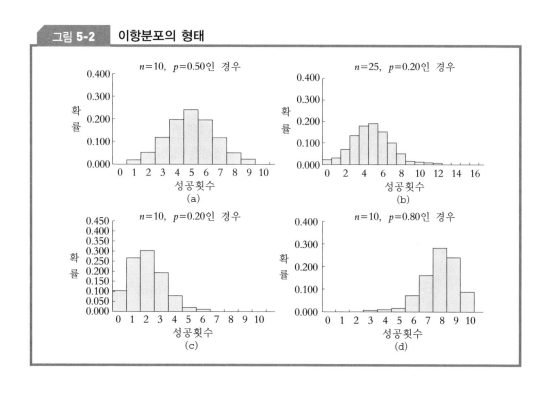

④ 만일 $p > \dfrac{1}{2}$이고 n이 작은 경우에 이항분포는 왼쪽 꼬리분포를 나타낸다. 이는 [그림 5-2](d)와 같다.

8 포아송분포

8.1 포아송분포의 개념과 가정

포아송분포(Poisson distribution)란 이항분포에서처럼 셀 수 있는 시행으로 이루어지는 것이 아니라 특정 구간(interval) 동안 어떤 사상이 발생할 횟수를 기술하는 분포를 말한다. 여기서 구간이란 시간, 거리, 면적, 용적 등이다.

따라서 포아송분포가 적용되는 예는 다양하다. 예를 들어 보자.

- 어느 날 대형 컴퓨터 시스템에서 발생하는 고장횟수
- 8시간 동안 짐 싣는 시설에 도착하는 트럭의 수
- 농구게임에서 넣는 골의 수
- 자동차에서 발견되는 흠집의 수
- 10분 동안 어느 교환대에 걸려오는 전화의 수
- 5분 동안 어느 은행 창구에 도착하는 고객의 수
- 한 달 동안 어느 아파트 단지에서 발생하는 정전횟수와 엘리베이터 고장횟수
- 보험회사에서 하루 동안 신고되는 사망자의 수

포아송분포를 적용하는 데는 몇 가지 가정이 필요하다.

- 구간마다 발생하는 사상은 셀 수 있을 정도의 수이며 서로 독립적이다.
- 사상의 발생확률은 구간의 길이에 비례한다.
- 아주 작은 구간에서 둘 이상의 사상이 동시에 발생할 확률은 0이다.
- 구간마다 확률분포는 일정하다.

• 포아송분포는 항상 정으로 기울어져 있으며(positively skewed) 포아송확률변수의 확률은 특정 상한을 갖지 않는다.

8.2 포아송확률변수의 확률

□ 포아송분포의 확률질량함수 이용

포아송확률변수의 확률도 확률함수를 이용할 수도 있고 부표 B인 포아송분포표를 이용할 수 있다. 이때 포아송확률변수의 확률도 이항분포에서처럼 누적확률을 구할 수 있다.

확률변수 X가 일정 구간 내에서 발생할 사상의 수라고 할 때 그가 취할 수 있는 x개의 사상이 발생할 포아송분포의 확률함수는 다음과 같다.

📖 포아송확률함수

$$P(X=x) = \frac{e^{-\kappa} \lambda^x}{x!} \qquad x = 0, 1, 2, \cdots$$

$$e = 2.71828$$

λ : 확률변수 X의 기대값$(E(x))$으로서 일정한 단위당 평균 발생횟수

x : 발생할 사상의 수

 예 5-11

자동차들이 서해안 고속도로에 있는 톨게이트에 분당 평균 두 대씩 도착한다고 한다.

① 특정 1분 동안 자동차 한 대도 도착하지 않을 확률을 구하라.
② 특정 1분 동안 적어도 한 대 이상의 자동차가 도착할 확률을 구하라.
③ 특정 1분 동안 두 대 이하의 자동차가 도착할 확률을 구하라.

풀이 ① $P(x=0) = \dfrac{e^{-2} 2^0}{0!} = 0.1353$

② $P(x \geq 1) = 1 - P(x=0) = 1 - 0.1353 = 0.8647$

③ $P(x \leq 2) = P(x=0) + P(x=1) + P(x=2)$

$$= \frac{e^{-2} 2^0}{0!} + \frac{e^{-2} 2^1}{1!} + \frac{e^{-2} 2^2}{2!}$$

$$= 0.1353 + 0.2707 + 0.2707 = 0.6767 \quad \blacklozenge$$

□ 포아송분포표 이용

확률변수 X가 일정기간 동안 x번 발생할 확률을 구하기 위해서는 확률함수를 이용할 수도 있지만 계산과정이 복잡하기 때문에 부표 C의 포아송분포표를 이용하는 것이 편리하다. 표를 이용하기 위해서는 x와 λ의 값만 알면 된다.

[표 5-5]는 포아송분포표의 일부분이다.

표 5-5 | 포아송분포표

	λ									
x	1.1	1.2	1.3	1.4	1.5	1.6	1.7	1.8	1.9	2.0
0	0.3329	0.3012	0.2725	0.2466	0.2231	0.2019	0.1827	0.1653	0.1496	0.1353
1	0.3662	0.3614	0.3543	0.3452	0.3347	0.3230	0.3106	0.2975	0.2842	0.2707
2	0.2014	0.2169	0.2303	0.2417	0.2510	0.2584	0.2640	0.2678	0.2700	0.2707
3	0.0738	0.0867	0.0998	0.1128	0.1255	0.1378	0.1496	0.1607	0.1710	0.1804
4	0.0203	0.0260	0.0324	0.0395	0.0471	0.0551	0.0636	0.0723	0.0812	0.0902
5	0.0045	0.0062	0.0084	0.0111	0.0141	0.0176	0.0216	0.0260	0.0309	0.0361
6	0.0008	0.0012	0.0018	0.0026	0.0035	0.0047	0.0061	0.0078	0.0098	0.0120
7	0.0001	0.0002	0.0003	0.0005	0.0008	0.0011	0.0015	0.0020	0.0027	0.0034
8	0.0000	0.0000	0.0001	0.0001	0.0001	0.0002	0.0003	0.0005	0.0006	0.0009
9	0.0000	0.0000	0.0000	0.0000	0.0000	0.0000	0.0001	0.0001	0.0001	0.0002

예 5-12

강남에 있는 외제차 판매원 김 씨는 하루 평균 0.8대를 판매한다. 그런데 하루 판매량은 포아송분포를 따른다고 한다. 하루에 판매하는 자동차의 수를 확률변수 X라고 할 때 X의 포아송분포를 구하고 이를 그래프로 나타내라.

풀이

x	$P(x)$
0	0.4493
1	0.3595
2	0.1438
3	0.0383
4	0.0077
5	0.0012
6	0.0002

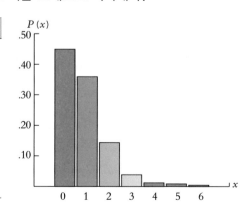

8.3 포아송분포의 기대값과 분산

포아송분포의 기대값(평균)과 분산은 다음과 같은 공식을 이용하여 구한다.

포아송분포의 기대값과 분산

기대값: $E(x) = \lambda$

분산: $\sigma^2 = \lambda$

포아송분포는 오른쪽으로 비대칭인 기울기를 갖는다. 그러나 기대값 λ의 크기가 클수록 포아송분포의 비대칭도는 감소하기 시작하여 결국 좌우대칭에 근접한다.

포아송분포는 단위구간의 크기에 의존하는 기대값 λ에 의하여 결정되며 λ는 단위구간에 비례하여 증가한다. 예컨대 단위구간이 두 배로 증가하면 λ도 두 배가 된다.

1. 최근 조사에 의하면 가구당 19세 미만 어린이의 수는 다음과 같았다.

어린이 수	가구 수
0	25,100
1	40,750
2	75,200
3	31,500
4	5,900
합 계	178,450

① 확률분포표를 만들어라.
② 이를 그래프로 나타내라.
③ $P(x \leq 2)$를 구하라.
④ 가구당 어린이 수의 평균과 표준편차를 구하라.

풀 이

①

x	$P(x)$
0	$25,100 \div 178,450 = 0.1407$
1	$40,750 \div 178,450 = 0.2284$
2	$75,200 \div 178,450 = 0.4214$
3	$31,500 \div 178,450 = 0.1765$
4	$5,900 \div 178,450 = 0.0331$
합 계	1.0001

②

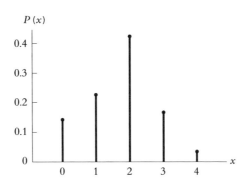

③ $P(x \leq 2) = 0.1407 + 0.2284 + 0.4214 = 0.7905$

④

x	$P(x)$	$xP(x)$	$x-E(x)$	$[x-E(x)]^2$	$[x-E(x)]^2 P(x)$
0	0.1407	0	-1.7331	3.0036	0.4226
1	0.2284	0.2284	-0.7331	0.5374	0.1227
2	0.4214	0.8428	0.2669	0.0712	0.0300
3	0.1765	0.5295	1.2669	1.6050	0.2833
4	0.0331	0.1324	2.2669	5.1388	0.1701
합　　계		1.7331			1.0287

$E(x) = 1.7331$　　분산 $= 1.0287$　　표준편차 $= 1.0142$

2. 동전을 두 번 던지는 실험에서 앞면이 나타나는 수를 확률변수 X라고 하자. 확률변수 X의 확률함수를 구하라.

풀 이

$$P(X=x) = P(x) = \begin{cases} \dfrac{1}{4} & x = 0, 2 \text{ 일 때} \\ \dfrac{1}{2} & x = 1 \text{ 일 때} \end{cases}$$

3. 한 건설업자는 응찰하고자 하는 프로젝트의 총비용을 추산하려고 한다. 자재비는 15,000원이고 노무비는 하루에 600원으로 추산된다. 만일 프로젝트를 완료하는

데 x일이 걸린다고 하면 총비용함수는 다음과 같다.

$$C = 15,000 + 600x$$

한편 그 건설업자는 프로젝트 완료기간에 대한 확률분포를 다음과 같이 만들었다.

완료기간(일)	10	11	12	13	14
확 률	0.1	0.3	0.3	0.2	0.1

① 완료기간의 기대값과 분산을 구하라.

② 총비용의 기대값, 분산, 표준편차를 구하라.

풀 이

x	$P(x)$	$xP(x)$	$x-E(x)$	$[x-E(x)]^2$	$[x-E(x)]^2P(x)$
10	0.1	1.0	-1.9	3.61	0.361
11	0.3	3.3	-0.9	0.81	0.243
12	0.3	3.6	0.1	0.01	0.003
13	0.2	2.6	1.1	1.21	0.242
14	0.1	1.4	2.1	4.41	0.441
		11.9			1.290

① 기대값＝11.9   분 산＝1.29

② 기대값＝$E(15,000+600x) = 15,000+600(11.9) = 22,140$원

  분   산＝$\text{Var}(15,000+600X) = 600^2(1.29) = 464,400$

  표준편차＝$\sqrt{464,400} = 681.47$

4. 다음 문제에서 $P(x)$는 확률분포를 이루는가?

  ① $P(x) = \dfrac{1}{10}(x-2)$ $x = 3,\ 4,\ 5,\ 6$일 때

  ② $P(x) = \dfrac{1}{20}(2x+2)$ $x = -2,\ -1,\ 0,\ 1,\ 2$일 때

  ③ $P(x) = \dfrac{3}{2^x}$ $x = 2,\ 3,\ 4,\ 5$일 때

풀 이

① 예, $\sum P(x) = 1$ ② 예, $\sum P(x) = 1$ ③ 아니오, $\sum P(x) = 1.406 \fallingdotseq 1$

5. Excel 대학교 학생들을 학년(Y)과 작년 극장 구경횟수(X)에 따라 분류해서 만든 결합확률표가 다음과 같다.

구경횟수(X)	학년(Y)			
	1	2	3	4
0	0.07	0.05	0.03	0.02
1	0.13	0.11	0.17	0.15
2회 이상	0.04	0.04	0.09	0.10

① 랜덤하게 선정한 한 학생이 작년 한 번도 구경을 하지 않았을 확률을 구하라.
② 두 확률변수 X와 Y의 주변확률을 구하라.
③ 조건확률 $P(x = 1 | y = 3)$을 구하라.
④ 두 확률변수 X와 Y의 평균을 구하라.
⑤ 확률변수 X와 Y의 공분산을 구하고 그의 의미를 설명하라.
⑥ 확률변수 X와 Y의 상관계수를 구하고 그의 의미를 설명하라.

풀 이

① $0.07 + 0.05 + 0.03 + 0.02 = 0.17$

②

	1	2	3	4	X의 주변확률
0					0.17
1					0.56
2					0.27
Y의 주변확률	0.24	0.20	0.29	0.27	

③ $P(x = 1 | y = 3) = \dfrac{P(x = 1) \cap P(y = 3)}{P(y = 3)} = \dfrac{0.17}{0.29} = 0.5862$

④

x	y	$P(x,\ y)$	xy	$xyP(x,\ y)$	$xP(x,\ y)$	$yP(x,\ y)$
0	1	0.07	0	0.00	0.00	0.07
1	1	0.13	1	0.13	0.13	0.13
2	1	0.04	2	0.08	0.08	0.04
0	2	0.05	0	0.00	0.00	0.10
1	2	0.11	2	0.22	0.11	0.22
2	2	0.04	4	0.16	0.08	0.08
0	3	0.03	0	0.00	0.00	0.09
1	3	0.17	3	0.51	0.17	0.51
2	3	0.09	6	0.54	0.18	0.27
0	4	0.02	0	0.00	0.00	0.08
1	4	0.15	4	0.60	0.15	0.60
2	4	0.10	8	0.80	0.20	0.40
				3.04	1.10	2.59

$E(x) = 1.10$

$E(y) = 2.59$

⑤ $\text{Cov}(x,\ y) = E(xy) - E(x)E(y) = 3.04 - 1.10(2.59) = 0.191$

학년과 구경횟수는 정의 관계를 나타낸다. $\text{Cov}(x,\ y) \neq 0$이므로 두 변수는 종속적이다.

⑥ $\sigma_x = \sqrt{\sum [x - E(x)]^2 P(x)}$

$\quad = \sqrt{(0 - 1.10)^2 (0.17) + (1 - 1.10)^2 (0.56) + (2 - 1.10)^2 (0.27)}$

$\quad = 0.6557$

$\sigma_y = \sqrt{\sum [y - E(y)]^2 P(y)}$

$\quad = \sqrt{(1 - 2.59)^2 (0.24) + (2 - 2.59)^2 (0.20) + (3 - 2.59)^2 (0.29) + (4 - 2.59)^2 (0.27)}$

$\quad = 1.1233$

$\rho = \dfrac{\text{Cov}(x,y)}{\sigma_x \sigma_y} = \dfrac{0.191}{0.6557(1.1233)} = 0.2593$

두 변수 X와 Y 사이는 정의 관계이지만 밀접도는 비교적 낮다고 말할 수 있다.

6. 최근의 조사보고에 의하면 우리나라 운전자의 80%는 안전벨트를 착용하는 것으로 나타났다. 서해안 고속도로에서 어느 날 아침 세 명을 랜덤하게 선정하여 착용여부를 조사하였다.

① 이 실험이 이항실험이 될 조건을 기술하라.

② 이 실험을 나무그림으로 나타내라.

③ 두 명의 위반자만을 나타내는 실험결과는 몇 개인가?

④ 조사받은 세 명의 운전자 가운데 위반자 수를 확률변수 X라고 할 때 X의 이항분포를 구하라.

⑤ 위반자 수가 한 명 이하일 확률을 구하라.

⑥ 확률분포의 기대값과 분산을 구하라.

풀 이

① 안전벨트를 착용하지 않을 확률이 매 시행마다 20%로 일정하며 각 시행은 독립적으로 이루어져야 한다.

②

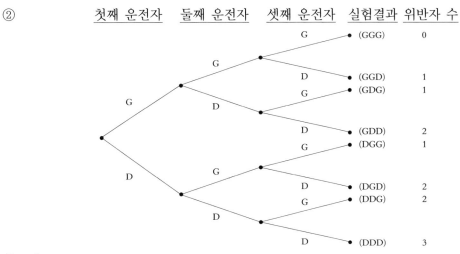

③ 3개

④

x	P(x)
0	$\dfrac{3!}{3!0!}(0.2)^0(0.8)^3 = 0.5120$
1	$\dfrac{3!}{2!1!}(0.2)^1(0.8)^2 = 0.3840$
2	$\dfrac{3!}{1!2!}(0.2)^2(0.8)^1 = 0.0960$
3	$\dfrac{3!}{0!3!}(0.2)^3(0.8)^0 = 0.0080$
합 계	1.0000

⑤ $P(0) + P(1) = 0.5120 + 0.3840 = 0.8960$

⑥ $P = 0.2$

$\mu = np = 3(0.2) = 0.6$

$\sigma^2 = npq = 3(0.2)(0.8) = 0.48$

7. 이항확률을 구하라.

① $n=3$, $p=\dfrac{1}{2}$ 일 때 $P(x = 1)$

② $n=4$, $p=\dfrac{1}{2}$ 일 때 $P(x = 4)$

③ $C_8^{10}(0.2)^8(0.8)^2$

④ $C_3^5(0.5)^3(0.5)^2$

풀 이

① $P(x = 1) = C_1^3(0.5)^1(0.5)^2 = \dfrac{3}{8}$

② $P(x = 4) = C_4^4(0.5)^4(0.5)^0 = \dfrac{1}{16}$

③ 0.00074

④ 0.3125

8. 수많은 부품으로 구성된 컴퓨터 시스템이 있는데 지난 10일 동안 부품 세 개가 고장을 일으켜 그때마다 컴퓨터 시스템을 수리하였다.

① 어느 날 부품이 고장나지 않을 확률을 구하라.

② 어느 날 두 개 이상의 부품이 고장을 일으킬 확률을 구하라.

③ 2일 동안 한 번 이하 고장을 일으킬 확률을 구하라.

풀 이

① $P(x = 0 \mid \lambda = \dfrac{3}{10} = 0.3) = \dfrac{e^{-0.3} 0.3^0}{0!} = 0.7408$

② $P(x \geq 2) = 1 - P(x = 0) - P(x = 1)$

$$= 1 - 0.7408 - \dfrac{e^{-0.3} 0.3^1}{1!}$$

$$= 1 - 0.7408 - 0.2222 = 0.037$$

③ $P(x \leq 1 \mid \lambda = 0.3 \times 2 = 0.6) = P(x = 0) + P(x = 1)$

$$= \dfrac{e^{-0.6} 0.6^0}{0!} + \dfrac{e^{-0.6} 0.6^1}{1!}$$

$$= 0.5488 + (0.5488) 0.6 = 0.8781$$

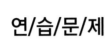

연/습/문/제

1. 확률변수와 그의 종류를 설명하라.

2. 이항분포와 포아송분포의 특성을 설명하라.

3. 다음 용어를 간단히 설명하라.
   ① 확률함수   ② 확률분포   ③ 베르누이 시행

4. 복권의 상금과 매수가 아래 표와 같을 때 복권 한 매를 2,000원에 산 사람은 얼마의 이익을 기대할 수 있겠는가? 발행된 복권 수는 100매이다.

등급	상금(원)	매수
1등	100,000	1
2등	10,000	5
3등	5,000	10
4등	500	80

5. 김 군은 공부를 잘하여 아버지로부터 현금 40만 원을 받고 싶은지 또는 액면가 10만 원짜리 금화를 받고 싶은지 결정하도록 제의를 받았다. 그런데 금화의 실제 가치는 금의 함유량에 따라 다르다고 한다. 금화는 40만 원의 가치를 가질 확률은 30%, 90만 원은 30%, 10만 원은 40%라고 확실히 알고 있다. 김 군은 금화를 받는 것이 유리한가? 아니면 현금 40만 원을 받아야 하는가?

6. 다음 함수는 확률질량함수인가?
   ① $P(X=x) = \dfrac{x^2}{10}$ ($x = -2, -1, 0, 1, 2$일 때)

② $P(X=x) = \dfrac{x-1}{36}$ ($x=2, 3, 4, 5, \cdots, 12$일 때)

7. 용인에 있는 한 외국 자동차 대리점의 한 판매원은 다음 주에 판매할 예상 자동차 수와 그의 확률을 다음과 같이 발표하였다.

자동차 수(x)	0	1	2	3	4	5
확률 $P(x)$	0.10	0.20	0.35	0.25	0.08	0.02

① 다음 주에 판매할 평균 자동차 수를 구하라.

② 다음 주에 판매할 자동차 수의 표준편차를 구하라.

③ $P(2 \leq x \leq 4)$를 구하라.

④ 판매원은 주급 25만 원 외에 별도로 판매하는 자동차 한 대당 35만 원을 받는다. 다음 주에 그는 평균 모두 얼마를 받을 수 있는가?

⑤ 다음 주에 판매원이 모두 100만 원 이상을 받을 확률을 구하라.

⑥ $y = 3x + 5$라고 할 때 $E(y)$를 구하라.

8. 어떤 건설회사가 두 프로젝트에 응찰하려고 한다. 각 프로젝트의 이익과 낙찰될 확률이 다음과 같다. 두 응찰의 결과는 상호 독립적이라고 가정한다.

	이 익	확 률
프로젝트 A	70,000	0.50
프로젝트 B	170,000	0.60

① 두 프로젝트의 가능한 응찰의 결과와 그의 확률을 구하라.

② 두 프로젝트로부터 결과할 회사의 총이익을 확률변수 X라고 할 때 X의 확률분포를 구하라.

③ 두 프로젝트에 응찰하는 데 소요되는 준비비용이 2,000이라면 기대순이익은 얼마인가?

9. 가정에서 새로운 승용차를 구입할 때 모델을 선정하는 영향력을 남편이 행사하는가 또는 부인이 행사하는가를 조사한 결과 모든 새로운 차의 경우 80%는 남편이 행사하는 것으로 나타났다. 네 가정이 새로운 차를 사려고 한다고 가정하자.

① 두 가정에서 남편이 영향력을 행사할 확률을 구하라.

② 적어도 두 가정에서 남편이 영향력을 행사할 확률을 구하라.

③ 네 가정 모두에서 남편이 영향력을 행사할 확률을 구하라.

10. 자동차보험 가입은 모든 운전사에게 법적으로 요구되는 사항이지만 모든 운전사 중 5%는 어떤 보험에도 가입하지 않는다고 한다. 이것이 사실인지 확인하기 위하여 25대의 자동차를 랜덤하게 선정하여 정지시키고 각 운전사에게 보험에 가입하였는지를 물었다.

① 25명 모두 보험에 가입했을 확률을 구하라.

② 적어도 한 명 이상이 보험에 가입하지 않았을 확률을 구하라.

③ 두 명 이하가 보험에 가입하지 않았을 확률을 구하라.

11. 어느 나라에서 가족이 1년에 유원지에 놀러가는 평균 횟수는 0.5로서 포아송분포를 따른다고 한다. 한 가족을 랜덤하게 선정할 때

① 그 가족이 작년에 한 번도 유원지에 놀러가지 않았을 확률을 구하라.

② 그 가족이 작년에 두 번 이상 유원지에 놀러갔을 확률을 구하라.

③ 그 가족이 지난 3년 동안 유원지에 두 번 이하 놀러갔을 확률을 구하라.

④ 그 가족이 지난 6년 동안 유원지에 네 번 놀러갔을 확률을 구하라.

12. 경제학자 강 교수는 우리나라 경제성장률과 실업률 사이에 어떤 관계가 있는지를 밝히기 위하여 지난 30년 동안의 자료를 조사한 결과 다음과 같은 결합확률표를 작성하였다.

경제성장률(x)	실업률(y)		
	3	4	5
4	0.05	0.10	0.10
6	0.25	0.15	0.05
8	0.20	0.10	0.00

① 두 확률변수 X와 Y의 주변확률분포를 구하라.

② 두 확률변수 X와 Y의 공분산을 구하라.

③ 구한 공분산의 의미를 설명하라.

④ 두 확률변수 X와 Y의 상관계수를 구하라.

13. 다음 표는 논술점수(X)와 수능점수(Y)에 따라 A대학에 합격할 확률이 어느 정도인가를 결합확률분포표로 작성한 것이다.

X \ Y	320	330	340	350
70	0.00	0.00	0.02	0.08
80	0.00	0.03	0.03	0.10
90	0.02	0.05	0.06	0.15
100	0.05	0.06	0.10	0.25

① 두 변수 X와 Y의 주변확률을 구하라.

② 두 변수 X와 Y의 기대값과 분산을 구하라.

③ 두 변수 X와 Y의 공분산을 구하라.

④ 두 변수 X와 Y의 상관계수를 구하라.

⑤ 두 변수 X와 Y는 독립적인가?

⑥ $P(X=90 \mid Y=340)$을 구하라.

14. 한 동전을 세 번 던지는 실험에서 앞면이 나오는 수를 확률변수 X라고 할 때

① $E(x)$와 $Var(x)$를 구하라.

② 앞면이 한 번 또는 두 번 나오면 400원을 받고 한 번도 나오지 않는다든가 세 번 나오면 1,200원을 주는 내기를 할 경우 기대값은 얼마인가?

15. 어떤 제품에 대한 수요량을 확률변수 X라 할 때 그의 확률분포가 다음과 같다.

수요량(X)	$P(X)$
100	0.5
200	0.3
300	0.2

① 이 제품의 평균 수요량은 얼마인가?

② 이 제품의 수요량의 표준편차를 구하라.

③ 고정비용이 100원이고 한 개 생산의 변동비용이 5원이라고 한다. 총비용 $Y = 100 + 5X$를 나타내는 확률변수를 Y라고 할 때 Y의 기대값과 분산을 구하라.

16. 최근에 개발된 근육통 치료법은 보통 80%의 확률로 성공한다고 한다. 15명의 환자를 치료한다고 할 때

① 이항분포를 구하라.

② 이항분포의 그래프를 그려라.

③ 이항분포의 평균, 분산, 표준편차를 구하라.

④ 치료법이 두 환자에 성공할 확률을 구하라.

⑤ 치료법이 두 환자 미만에 성공할 확률을 구하라.

17. 다음 확률함수의 평균, 분산, 표준편차를 구하라.

$$P(x) = \frac{x}{10} \qquad x = 1, \ 2, \ 3, \ 4일 \ 때$$

18. 어느 나라에서 최근 100년 동안 태풍이 530회나 있었다고 한다. 태풍은 포아송분포를 따라 발생한다고 한다.

① 태풍은 1년에 평균 몇 번 발생하는가?

② 랜덤하게 선정한 어느 해에 태풍이 빌생할 확률을 $P(x)$라고 할 때 $P(0)$, $P(2)$, $P(9)$를 구하라.

③ 태풍이 실제로 없었던 해는 2년, 두 번 있었던 해는 5년, 아홉 번 있었던 해는 4년이었다. 실제 결과를 ②에서 구한 확률과 비교할 때 포아송분포가 이 경우 알맞은 모델이라고 할 수 있는가?

제 6 장

연속확률분포

1. 확률밀도함수
2. 정규분포
3. 이항확률의 정규근사치

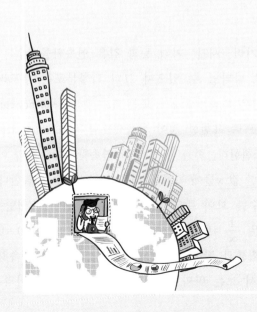

우리는 제5장에서 확률변수의 기능을 공부하였다. 확률변수에는 이산확률변수와 연속확률변수가 있는데 이산확률변수는 확률실험의 결과가 셀 수 있는 경우에 각 결과에 대응하는 확률을 부여하는 편리한 방법임을 공부하였다.

이와 같이 이산확률변수는 그가 취할 수 있는 모든 가능한 값들 사이에 갭(gap)이 존재하게 된다. 따라서 이산확률변수의 각 값과 이것이 발생할 확률을 나열함으로써 확률분포를 만들 수 있었다.

그러나 연속확률변수는 확률실험의 결과 특정 범위에서 무수히 많은 실수값을 가질 수 있으므로 가능한 모든 값과 그의 확률을 나열할 수 없다. 따라서 연속확률변수 X의 특정한 값에 대한 확률은 구할 수 없고 어떤 범위에 대한 확률만 구할 수 있을 뿐이다.

연속확률변수가 어떤 구간 내에서 가능한 모든 값들을 취할 수 있을 때 연속확률분포의 모양은 부드러운 종모양의 곡선을 이룬다. 이 곡선을 확률밀도함수라고 한다.

본장에서는 연속확률변수와 그의 분포를 다루고 이 분포에 속하는 분포 중에서 정규분포에 관해서 공부할 것이다.

1 확률밀도함수

높이, 무게, 속도, 부피, 거리, 시간, 가격 등과 같은 연속확률변수는 어떤 구간 내에서 무수한 값들로 나타낼 수 있으며 그의 확률분포는 부드러운 곡선이 된다고 하였다. 이 곡선은 확률밀도곡선 또는 도수곡선(frequency curve)이라고도 하는데 이 곡선을 식으로 표현한 것이 확률밀도함수(probability density function: pdf)로서 보통 $f(x)$로 표현한다. 확률밀도함수란 연속확률함수 X가 어떤 구간 내에서 취할 수 있는 무수한 값 x들에 확률을 대응시키는 함수를 말한다.

[그림 6-1]은 확률밀도함수를 보여 주고 있다. 연속확률변수가 취할 수 있는 어떤 특정한 값의 확률은 $\frac{1}{\infty} = 0$이다. 즉 $P(X=a)=0$, $P(X=b)=0$이다.[1] 따라서 그림에서 높이는 확률과 직접적인 관련이 없다. 이처럼 연속확률변수의 경우에는 [그림 6-1]에서 보는 바와 같이 그 변수가 a와 b 사이의 어

---

1 따라서 $P(a<x<b)=P(a \leq x \leq b)$가 성립한다.

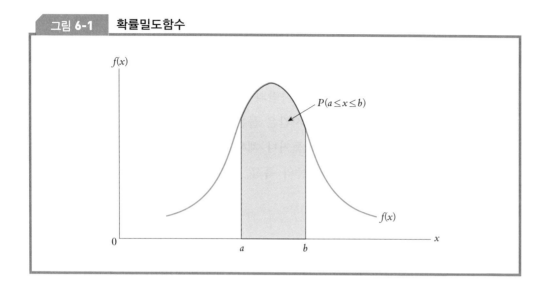

그림 **6-1** 확률밀도함수

떤 구간(interval)에 속할 확률을 구하게 된다. 이때 확률은 X축의 a와 b 사이와 해당 확률밀도함수로 표현하는 확률분포곡선으로 둘러싸인 면적에 해당한다. 이를 수식으로 표현하면 $P(a \leq x \leq b) = \int_a^b f(x)\,dx$가 된다.

2 │ 정규분포

2.1 정규분포의 사용

연속확률변수를 기술하는 가장 중요한 확률분포는 정규분포(normal distribution)이다. 정규분포는 사회현상이나 자연현상의 실제 응용에 있어 폭넓게 사용되고 있다.

정규분포는 통계학에서 가장 중요한 개념인데 그의 원인은 다음과 같다.

- 비즈니스 세계에 공통적인 수많은 연속변수는 정규분포에 근사한 분포를 따른다.
- 정규분포는 이항분포 같은 이산확률분포를 근사하는 데 이용된다.
- 정규분포는 표본을 통한 통계적 추론의 근거를 제공한다.

　　표본정보에 입각하여 모집단의 어떤 특성에 대해 결론을 내릴 때는 모집단이 종모양의 좌우대칭인 정규분포를 따른다는 전제가 필요하다.

　　사실 연속모델은 비즈니스, 사회과학, 공학, 자연과학에서 널리 응용된다. 연속확률변수의 예를 들면 사람의 키, 몸무게, IQ, 수명, 성적, 봉사시간, 어느 지점에 도착 사이의 시간은 물론 산업계에서 관측할 수 있는 주식의 종가의 변화, 비용, 기계로 만들거나 채우는 제품의 용량, 제품의 수명, 자연현상으로서의 나무, 곤충, 동물의 특성, 강우량 외에 과학적 측정 등 헤아릴 수 없이 많다.

2.2　정규곡선

　　앞절에서 공부한 여러 가지 연속확률변수의 측정으로 얻는 많은 표본을 그린 히스토그램은 정규곡선(normal curve)이라고 한다. 이는 연속확률분포의 형태가 종같이 보이는 부드러운 곡선임을 의미한다. 정규곡선은 정규분포의 확률밀도함수에 의해서 결정할 수 있다.

정규분포의 확률밀도함수

$$f(x) = \frac{1}{\sqrt{2\pi\sigma^2}}\, e^{-\frac{1}{2}\left[\frac{x-\mu}{\sigma}\right]^2} \qquad (-\infty < x < +\infty)$$

$\pi = 3.1416$

$e = 2.7183$

μ: 분포의 평균 $(-\infty < \mu < +\infty)$

σ: 분포의 표준편차 $(\sigma > 0)$

　　[그림 6-2]는 정규분포의 확률밀도함수를 나타내고 있다. 이러한 정규곡선은 다음과 같은 특성을 갖고 있다.

 정규곡선

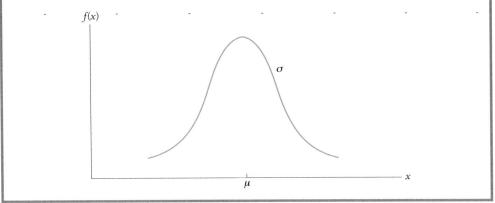

정규곡선의 특성

- 정규곡선은 종모양을 나타낸다. 분포의 가운데서 하나의 피크를 이룬다.
- 정규분포는 평균을 중심으로 좌우대칭을 이룬다. 따라서 평균＝중앙치＝최빈치이다.
- 정규분포는 평균이 변함에 따라 위치가 좌우로 이동하고, 표준편차가 변함에 따라 모양이 달라진다.
- 정규곡선은 x축에 닿지 않으므로 확률변수 X의 범위는 $(-\infty < x < +\infty)$이다. 그러나 관찰치의 68.26%는 $(\mu \pm \sigma)$ 내에, 95.44%는 $(\mu \pm 2\sigma)$ 내에, 99.74%는 $(\mu \pm 3\sigma)$ 내에 포함된다.
- 정규곡선 밑의 면적은 1이다. 따라서 평균을 중심으로 오른쪽으로 또는 왼쪽으로 곡선 밑의 면적은 0.5이다.
- 정규곡선 밑의 두 점 사이의 면적은 정규확률변수가 이들 두 점 사이를 취할 확률이다.

이러한 정규분포의 특성으로부터 정규확률변수의 평균과 분산이 주어지면 하나의 정규분포를 규정할 수 있다.[2] 따라서 확률변수 X가 평균 μ와 분산 σ^2으로 정규분포를 따른다면 $X \sim N(\mu, \sigma^2)$으로 표기할 수 있다. 예를 들면

---

2 정규분포의 확률밀노함수에서 평균 μ와 분산 σ^2을 제외하고는 모두 상수이고 또한 X는 확률변수이기 때문에 정규곡선의 모양과 위치를 결정하는 것은 모수인 평균과 분산이다.

$X \sim N(2,\ 9)$란 확률변수 X는 평균=2, 분산=9인 정규분포를 따른다는 것을 의미한다.

평균 μ는 분포의 중심위치를 측정하고 분산 σ^2은 평균으로부터의 산포를 측정하므로 모수 μ와 σ^2의 조합에 따라 정규확률변수의 확률밀도함수에 다른 영향을 미친다. [그림 6-3]은 평균과 표준편차에 따라 결정되는 정규분포의 다양한 형태를 보여 주고 있다.

정규분포는 평균 μ를 중심으로 좌우대칭을 이루기 때문에 평균이 커지면 분포가 우측으로 이동하고 작아지면 좌측으로 이동을 한다. 한편 분산 σ^2은 관찰치들의 평균으로부터의 산포를 측정하므로 분산이 크면 평균을 중심으로 구릉모양을 이루고 분산이 작으면 평균을 중심으로 뾰족한 종모양을 이루게 된다.

그림 6-3   정규분포의 형태

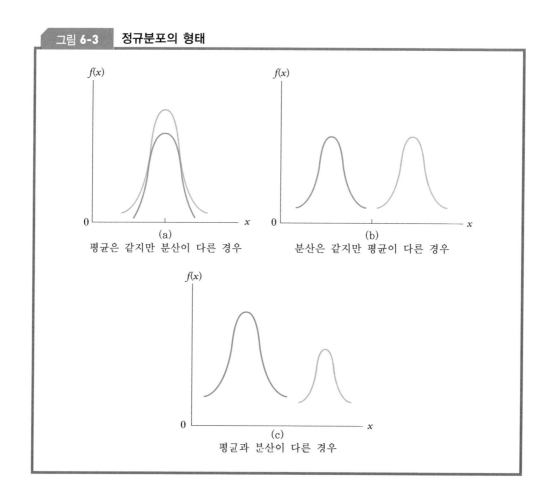

(a)
평균은 같지만 분산이 다른 경우

(b)
분산은 같지만 평균이 다른 경우

(c)
평균과 분산이 다른 경우

정규분포는 여러 종류의 분포모양을 모두 포함하기 때문에 가족분포(a family of distribution)라고도 한다.

2.3 표준정규분포

우리는 이산확률분포에서는 평균 μ와 표준편차 σ의 조합에 따른 확률표가 있어 확률변수 X의 여러 실수값에 대응되는 확률을 구할 수 있고 이는 그림에서 높이로 나타낼 수 있음을 이미 공부하였다. 한편 연속확률분포에서는 평균 μ와 표준편차 σ에 따른 분포가 수없이 많아 확률표를 만들 수 없고 확률은 높이가 아니라 넓이로 나타낸다는 사실도 공부하였다.

연속확률변수 X가 a와 b 사이의 구간에서 어떤 값을 취할 확률 $P(a \leq x \leq b)$는 두 점 a와 b 사이의 확률밀도함수 밑의 넓이로 나타낸다. 이는 [그림 6-4]가 보여 주고 있다.

정규곡선 밑의 색칠한 부분의 넓이(확률)를 구하기 위해서는 두 가지 방법이 있는데 첫째는 평균 μ와 표준편차 σ를 확률밀도함수에 대입하는 것이다. 그런데 계산과정이 복잡할 뿐만 아니라 μ와 σ의 조합에 따라 수없이 결정되는 확률밀도함수를 그때그때 이용한다는 것은 무척 힘든 일이다. 즉 정규곡선 밑의 넓이를 그때그때 직접 구한다는 것은 거의 불가능한 일이다.

그러므로 표준정규분포를 이용하는 두 번째의 방법을 선택한다. μ와 σ의

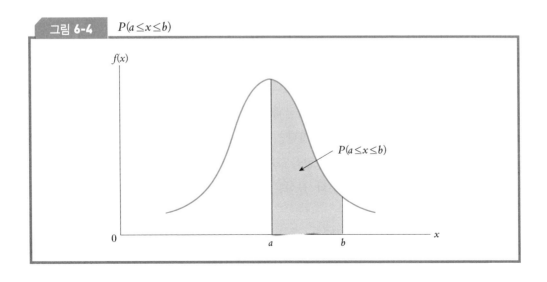

그림 6-4 $P(a \leq x \leq b)$

조합에 따른 정규곡선 밑의 넓이는 이미 계산하여 표준정규분포표로 정리해 놓았으므로 확률을 구하기가 훨씬 용이하다. 이를 위해서는 수많은 일반정규분포에 적용할 수 있도록 일반정규분포를 표준화한 분포, 즉 표준정규분포(standard normal distribution)로 전환시켜야 한다.

표준정규분포란 일반정규분포를 평균 $\mu=0$, 분산 $\sigma^2=1$인 정규분포를 따르도록 표준화한 것을 말하는데, Z분포라고도 부르며 $Z \sim N(0, 1)$로 표현한다.

표준정규분포를 그림으로 나타낸 것이 [그림 6-5]이다. 이는 일반정규분포와 모양은 같지만 그의 $\mu=0$, $\sigma=1$이다. 이때 표준정규분포는 평균과 분산에 따라 형태가 변하지 않고 일정하게 유지된다.

그림 6-5 표준정규분포

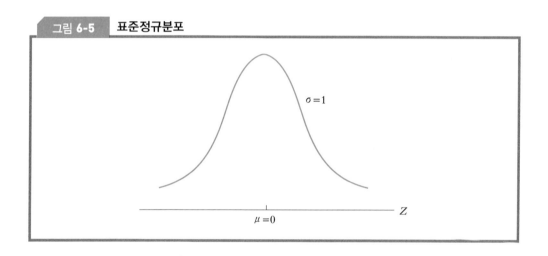

표준정규분포를 얻기 위해서는 평균 μ, 표준편차 σ가 다른 모든 일반정규분포로부터 똑같이 평균은 0이 되고 표준편차는 1이 되도록 표준화시켜야 한다. 일반정규분포를 표준정규분포로 표준화시키기 위해서는 Z척도(Z scale)를 사용하여 일반정규분포의 평균과 표준편차의 실제치를 표준치 또는 상대치(relative value)로 전환시켜야 한다.

일반정규확률변수 X의 값을 표준정규확률변수 Z의 값으로 전환하는 데 사용하는 정규분포의 표준화 공식은 다음과 같다.

$$Z = \frac{x - \mu}{\sigma}$$

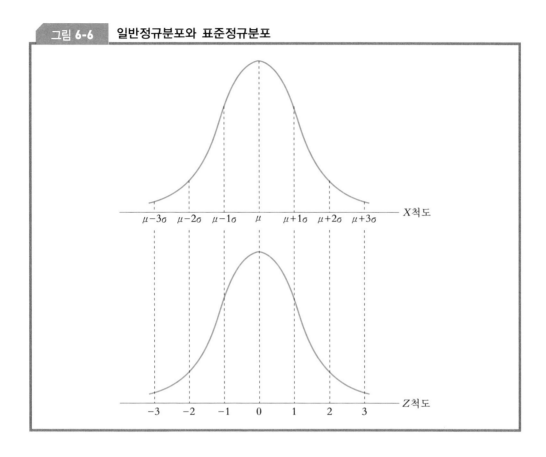

그림 6-6	일반정규분포와 표준정규분포

표준화된 표준정규확률변수 Z값(Z value, Z score)은 일반정규확률변수 X가 취하는 특정 값과 평균과의 편차($x-\mu$)를 표준편차 σ로 나누어 구한다. 따라서 Z값이 양수이면 x가 평균의 오른쪽에 있고 음수이면 왼쪽에 있음을 의미한다.

확률변수 X를 표준화한 확률변수 Z값으로 전환시키기 때문에 표준정규분포란 확률변수 X를 표준화한 확률변수 Z의 분포라고 말할 수 있다.

[그림 6-6]은 일반정규분포를 표준정규분포로 전환시킨 그림이다.

Z분포는 확률변수 X를 표준확률변수 Z로 전환시켰기 때문에 앞에서 설명한 일반정규분포의 모든 특성을 갖는다.

예 6-1

① 평균 40, 표준편차 5인 일반정규분포에서 확률변수 X의 값이 40, 45일 때 표준정규확률변수 Z의 값은 얼마인가?

② 평균 26, 표준편차 2인 일반정규분포에서 확률변수 X의 값이 26, 28일 때 표준정규확률변수 Z의 값은 얼마인가?

풀 이   ① $x=40$일 때 $Z = \dfrac{40-40}{5} = 0$

$x=45$일 때 $Z = \dfrac{45-40}{5} = 1$

② $x=26$일 때 $Z = \dfrac{26-26}{2} = 0$

$x=28$일 때 $Z = \dfrac{28-26}{2} = 1$ ◆

이들을 그림으로 나타낸 것이 [그림 6-7]이다. 그림에서 색칠한 부분의 면적은 모두 동일하다.

서로 다른 일반정규분포를 표준정규분포로 전환하게 되면 동일한 Z값에 해당하는 넓이는 모든 일반정규분포에서 같다는 사실이 아주 중요하다. 위 예에서 일반정규분포의 평균 40으로부터 1표준편차 5만큼 떨어진 구간의 넓이, 즉 40~45 사이의 넓이는 평균 26, 표준편차 2인 다른 일반정규분포에서 26~28 사이의 넓이와 같고 표준정규분포에서 Z값이 0과 1 사이일 때의 면적과 같게 된다. 이는 [그림 6-8]이 보여 주고 있다.

따라서 어떠한 일반정규분포에서 확률변수 X의 확률을 계산하기 위해서는 일반정규분포의 표준화 공식을 이용하여 표순정규분포로 전환하고 Z값에 해당하는 넓이를 구하면 된다. 이 Z값의 넓이를 표로 만들어 놓은 것이 표준정규분포표, 즉 Z table이다.

표준화 공식을 이용하면 반대로 특정 표준확률변수 Z값이 주어졌을 때 이에 해당하는 일반정규확률변수 X값을 구할 수 있다.

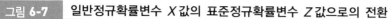

그림 6-7 일반정규확률변수 X값의 표준정규확률변수 Z값으로의 전환

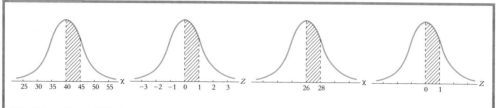

그림 6-8 일반정규분포와 표준정규분포의 관계

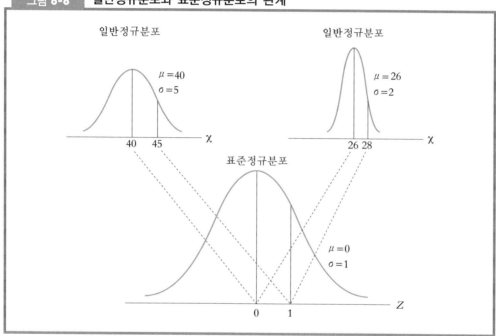

예 6-2

$X \sim N(30, 4)$일 때 다음과 같은 표준확률변수 Z값에 해당하는 일반정규확률변수 X의 값을 구하라.

$$-2 \quad 0 \quad 2$$

풀 이 $Z = -2$일 때 $-2 = \dfrac{x-30}{2}$ $x = 26$

$Z = 0$일 때 $0 = \dfrac{x-30}{2}$ $x = 30$

$Z = 2$일 때 $2 = \dfrac{x-30}{2}$ $x = 34$ ◆

2.4 표준정규분포표에서의 확률 계산

[표 6-1]은 부표 D와 같은 표준정규분포표이다. 이 표는 [그림 6-9]에서 보는 바와 같이 표준정규분포를 아주 작은 구간으로 나누고 $Z=0$과 어떤 특정한 Z값 사이에 있는 정규곡선 밑의 면적(확률)을 미리 계산하여 표로 만들어 놓은 것이다.

표에서 예를 들면 $Z=1.0$이 0.3413이라는 것은 $Z=0$과 $Z=1$ 사이의 넓이가 0.3413이라는 것을 말한다. 이는 평균과 평균으로부터 1표준편차만큼 떨어진 확률변수 x값 사이의 면적이 표준정규곡선 밑의 전체 면적 중 0.3413이라는 것을 뜻한다. 표준정규분포는 그의 평균을 중심으로 좌우대칭을 이루므로

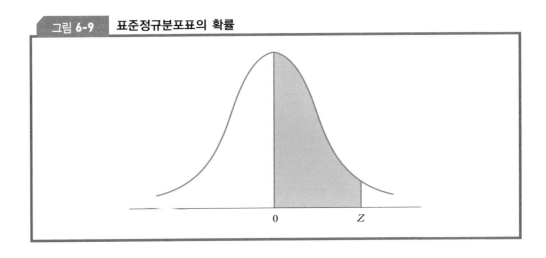

그림 6-9 표준정규분포표의 확률

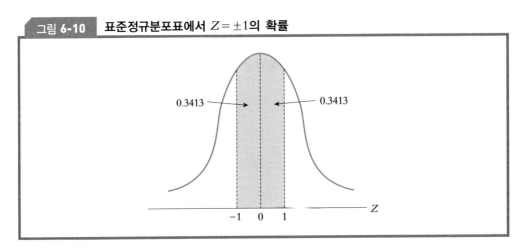

그림 6-10 표준정규분포표에서 $Z=\pm1$의 확률

■ 표 **6-1** │ 표준정규분포표

Z	.00	.01	.02	.03	.04	.05	.06	.07	.08	.09
.0	.0000	.0040	.0080	.0120	.0160	.0199	.0239	.0279	.0319	.0359
.1	.0398	.0438	.0478	.0517	.0557	.0596	.0636	.0675	.0714	.0753
.2	.0793	.0832	.0871	.0910	.0948	.0987	.1026	.1064	.1103	.1141
.3	.1179	.1217	.1255	.1293	.1331	.1368	.1406	.1443	.1480	.1517
.4	.1554	.1591	.1628	.1664	.1700	.1736	.1772	.1808	.1844	.1879
.5	.1915	.1950	.1985	.2019	.2054	.2088	.2123	.2157	.2190	.2224
.6	.2257	.2291	.2324	.2357	.2389	.2422	.2454	.2486	.2518	.2549
.7	.2580	.2612	.2642	.2673	.2704	.2734	.2764	.2794	.2823	.2852
.8	.2881	.2910	.2939	.2967	.2995	.3023	.3051	.3078	.3106	.3133
.9	.3159	.3186	.3212	.3238	.3264	.3289	.3315	.3340	.3365	.3389
1.0	.3413	.3438	.3461	.3485	.3508	.3531	.3554	.3577	.3599	.3621
1.1	.3643	.3665	.3686	.3708	.3729	.3749	.3770	.3790	.3810	.3830
1.2	.3849	.3869	.3888	.3907	.3925	.3944	.3962	.3980	.3997	.4015
1.3	.4032	.4049	.4066	.4082	.4099	.4115	.4131	.4147	.4162	.4177
1.4	.4192	.4207	.4222	.4236	.4251	.4265	.4297	.4292	.4306	.4319
1.5	.4332	.4345	.4357	.4370	.4382	.4394	.4406	.4418	.4429	.4441
1.6	.4452	.4463	.4474	.4484	.4495	.4505	.4515	.4525	.4535	.4545
1.7	.4554	.4564	.4573	.4582	.4591	.4599	.4608	.4616	.4625	.4633
1.8	.4641	.4649	.4656	.4664	.4671	.4678	.4686	.4693	.4699	.4706
1.9	.4713	.4719	.4726	.4732	.4738	.4744	.4750	.4756	.4761	.4767
2.0	.4772	.4778	.4783	.4788	.4793	.4798	.4803	.4808	.4812	.4817
2.1	.4821	.4826	.4830	.4834	.4838	.4842	.4846	.4850	.4854	.4857
2.2	.4861	.2864	.4868	.4871	.4875	.4878	.4881	.4884	.4887	.4890
2.3	.4893	.4896	.4898	.4901	.4904	.4906	.4909	.4911	.4913	.4916
2.4	.4918	.4920	.4922	.4925	.4927	.4929	.4931	.4932	.4934	.4936
2.5	.4938	.4940	.4941	.4943	.4945	.4946	.4948	.4949	.4951	.4952
2.6	.4953	.4955	.4956	.4957	.4959	.4960	.4961	.4962	.4963	.4964
2.7	.4965	.4966	.4967	.4968	.4969	.4970	.4971	.4972	.4973	.4974
2.8	.4974	.4975	.4976	.4977	.4977	.4978	.4979	.4979	.4980	.4981
2.9	.4981	.4982	.4982	.4983	.4984	.4984	.4985	.4985	.4986	.4986
3.0	.4986	.4987	.4987	.4988	.4988	.4989	.4989	.4989	.4990	.4990
4.0	.49997									

그림 6-11 $P(1\leq Z\leq 2)$의 계산

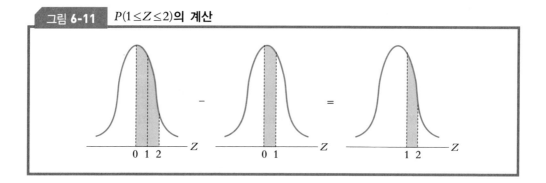

$Z=0$과 $Z=-1$ 사이의 넓이도 0.3413이 된다. 이는 [그림 6-10]이 보여 주는 바와 같다.

만일 $Z=1$과 $Z=2$ 사이의 면적을 구하기 위해서는 $Z=2$일 때의 0.4772에서 $Z=1$일 때의 0.3413을 빼면 된다. 즉

$$P(1\leq Z\leq 2)=P(0\leq Z\leq 2)-P(0\leq Z\leq 1)$$
$$=0.4772-0.3413=0.1359$$

이다. 이를 그림으로 나타내면 [그림 6-11]과 같다.

그러므로 일반정규분포에서 특정 구간의 확률을 구하고자 할 때는 확률변수 X의 값을 Z값으로 변환하고 이에 해당하는 확률을 Z-table에서 찾으면 된다.

예를 들어 다음과 같은 문제에서 확률을 구하고 이를 그림으로 나타내 보도록 하자.

- $P(-1.23\leq Z\leq 0)=P(0\leq Z\leq 1.23)=0.3907$

- $P(1.23\leq Z\leq 2.23)=P(0\leq Z\leq 2.23)-P(0\leq Z\leq 1.23)$
  $$=0.4871-0.3907$$
  $$=0.0964$$

- $P(Z\leq 1.23)=0.5+0.3907=0.8907$

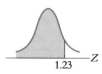

- $P(-1.96\leq Z\leq 1.96)=2(0.4750)$
  $$=0.95$$

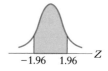

2.5 일반정규분포에서의 확률 계산

우리가 이미 앞절에서 공부한 바와 같이 평균 μ와 분산 σ^2을 갖는 정규확률변수 X의 값이 주어지면 그의 확률은 그의 값을 표준화 공식을 이용하여 표준정규확률변수 Z의 값으로 전환시킨 후 표준정규분포표에서 이 Z값에 해당하는 확률을 읽음으로써 구할 수 있다.

 예 6-3

정규확률변수 X가 평균 $\mu=100$, 표준편차 $\sigma=10$인 일반정규분포를 따른다고 한다. 다음 문제에 대해 정규확률변수 X의 확률을 구하고 X척도와 Z척도로 나타내라.

① $P(x \leq 120)$
② $P(x \geq 115)$
③ $P(88 \leq x \leq 105)$

풀 이 ① $P(x \leq 120) = P\left(Z \leq \dfrac{x-\mu}{\sigma}\right) = P\left(Z \leq \dfrac{120-100}{10}\right) = P(Z \leq 2)$

$$= 0.5 + P(0 \leq Z \leq 2)$$
$$= 0.5 + 0.4772 = 0.9772$$

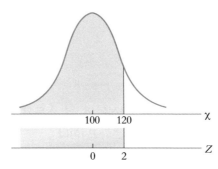

② $P(x \geq 115) = P\left(Z \geq \dfrac{115-100}{10}\right) = P(Z \geq 1.5)$

$$= 0.5 - P(0 \leq Z \leq 1.5) = 0.5 - 0.4332 = 0.0668$$

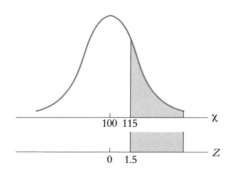

③ $P(88 \leq x \leq 105) = P\left(\dfrac{88-100}{10} \leq Z \leq \dfrac{105-100}{10}\right)$

$= P(-1.2 \leq Z \leq 0.5)$

$= P(0 \leq Z \leq 1.2) + P(0 \leq Z \leq 0.5)$

$= 0.3849 + 0.1915 = 0.5764$

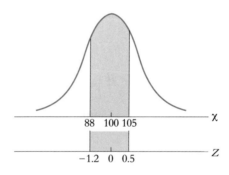

◆

 예 6-4

1,000가정이 사는 어느 마을 가정들의 월 소득은 평균 3,500,000원, 표준편차 300,000원인 정규분포를 따른다고 한다.

   ① 월 소득이 3,860,000원 이상인 가정의 수는 얼마인가?

   ② 월 소득이 3,050,000원 이하인 가정의 수는 얼마인가?

   ③ 월 소득이 3,200,000원 이상 1,800,000원 이하인 가정의 수는 얼마인가?

풀 이   ① $P(x \geq 3,860,000) = P\left(Z \geq \dfrac{3,860,000 - 3,500,000}{300,000}\right)$

$= P(Z \geq 1.2) = 0.5 - 0.3849 = 0.1151$

가정의 수 $= 1,000(0.1151) = 115.1$

② $P(x \leq 3,050,000) = P\left(Z \leq \dfrac{3,050,000 - 3,500,000}{300,000}\right)$

$= P(Z \leq -1.5) = 0.5 - 0.4332 = 0.0668$

가정의 수 $= 1,000(0.0668) = 66.8$

③ $P(3,200,000 \leq x \leq 3,800,000)$

$= P\left(\dfrac{3,200,000 - 3,500,000}{300,000} \leq Z \leq \dfrac{3,800,000 - 3,500,000}{300,000}\right)$

$= P(-1 \leq Z \leq 1) = 2(0.3413) = 0.6826$

가정의 수 $= 1,000(0.6826) = 682.6$ ◆

2.6 표준정규분포에서의 Z값 구하기

우리는 지금까지 표준확률변수 Z값이 주어졌을 때 이에 해당하는 확률변수 X값을 찾는 문제와 일반정규분포에서 확률변수 X의 값이 주어졌을 때 이를 표준정규분포의 표준정규확률변수 Z값으로 전환시키고 그의 확률을 구하는 문제를 공부하였다.

이제 우리는 반대로 표준정규분포에서 양 꼬리쪽의 확률을 알고 있을 때 이 면적에 해당하는 Z값을 찾는 요령을 공부하기로 하자. 표준정규분포에서 꼬리쪽의 확률을 α라고 할 때 다음과 같은 공식이 성립한다.

$$P(Z \geq Z_\alpha) = \alpha$$

Z_α는 위의 그림에서 보는 바와 같이 꼬리쪽의 면적이 α일 때의 Z값을 말한다. 자주 사용되는 Z_α값으로는 $Z_{0.05} = 1.645$를 들 수 있다.

예 6-5

표준정규분포에서

① 오른쪽 꼬리면적이 5%일 때 이에 해당하는 Z값은 얼마인가?

② 왼쪽 꼬리면적 10%에 해당하는 Z값은 얼마인가?

③ 평균에서 각각 20%에 해당하는 Z의 양쪽 값은 얼마인가?

④ 평균을 중심으로 양쪽을 합하여 90%가 되는 Z값은 얼마인가?
⑤ 평균을 중심으로 양쪽을 합하여 95%가 되는 Z값은 얼마인가?

풀이 ① $Z = 1.645$

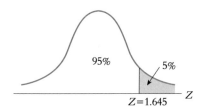

② $Z = -1.28$

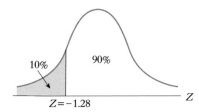

③ $Z = \pm 0.525$

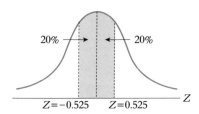

④ $Z = \pm 1.645$

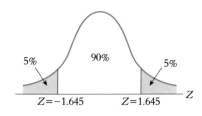

⑤ $Z = \pm 1.96$

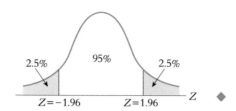

 예 6-6

[예 6-4]를 이용하여

① 하위 5%에 해당하는 월 소득은 얼마 이하인가?
② 상위 10%에 해당하는 월 소득은 얼마 이상인가?
③ X로부터 a와 b까지의 간격이 같고 $P(a \leq X \leq b) = 0.90$일 때 a와 b에 해당하는 월 소득은 얼마인가?

풀 이 ① $P(X \leq a) = 0.05$에서 a를 구한다.

$$Z = -1.645 = \frac{a - 3{,}500{,}000}{300{,}000} \qquad a = 3{,}006{,}500원$$

② $Z = 1.28 = \dfrac{a - 3{,}500{,}000}{300{,}000} \qquad a = 3{,}920{,}000원$

③ a에 해당하는 x는 $x = 3{,}006{,}500원$이므로 b에 해당하는 x의 값은
$3{,}500{,}000 + (3{,}500{,}000 - 3{,}006{,}500) = 3{,}993{,}500원$이다. ◆

 예 6-7

다음 각 문제에서 확률과 Z_0를 구하라.

① $P(Z \leq -1.2)$
② $P(-0.5 \leq Z \leq 2.5)$
③ $P(Z \geq -0.7)$
④ $P(Z \geq Z_0) = 0.05$
⑤ $P(-Z_0 \leq Z \leq Z_0) = 0.80$

풀 이 ① $P = 0.5 - 0.3849 = 0.1151$
② $P = 0.1915 + 0.4938 = 0.6853$

③ $P = 0.5 + 0.2580 = 0.7580$

④ $Z_0 = 1.645$

⑤ $Z_0 = 1.28$ ◆

3 이항확률의 정규근사치

이항확률표는 시행횟수 n이 20을 넘으면($n=25$는 제외) 사용할 수 없다. 따라서 이러한 경우에는 컴퓨터를 사용할 수도 있지만 시행횟수 n이 매우 크고 $np \geq 5$, $nq \geq 5$인 경우에는 정규분포를 이용하여 이항확률의 근사치를 구할 수 있다.

우리는 이항분포를 공부하면서 시행횟수 n이 증가할수록 성공확률 p에 관계없이 이항분포의 형태는 좌우대칭의 종모양에 근접한다는 사실을 알았다.

따라서 $np \geq 5$와 $nq \geq 5$인 경우에 이항확률변수 X는 평균 $\mu = np$, 표준편차 $\sigma = \sqrt{npq}$인 정규분포를 따르게 된다. 즉 성공횟수 X에 해당하는 Z값은 $Z = (x-np)/\sqrt{npq}$로서 이는 표준정규분포에 근접한다.

이와 같이 정규분포로 근사하여 이항분포의 확률을 구하는 것을 이항분포의 정규근사치(normal approximation to binomial distribution)라고 한다.

이항분포는 이산확률분포이고 정규분포는 연속확률분포이므로 이항분포를 근사하기 위하여 정규분포를 사용하려면 이산확률변수를 연속확률변수로 변환하기 위해서 연속성을 위한 조정(continuity correction)이 필요하다. 즉 이항분포의 이산 값에 ± 0.5를 해 주어야 한다. 이때 ± 0.5를 조정계수(correction factor)라 한다.

만일 이항분포에서 $P(x=19)$를 구하는 문제를 정규분포로 바꾸기 위해서는 $P(19-0.5 \leq x \leq 19+0.5) = P(18.5 \leq x \leq 19.5)$로 조정을 해 주어야 한다. 이는 [그림 6-12]가 보여 주고 있다.

한편 이항분포에서 $P(x \geq a)$는 $P(x \geq a-0.5)$로 조정을 하고 $P(x \leq a)$는 $P(x \leq a+0.5)$로 조정을 해야 한다.

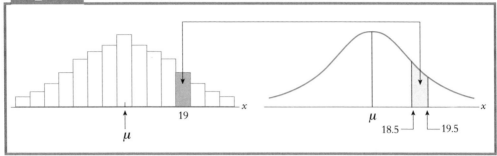

그림 6-12 조정계수의 예

 예 6-8

평화전자㈜는 컴퓨터 마우스를 생산하는데 생산량의 0.2%는 불량품이라고 한다.
5,000개가 들어 있는 상자 속에

① 불량품 8개 이상이 들어 있을 확률을 구하라.

② 불량품 8개 이하가 들어 있을 확률을 구하라.

③ 불량품 8개가 들어 있을 확률을 구하라.

풀 이 $n = 5,000$ $p = 0.002$ $q = 0.998$

$np = 5,000(0.002) = 10$

$\sigma = \sqrt{npq} = \sqrt{5,000(0.002)(0.998)} = 3.16$

① $P(x \geq 8) = P\left(Z \geq \dfrac{x - np}{\sqrt{npq}} \right)$

$\qquad = P\left(Z \geq \dfrac{8 - 0.5 - 10}{3.16} \right) = P(Z \geq -0.79)$

$\qquad = 0.2852 + 0.5 = 0.7852$

② $P(x \leq 8) = P\left(Z \leq \dfrac{8 + 0.5 - 10}{3.16} \right)$

$\qquad = P(Z \leq -0.47) = 0.5 - 0.1808 = 0.3192$

③ $P(x = 8) = P\left(\dfrac{7.5 - 10}{3.16} \leq Z \leq \dfrac{8.5 - 10}{3.16} \right)$

$\qquad = P(-0.79 \leq Z \leq -0.47)$

$\qquad = 0.2852 - 0.1808 = 0.1044$ ◆

1. 다음 함수는 확률변수 X의 확률밀도함수이다.

$$f(x) = \frac{x-1}{8} \quad 1 \leq x \leq 5$$

① 확률밀도함수를 그래프로 나타내라.

② $P(2 \leq x \leq 4)$를 구하라.

③ $P(x \leq 3)$을 구하라.

풀 이

①

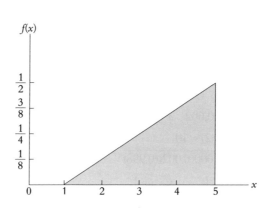

② 0.5

③ 0.25

2. 평화타이어㈜는 최근에 새로 개발한 타이어를 시판하기 전에 주행검사를 실시한 결과 평균은 78,900마일, 표준편차는 2,000마일로 정규분포를 따르는 것으로 나타났다.

① 타이어의 몇 %가 82,000마일 이상을 달릴 수 있겠는가?

② 회사는 판매한 전체 타이어의 10% 이하가 어떤 주행거리를 달리지 못하는 경우에는 보상해 주려는 보증정책을 사용하고자 한다. 보증하려는 주행거리는 몇 마일인가?

풀 이

① $P(x \geq 82,000) = P\left(Z \geq \dfrac{82,000 - 78,900}{2,000}\right) = P(Z \geq 1.55) = 0.0606$

②

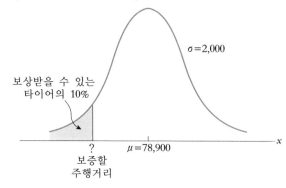

$Z = 1.28$일 때 확률은 0.3997로서 0.4에 가장 가깝다.

$Z = \dfrac{x - \mu}{\sigma} = -1.28$

$x = \mu - 1.28\sigma = 78,900 - 1.28(2,000) = 76,340$

3. Excel 대학교 통계학 수강학생 100명을 대상으로 기말고사를 실시하였다. 그런데 시험시간은 평균 50분, 분산 25분인 정규분포를 따르는 것으로 밝혀졌다. 한편 시험 성적은 평균 75점, 분산 16점인 정규분포를 따르는 것으로 밝혀졌다.

① 한 학생이 시험을 55분 이내에 완료했을 확률은 얼마인가?

② 학생들의 90%가 충분한 시간을 갖도록 하기 위해서는 시험시간을 몇 분으로 정해야 하는가?

③ 시험시간을 60분으로 제한할 때 아직 시험지를 제출치 못할 학생은 몇 명인가?

④ 상위 10%의 학생에게 A학점을 주려고 한다. 몇 점 이상이어야 하는가?

⑤ 하위 5%의 학생에게 F학점을 주려고 한다. 몇 점 이하이어야 하는가?

⑥ ④와 ⑤의 문제를 X척도와 Z척도를 사용하여 그림으로 나타내라.

풀 이

① $P(x \leq 55) = P\left(Z \leq \dfrac{55 - 50}{5}\right) = P(Z \leq 1) = 0.8413$

② $0.9 - 0.5 = 0.4$ 0.4에 가장 가까운 Z의 값은 1.28이다.

$1.28 = \dfrac{x - 50}{5}$

$x = 56.4$

③ $P(x \ge 60) = P\left(Z \ge \dfrac{60-50}{5}\right) = P(Z \ge 2) = 0.0228$

$100(0.0228) = 2.28$명

④ $0.5 - 0.1 = 0.4$

$1.28 = \dfrac{x-75}{4}$

$x = 80.12$

⑤ $0.5 - 0.05 = 0.45$ 0.45에 가장 가까운 Z의 값은 1.645이다.

$-1.645 = \dfrac{x-75}{4}$

$x = 68.42$

⑥

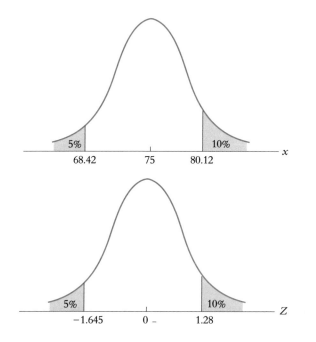

4. 두 투자안이 있다. 그들의 수익률은 다음 표와 같이 정규분포를 따른다.

① 수익률이 적어도 10%는 넘을 확률이 높은 투자안은 어느 것인가?

② 투자할 돈을 잃을 확률이 적은 투자안은 어느 것인가?

③ 투자안 B의 연간 수익률이 20% 이상일 확률은 얼마인가?

	평균	표준편차
투자안 A	10.5	1.4
투자안 B	11.0	5.0

풀이

① 투자안 A의 수익률이 10%보다 많을 확률

$$P\left(Z > \frac{10-10.5}{1.4}\right) = P(Z > -0.36) = 0.6406$$

투자안 B의 수익률이 10%보다 많을 확률

$$P\left(Z > \frac{10-11.0}{5.0}\right) = P(Z > -0.2) = 0.5790$$

투자안 A를 선정해야 한다.

② $P(X_A < 0) = P\left(Z < \dfrac{0-10.5}{1.4}\right) = P(Z < -7.5) \fallingdotseq 0$

$P(X_B < 0) = P\left(Z < \dfrac{0-11}{5}\right) = P(Z < -2.2) = 0.0139$

투자안 A이다.

③ $P\left(Z \geq \dfrac{20-11}{5}\right) = P(Z \geq 1.8) = 0.0359$

5. 평화은행의 영업부에는 창구가 네 개 있다. 고객의 기다리는 시간을 조사한 결과 평균은 7분이고 표준편차는 3분으로 정규분포를 따르는 것으로 밝혀졌다. 과거의 경험에 의하면 고객이 10분 이상을 기다리게 되면 짜증을 내기 시작하였다.

① 현행 시스템에서 고객의 몇 %가 짜증을 내게 되는가?

② 창구 하나를 늘리면 표준편차는 불변이지만 평균 기다리는 시간은 5.5분으로 줄어든다고 한다. 고객의 몇 %가 짜증을 내게 되는가?

③ 비용을 들여 수표발행 기계 등을 도입하면 평균은 5.5분으로, 그리고 표준편차는 1.8분으로 급감한다고 한다. 이 경우 고객의 몇 %가 짜증을 내게 되는가?

풀이

① $P(x \geq 10) = P\left(Z \geq \dfrac{10-7}{3}\right) = P(Z \geq 1) = 0.5 - 0.3413 = 0.1587$

② $P(x \geq 10) = P\left(Z \geq \dfrac{10-5.5}{3}\right) = P(Z \geq 1.5) = 0.5 - 0.4332 = 0.0668$

③ $P(x \geq 10) = P\left(Z \geq \dfrac{10-5.5}{1.8}\right) = P(Z \geq 2.5) = 0.5 - 0.4938 = 0.0062$

6. 미국의 컴퓨터 시장에서 컴팩은 18%의 점유율을 보유한다고 한다. 최근 300명의
    PC 구매자를 랜덤으로 추출한다고 할 때
    ① 60명 이상이 컴팩을 구입했을 확률은 얼마인가?
    ② 50명 이상부터 62명 이하가 컴팩을 구입했을 확률은 얼마인가?
    ③ 50명 이하가 컴팩을 구입했을 확률은 얼마인가?
    ④ 50명이 컴팩을 구입했을 확률은 얼마인가?

풀 이

$n = 300$ $p = 0.18$ $q = 0.82$

$np = 300(0.18) = 54$

$\sigma = \sqrt{npq} = \sqrt{300(0.18)(0.82)} = 6.65$

① $P(x \geq 60) = P\left(Z \geq \dfrac{59.5 - 54}{6.65}\right) = P(Z \geq 0.83)$

$= 0.5 - 0.2967$

$= 0.2033$

② $P(50 \leq x \leq 62) = P\left(\dfrac{49.5 - 54}{6.65} \leq Z \leq \dfrac{62.5 - 54}{6.65}\right)$

$= P(-0.68 \leq Z \leq 1.28)$

$= 0.2517 + 0.3997$

$= 0.6514$

③ $P(x \leq 50) = P\left(Z \leq \dfrac{50.5 - 54}{6.65}\right)$

$= P(Z \leq -0.53) = 0.5 - 0.2019$

$= 0.2981$

④ $P(x = 50) = P\left(\dfrac{49.5 - 54}{6.65} \leq Z \leq \dfrac{50.5 - 54}{6.65}\right)$

$= P(-0.68 \leq Z \leq -0.53)$

$= 0.2517 - 0.2019$

$= 0.0498$

연/습/문/제

1. 정규분포가 통계학에서 가장 많이 이용되는 이유는 무엇인가?

2. 정규분포의 특성을 설명하라.

3. 표준정규분포에 대해서 간단히 설명하라.

4. 확률변수 X가 평균 500, 표준편차 100으로 정규분포를 따른다고 할 때 다음을 구하라.

   ① $P(500 \leq x \leq 696)$

   ② $P(x \geq 696)$

   ③ $P(304 \leq x \leq 650)$

   ④ $P(x \leq 450)$

   ⑤ $P(500-a \leq x \leq 500+a) = 0.599$일 때 a값

5. 증권거래소에서 거래된 12일 동안의 거래량은 다음과 같다고 한다. 거래량의 확률분포는 정규분포라고 할 때

723	766	783	813	836	917
944	973	983	992	1,046	1,057

   ① 모평균과 모표준편차의 예측치로 사용하기 위하여 12일 동안 거래량의 평균과 표준편차를 구하라.

② 어느 날 거래량이 800주 이하일 확률을 구하라.

③ 어느 날 거래량이 1,000주 이상일 확률을 구하라.

④ 거래량이 많은 거래일의 5%에 해당하는 날에는 기념사진을 찍는다고 할 때 거래량은 얼마일 때인가?

6. 확률변수 X가 표준편차 2.5로 정규분포를 따른다고 한다.

① 16.3보다 큰 값을 가질 확률이 0.10일 때 평균은 얼마이어야 하는가? ($\sigma = 2.5$로 일정함)

② 분포의 평균은 13이라고 할 때 16.3보다 큰 값을 가질 확률이 0.10일 때 표준편차는 얼마이어야 하는가?

7. Excel 대학교 입학 시험 성적은 평균 500점, 표준편차 100점이라고 한다.

① 75%의 성적은 몇 점 이하인가?

② 90%의 성적은 몇 점 이상인가?

③ 450~550점 사이에 속하는 성적의 비율은?

④ 400점 이상에 속하는 성적의 비율은?

⑤ 500점 이하에 속하는 성적의 비율은?

⑥ 상위 5%에 해당하는 학생에게는 장학금을 지급하려고 한다. 몇 점 이상이어야 하는가?

⑦ 하위 10%에 해당하는 학생은 입학허가를 아예 하지 않으려고 한다. 몇 점 이하인가?

8. 다음 문제에서 z의 값을 구하라.

① $P(Z \leq z) = 0.95$

② $P(Z \leq z) = 0.10$

③ $P(Z \geq z) = 0.025$

④ $P(Z \geq z) = 0.55$

⑤ $P(-1.8 \leq Z \leq z) = 0.6$

⑥ $P(0 \leq Z \leq z) = 0.25$

⑦ $P(1.0 \leq Z \leq z) = 0.10$

⑧ $P(-2.8 \leq Z \leq z) = 0.05$

⑨ $P(-z \leq Z \leq z) = 0.4515$

⑩ $P(1 \leq Z \leq z) = 0.1219$

9. 기계로 종이컵에 콜라를 채운다. 과거의 자료에 의하면 채우는 콜라의 무게는 표준 편차 0.6온스로 정규분포를 따른다고 한다.

① 종이컵들의 2%만이 18온스 미만을 채우도록 하면 종이컵의 평균 무게는 얼마 인가?

② 종이컵을 가득 채우면 20온스라고 한다. 종이컵이 넘칠 확률을 구하라.

10. $n = 25,\ p = 0.2$의 이항실험에서

① $P(x \leq 4)$를 이항확률표를 이용하여 구하라.

② $P(x \leq 4)$를 정규근사로 구하라.

11. 2,058명이 사법고시에 응시하였다. 각 응시생이 고시에 합격할 확률은 62.05% 이다.

① 응시생 1,250명부터 1,300명이 고시에 합격할 확률은 얼마인가?

② 적어도 응시생 1,300명이 고시에 합격할 확률은 얼마인가?

③ 적어도 응시생 1,300명이 고시에 합격할 확률이 적어도 0.5라면 각 응시생이 합격할 확률의 최소치는 얼마인가?

12. 국제선을 취급하는 인천 공항에서는 비행기가 도착하면 정리하는 데 비행기의 95% 는 40분이 소요되고 5%는 그보다 더 소요된다고 한다. 소요되는 시간은 정규분포 를 따른다고 한다.

① 국제선 비행기를 정리하는 데 소요되는 시간의 표준편차가 5분이라고 할 때 평균 소요시간은 얼마인가?

② 한 고객이 비행기가 도착하여 리무진을 탈 시간이 33분밖에 남지 않았다. 고객이 정리하고 리무진을 탈 확률은 얼마인가?

13. 확률변수 Z가 표준정규분포 $N(0, 1)$을 따를 때 다음 확률조건을 만족하는 a의 값을 구하라.

① $P(0 \leq Z \leq a) = 0.4545$

② $P(Z \geq a) = 0.0094$

③ $P(Z \geq -a) = 0.7019$

④ $P(|Z| \leq a) = 0.95$

⑤ $P(-a \leq Z \leq a) = 0.6$

⑥ $P(Z \leq a) = 0.1$

⑦ $P(-a \leq Z \leq a) = 0.9802$

14. 확률변수 X가 정규분포 $N(30, 36)$을 따를 때 다음 확률조건을 만족하는 C를 구하라.

① $P(X \geq C) = 0.05$

② $P(X \leq C) = 0.025$

③ $P(X \geq C) = 0.95$

④ $P(30 \leq X \leq C) = 0.4750$

15. 송장의 완불에 관해 조사한 결과 강 사장은 청구서를 보낸 날부터 완불될 때까지의 평균 기간은 20일이고 표준편차는 5일임을 알아냈다.

① 송장의 몇 %가 15일 이내에 완불되었는가?

② 송장의 몇 %가 완불될 때까지 28일보다 더 걸렸는가?

③ 송장의 몇 %가 완불될 때까지 15일을 초과하여 28일 이하가 걸렸는가?

④ 강 사장은 고객으로 하여금 완불을 촉진하기 위하여 송장을 받은 날로부터 7

일 이내에 완불하는 고객에게는 금액의 2%를 할인하려고 한다. 고객의 몇 %
가 이 혜택을 받을 것인가?

16. 종로(주)의 종업원은 모두 140명이다. 회사는 종업원들의 치과 보험료를 제공한다.
    조사에 의하면 종업원당 연간 비용은 평균 128,000원, 표준편차 42,000원으로 정
    규분포를 따르는 것으로 밝혀졌다. 연간 비용을 확률변수 X라고 할 때
    ① 확률변수 $x=230,000$원에 해당하는 Z값을 구하라.
    ② $P(x \geq 180,000)$을 구하라.
    ③ $P(x \leq 100,000)$을 구하라.
    ④ $P(80,000 \leq x \leq 150,000)$에 해당하는 종업원의 수는 얼마인가?
    ⑤ 상위 5%에 해당하는 연간 비용은 얼마인가?
    ⑥ 하위 20.9%에 해당하는 연간 비용은 얼마인가?
    ⑦ 확률변수 $Z=2$에 해당하는 연간 비용은 얼마인가?

17. 다음 그림에서 Z값을 구하라.

①

②
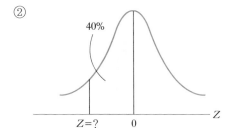

③
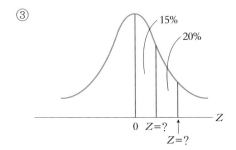

④
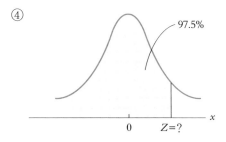

18. Excel 은행에서 경영층의 소득은 표준편차 1,300천 원이다. 경영층의 10%는 30,000천 원 이하의 소득을 받는다고 할 때 경영층의 평균 소득은 얼마인가?

19. 알 수 없는 기계 고장으로 공장에서 생산한 5,000개의 부품 중 1/3을 불량품으로 만들었다. 검사인이 25개의 랜덤 표본에서 세 개 미만의 불량품을 발견할 확률은 얼마인가?

20. 어느 나라 성인의 55%가 하나 이상의 신용카드를 갖고 있다고 한다. 랜덤 표본으로 700명을 추출할 때 이 중 396명 이상이 하나 이상의 신용카드를 갖고 있을 확률은 얼마인가?

제 **7** 장

표본분포

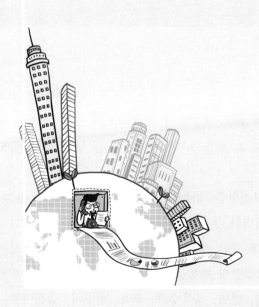

우리는 제1장부터 제3장까지 자료를 기술하는 기법으로서 도수분포표, 요약특성치 등을 공부하였다. 이는 이미 발생한 자료를 취급하는 기법이었다.

우리는 제4장에서 통계적 추측의 기초가 되는 확률이론을 공부하였고, 제5장에서는 이산확률분포를, 그리고 제6장에서는 연속확률분포를 공부하였다. 확률분포는 미래에 발생할 어떤 사상을 평가하기 위하여 사용된다.

본장에서는 표본추출과 표본분포에 관해서 공부할 것이다. 표본은 모집단의 어떤 특성에 관해서 추측하는 데 필요한 도구이기 때문에 우리는 이제 통계적 추측의 문턱에 진입한다고 할 수 있다.

경제적·시간적 제약으로 인해 모집단으로부터 극히 일부분인 표본을 추출하여 얻는 표본정보에 입각하여 모수를 추정하기 때문에 표본을 어떻게 추출하느냐에 따라서 결과는 판이하게 다를 수 있다. 추리통계는 표본분포에 기초를 둔다. 표본분포란 모집단에서 일정한 크기 n의 모든 가능한 표본을 추출하였을 때 그 표본특성치(평균 또는 비율)의 확률분포를 일컫는다.

따라서 본장에서는 표본추출에 따르는 여러 가지 문제를 설명하고 표본분포와 중심극한 정리에 관해서 공부할 것이다.

1 | 표본조사

1.1 표본조사의 필요성

우리가 관심을 갖고 알고자 하는 모집단의 모수에 대해 어떤 결론을 내리기 위해 자료를 수집할 때 전수조사(census)를 하거나 또는 표본조사(sampling)를 하는 방법이 있다.

랜덤하게 추출한 표본도 모집단을 제대로 대표할(representative) 수 없는 가능성을 내포하는데 센서스는 이러한 우려를 불식시킬 수 있다. 즉 센서스는 모집단의 규모가 작을 때 모집단에 관한 가장 정확한 정보를 얻기 위하여 실시한다. 표본추출을 할 경우에는 모집단의 특성을 대표할 수 있는 요소들로 표본을 구성해야 한다. 예를 들면 성별, 연령, 소득수준, 교육, 출신시, 결혼여부, 자녀 수 등을 골고루 고려해야 한다. 그러나 아무리 표본추출을 잘한다고 해도 수많은 표본들의 평균은 표본이 어떻게 선정되느냐에 따라 각기 다른 값을 가질 뿐만 아니라 표본결과가 모수의 참값과 같을 수가 없는데 이는 표본오차 때문이다. 따라서 표본평균으로 모평균을 추정할 때는 이러한 오차를 고려해야 한다.

따라서 가능하면 모집단이 작은 경우 센서스를 선택하는 것이 바람직하지만 모수와 통계량 사이에 오차가 발생함에도 불구하고 표본이 모집단에 관한 의사결정에 필요한 정보를 제공하는 유용한 수단으로 널리 이용되고 있다. 모집단이 큰 경우 표본추출방법이 센서스 대신에 사용되는 이유는 다음과 같다.

- 시간절약적이다. 짧은 시간 내에 필요한 정보를 얻을 수 있다.
- 비용절약적이다.
- 무한모집단의 경우 전수조사가 불가능하다.
- 파괴검사의 경우에는 피할 수 없는 선택이다. 예를 들면 타이어와 전구의 수명이나 위스키의 맛을 조사하는 경우에는 표본검사를 해야 한다.
- 모집단에 접근할 수 없는 경우에는 표본검사를 할 수 있다. 예를 들면 물고기, 새, 모기 등을 조사할 경우에는 표본검사를 해야 한다.
- 자원이 허락한다 하더라도 더욱 자세하고 정확한 정보를 표본조사를 통하여 얻을 수 있다. 예를 들면 의약품의 효력을 조사할 때 몇 명의 환자에 대해 집중적이고 세밀하게 관찰할 수 있다.

1.2 표본오차와 비표본오차

표본조사의 상황에 알맞은 방법을 선택하여 모집단의 각 요소가 표본으로 선정될 가능성이 모두 같도록 하고 표본이 모집단을 대표할 수 있도록 표본을 구성한다 하더라도 오차는 측정상의 오류, 표본추출의 오류, 해석상의 오류 등으로 언제나 발생하기 마련이다. 오차는 표본오차(sampling error)와 비표본오차(nonsampling error)로 나뉜다. 표본오차란 모집단 전체를 조사하지 않고 다만 그의 일부분인 표본을 추출하기 때문에 발생하는 오차를 말한다.

표본조사의 결과 얻는 표본평균과 표본표준편치가 모집난의 평균과 표준편차에 정확하게 일치하지 않고 차이를 보이는데 이러한 차이의 절대값을 표본오차라고 한다. 표본오차는 표본선정에 따라 우연히(by chance) 발생한다. 표본오차는 모집단으로부터 대표적인 표본을 추출할수록 감소한다.

표본오차는 표본크기와 대표적인 표본의 대상선정 등 표본추출과 관련된 오차인데 표본크기를 증가할수록 감소하며 센서스를 실시하면 표본오차는 제거된다. 표본오차의 크기에 영향을 미치는 다른 요인은 모집단에 존재하는 산포(variation, variability)의 크기이다. 산포 또는 변동이란 연구하고자 하는 변수에 있어서 모집단 각 구성원 사이에 존재하는 차이를 말한다.

표본크기가 결정되면 표본오차가 얼마 이하일 확률을 제시함으로써 표본조사의 결과를 발표하게 된다. 이는 제8장에서 공부할 것이다.

비표본오차는 큰 표본을 추출하더라도, 심지어 센서스를 실시하더라도 오차의 발생가능성이나 그의 크기를 감소시킬 수 없기 때문에 표본오차보다 더욱 심각한 문제이다. 비표본오차는 자료수집이라든지 기록하는 과정에서 범하는 사람의 실수라든지 잘못 추출된 표본관찰로부터 발생한다.

비표본오차는 객관적 규명과 분석이 쉽지 않다. 그러나 조사원에 대한 교육, 훈련, 지도, 감독 등을 통하여 표본조사의 경우에는 이를 크게 줄일 수 있다.

 예 7-1

다음 다섯 개의 숫자로 구성된 모집단에서

75	78	80	85	91

① 랜덤 표본으로 80, 85, 91을 추출할 때 발생하는 표본오차는 얼마인가?
② 위 ①에서 80을 82로 잘못 기록하여 계산할 때 발생하는 비표본오차는 얼마인가?

풀 이 ① 표본오차 $= \bar{x} - \mu = \dfrac{80 + 85 + 91}{3} - \dfrac{75 + 78 + 80 + 85 + 91}{5}$

$\qquad\qquad = 85.3 - 81.8 = 3.5$

② 표본오차 $= \bar{x} - \mu = \dfrac{82 + 85 + 91}{3} - 81.8 = 4.2$

비표본오차 $= 4.2 - 3.5 = 0.7$ ◆

2 표본추출과정

모집단으로부터 표본을 추출할 때는 표본오차를 가급적 최소로 줄이기 위해 모집단을 가장 잘 대표할 수 있도록 표본을 추출해야 한다. 이를 위해서는 다음과 같은 몇 단계를 거치게 된다.

- 모집단 확정
- 표본 프레임 설정
- 표본추출방법 선정
- 표본크기 결정
- 표본추출

표본추출과정은 모집단을 규명하는 것으로부터 시작한다. 연구자는 그의 연구목적에 필요로 하는 정보를 제공해 줄 수 있는 모집단을 확정해야 한다. 이는 보통 표적모집단(target population)이라고도 한다. 조사대상이 되는 모집단을 제대로 확정해야만 그 모집단의 모수를 추정하거나 가설검정하는 데 필요한 정확한 정보를 얻을 수 있는 것이다.

일단 연구목적에 가장 알맞은 표적모집단을 규명하면 표본 프레임(sampling frame)을 작성한다. 프레임이란 모집단의 각 요소에 번호를 부여하는 모집단 목록(list)을 말한다. 번호는 1부터 N까지이다. 모집단의 규모가 작은 경우에는 모집단 그 자체가 프레임이 된다. 그러나 예컨대 서울시 모든 가정에 대해 조사하는 경우처럼 모집단이 너무 크면 이를 잘 대표할 수 있는 일부의 프레임을 작성하여 프레임 오류를 최소화해야 한다.

프레임이 작성되면 표본추출은 모집단에서 하는 것이 아니고 프레임에서 하기 때문에 프레임의 모든 요소들이 모집단을 대표할 수 있도록 잘 작성해야 한다. 한편 현실적으로 목록작성이 쉽지 않은 경우에는 대신 전화번호부가 표본 프레임으로 사용되기도 한다.

표적모집단을 확정하고 표본 프레임이 설정되면 이로부터 실제로 표본을 어떻게 추출할 것인가의 방법을 결정해야 한다. 표본추출방법에 대해서는 다음 절에서 자세히 공부할 것이다.

표본추출방법이 확정되면 표본크기(sample size)를 결정해야 한다. 앞에서 공부한 바와 같이 표본크기가 크면 클수록 신뢰성 있는 정보를 추출하여 모집단의 특성을 보다 정확하게 추론할 수 있는 것이다. 그러나 표본분석·결과의 신뢰성, 조사목적과 조사방법이라든가 비용과 시간 등 여러 가지 제약조건으로 인하여 적절한 표본크기를 결정할 수밖에 없다.

그러나 구체적으로는 원하는 정보의 정확성을 나타내는 신뢰구간을 감안해서 표본크기를 결정하게 된다. 표본크기는 모평균과 모비율을 추정하고자 할 때 공식을 이용하여 결정하는데 이의 구체적인 방법에 관해서는 제8장에서 공부할 것이다.

표본크기가 결정되면 표본 프레임으로부터 조사대상을 표본으로 추출하여 조사함으로써 자료를 수집하고 분석하는 과정으로 들어가게 된다.

3 표본추출방법

3.1 확률추출방법

모집단으로부터 표본을 추출하는 방법으로는 크게 확률추출방법과 비확률추출방법으로 나눌 수 있다.

확률추출방법(probability sampling)이란 랜덤추출방법(random sampling)이라고도 하는데 모집단을 구성하는 모든 개체가 표본으로 선정될 확률이 동일한 상태에서 표본을 추출하는 방법을 말한다.

확률추출방법으로는

- 단순랜덤추출방법
- 층별추출방법
- 체계적 추출방법
- 군집추출방법

등 네 가지를 들 수 있다.

□ 단순랜덤추출

　　단순랜덤추출(simple random sampling)은 가장 기본적인 확률표본추출방법이다. 이는 모집단을 대표하는 표본을 추출하여 모수를 정확하게 추정하기 때문이다. 많은 통계적 기법은 무작위성을 전제하기 위하여 난수(random number)를 사용한다.

　　모집단의 크기가 N일 때 여기서 표본크기 n을 추출하는 경우 각 표본이 $1/N$의 똑같은 확률로 추출할 수 있도록 설계한 방법이 단순랜덤방법이다.

　　모집단에서 표본을 추출하는 방법에는 기본적으로 두 가지 방법이 있다.

- 복원추출방법
- 비복원추출방법

복원추출방법(sampling with replacement)이란 모집단으로부터 한 사람이나 개체가 표본으로 추출된 후 이 표본이 모집단으로 다시 복귀하여 또 표본으로 추출될 확률이 $1/N$로서 전과 동일한 경우를 말한다.

　　이에 반하여 비복원 추출방법(sampling without replacement)이란 모집단으로부터 한 표본이 추출되면 다시는 모집단으로 복귀할 수 없는 경우를 말한다. 이때 모집단의 크기는 $(N-1)$로 줄어들기 때문에 어떤 표본이 선정될 확률은 $1/(N-1)$이 된다. 일반적으로 단순랜덤추출이라 하면 비복원추출을 전제한다. 복권추첨, 아파트추첨, 로또추첨은 여기에 해당한다.

□ 층별추출

　　층별추출방법(stratified sampling)은 모집단을 지역, 연령, 성별, 교육, 부 같은 일정한 기준에 의하여 동질적인 그룹(층)으로 분류한 다음 각 그룹으로부터 표본을 단순랜덤으로 추출하는 방법을 말한다.

　　각 그룹에서 추출하는 표본의 수가 모집단의 구성비율에 따를 때 비례적 층별추출(proportional stratified sampling)이라 한다.

　　층별추출은 다른 어떤 방법보다 모집단의 특성을 더욱 정확하게 반영한다는 장점을 갖는다. 특히 층별추출이 효과적이기 위해서는 층간에는 특성의 차이가 크지만 층 내에서는 차이가 별로 없도록 층을 분류해야 한다.

□ 체계적 추출

모집단이 큰 경우 단순랜덤추출방식을 사용하면 시간과 비용상 비경제적이므로 체계적이면서 랜덤추출의 효과를 얻을 수 있는 체계적 추출방법(systematic sampling)을 이용할 수 있다.

예를 들면 100명의 학생 중에서 5명을 선정한다면 매 100/5＝20명 중에서 한 명을 선정하는데 이미 번호를 부여하여 작성한 모집단 리스트에 있는 첫 20명 중에서 1명을 랜덤으로 추출하여 그의 번호가 만일 9번이면 표본추출구간인 매 20번째 되는 9, 29, 49, 69, 89번을 갖는 5명을 선정하면 된다.

□ 군집추출

군집추출(cluster sampling)이란 모집단을 군집(그룹)으로 구분하고 이 중에서 단순랜덤추출방식으로 조사대상인 군집을 선정하는 방식이다. 다음에는 선정된 군집에 대해서 전수조사를 하거나 일부의 표본을 추출하게 된다.

예를 들면 서울시내 초등학교 6학년 학생들의 학업성취도를 측정하기 위해서는 몇 개의 구를 랜덤으로 추출하고 그 구에 속한 초등학교 6학년 학생들을 표본으로 취급한다.

3.2 비확률추출방법

비확률추출방법은 랜덤추출과정과 관련이 없는 조사자의 주관적 방법으로 모집단으로부터 표본을 추출하는 방법을 말한다. 이는 표본추출에 우연이 개재하지 않기 때문에 통계적 추론을 위한 자료수집방법으로는 바람직하지 않다.

비확률추출방법으로 편의추출과 판단추출 방법을 들 수 있다.

□ 편의추출

편의추출방법(convenience sampling)이란 표본이 조사자의 편의에 의해서만 선정되는 방법이다. 조사자는 모집단의 맨 끝부분은 취하지 않고 중간에서 많은 표본을 선정한다.

□ 판단추출

　　판단추출방법(judgment sampling)은 모집단의 특성을 잘 아는 전문가로 하여금 모집단을 가장 잘 대표할 수 있으리라고 믿는 표본을 선정하도록 하는 방법이다.

4　표본분포

　　표본조사의 목적은 그로부터 얻는 표본통계량(sample statistic)에 입각하여 미지의 모집단 모수(parameter)를 추정하려는 것이다. 추정의 통계적 과정은 [그림 7-1]이 보여 주고 있다.

　　우리는 확률변수를 그의 값이 확률실험의 결과에 의존하는 변수라고 정의하였다. 만일 모집단으로부터 크기 n의 표본을 추출하는 행위를 확률실험이라고 하면 표본평균 $\bar{x}$의 값은 실험의 결과로 선정되는 표본 속에 포함되는 요소들에 영향을 받기 때문에 표본추출시마다 달라지는 확률변수라고 할 수 있다. 이에 반하여 모평균은 하나의 고정된 값을 갖는 상수이다.

그림 7-1　추정의 통계적 절차

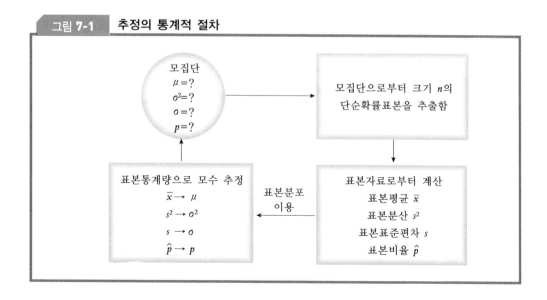

동일한 모집단으로부터 크기 n의 표본을 수없이 추출하면 그들의 표본평균들도 그만큼 많게 된다. 이렇게 수없이 많은 표본평균들의 히스토그램을 그리면 이는 표본평균 $\bar{x}$의 표본분포에 근접하게 된다. 다른 확률변수와 같이 표본평균도 확률분포는 물론 평균(기대값)과 분산을 갖는다.

표본분포(sampling distribution)란 주어진 모집단으로부터 동일한 크기 n의 확률표본을 수없이 반복하여 추출한 결과로 얻는 표본통계량(표본평균, 표본분산, 표본비율)의 확률분포를 총칭하여 말한다.

모집단으로부터 크기 n의 표본을 추출하여 표본평균을 구하면 이는 모평균과 같을 가능성은 매우 희박하다. 따라서 하나의 표본평균을 가지고 모평균을 추정하게 되면 표본오차$(\bar{x}-\mu)$ 때문에 큰 오류를 범할 위험을 갖게 된다. 따라서 여기에 표본분포의 이론이 필요하게 된다.

표본분포이론을 이용하면 실제로 크기 n의 표본을 수없이 추출하지 않아도 평균의 표본분포를 알 수 있다. 즉 표본분포와 그의 특성을 알고 있으면 어떤 하나의 표본통계량이 그의 모수에 어느 정도 떨어져 있는지에 대한 확률을 계산할 수 있다.

예컨대 표본평균 $\bar{x}$의 확률분포를 알고 있으면 우리가 추출한 표본평균 $\bar{x}$가 모수 μ로부터 어느 정도([그림 7-2]에서 C) 이상 떨어질 확률을 구할 수 있기 때문에 표본평균 $\bar{x}$를 모평균 μ의 추정치로 사용하는 데 따른 위험을 분석할 수 있는 것이다.

본장에서 공부할 표본통계량의 확률분포는

- 원래의 모집단이 정규분포를 따르고 있는가
- 모분산(모표준편차)이 이미 알려져 있는가
- 표본크기는 얼마인가

에 따라 결정된다.

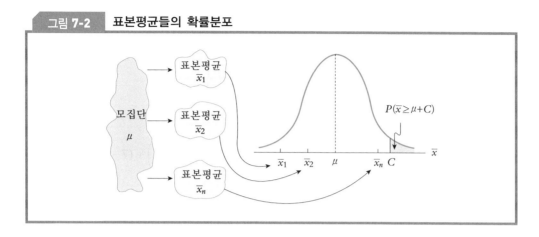

그림 **7-2** 표본평균들의 확률분포

5 | 표본평균의 표본분포

5.1 평균의 표본분포

무한모집단으로부터 일정한 크기 n의 확률표본을 k군 추출하여 각 표본의 평균을 계산할 때 표본평균 $\bar{x}$는 확률변수로서 $\bar{x}_1$, $\bar{x}_2$, $\cdots$, $\bar{x}_k$의 값을 갖는다.

이들 표본평균들은 확률분포를 갖는데 이를 표본평균의 표본분포(sampling distribution of the sample mean) 또는 $\overline{X}$-분포라고 한다.

표본분포의 개념을 설명하기 위하여 4명의 종업원을 가진 회사를 예로 들기로 하자. 그들의 근무연수는 1, 3, 5, 7년이고 하나의 표본으로 뽑힐 확률은 각각 1/4이다. 이 모집단에서 근무연수를 확률변수 X라고 하면 그의 확률분포는 다음과 같다.

x	1	3	5	7
$P(x)$	1/4	1/4	1/4	1/4

모집단 확률분포의 평균과 분산을 구하면 다음과 같다.

기 대 값: $\mu = \sum x P(x)$
$$= 1\left(\frac{1}{4}\right) + 3\left(\frac{1}{4}\right) + 5\left(\frac{1}{4}\right) + 7\left(\frac{1}{4}\right)$$
$$= 4$$

분   산: $\sigma^2 = \sum (x - \mu)^2 P(x)$
$$= (1-4)^2\left(\frac{1}{4}\right) + (3-4)^2\left(\frac{1}{4}\right) + (5-4)^2\left(\frac{1}{4}\right) + (7-4)^2\left(\frac{1}{4}\right)$$
$$= 5$$

표준편차: $\sigma = \sqrt{5} = 2.236$

이 모집단의 확률분포를 그림으로 나타내면 [그림 7-3]과 같다.

그림 7-3　　모집단 확률분포의 그래프

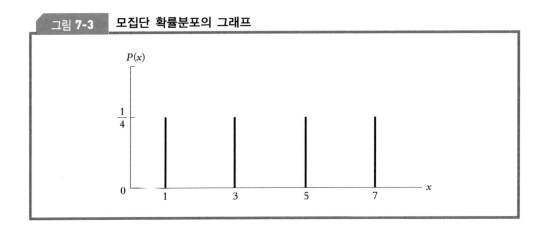

이제 모평균 μ는 모르기 때문에 표본평균 $\bar{x}$를 사용하여 그의 값을 추정하기로 하자. 실제로는 표본을 한 번만 추출하지만 표본평균 $\bar{x}$가 모평균 μ의 값을 얼마나 근접하게 추정하는지를 평가하기 위하여 표본크기 n의 가능한 모든 표본을 유한모집단에서 무한모집단의 효과가 있도록 복원추출(sampling with replacement)함으로써 평균의 표본분포를 고려하기로 한다.

종업원 4명의 모집단으로부터 표본크기 $n=2$의 가능한 모든 표본을 복원추출하고 그의 평균을 구하면 [표 7-1]과 같다. 표본평균의 값은 표본마다 다르기 때문에 표본추출에 의해 생성되는 새로운 확률변수라고 볼 수 있다.

■ 표 7-1 | $n=2$일 때의 표본과 표본평균

표 본	표본평균	표 본	표본평균
1, 1	1	5, 1	3
1, 3	2	5, 3	4
1, 5	3	5, 5	5
1, 7	4	5, 7	6
3, 1	2	7, 1	4
3, 3	3	7, 3	5
3, 5	4	7, 5	6
3, 7	5	7, 7	7

가능한 표본의 수는 $4 \times 4 = 16$이고 각 표본의 발생확률은 $\frac{1}{16}$로 동일하다. 그런데 어떤 표본들은 같은 표본평균을 갖기 때문에 이들을 정리하여 표본평균과 그에 대응하는 확률을 나타내면 [표 7-2]와 같다.

■ 표 7-2 | 표본평균의 표본분포

표본평균($\bar{x}$)	확률($P(\bar{x})$)
1	$\frac{1}{16}$
2	$\frac{2}{16}$
3	$\frac{3}{16}$
4	$\frac{4}{16}$
5	$\frac{3}{16}$
6	$\frac{2}{16}$
7	$\frac{1}{16}$

표본평균의 표본분포의 그래프는 [그림 7-4]와 같다.

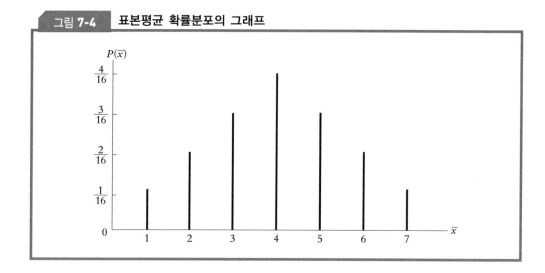

그림 7-4 　표본평균 확률분포의 그래프

　　[그림 7-3]인 모집단의 그래프와 [그림 7-4]인 표본평균의 그래프를 비교
하면 우리는 모집단의 분포는 균등분포(uniform distribution)를 보이고 있지만
표본분포의 모양은 종모양의 대칭으로 정규분포와 비슷함을 알 수 있다.

　　표본크기 n이 2로부터 3, 4, 5, … 등으로 점점 커질수록 평균의 표본분
포는 종모양의 정규분포를 따르게 되며 분산은 점점 작아져 분포의 폭은 좁아
지게 된다. 이는 $\sigma_{\bar{x}}^2 = \dfrac{\sigma^2}{n}$에서 n이 증가할수록 $\sigma_{\bar{x}}^2$는 감소하기 때문이다. 이
에 대해서는 다음 절에서 설명할 것이다.

5.2 　평균의 표본분포의 기대값과 분산

　　표본평균 $\bar{x}$의 확률분포의 기대값과 분산을 구하는 공식은 지금까지 우리
가 이용한 것과 같다.

　　식 (7.1)을 이용하여 [표 7-2]인 평균의 표본분포의 기대값, 분산, 표준편
차를 계산하면 다음과 같다.

📖 ⚡ **평균의 표본분포의 기대값과 분산**

기 대 값: $E(\bar{x}) = \mu_{\bar{x}} = \sum \bar{x} P(\bar{x})$

분   산: $\text{Var}(\bar{x}) = \sigma_{\bar{x}}^2 = \sum (\bar{x} - \mu_{\bar{x}})^2 P(\bar{x})$ (7.1)

표준편차: $\sigma_{\bar{x}} = \sqrt{\sum (\bar{x} - \mu_{\bar{x}})^2 P(\bar{x})}$

기 대 값: $\mu_{\bar{x}} = 1\left(\dfrac{1}{16}\right) + 2\left(\dfrac{2}{16}\right) + 3\left(\dfrac{3}{16}\right) + 4\left(\dfrac{4}{16}\right) + 5\left(\dfrac{3}{16}\right) + 6\left(\dfrac{2}{16}\right) + 7\left(\dfrac{1}{16}\right)$

$\qquad = 4$

분   산: $\sigma_{\bar{x}}^2 = (1-4)^2\left(\dfrac{1}{16}\right) + (2-4)^2\left(\dfrac{2}{16}\right) + (3-4)^2\left(\dfrac{3}{16}\right) + (5-4)^2\left(\dfrac{3}{16}\right) +$

$\qquad\qquad (6-4)^2\left(\dfrac{2}{16}\right) + (7-4)^2\left(\dfrac{1}{16}\right)$

$\qquad = 2.5$

표준편차: $\sigma_{\bar{x}} = \sqrt{2.5} = 1.58$

여기서 우리가 발견할 수 있는 사실은 표본평균의 분포가 모집단의 분포와 상이하더라도 두 확률변수, 즉 표본평균 $\bar{x}$와 눈금의 수 x는 서로 관련이 되어 있다는 것이다. 다시 말하면 모집단분포의 기대값과 평균의 표본분포의 기대값은 동일하며($\mu = \mu_{\bar{x}} = 4$), 그들의 분산은 서로 관련이 되어 있다는($\sigma_{\bar{x}}^2 = \sigma^2/2$, $2.5 = \dfrac{5}{2}$) 것이다. 따라서 모집단 확률분포의 평균과 분산을 사전에 알고 있으면 평균의 표본분포를 만들지 않더라도 평균의 표본분포의 평균과 분산을 쉽게 구할 수 있다.

우리는 여기서 모집단분포와 평균의 표본분포 사이의 중요한 관계를 정리할 수 있다.

📖 ⚡ **모집단분포와 평균의 표본분포와의 관계**

기 대 값: $E(\bar{x}) = \mu_{\bar{x}} = \mu$

분   산: $\text{Var}(\bar{x}) = \sigma_{\bar{x}}^2 = \dfrac{\sigma^2}{n}$ (7.2)

표준편차: $\sigma_{\bar{x}} = \dfrac{\sigma}{\sqrt{n}}$ (무한모집단 또는 유한모집단의 복원추출)

평균의 표본분포의 기대값 $\mu_{\bar{x}}$와 모평균 μ는 어떠한 모집단이건, 어떠한 표본크기이건, 복원추출이건, 비복원추출이건 언제나 같게 된다. 즉 표본평균 $\bar{x}$는 모평균 μ의 불편추정량이다. 그러나 $\sigma_{\bar{x}}^2 = \sigma^2/n$은 표본크기에 상관없이 적용되나 무한모집단이거나 또는 유한모집단이지만 복원추출하는 경우에만 적용된다. 한편 모든 n에 대해서 $\sigma_{\bar{x}}^2 < \sigma^2$이 성립한다.

 예 7-2

모집단 (1, 3, 5)로부터 표본크기 $n=2$를 복원추출한다고 하자.
① 모집단의 확률분포를 구하고 이를 그래프로 나타내라.
② 모평균, 모분산, 모표준편차를 구하라.
③ 표본평균의 표본분포를 구하고 이를 그래프로 나타내라.
④ 표본평균의 표본분포의 기대값, 분산, 표준편차를 구하라.
⑤ 식 (7.2)가 성립하는지를 밝혀라.

풀 이 ①

x	$P(x)$
1	$\dfrac{1}{3}$
3	$\dfrac{1}{3}$
5	$\dfrac{1}{3}$

② $\mu = E(x) = \sum x P(x) = 1\left(\dfrac{1}{3}\right) + 3\left(\dfrac{1}{3}\right) + 5\left(\dfrac{1}{3}\right) = 3$

$\sigma^2 = \sum (x - \mu)^2 P(x) = (1-3)^2\left(\dfrac{1}{3}\right) + (3-3)^2\left(\dfrac{1}{3}\right) + (5-3)^2\left(\dfrac{1}{3}\right) = 2\dfrac{2}{3}$

$\sigma = \sqrt{2\dfrac{2}{3}} = 1.633$

③

$\bar{x}$		$P(\bar{x})$
1	(1, 1)	$\dfrac{1}{9}$
2	(1, 3), (3, 1)	$\dfrac{2}{9}$
3	(1, 5), (3, 3), (5, 1)	$\dfrac{3}{9}$
4	(3, 5), (5, 3)	$\dfrac{2}{9}$
5	(5, 5)	$\dfrac{1}{9}$

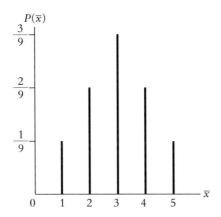

④ $\mu_{\bar{x}} = E(\bar{x}) = \sum \bar{x} P(\bar{x}) = 1\left(\dfrac{1}{9}\right) + 2\left(\dfrac{2}{9}\right) + 3\left(\dfrac{3}{9}\right) + 4\left(\dfrac{2}{9}\right) + 5\left(\dfrac{1}{9}\right) = 3$

$\sigma_{\bar{x}}^2 = \sum (\bar{x} - \mu_{\bar{x}})^2 P(\bar{x}) = (1-3)^2\left(\dfrac{1}{9}\right) + (2-3)^2\left(\dfrac{2}{9}\right) + (3-3)^2\left(\dfrac{3}{9}\right)$

$\qquad\qquad + (4-3)^2\left(\dfrac{2}{9}\right) + (5-3)^2\left(\dfrac{1}{9}\right) = 1\dfrac{1}{3}$

$\sigma_{\bar{x}} = \sqrt{1\dfrac{1}{3}} = 1.155$

⑤ $\mu = 3 = \mu_{\bar{x}} = 3$

$\sigma_{\bar{x}}^2 = 1\dfrac{1}{3} = \dfrac{\sigma^2}{n} = \dfrac{2\dfrac{2}{3}}{2} = 1\dfrac{1}{3}$ ◆

5.3 평균의 표준오차

표본평균 $\bar{x}$의 표본분포의 표준편차 $\sigma_{\bar{x}}$는 평균의 표준오차(standard error of the mean)라고도 한다.

평균이 μ인 모집단으로부터 동일한 크기 n의 표본을 모두 추출하여 그들의 평균 $\bar{x}_1, \bar{x}_2, \cdots, \bar{x}_k$를 구하면 이들은 평균의 표본분포의 기대값 $\mu_{\bar{x}}$(또는 모평균 μ)와 차이가 있게 된다. 이 차이를 오차(error)라고 한다. 표본평균의 표준오차는 각 표본평균들이 그들의 기대값 주위에 흩어진 정도를 측정한다.

평균의 표준오차는 표본크기 n이 커질수록 작아진다. $\sigma_{\bar{x}} = \dfrac{\sigma}{\sqrt{n}}$에서 표본크기 n이 증가할수록 평균의 표준오차는 작아지고 표본평균 $\bar{x}$의 표본분포는 더욱 좁아져 종모양이 되고 평균 주위로 표본평균 $\bar{x}$들이 집중하게 된다.

일반적으로 표본크기 n이 커지면 평균의 표준오차가 작아져 표본평균 $\bar{x}$가 모평균 μ에 근접하게 되는데 이를 대수의 법칙(law of large numbers)이라고 한다. 만일 표본크기 n이 모집단 크기 N과 같아지면 평균의 표준오차는 0이 된다. 이때 $\bar{x}$와 μ는 같게 된다.

평균의 표준오차는 표본평균 $\bar{x}$를 모평균 μ의 추정치로 사용할 때 예상되는 오류(부정확성)의 크기를 나타내는 기준이 된다. 표준오차가 크면 표본평균을 가지고 의사결정할 때 오차가 커지고 반대로 표준오차가 작으면 오차가 작아진다. 즉 표본크기 n이 증가할수록 모평균을 추정하는 정확도는 높아진다. 그러나 이에 필요한 시간과 비용이 증가하기 때문에 절충관계(trade off)를 고려하여 결정해야 한다.

6 중심극한정리

평균의 표본분포의 모양에 영향을 미치는 요인은

- 표본크기
- 모집단의 분포

이다.

□ 표본크기의 영향

　　표본의 크기가 작으면 표본분포의 모양을 규명하기가 곤란하다. 그러나 표본이 $n \geq 30$이면 표본평균이 모평균 주위에 집중하게 된다. [그림 7-5](a)는 이를 보여 주고 있다.

　　왜냐하면 표준오차는 표본크기 n이 증가할수록 감소하기 때문이다. $\sigma_{\bar{x}} = \sigma/\sqrt{n}$에서 n이 증가할수록 평균의 표준오차 $\sigma_{\bar{x}}$는 감소하는 것이다. [그림 7-5](b)는 표본크기를 증가시킬수록 표본분포에 내포되어 있는 분산이 감소하는 사실을 보여 주고 있다. 만일 표본크기 n이 모집단 크기 N과 같은 전수조사의 경우에는 평균의 표준오차는 0이 되고 표본평균들과 모평균은 일치하게 된다.

　　평균의 표본분포의 모양은 표본크기에 따라 영향을 받지만 그 표본이 추출되는 모집단이 정규분포를 하느냐 또는 하지 않느냐에 따라서도 영향을 받는다.

그림 7-5　　**표본크기와 표본분포의 형태와의 관계**

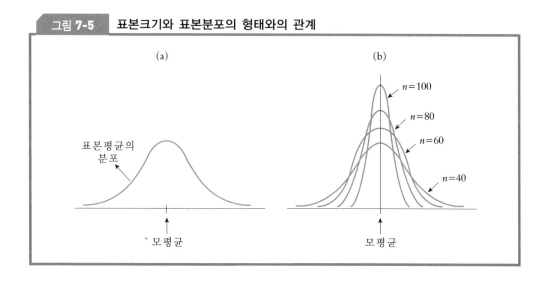

□ 모집단이 정규분포를 따를 때

　　확률변수 X가 평균 μ, 분산 σ^2인 정규분포를 따르는 모집단으로부터 표본크기 n을 랜덤으로 수없이 추출할 때 표본평균 $\bar{x}$의 표본분포는 그의 표본크기에 상관없이 언제나 평균 $\mu_{\bar{x}}$, 분산 $\sigma_{\bar{x}}^2 = \dfrac{\sigma^2}{n}$인 정규분포를 따른다. 이는 정규표본분포(normal sampling distribution)라고 하며, $\overline{X} \sim N(\mu_{\overline{x}},\ \sigma_{\overline{x}}^2)$으로 표현한다. 즉 모집단의 확률변수 X가 $X \sim N(\mu,\ \sigma^2)$이면 평균의 표본분포의 확률변수 $\overline{X}$는 $\overline{X} \sim N\left(\mu, \dfrac{\sigma^2}{n}\right)$이다. 이는 [그림 7-6]에서 보는 바와 같다.

평균의 표본분포가 정규분포를 따르므로 표본평균 $\overline{x}$를 Z값으로 전환시키면 표본분포에서 표본평균 $\overline{x}$가 어떤 값을 가질 확률을 구할 수 있다. 정규확률변수 $\overline{X}$를 표준정규확률변수 Z로 전환시키기 위해서는 다음 공식을 이용한다.

$$Z = \frac{\overline{x} - \mu_{\overline{x}}}{\sigma_{\overline{x}}} = \frac{\overline{x} - \mu_{\overline{x}}}{\dfrac{\sigma}{\sqrt{n}}}$$

표본평균 $\overline{x}$를 표준화한 확률변수 Z는 표준정규분포 $N(0,\ 1)$을 따르게 된다.

그림 7-6 정규모집단과 평균의 표본분포

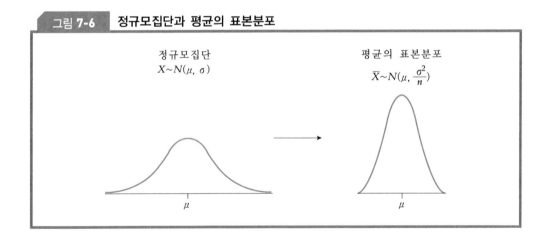

정규모집단
$X \sim N(\mu,\ \sigma)$

평균의 표본분포
$\overline{X} \sim N(\mu,\ \dfrac{\sigma^2}{n})$

μ

μ

예 7-3

봄빛매실㈜는 6온스 캔에 매실음료를 넣는데 음료의 양은 실제로 평균 6.02온스, 표준편차 0.1온스로 정규분포를 따른다고 한다.
① 고객이 캔 하나를 샀을 때 그 캔의 무게가 5.98온스 이상일 확률을 구하라.
② 캔 36개씩 랜덤으로 표본을 추출할 때 평균 무게 $\overline{x}$의 표본분포는 어떤 모양을 나타낼까?

③ 고객이 캔 36개짜리 한 꾸러미를 샀을 때 그의 평균 무게 $\bar{x}$가 6.05온스 이하
  일 확률을 구하라.

④ 위 문제에서 모집단분포와 평균 무게 $\bar{x}$의 표본분포를 그림으로 나타내라.

풀이 ① $P(x \geq 5.98) = P\left(Z \geq \dfrac{x - \mu}{\sigma}\right) = P\left(Z \geq \dfrac{5.98 - 6.02}{0.1}\right)$

$$= P(Z \geq -0.4) = 0.5 + 0.1554 = 0.6554$$

② $\mu_{\bar{x}} = 6.02 \qquad \sigma_{\bar{x}} = \dfrac{\sigma}{\sqrt{n}} = \dfrac{0.1}{\sqrt{36}} = 0.017$

평균 6.02온스, 표준오차 0.017온스인 정규분포를 따른다.

③ $P(\bar{x} \leq 6.05) = P\left(Z \leq \dfrac{\bar{x} - \mu_{\bar{x}}}{\dfrac{\sigma}{\sqrt{n}}}\right) = P\left(Z \leq \dfrac{6.05 - 6.02}{\dfrac{0.1}{\sqrt{36}}}\right)$

$$= P(Z \leq 1.80) = 0.5 + 0.4641 = 0.9641$$

④

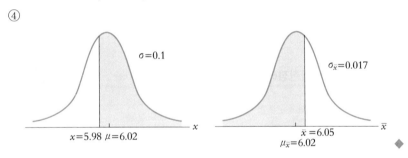

◆

□ **모집단이 정규분포를 따르지 않을 때**

확률변수 X의 모집단분포가 정규분포가 아닌 경우에 그로부터 추출한 표
본평균의 표본분포는 표본크기에 따라서 그의 모양이 결정된다.

- 표본크기가 작을 때 평균의 표본분포의 모양은 모집단의 형태에 달려
  있다. 일반적으로 표본크기가 작을 때 모집단이 정규분포를 따르지 않
  을 경우에는 평균의 표본분포의 모양은 쉽게 규명할 수 없다.

- 표본크기가 $n \geq 30$이면 모집단의 분포가 무엇이든 간에 상관없이 평균
  의 표본분포의 모양은 정규분포에 근접한다.

이 후자는 통계학에서 가장 중요하고 기본적인 정리 중의 하나인 중심극
한정리(central limit theorem)라고 한다.

📖 ⌃ **중심극한정리**

확률변수 X의 모집단분포가 정규분포가 아니더라도 표본크기 $n \geq 30$이면 평균의 표본분포는 평균 $\mu_{\bar{x}}$, 분산 $\sigma_{\bar{x}}^2 = \dfrac{\sigma^2}{n}$으로 정규분포를 따른다는 정리이다.

이 중심극한정리로 말미암아 모집단분포가 균등분포, 이항분포, 지수분포를 따르더라도 표본크기가 $n \geq 30$이면 모집단의 특성을 추정하는 데 정규분포의 이점을 활용할 수 있다. 이는 [그림 7-7]에서 보여 주고 있다.

중심극한정리는 추리통계학에서 매우 중요한 개념이다. 왜냐하면 모집단분포의 모양과는 상관없이 표본크기 $n \geq 30$이면 평균의 표본분포는 정규분포를 따르게 되므로 정규분포의 특성을 이용해서 통계적 추론을 할 수 있기 때문이다.

그림 7-7 중심극한정리

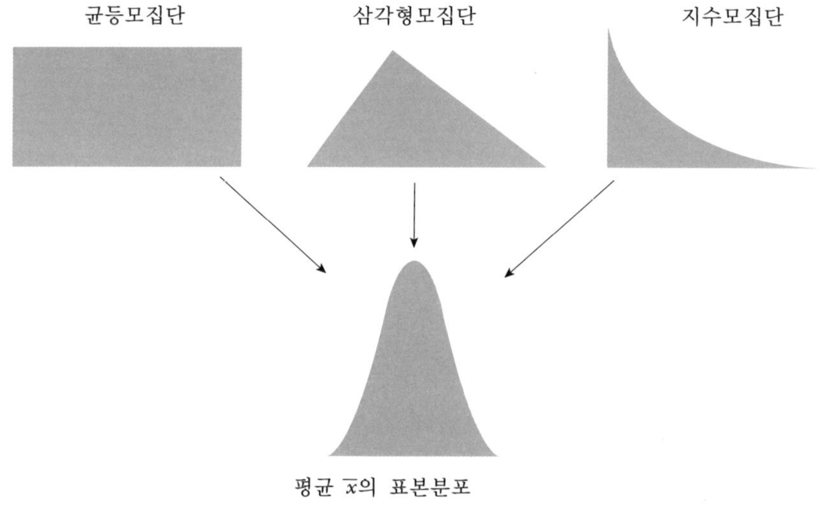

균등모집단   삼각형모집단   지수모집단

평균 $\bar{x}$의 표본분포

예 7-4

어떤 조사보고서에 의하면 서울특별시 소재 한 가정에서 TV를 시청하는 평균 시간은 하루에 6시간, 표준편차는 1시간이라고 한다. 36가정의 표본을 랜덤으로 추출할 때

① 표본평균이 5.5시간 이상일 확률은 얼마인가?

② 표본평균이 6.2시간 이하일 확률은 얼마인가?

③ 평균의 표본분포를 그림으로 나타내라.

④ 모표준편차는 모른다고 가정하자. $n=36$의 모든 표본평균의 71%가 5.9시간 이상이고 모평균이 아직도 6시간이라고 할 때 모표준편차의 값은 얼마인가?

풀 이 모집단의 확률분포는 알 수 없지만 표본크기가 30 이상이므로 중심극한정리에 의하여 표본평균은 정규분포를 따른다고 할 수 있다.

① $P(\bar{x} \geq 5.5) = P\left(Z \geq \dfrac{5.5-6}{\dfrac{1}{\sqrt{36}}}\right) = P(Z \geq -3)$

$\qquad\qquad = 0.5 + 0.4987 = 0.9987$

② $P(\bar{x} \leq 6.2) = P\left(Z \leq \dfrac{6.2-6}{\dfrac{1}{\sqrt{36}}}\right) = P(Z \leq 1.2)$

$\qquad\qquad = 0.5 + 0.3849 = 0.8849$

③ $\mu_{\bar{x}} = 6$

$\qquad \sigma_{\bar{x}} = \dfrac{\sigma}{\sqrt{n}} = \dfrac{1}{\sqrt{36}} = 0.167$

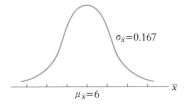

④ 21%에 가장 가까운 Z값은 0.55이다.

$\qquad \dfrac{5.9-6}{\dfrac{\sigma}{\sqrt{36}}} = -0.55$

$\qquad \sigma = 1.09$ ◆

7 비율의 표본분포

7.1 비율의 표본분포의 성격

우리는 제5장에서 이항분포를 공부하면서 성공횟수와 성공확률에 관심을 가졌다. 그러나 경영/경제문제에서는 성공비율을 분석해야 하는 경우가 많다. 예를 들면 시장점유율, 제품의 불량률, 정당 또는 후보의 지지율, 노조의 설립 또는 파업에 대한 찬반율 등을 들 수 있다. 이들은 모집단비율(population proportion) 또는 간단히 모비율이라고 한다.

우리는 이항확률을 계산하기 위하여 모비율 p를 알고 있다고 전제하였으나 현실적으로는 이를 알 수 없으므로 표본을 추출하여 얻는 표본비율(sample proportion) $\hat{p}$에 입각하여 모비율을 추정하게 된다.

모비율과 표본비율은 다음과 같이 정의한다.

📖 ⌃ 모비율과 표본비율

모 비 율: $p = P(성공) = \dfrac{x}{N} = \dfrac{모집단에서\ 발생하는\ 성공횟수}{모집단을\ 구성하는\ 모든\ 요소}$

표본비율: $\hat{p} = \dfrac{x}{n} = \dfrac{표본에서의\ 성공횟수}{표본크기}$

크기 N의 모집단으로부터 크기 n의 표본을 랜덤하게 추출할 때 이 가운데 성공횟수(예컨대 지지자 수)는 확률변수로서 표본비율은 표본마다 서로 상이한 값을 갖게 된다.

모집단으로부터 일정한 크기 n의 표본을 랜덤하게 수없이 추출하면 표본비율의 확률분포, 즉 비율의 표본분포(sampling distribution of proportion)를 얻을 수 있다.

7.2 비율의 표본분포의 기대값과 분산

표본비율 $\hat{p}$이 모비율 p에 얼마나 근접한가를 결정하기 위해서는 비율의 표본분포의 특성, 예컨대 그의 기대값, 표준오차, 형태를 알아야 한다.

📖⚡ 비율의 표본분포의 기대값과 분산

기 대 값: $E(\hat{p}) = p$

분   산: $\sigma_{\hat{p}}^2 = \dfrac{p(1-p)}{n}$

표준오차: $\sigma_{\hat{p}} = \sqrt{\dfrac{p(1-p)}{n}}$ (무한모집단)

표본비율 $\hat{p}$의 표준편차는 비율의 표준오차(standard error of the proportion)라고도 한다.

표본비율 $\hat{p}$의 표본분포는 표본크기 n이 증가할수록 중심극한정리에 의해서 위의 기대값과 표준오차를 갖는 정규분포에 근접한다. 표본크기는 다음 조건이 만족되면 상당히 크다고 말할 수 있다.

$np \geq 5$

$n(1-p) \geq 5$

이는 표본비율의 분포가 표본크기 n뿐만 아니라 모비율 p에 의해서도 영향을 받기 때문이다.

예 7-5

많은 사람들은 아침식사의 중요성을 인정함에도 불구하고 성인들의 30%는 아침식사를 거르는 것으로 밝혀졌다. 아침식사를 거르는 사람들의 비율을 알아보기 위하여 200명의 성인을 랜덤으로 추출하였다.
① 표본비율 $\hat{p}$의 표본분포를 그림으로 나타내라.
② 표본비율이 성인들의 20%와 40% 사이에 포함될 확률을 구하라.

③ 표본비율이 모비율의 ±5% 사이에 포함될 확률을 구하라.

풀 이 ① $E(\hat{p})=p=0.3$ $n=200$ $np=200(0.3)=60$

$n(1-p)=200(0.7)=140$

$\sigma_{\hat{p}}^{2}=\dfrac{p(1-p)}{n}=\dfrac{0.3(0.7)}{200}=0.00105$

$\sigma_{\hat{p}}=\sqrt{0.00105}=0.0324$

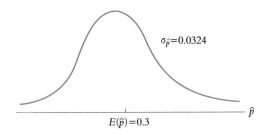

② $P(0.2 \leq \hat{p} \leq 0.4)=P\left(\dfrac{0.2-0.3}{0.0324} \leq Z \leq \dfrac{0.4-0.3}{0.0324}\right)$

$=P(-3.09 \leq Z \leq 3.09)=2(0.499)=0.998$

③ $P(0.25 \leq \hat{p} \leq 0.35)=P\left(\dfrac{0.25-0.3}{0.0324} \leq Z \leq \dfrac{0.35-0.3}{0.0324}\right)$

$=P(-1.54 \leq Z \leq 1.54)=2(0.4382)=0.8764$ ◆

7.3 표본비율과 정규분포

우리는 제6장에서 이항분포를 근사시키기 위하여 정규분포를 사용할 수 있음을 공부하였다. 이때 성공횟수 x에 대해서는 $x \pm 0.5$를 조정계수로 사용하였다.

똑같이 표본비율 $\hat{p}$을 사용할 때에도 연속성을 위한 조정계수(continuity correction factor)로서 $\pm\dfrac{1}{2n}$을 사용하여 $\hat{p} \pm \dfrac{1}{2n}$로 조정을 해야 한다.

이제 확률변수 $\hat{p}$의 확률을 구하기 위해서는 표본비율 $\hat{p}$의 값을 표준정규확률변수 Z의 값으로 전환시켜야 한다.

$Z=\dfrac{\hat{p}-p}{\sigma_{\hat{p}}}$

$=\dfrac{\left(\hat{p} \pm \dfrac{1}{2n}\right)-p}{\sigma_{\hat{p}}}$

그런데 표본크기가 100개 이상이 되는 경우에는 조정계수 $\dfrac{1}{2n}$이 0에 근접하기 때문에 이를 무시하여도 무방하다고 할 수 있다.

예 7-6

여론조사 결과 이번 대통령 선거에서 종로구 유권자의 50%가 투표에 참여하리라한다. 유권자의 100명을 랜덤으로 추출하였을 때 이 가운데 60명 이상이 투표에참여할 확률을 정규근사법에 의하여 구하라.

풀 이 $p=0.5$

$$\sigma_{\hat{p}} = \sqrt{\dfrac{p(1-p)}{n}} = \sqrt{\dfrac{0.5(0.5)}{100}} = 0.05$$

$$\hat{p} = \dfrac{60}{100} = 0.6$$

60명 이상이 참여할 확률을 구하는 문제이므로 연속성을 위해 $-\dfrac{1}{2n}$만큼조정해야 한다.

$$\hat{p} - \dfrac{1}{2n} = 0.6 - \dfrac{1}{2(100)} = 0.595$$

$$P(\hat{p} \geq 0.6) = P\left(Z \geq \dfrac{\hat{p}-p}{\sigma_{\hat{p}}}\right) = P\left(Z \geq \dfrac{0.595-0.5}{0.05}\right)$$

$$= P(Z \geq 1.9) = 0.0287 \quad \blacklozenge$$

예제와 풀이

1. 자동차 EXCEL을 전문적으로 판매하는 대리점에 다섯 명의 판매원이 근무하는데 그들이 지난주 판매한 자동차 대수는 다음과 같다.

판 매 원	자동차 대수
김	4
이	6
박	6
조	8
강	10

① 모집단분포를 구하고 그의 그래프를 그려라.

② 모평균, 모분산, 모표준편차를 구하라.

③ 두 명의 판매원을 복원하며 랜덤하게 추출할 때 평균의 표본분포를 구하고 그의 그래프를 그려라.

④ 평균의 표본분포의 기대값, 분산, 표준편차를 구하라.

⑤ 식 (7.2)가 성립하는지 밝히고, 두 분포의 모양을 비교하라.

풀 이

①

x	판매원 수	$P(x)$
4	1	$\frac{1}{5}=0.2$
6	2	$\frac{2}{5}=0.4$
8	1	$\frac{1}{5}=0.2$
10	1	$\frac{1}{5}=0.2$
합 계	5	1.0

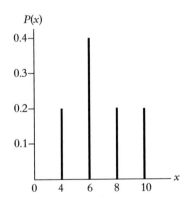

② $\mu=4(0.2)+6(0.4)+8(0.2)+10(0.2)=6.8$

$\sigma^2=(4-6.8)^2(0.2)+(6-6.8)^2(0.4)+(8-6.8)^2(0.2)+(10-6.8)^2(0.2)=4.16$

$\sigma=\sqrt{4.16}=2.04$

③

표 본	표본평균	표 본	표본평균
김, 김	4	박, 조	7
김, 이	5	박, 강	8
김, 박	5	조, 김	6
김, 조	6	조, 이	7
김, 강	7	조, 박	7
이, 김	5	조, 조	8
이, 이	6	조, 강	9
이, 박	6	강, 김	7
이, 조	7	강, 이	8
이, 강	8	강, 박	8
박, 김	5	강, 조	9
박, 이	6	강, 강	10
박, 박	6		

$\overline{x}$	$P(\overline{x})$
4	$\dfrac{1}{25}=0.04$
5	$\dfrac{4}{25}=0.16$
6	$\dfrac{6}{25}=0.24$
7	$\dfrac{6}{25}=0.24$
8	$\dfrac{5}{25}=0.20$
9	$\dfrac{2}{25}=0.08$
10	$\dfrac{1}{25}=0.04$
	1.00

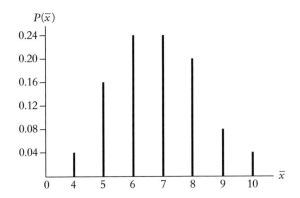

④ $\mu_{\bar{x}} = 4(0.04) + 5(0.16) + 6(0.24) + 7(0.24) + 8(0.20) + 9(0.08) + 10(0.04)$

    $= 6.8$

$\sigma_{\bar{x}}^2 = (4 - 6.8)^2(0.04) + (5 - 6.8)^2(0.16) + (6 - 6.8)^2(0.24) + (7 - 6.8)^2(0.24)$

    $+ (8 - 6.8)^2(0.20) + (9 - 6.8)^2(0.08) + (10 - 6.8)^2(0.04) = 2.08$

$\sigma_{\bar{x}} = \sqrt{2.08} = 1.442$

⑤ $\mu = \mu_{\bar{x}} = 6.8$

$\sigma_{\bar{x}}^2 = 2.08 = \dfrac{\sigma^2}{n} = \dfrac{4.16}{2} = 2.08$

모집단분포는 평균=6.8, 표준편차=2.04의 분포이지만 평균의 표본분포는 평균=6.8로서 같지만 표준편차=1.442로 변동의 폭이 좁은 종모양의 분포를 하고 있다.

2. 1,200만 가정을 가진 나라에서 한 가정의 평균 가족 수는 4명, 분산은 4명이다. 표본크기 32가정을 랜덤하게 추출하여 가족의 수를 조사하였다.

① 표본평균 $\bar{x}$가 세 명 이상일 확률을 구하라.

② 모집단 1,200만 가정에서 표본크기 $n=38$가정을 랜덤하게 추출할 때 표본평균 $\bar{x}$가 다섯 명 이하일 확률을 구하라.

풀이

① $\sigma_{\bar{x}}^2 = \dfrac{4}{32} = 0.125$

$P(\bar{x} \geq 3) = P\left(Z \geq \dfrac{3-4}{\sqrt{0.125}}\right) = P(Z \geq -2.83) = 0.9977$

② $\sigma_{\bar{x}^2} = \dfrac{4}{38} = 0.105$

$$P(\bar{x} \le 5) = P\left(Z \le \dfrac{5-4}{\sqrt{0.105}}\right) = P(Z \le 3.09)$$
$$= 0.9990$$

3. 흰 돌 20개와 검은 돌 10개가 들어 있는 바둑통에서 세 개의 돌을 꺼낼 때 흰 돌이 나타나는 비율의 표본분포를 구하라.

① 복원추출하는 경우

② 비율의 평균과 표준오차를 구하라.

풀이

①

성공횟수	확률
0	$\dfrac{1}{27} = {}_3C_0\left(\dfrac{2}{3}\right)^0\left(\dfrac{1}{3}\right)^3$
1	$\dfrac{6}{27} = {}_3C_1\left(\dfrac{2}{3}\right)^1\left(\dfrac{1}{3}\right)^2$
2	$\dfrac{12}{27} = {}_3C_2\left(\dfrac{2}{3}\right)^2\left(\dfrac{1}{3}\right)^1$
3	$\dfrac{8}{27} = {}_3C_3\left(\dfrac{2}{3}\right)^3\left(\dfrac{1}{3}\right)^0$

② $E(\hat{p}) = p = \dfrac{2}{3}$

$$\sigma_{\hat{p}} = \sqrt{\dfrac{p(1-p)}{n}} = \sqrt{\dfrac{\dfrac{2}{3}\left(\dfrac{1}{3}\right)}{3}}$$
$$= 0.2722$$

4. 5지선다형 문제 20개의 시험에서 순전히 추측으로 여덟 개 이상을 맞힐 확률은 얼마인가? 정규근사법을 사용하라.

① 성공비율 $\hat{p}$을 확률변수로 하는 경우

② 성공횟수 x를 확률변수로 하는 경우

풀이

① $p=0.2$ $\sigma_{\hat{p}}=\sqrt{\dfrac{p(1-p)}{n}}=\sqrt{\dfrac{0.2(0.8)}{20}}=0.0894$

$$P(\hat{p}\geq 0.4)=P\left(Z\geq \dfrac{\left(\hat{p}-\dfrac{1}{2n}\right)-p}{\sigma_{\hat{p}}}\right)$$

$$=P\left(Z\geq \dfrac{(0.4-0.025)-0.2}{0.0894}\right)=P(Z\geq 1.96)$$

$$=0.025$$

② $E(x)=np=20\left(\dfrac{1}{5}\right)=4$ $\sigma=\sqrt{npq}=1.79$

$$P(x\geq 8)=P\left(Z\geq \dfrac{(x-0.5)-\mu}{\sigma}\right)=P\left(Z\geq \dfrac{3.5}{1.79}\right)$$

$$=P(Z\geq 1.96)=0.025$$

5. 201A년에 우리나라에서는 신헌법에 대한 국민투표가 실시되었다. 서울시에서는 투표자의 50.5%가 신헌법을 지지하였다. 서울시에 사는 투표자 가운데 100명을 랜덤하게 추출하였다.
   ① 신헌법을 지지하는 표본비율의 평균은 얼마인가?
   ② 표본비율의 표본분포의 표준오차는 얼마인가?
   ③ 100명 가운데 55명 이상이 지지할 확률은 얼마인가?
   ④ 표본비율의 표본분포를 그림으로 나타내라.

풀이

① $E(\hat{p})=p=0.505$

② $\sigma_{\hat{p}}=\sqrt{\dfrac{p(1-p)}{n}}=\sqrt{\dfrac{0.505(0.495)}{100}}$

$$=0.05$$

③ $P(\hat{p}\geq 0.55)=P\left(Z\geq \dfrac{0.55-0.505}{0.05}\right)$

$$=P(Z\geq 0.9)=0.5-0.3159$$

$$=0.1841$$

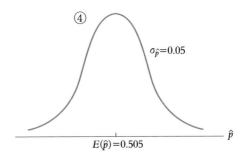

연/습/문/제

1. 전수조사와 표본조사를 비교 설명하라.

2. 표본조사를 실시하는 이유를 설명하라.

3. 표본추출방법을 비교 설명하라.

4. 표본분포를 설명하라.

5. 중심극한정리를 설명하라.

6. 다음 용어를 설명하라.
   ① 표본오차와 비표본오차   ② 단순랜덤추출
   ③ 평균의 표준오차   ④ 연속성을 위한 조정

7. Excel 대학교 통계학과 교수는 모두 다섯 명으로서 근무연수는 20, 22, 24, 26, 28년이다. 확률변수 X는 근무연수이다.
   ① 모집단분포를 구하고 그의 막대그래프를 그려라.
   ② 모평균, 모분산, 모표준편차를 구하라.
   ③ 표본크기 $n=2$로 복원추출할 때 표본평균의 표본분포를 구하고 그의 막대그래프를 그려라.
   ④ 표본분포의 기대값, 분산, 표준편차를 구하라.

8. 서울에서 가장 큰 Excel 백화점이 아침에 개장을 하면 어떤 한 시간 동안 모여드는 평균 고객 수는 500명이고 표준편차는 25명이라고 한다. 표본으로 서로 다른 49

시간을 랜덤하게 추출할 때 평균의 표준오차를 구하라.

9. 평화식품㈜는 아침식사용 시리얼을 생산한다. 시리얼 상자의 참 평균 무게는 20온스, 표준편차는 0.6온스로서 정규분포를 따른다고 한다. 확률표본으로 생각할 수 있는 시리얼 네 상자를 구입한다고 가정하자.
   ① 표본 평균 무게의 기대값과 표준오차를 구하라.
   ② 네 상자의 평균 무게가 19.5온스와 20.5온스 사이일 확률을 구하라.
   ③ 네 상자 중에서 두 상자를 랜덤으로 추출할 때 그 두 상자의 평균 무게가 19.5온스와 20.5온스 사이일 확률을 구하라.

10. 개솔린 모평균 가격은 갤런당 2,000원이고 모표준편차는 400원이다. 주유소 49군데를 랜덤으로 추출하여 갤런당 표본 평균 가격을 조사하고자 한다.
   ① 표본 평균 가격 $\bar{x}$의 표본분포는 어떤 모양인가?
   ② 표본 평균 가격 $\bar{x}$가 모평균 가격의 150원 범위 내에 포함될 확률을 구하라.

11. 종로㈜에서는 철근을 자르는데 표준길이는 100cm이다. 과거의 경험에 의하면 철근의 길이는 평균 100cm, 표준편차 0.5cm이었다. 철근의 개별 측정은 평균 주위로 정규분포를 따른다고 한다.
   ① 랜덤으로 추출한 철근의 길이가 100.2cm 이상일 확률을 구하라.
   ② 표본크기 25의 표본을 추출할 때 표본평균의 평균과 표준오차는 얼마인가?
   ③ 표본평균의 표본분포는 정규분포를 따르는가? 왜?
   ④ 표본크기 25의 표본을 한 번 추출할 때 이 표본의 평균 길이가 100.2cm 이상일 확률을 구하라.
   ⑤ ①과 ④ 문제의 차이는 무엇인가?

12. 지난 국회의원 선거에서 강 후보는 53%의 지지를 받고 당선되었다. 선거가 끝난 1년 후에 다음 선거에서도 강 후보를 지지할 것인가를 알아보기 위하여 300명의 랜덤추출을 통하여 여론조사를 하고자 한다. 그에 대한 인기가 여전하다고 할 때 표본의 51% 이상이 그를 지지할 확률은 얼마인가?

13. 서울타이어㈜의 생산공정에서는 평균 수명 $\mu = 50,000$마일, 표준편차 $\sigma = 5,000$ 마일의 타이어를 생산한다. 회사는 랜덤으로 표본 $n = 49$의 타이어를 추출하여 그들의 수명을 결정하려고 한다.

   ① 표본평균 $\bar{x}$의 표본분포를 그림으로 나타내라.

   ② 표본평균이 모평균 주위로 600마일 범위 안에 들어갈 확률을 구하라.

   ③ 표본 $n = 100$일 때 위 ②의 문제를 풀어라.

14. 평화전자㈜는 최근 경영학을 전공한 졸업생들의 취직을 위해 100명으로부터 신청서를 접수하였다. 최근 경영학을 전공하는 학생들의 30%는 여학생이라고 한 100명의 지원자가 모든 경영학 전공 졸업생들로부터 추출한 확률표본이라고 할 때 여학생 비율이 35% 이상일 확률을 구하라.

15. 크기 n의 확률표본을 다음과 같은 모비율 p를 갖는 이항모집단으로부터 추출하였다. 표본비율 $\hat{p}$의 표본분포의 평균과 표준오차를 구하라.

   ① $n = 100$, $p = 0.3$ ② $n = 250$, $p = 0.6$

16. $p = 0.8$, $n = 400$일 때 다음의 확률을 구하라.

   ① $\hat{p} > 0.83$ ② $0.76 \leq \hat{p} \leq 0.84$

17. 평균 50, 표준편차 5인 정규분포를 따르는 유한모집단크기 400으로부터 49개의 표본을 복원추출할 때 표본평균이 48 이상일 확률을 구하라.

18. 종로식품㈜는 하루에 10,000봉지의 라면을 생산한다. 각 봉지는 평균 400g을 함유하지만 표준편차는 2g이라고 쓰여 있다.

   ① 36봉지를 랜덤으로 5,000봉지 속에서 비복원추출할 때 평균의 표준오차는?

   ② 표본평균 $\bar{x}$가 399g 미만일 가능성은 얼마인가?

   ③ 개별 봉지의 몇 %가 398g 미만의 설탕을 함유하는가?

   ④ 표본크기 36봉지라고 할 때 표본평균 $\bar{x}$의 95%를 포함할 구간(모평균을 중심으로 양쪽의)을 구하라.

19. 빨간 공 네 개와 흰 공 여섯 개가 들어 있는 상자에서 다섯 개의 표본을 복원추출
할 때
① 빨간 공이 나타나는 비율의 표본분포를 구하라.
② 비율의 표본분포의 기대값과 분산을 구하라.

20. 부산에서 제주도로 운항하는 페리호의 승선 인원은 25명이다. 각 승객의 체중은 평
균 168파운드이고 표준편차는 19파운드이다. 안전규칙상 총무게가 4,250파운드
이상이 될 확률은 5%로 제한되어 있다.
① 승객의 총무게가 4,250파운드를 넘을 확률을 구하라.
② 승객의 총무게의 분포의 95번째 백분위수를 구하라.

21. 20개의 4지선다형 문항에서 순전히 추측으로 여덟 개 이상을 맞힐 확률은 얼마인
가? 정규근사법을 사용하라.
① 성공비율 $\hat{p}$를 확률변수로 하는 경우
② 성공횟수 x를 확률변수로 하는 경우

22. 성동제과(주)에서 생산하는 과자 봉지들의 무게는 평균 32온스, 표준편차 0.3온스
로 정규분포를 따른다고 한다. 랜덤으로 20봉지를 추출할 때 평균 무게가 31.8온
스에서 32.1온스 사이에 있을 확률을 구하라.

제 8 장

통계적 추정: 한 모집단

우리는 제7장에서 표본추출과 평균 및 비율의 표본분포에 관해서 공부하였다. 모집단의 평균, 분산, 분포의 형태에 관한 정보를 미리 알고 있다든지 또는 중심극한정리에 의해서 표본평균이 모평균의 어떤 범위 속에 있을 확률을 계산하였다. 이는 연역적 추리 (deductive reasoning)라고 한다.

그러나 대부분의 비즈니스 상황에서는 모집단에 관한 정보를 알 수 없기 때문에 표본추출을 통한 표본통계량에 입각하여, 즉 표본평균의 확률분포가 정규분포를 따른다는 사실을 이용하여 모집단의 평균, 분산, 비율 등을 통계적으로 추정하게 된다. 이는 통계적 추정으로서 귀납적 추리(inductive reasoning)라고도 한다.

이와 같이 표본분포이론과 통계적 추정은 서로 반대되는 과정을 밟는다고 할 수 있지만 표본분포이론은 본장에서 공부하려고 하는 통계적 추정의 기초라고 할 수 있다. 통계적 추정은 다음 장에서 공부할 모수에 관한 가설검정과 함께 추리통계학의 핵심이라고 할 수 있다.

본장에서는 점추정과 함께 신뢰구간 추정의 의미, 모평균·모비율·모분산의 신뢰구간, 표본크기의 결정 등에 관해서 공부할 것이다.

1 점추정과 신뢰구간 추정

모수를 전혀 모르는 모집단에서 모집단을 대표할 수 있는 표본을 추출하여 구하는 표본통계량에 입각하여 모수의 값을 추측하는 과정을 통계적 추정이라고 함은 이미 공부한 바와 같다.

추정과 관련해서 알아야 할 개념은 추정량과 추정치이다. 추정량(estimator)이란 표본정보에 의존하는 확률변수로서 모수를 추정하는 데 사용되는 표본통계량을 말하고 추정치(estimate)란 표본이 추출된 후 표본자료를 이용하여 계산한 통계량의 특정한 값(수치)을 말한다.

추정량과 추정치의 관계는 확률변수 X와 그가 취할 수 있는 실수값 x와의 관계와 아주 비슷하다.

표본평균이 모평균의 추정량이고 표본분산은 모분산의, 표본비율은 모비율의 추정량이다. 표본평균, 표본분산, 표본비율이 모수의 추정량으로 사용되는 이유는 다음 절에서 공부할 것이다.

모르는 모수를 추정할 때 점추정(point estimation)과 신뢰구간 추정 (confidence interval estimation)의 방법을 사용할 수 있다. 점추정이란 표본을 추출하고 필요한 계산을 하여 얻는 하나의 수치인 점추정치(point estimate)를 사용하여 모수를 추정하는 방법이다. 예를 들면 Excel 대학교 1학년 입학생 중 랜덤으로 추출한 100명 학생의 평균 수능점수가 520점이라고 할 때 전체 입학생의 평균 수능점수는 520점이라고 추정하는 경우이다.

표본평균은 확률변수로서 표본에 포함되는 요소에 의존하기 때문에 표본마다 그의 값이 다르게 되어 모평균과 같지 않을 가능성이 매우 높다. 이러한 변동은 표본오차(sampling error) 때문에 발생하는데 모수를 추정할 때는 이를 고려해야 함에도 점추정의 경우 오차에 대한 정보가 전혀 고려되지 않는다. 이러한 문제점으로 인하여 표본평균으로 모평균을 점추정하는 것은 전혀 신뢰성이 없다.

따라서 어느 정도 오차를 포함하는 신뢰구간 추정 방법이 일반적으로 널리 사용된다. 신뢰구간 추정이란 모수의 참값이 포함되리라고 기대하는 추정치를 일정한 범위로 신뢰도를 가지고 나타내는 방법을 말한다. 즉 신뢰구간 추정이란 표본통계량을 기초로 모집단의 모수가 포함되리라고 믿는 구간을 일정한 신뢰도를 가지고 추정하는 것이다. 예를 들어 대통령 선거에서 강 후보의 표본 지지율이 52%이고 95% 신뢰수준에서 오차범위는 ±3%라고 말할 때 이는 강 후보의 진정한 지지율이 신뢰수준 95%에서 49%에서 55% 사이일 것이라고 말할 수 있다.

2 │ 추정량

예를 들어 모평균을 추정하기 위해 사용할 수 있는 표본통계량으로는 산술평균, 중앙치, 최빈치 등이 있다. 그러나 점추정을 할 때 모수를 가능한 한

정확하게 추정하기 위해서는 가장 좋은 추정량이 될 수 있는 표본통계량을 찾아야 한다. 모수의 가장 좋은 추정량이 되기 위해서는 다음과 같은 기준을 만족시켜야 한다.

- 불편성
- 효율성
- 일치성
- 충족성

2.1 불편성

가장 좋은 추정량이 갖추어야 할 제1의 조건은 불편성(unbiasedness)이다. 점추정량을 $\hat{\theta}$, 추정할 모수를 θ라고 할 때 모수 θ의 불편추정량(unbiased estimator)이란 점추정량 $\hat{\theta}$의 표본분포의 기대값이 모수 θ와 같을 때 점추정량 $\hat{\theta}$을 말한다. 즉 추정량의 기대값이 모수와 일치하면 불편성이 있다고 하고 이때의 추정량을 불편추정량이라고 한다.

$$E(\hat{\theta}) = \theta$$

점추정량 $\hat{\theta}$은 표본마다 다른 값을 갖는 확률변수로서 모수를 과소예측하기도 하고 과다예측하기도 한다. 그래서 가능한 모든 표본을 추출할 때 불편추정량으로부터 얻는 $\hat{\theta}$값의 평균이 모수 θ와 같게 된다.

그림 8-1 불편성

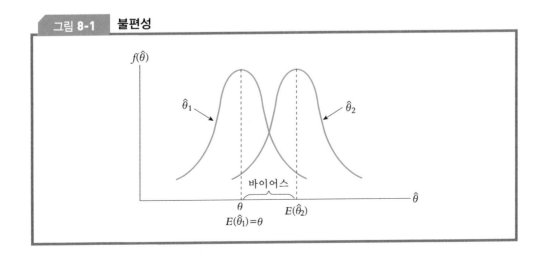

만일 추정량의 표본분포의 기대값이 모수의 참값과 차이가 나면 이는 편의 또는 바이어스(bias)라고 한다. 따라서 이러한 편의가 클수록 그 추정치는 신뢰할 수 없는 것이 된다. [그림 8-1]은 불편추정량 $\hat{\theta}_1$과 편의추정량 $\hat{\theta}_2$의 표본분포를 보여 주고 있다.

우리는 이미 다음과 같은 관계가 성립함을 알고 있다.

$$E(\bar{x})=\mu, \ E(s^2)=\sigma^2, \ E(\hat{p})=p$$

따라서 표본평균은 모평균의, 표본분산은 모분산의, 표본비율은 모비율의 불편추정량이라고 할 수 있다.

2.2 효율성

불편추정량이면서 동시에 효율추정량이라야 좋은 추정량이라고 할 수 있다. 효율추정량(efficient estimator)이란 불편추정량 중에서 그의 분산이 작은 추정량을 말한다.

$$\mathrm{Var}(\hat{\boldsymbol{\theta}}_1)<\mathrm{Var}(\hat{\boldsymbol{\theta}}_2)$$

좋은 추정량이 되기 위해서는 추정량 $\hat{\boldsymbol{\theta}}$의 기대값이 모수의 값과 같을 뿐만 아니라 추정량의 분산이 작아야 한다.

[그림 8-2]는 효율추정량 $\hat{\theta}_1$과 비효율추정량 $\hat{\theta}_2$을 보여 주고 있다.

그림 8-2 효율성

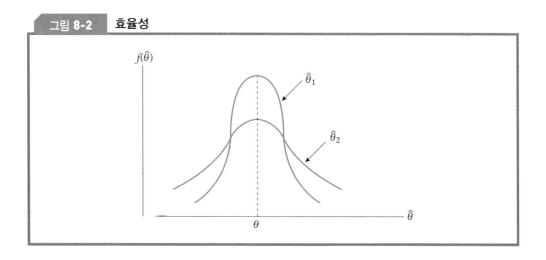

2.3   일치성

좋은 추정량이 갖추어야 할 또 다른 특성은 일치성이다. 일치추정량 (consistent estimator)이란 표본크기가 증가할수록 추정량 $\hat{\theta}$이 모수 θ에 더욱 근접하는 추정량을 말한다.

[그림 8-3]은 표본크기가 증가할수록 추정량이 모수에 근접하는 일치성을 보여 주고 있다.

그림 8-3   일치성

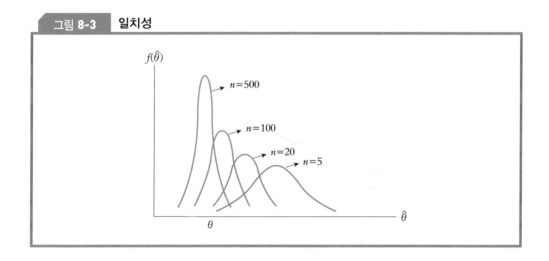

2.4   충족성

모수 θ의 좋은 추정량이 되기 위해서 갖추어야 할 또 다른 조건은 충족성이다. 충족추정량(sufficient estimator)이란 모수 θ를 추정하기 위하여 추출하는 동일한 크기의 표본으로부터 가장 많은 정보를 제공하는 추정량을 말한다.

좋은 추정량으로 불편성, 효율성, 일치성, 충족성 등의 조건을 모두 만족시키는 추정량은 [표 8-1]에서 보는 바와 같다. 그러나 표본표준편차 s는 모표준편차 σ의 불편추정량은 아닌데 표본표준편차의 표본분포의 평균은 모표준편차와 같지 않기 때문이다. 그러나 편의추정량 s도 표본크기가 커질수록 모표준편차 σ에 급속도로 근접하기 때문에 추정량으로 사용하게 된다.

■ 표 8-1 │ 모수의 추정량

모 수	추 정 량
평　　균(μ)	표본평균$(\bar{x})$
분　　산(σ^2)	표본분산(s^2)
표준편차(σ)	표본표준편차(s)
비　　율(p)	표본비율$(\hat{p})$

3 신뢰구간 추정

3.1 신뢰구간 추정의 성격

앞절에서 공부한 바와 같이 불편추정량은 평균적으로는 모수와 똑같은 값을 취한다. 그러나 표본을 반복적으로 추출하는 것이 아니고 한 번만 추출하기 때문에 점추정치는 모수의 참값과 표본오차 때문에 차이가 있게 된다. 또한 점추정은 추정의 불확실 정도를 표현하지 못하는 단점도 갖는다.

이러한 점추정치의 한계를 극복하기 위하여 신뢰구간 추정치(interval estimate)를 사용한다. 신뢰구간 추정은 모수가 포함되리라고 보는 범위(구간)를 원하는 만큼의 정확도를 가지고 제시함으로써 추정치에 대한 불확실성을 표현한다.

신뢰구간 추정치: 하한 ≤ 점추정치 ≤ 상한

점추정치를 중심으로 특정 확률로 모수가 포함될 것이라고 기대하는 하한부터 상한까지의 구간(범위)을 신뢰구간(confidence interval)이라고 하는데 하한을 신뢰하한, 상한을 신뢰상한이라고 부른다. 이때 하한과 상한을 포함하여 신뢰한계(confidence limits)라고 한다.

모집단으로부터 크기 n의 표본을 반복하여 추출하면 각 표본으로부터 얻는 평균과 분산을 이용하여 고유한 신뢰구간을 수없이 설정할 수 있다. 이때 어떤 신뢰구간은 모수를 포함할 수 있고 어떤 신뢰구간은 이를 포함할 수 없다. 그런데 실제로는 하나의 표본추출에 의해 하나의 신뢰구간을 설정하기 때문에 모수가 이 구간 속에 포함이 될지 전혀 알 수가 없다.

여기서 신뢰수준의 개념이 필요하다. 모수의 참값이 신뢰한계 안에 포함될 확률을 신뢰수준(level of confidence) 또는 신뢰도(degree of confidence)라고 한다. 신뢰수준은 이와 같이 구간으로 추정된 추정치가 실제로 모집단의 모수를 포함하고 있을 가능성을 말한다. 신뢰구간은 신뢰수준에 비례하여 그의 크기가 변한다. 즉 표본크기 n이 일정한 경우 신뢰수준이 높아지면 신뢰구간은 넓어지고 신뢰수준이 낮아지면 신뢰구간은 좁아진다.

예컨대 모수 μ에 대한 95% 신뢰구간이란 모수 μ가 이 구간 속에 들어갈 확률이 95%라는 것을 뜻하는 것이 아니고 표본크기 n을 반복하여 추출하여 계산한 표본평균과 분산에 입각하여 구한 수많은 신뢰구간 가운데, 예컨대 100개의 신뢰구간 중에서 평균적으로 95개(95%)는 모수 μ를 포함하고 5개(5%) 정도는 포함하지 않을 것이라는 것을 의미한다. 따라서 실제로는 어떤 구간이 모수 μ를 포함할지, 어떤 구간이 이를 포함하지 않을지 전혀 알 길이 없다.

실제로 우리는 수많은 표본 중에서 하나의 표본을 추출하여 하나의 신뢰구간을 설정하게 되는데 이 구간이 모수 μ를 포함할지는 전혀 모른다. 따라서 우리는 이를 포함할 것으로 95% 신뢰한다고 말할 수 있을 뿐이다. 즉 95% 신뢰구간이란 95%의 신뢰도를 갖고 추정된 구간을 말한다.

3.2 오차율

신뢰수준은 신뢰구간이 모수를 포함할 확률을 말하고 오차율(probability of error) α는 신뢰구간이 모수를 포함하지 않을 확률, 즉 허용오차수준을 말한다. 즉 오차율이란 설정된 신뢰구간이 모수의 참값을 포함하지 못할 구간추정의 부정확도 내지 실수할 확률을 말한다. 따라서 신뢰수준=$(1-\alpha)$가 되고 $\alpha=1-$신뢰수준이 된다. 신뢰수준은 $100(1-\alpha)$%로 표현한다. 따라서 만일 $\alpha=$ 0.05이면 이는 95% 신뢰수준을 의미한다.

오차율 α의 값과 신뢰수준 및 신뢰구간 사이에는 밀접한 관계가 있다. α의 값이 작을수록 신뢰수준은 높게 되고 따라서 신뢰구간의 범위(폭)는 넓어진다. α의 값은 보통 0.1(90% 신뢰구간), 0.05(95% 신뢰구간), 0.02(98% 신뢰구간), 0.01(99% 신뢰구간)을 갖는다.

3.3 신뢰구간 설정

신뢰구간의 범위를 설정할 때 결국 오차한계를 얼마로 정할 것인가가 중요한 문제이다. 오차한계(margin of error)란 표본오차로서 표본평균이 모평균으로부터 얼마나 떨어져 있는가의 범위를 말한다. 신뢰구간의 범위가 넓으면 모수가 포함될 확률은 높게 된다. 그러나 정보로서의 가치는 없게 된다. 따라서 신뢰수준을 낮게 하더라도 오차한계를 좁혀 신뢰구간을 짧게 해야 한다. 신뢰구간 추정의 목적은 신뢰수준은 높게 하고 신뢰구간의 범위는 짧게 하려는 것이다. 이러한 목적을 달성하기 위한 표본크기의 결정은 뒤에서 공부할 것이다.

$$\text{신뢰구간 추정치의 한계} = \text{점추정치} \pm \text{오차한계}$$
$$= \text{점추정치} \pm Z(\text{추정량의 표준오차}) \qquad (8.1)$$

신뢰구간을 설정할 때 오차한계는 추정량의 표본분포의 표준오차를 이용하여 구한다. 추정량의 표준오차(standard of error of estimator)란 표본평균 또는 표본비율 같은 추정량의 표준편차를 의미한다.

모평균 μ를 추정하는 경우에 일반식 (8.1)은 다음과 같이 표현할 수 있다.

$$\text{모평균 } \mu \text{의 신뢰구간의 한계} = \bar{x} \pm Z\sigma_{\bar{x}} \qquad (8.2)$$

신뢰구간의 범위를 설정할 때 모수가 신뢰구간의 상한과 하한을 벗어남에 따른 실수를 저지를 확률을 결정해야 한다. 일반적으로 $\frac{\alpha}{2}$씩으로 한다. 예를 들면 $\alpha = 0.05$라고 하면 모수가 상한을 벗어날 확률은 $\frac{\alpha}{2} = 0.025$이고 하한을 벗어날 확률 또한 $\frac{\alpha}{2} = 0.025$이다.

따라서 일반식 (8.2)는 다음과 같이 표현할 수 있다.

$$\text{모평균 } \mu \text{의 신뢰구간의 한계} = \bar{x} \pm (Z_{\frac{\alpha}{2}}\sigma_{\bar{x}}) \qquad (8.3)$$

모평균 μ의 구간추정치는 표본평균 $\bar{x}$의 표본분포로부터 구할 수 있다. [그림 8-4]와 같은 평균의 표본분포에서 양쪽 꼬리부분 $\frac{\alpha}{2} = 0.025$에 해당하는 표준화된 $\pm Z_{\frac{\alpha}{2}}$ 값은 $\pm Z_{0.025} = \pm 1.96$이다.

신뢰구간을 설정할 때 필요한 $Z_{\frac{\alpha}{2}}$ 값은 오차율 α 또는 신뢰수준 $(1-\alpha)$에

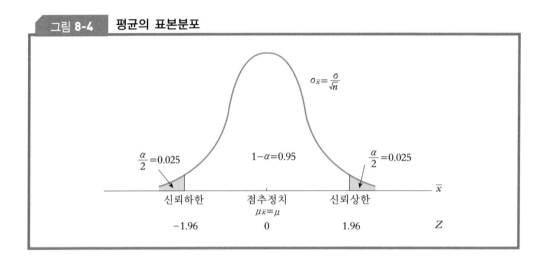

그림 8-4 │ 평균의 표본분포

따라서 결정되는데 이는 표준정규분포표에서 찾는다. 자주 사용되는 신뢰도와 $Z_{\frac{\alpha}{2}}$값은 [표 8-2]와 같다.

■ 표 8-2 | 신뢰수준에 따른 $Z_{\frac{\alpha}{2}}$ 값

$1-\alpha$	α	$\frac{\alpha}{2}$	$Z_{\frac{\alpha}{2}}$	오차한계
0.90	0.10	0.05	1.645	$1.645\sigma_{\bar{x}}$
0.95	0.05	0.025	1.96	$1.96\sigma_{\bar{x}}$
0.98	0.02	0.01	2.33	$2.33\sigma_{\bar{x}}$
0.99	0.01	0.005	2.576	$2.576\sigma_{\bar{x}}$

4 모평균의 신뢰구간 추정

모평균을 추론하는 경우에는 한 모집단과 두 모집단의 경우로 나누어서 설명할 수 있는데 후자에 대해서는 제10장에서 공부할 것이다.

표본평균 $\bar{x}$를 이용하여 모평균 μ의 신뢰구간을 설정하기 위해서는

• 모표준편차 σ를 알고 있는지의 여부

- 표본크기
- 정규모집단의 여부

등으로 나누어서 설명할 필요가 있다.

□ 모표준편차 σ를 아는 경우

미지의 모평균 μ를 추정하려는 상태에서 그의 표준편차 σ를 안다는 것은 비현실적이지만 과거의 경험에 의하여 알고 있다고 가정하자.

확률변수 $X \sim N(\mu, \sigma^2)$인 정규모집단에서 모평균 μ를 추정하는 데 사용되는 통계량은 표본평균 $\bar{x}$이다. 표본평균 $\bar{x}$의 표본분포는 $\bar{x} \sim N\left(\mu, \dfrac{\sigma^2}{n}\right)$인 정규분포를 따른다. 또한 표본통계량 $\dfrac{(\bar{x} - \mu)}{(\sigma/\sqrt{n})} \sim N(0, 1)$인 표준정규분포를 따른다. 이 표본통계량을 Z통계량(Z statistic)이라고 한다.

우리는 앞절에서 신뢰구간을 설정할 때 모수가 신뢰구간의 상한과 하한을 벗어날 확률이 $\dfrac{\alpha}{2}$라고 공부하였다. 즉 정규분포의 각 꼬리부분에서 $\dfrac{\alpha}{2}$씩을 잘라내는 표준화된 Z값을 찾아야 한다는 것이다. 즉

$$P(Z \geq Z_{\frac{\alpha}{2}}) = \frac{\alpha}{2}$$

$$P(Z \leq -Z_{\frac{\alpha}{2}}) = \frac{\alpha}{2}$$

가 되도록 $Z_{\frac{\alpha}{2}}$와 $-Z_{\frac{\alpha}{2}}$를 찾아야 한다. 이는 [그림 8-5]가 보여 주고 있다.

그림 8-5 $Z_{\frac{\alpha}{2}}$와 $-Z_{\frac{\alpha}{2}}$

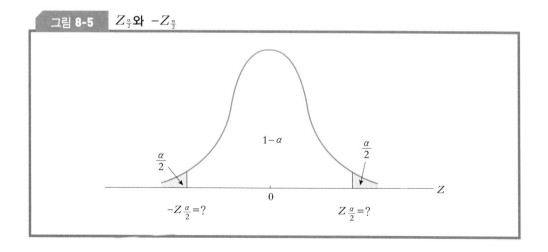

따라서 Z값에 대한 신뢰구간을 일반식으로 나타내면 다음과 같다.

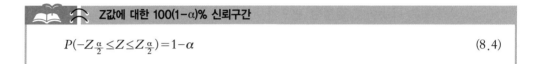

$$P(-Z_{\frac{\alpha}{2}} \leq Z \leq Z_{\frac{\alpha}{2}}) = 1 - \alpha \qquad (8.4)$$

위 식 (8.4)에 $Z = \dfrac{(\bar{x} - \mu)}{(\sigma/\sqrt{n})}$ 를 대입하면 다음 식과 같다.

$$P\left(-Z_{\frac{\alpha}{2}} \leq \frac{(\bar{x} - \mu)}{(\sigma/\sqrt{n})} \leq Z_{\frac{\alpha}{2}}\right) = 1 - \alpha$$

위 식에서 μ에 대해 정리하면 μ에 대한 신뢰구간을 구하는 식 (8.5)를 얻는다.

모평균 μ에 대한 100(1-α)% 신뢰구간(Z분포 이용)

$$P\left(\bar{x} - Z_{\frac{\alpha}{2}} \frac{\sigma}{\sqrt{n}} \leq \mu \leq \bar{x} + Z_{\frac{\alpha}{2}} \frac{\sigma}{\sqrt{n}}\right) = 1 - \alpha \qquad (8.5)$$

식 (8.5)는 모집단이 알고 있는 표준편차로 정규분포를 따르는 경우에 표본크기와 상관없이 모평균 μ를 추정하는 데 이용된다.

신뢰구간의 범위를 설정할 때 신뢰도에 해당하는 $Z_{\frac{\alpha}{2}}$에 표준오차 $\dfrac{\sigma}{\sqrt{n}}$를 곱하여 구하는 오차한계 $Z_{\frac{\alpha}{2}} \dfrac{\sigma}{\sqrt{n}}$로부터 모평균 μ의 신뢰구간에 영향을 미치는 요소는 모표준편차 σ, 신뢰수준 $(1-\alpha)$, 표본크기 n의 세 가지임을 알 수 있다. σ와 n이 일정할 때 신뢰구간의 범위는 $Z_{\frac{\alpha}{2}}$를 결정하는 신뢰수준 $(1-\alpha)$에 의해 영향을 받는다. 즉 신뢰수준이 높을수록 신뢰구간의 범위는 넓어져 모평균을 포함할 가능성은 높아지지만 정보로서의 가치는 그만큼 줄어들게 된다. 따라서 신뢰구간을 좁히기 위해서는 모표준편차 σ를 줄이든지, 신뢰수준($1-\alpha$)를 낮추든지, 표본크기 n을 증가시켜야 한다. 그런데 모표준편차에 대해서는 어떻게 할 길이 없고 신뢰수준을 95%로 일정하게 유지한다면 신뢰구간의 폭을 좁히기 위해서는 표본크기를 증가시키는 길밖에는 없다. 그러나 표본크기의 증가는 비용의 증가를 수반한다는 사실을 김안해야 한다.

예 8-1

Word 대학교에 근무하는 교수들이 집으로부터 학교까지 출근하는 데 소요되는 시간(분)은 표준편차 20분인 정규분포를 따른다고 한다. 전체 교수의 평균 소요시간을 추정하기 위하여 16명의 교수를 랜덤으로 추출하여 시간을 측정한 결과 다음과 같은 자료를 얻었다.

| 16 | 25 | 30 | 45 | 37 | 50 | 40 | 55 |
| 65 | 57 | 80 | 53 | 40 | 20 | 48 | 63 |

① 전체 교수의 모평균 소요시간 μ에 대한 95% 신뢰구간을 설정하라.
② 위에서 구한 95% 신뢰구간을 그림으로 나타내라.

풀이

① $n=16 \qquad \sigma=20 \qquad \sigma_{\bar{x}} = \dfrac{\sigma}{\sqrt{n}} = \dfrac{20}{\sqrt{16}} = 5$

$$\bar{x} = \frac{16+25+\cdots+63}{16} = 45.25$$

$$\bar{x} - Z_{0.025}\,\sigma_{\bar{x}} \leq \mu \leq \bar{x} + Z_{0.025}\,\sigma_{\bar{x}}$$

$$45.25 - 1.96(5) \leq \mu \leq 45.25 + 1.96(5)$$

$$35.45 \leq \mu \leq 55.05$$

②

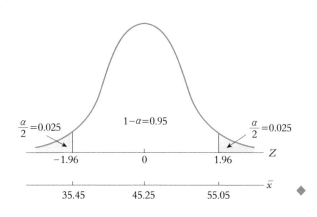

□ **모표준편차 σ를 모르는 경우(소표본)**

모표준편차를 사전에 알고 있다는 것은 비현실적인 가정이다. 이 경우에는 표본크기 $n \geq 30$이냐 또는 $n < 30$이냐에 따라 사용하는 통계량이 다르다.

우선 무표본편치 σ를 모르시만 표본크기 $n \geq 30$이면 표본에서 구한 표본표준편차 s를 σ 대신 사용하여 Z통계량에 의해 모평균 μ에 대한 신뢰구간을 구할 수 있다.

$$P\left(\bar{x} - Z_{\frac{\alpha}{2}}\frac{s}{\sqrt{n}} \le \mu \le \bar{x} + Z_{\frac{\alpha}{2}}\frac{s}{\sqrt{n}}\right) = 1 - \alpha$$

 예 8-2

어느 암연구소에서 담배 골초들이 일주일에 담배에 소비하는 평균 금액이 얼마나 되는지 알기 위해서 골초 36명을 대상으로 조사한 결과 다음과 같은 결과를 얻었다.

7,000	7,200	7,250	7,300	7,350	7,350	7,400	7,500	7,650	7,700	7,800	7,850
7,900	7,990	8,100	8,200	8,250	8,300	8,400	8,500	8,550	8,600	8,600	8,700
9,000	9,100	9,250	9,300	9,350	9,400	9,500	9,700	9,850	9,950	10,000	10,500

① 모평균 μ의 점추정치는 얼마인가? (컴퓨터 사용 결과 $\bar{x} = 8,454$)
② 모평균 μ에 대한 95% 신뢰구간을 구하라.
  (컴퓨터 사용 결과 $s = 941.14$)

풀이 ① 8,454

② $\bar{x} - Z_{\frac{\alpha}{2}}\frac{s}{\sqrt{n}} \le \mu \le \bar{x} + Z_{\frac{\alpha}{2}}\frac{s}{\sqrt{n}}$

$8,454 - 1.96\left(\frac{941.14}{\sqrt{36}}\right) \le \mu \le 8,454 + 1.96\left(\frac{941.14}{\sqrt{36}}\right)$

$8,146.5 \le \mu \le 8,761.3$ ◆

다음에는 모집단이 정규분포를 따르지만 모표준편차 σ를 모르는 경우에는 t통계량을 이용하는 것이 일반적인 원칙이다. [그림 8-6]은 언제 Z분포를 사용하고 언제 t분포를 사용할 것인가의 의사결정과정을 요약하고 있다.

모집단이 정규분포를 따르지만 그의 표준편차 σ를 알 수 없을 뿐만 아니라 표본크기가 $n < 30$인 경우에는 신뢰구간을 설정할 때 평균의 표준오차인 $\frac{\sigma}{\sqrt{n}}$를 사용할 수 없다.

이 경우에는 모표준편차 σ 대신에 그의 불편추정량인 표본표준편차 $s = \sqrt{\frac{\sum(x_j - \bar{x})^2}{n-1}}$을 사용하여 평균의 추정표준오차(estimated standard error of the mean)인 $s_{\bar{x}} = \frac{s}{\sqrt{n}}$로 계산하여야 한다.

그런데 표본통계량 $\dfrac{\bar{x} - \mu_{\bar{x}}}{s/\sqrt{n}}$ 은 정규분포를 따르지 않고 자유도 $(n-1)$의 t 분포를 따른다. 이 표본통계량은 t통계량(t statistic)이라고 부른다.

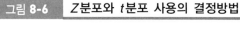

그림 8-6 Z분포와 t분포 사용의 결정방법

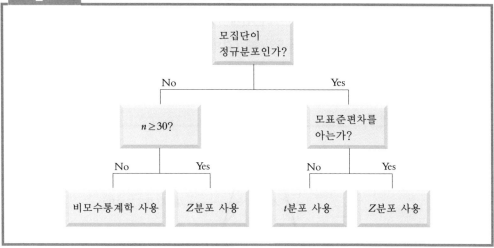

5 | t분포

모집단이 정규분포를 따르지만 평균과 표준편차를 모르고 표본크기가 작은 경우에 모평균 μ에 대한 신뢰구간의 설정은 t통계량을 이용해야 한다.

📖 t통계량

평균 μ인 정규모집단으로부터 크기 n의 표본을 랜덤하게 추출했을 때 표본평균이 $\bar{x}$이고 표본표준편차가 s일 때 표본통계량 t는

$$t_{n-1} = \dfrac{\bar{x} - \mu_{\bar{x}}}{s/\sqrt{n}} \tag{8.6}$$

으로 자유도 $(n-1)$인 t분포를 따른다.

□ *t*분포의 특성

　　*t*분포(*t* distribution)는 [그림 8-7]에서 보는 바와 같이 표준정규분포와 유사하여 평균 0을 중심으로 좌우대칭이며 종모양을 나타낸다. 그러나 *t*분포는 표준정규분포보다 큰 분산을 갖기 때문에 평평한 구릉모양을 나타낸다. 그 이유는 모표준편차 σ 대신에 표본표준편차 s를 사용하기 때문이다. [그림 8-8]은 신뢰수준 95%, 표본크기 $n=5$일 때 *t*값이 *Z*값보다 크기 때문에 *t*분포가 *Z*분포보다 넓게 퍼져 있음을 보여 주고 있다.

그림 8-7　*t*분포

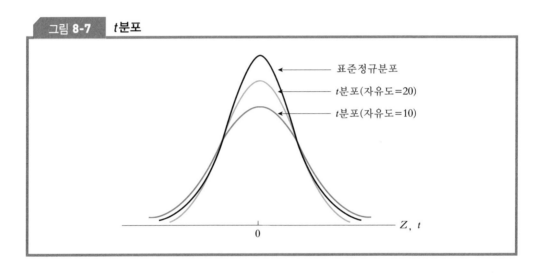

그림 8-8　*Z*분포와 *t*분포의 비교

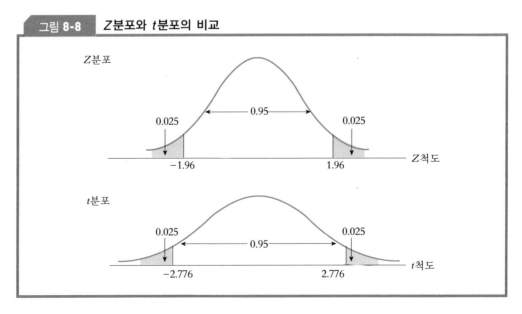

이와 같이 t통계량을 사용하여 신뢰구간을 설정하게 되면 Z통계량을 사용할 때보다 동일한 신뢰수준에서 그의 신뢰구간 범위가 넓어지는데 이것은 모표준편차 σ 대신 표본표준편차 s를 사용하는 데서 오는 추정상의 오류를 보상해 주기 위함이다.

t분포는 단일분포가 아니고 자유도(degree of freedom: df) $(n-1)$에 따라 분포의 모양이 다른 여러 가지 가족분포를 갖는다.[1]

자유도가 증가함에 따라 t분포의 모양은 Z분포에 근접하는데 이것은 표본표준편차 s가 모표준편차 σ의 좋은 추정치를 제공하기 때문이다. 표본크기가 30 이상이 되면 s가 σ를 정확하게 추정함으로써 신뢰구간을 설정함에 있어서 t분포와 Z분포 사이에 큰 차이가 없게 된다.

□ t분포표의 이용

t분포에서 t의 값은 신뢰수준과 관련 있는 오차율 α와 자유도 $(n-1)$에 따라서 결정된다. t값은 [표 8-3] 또는 부표 E와 같은 t분포표를 사용하여 구한다. 이 표는 표의 왼쪽에 표시한 자유도에 따라 확률 $P(t>t_\alpha)=\int_{t_\alpha}^{+\infty} f(t)dt=\alpha$를 만족시키는 t_α를 미리 계산하여 놓은 것이다. 즉 이 표는 특정한 t_α값 오른쪽에 해당하는 t분포 밑의 면적을 나타내고 있다. 예를 들어 자유도가 4이고 오른쪽 꼬리면적이 0.025일 때 t값은 $t_{n-1,\alpha}=t_{3,0.025}=2.776$이다. 즉 $P(t>2.776)=0.025$이다.

 예 8-3

t분포표에서 다음과 같이 오른쪽 꼬리면적 α와 df가 주어졌을 때 t값을 구하라.
① $\alpha=0.05$, $df=20$ ② $\alpha=0.10$, $df=15$
③ $\alpha=0.005$, $df=11$ ④ $\alpha=0.01$, $df=25$

풀 이 ① $t=1.725$ ② $t=1.341$
③ $t=3.106$ ④ $t=2.485$ ◆

---

[1] 자유도에 관해서는 제3장 기술통계학 Ⅱ에서 표본분산을 공부할 때 설명한 바 있다.

t분포의 대칭성으로 왼쪽 꼬리면적이 0.025일 때 t값은 -2.776이다. 따라서 $P(t>2.776)=P(t<-2.776)=0.025$이다. 그러므로 $P(-2.776 \le t \le 2.776)=0.95$가 성립한다.

이를 일반식으로 바꾸면 다음과 같다.

$$P\left(-t_{\frac{\alpha}{2}} \le t \le t_{\frac{\alpha}{2}}\right) = 1-\alpha \tag{8.7}$$

$\pm t_{\frac{\alpha}{2}}$는 자유도 $(n-1)$인 t분포에서 분포 양끝에 $\frac{\alpha}{2}$의 확률을 갖는 t값을 의미한다.

식 (8.7)을 그림으로 나타내면 [그림 8-9]와 같다.

그림 8-9 $P\left(-t_{\frac{\alpha}{2}} \le t \le t_{\frac{\alpha}{2}}\right)=1-\alpha$의 표시

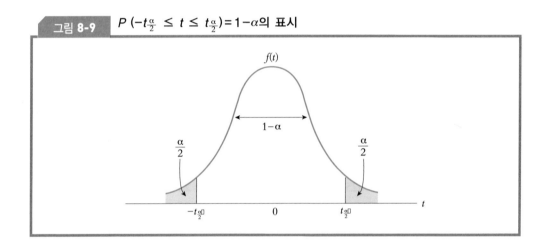

 예 8-4

다음 문제에서 α값을 구하라.
  ① $t=2.201$, $df=11$, 단측   ② $t=3.396$, $df=29$, 단측
  ③ $t=1.746$, $df=16$, 양측   ④ $t=4.781$, $df=9$, 양측

풀 이   ① $\alpha=0.025$ ② $\alpha=0.001$
      ③ $\alpha=0.05+0.05=0.1$ ④ $\alpha=0.0005+0.0005=0.001$ ◆

표 8-3 | t 분포표

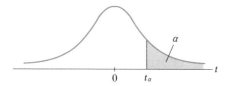

자유도	오른쪽 꼬리면적 α							
	.1	.05	.025	.01	.005	.0025	.001	.0005
1	3.078	6.314	12.706	31.821	63.657	127.32	318.31	636.62
2	1.886	2.920	4.303	6.965	9.925	14.089	22.327	31.598
3	1.638	2.353	3.182	4.541	5.841	7.453	10.214	12.924
4	1.533	2.132	2.776	3.747	4.604	5.598	7.173	8.610
5	1.476	2.015	2.571	3.365	4.032	4.773	5.893	6.869
6	1.440	1.943	2.447	3.143	3.707	4.317	5.208	5.959
7	1.415	1.895	2.365	2.998	3.499	4.029	4.785	5.408
8	1.397	1.860	2.306	2.896	3.355	3.833	4.501	5.041
9	1.383	1.833	2.262	2.821	3.250	3.690	4.297	4.781
10	1.372	1.812	2.228	2.764	3.169	3.581	4.144	4.587
11	1.363	1.796	2.201	2.718	3.106	3.497	4.025	4.437
12	1.356	1.782	2.179	2.681	3.055	3.428	3.930	4.318
13	1.350	1.771	2.160	2.650	3.012	3.372	3.852	4.221
14	1.345	1.761	2.145	2.624	2.977	3.326	3.787	4.140
15	1.341	1.753	2.131	2.602	2.947	3.286	3.733	4.073
16	1.337	1.746	2.120	2.583	2.921	3.252	3.686	4.015
17	1.333	1.740	2.110	2.567	2.898	3.222	3.646	3.965
18	1.330	1.734	2.101	2.552	2.878	3.197	3.610	3.922
19	1.328	1.729	2.093	2.539	2.861	3.174	3.579	3.883
20	1.325	1.725	2.086	2.528	2.845	3.153	3.552	3.850
21	1.323	1.721	2.080	2.518	2.831	3.135	3.527	3.819
22	1.321	1.717	2.074	2.508	2.819	3.119	3.505	3.792
23	1.319	1.714	2.069	2.500	2.807	3.104	3.485	3.767
24	1.318	1.711	2.064	2.492	2.797	3.091	3.467	3.745
25	1.316	1.708	2.060	2.485	2.787	3.078	3.450	3.725
26	1.315	1.706	2.056	2.479	2.779	3.067	3.435	3.707
27	1.314	1.703	2.052	2.473	2.771	3.057	3.421	3.690
28	1.313	1.701	2.048	2.467	2.763	3.047	3.408	3.674
29	1.311	1.699	2.045	2.462	2.756	3.038	3.396	3.659
30	1.310	1.697	2.042	2.457	2.750	3.030	3.385	3.646
40	1.303	1.684	2.021	2.423	2.704	2.971	3.307	3.551
60	1.296	1.671	2.000	2.390	2.660	2.915	3.232	3.460
120	1.289	1.658	1.980	2.358	2.617	2.860	3.160	3.373
∞	1.282	1.645	1.960	2.326	2.576	2.807	3.090	3.291

□ t분포를 이용한 신뢰구간 추정

정규모집단에서 모평균 μ와 모표준편차 σ를 모르고 또한 표본크기가 작은 경우에 모평균 μ에 대한 $100(1-\alpha)\%$ 신뢰구간을 설정하기 위해서는 식 (8.7)과 t 통계량 $=\dfrac{\bar{x}-\mu}{s/\sqrt{n}}$를 이용해야 한다.

$$P(-t_{n-1,\frac{\alpha}{2}} \leq t_{n-1} \leq t_{n-1,\frac{\alpha}{2}}) = 1-\alpha$$

$$P(-t_{n-1,\frac{\alpha}{2}} \leq \frac{\bar{x}-\mu}{s/\sqrt{n}} \leq t_{n-1,\frac{\alpha}{2}}) = 1-\alpha$$

$$P(-t_{n-1,\frac{\alpha}{2}}\frac{s}{\sqrt{n}} \leq \bar{x}-\mu \leq t_{n-1,\frac{\alpha}{2}}\frac{s}{\sqrt{n}}) = 1-\alpha$$

평균 μ와 미지의 표준편차로 정규분포를 따르는 모집단에서 크기 n의 표본을 랜덤으로 추출하고 계산한 결과 표본평균은 $\bar{x}$, 표본표준편차는 s일 때 모평균 μ에 대한 $100(1-\alpha)\%$ 신뢰구간은 다음과 같은 공식을 이용하여 구한다.

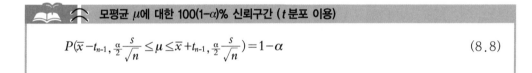

모평균 μ에 대한 $100(1-\alpha)\%$ 신뢰구간 (t분포 이용)

$$P(\bar{x}-t_{n-1,\frac{\alpha}{2}}\frac{s}{\sqrt{n}} \leq \mu \leq \bar{x}+t_{n-1,\frac{\alpha}{2}}\frac{s}{\sqrt{n}}) = 1-\alpha \qquad (8.8)$$

예 8-5

군산전화국은 그의 연차보고서에서 대표적인 고객은 장거리 전화를 포함하여 월 59,000원의 전화비를 낸다고 주장하였다. 12명의 고객을 랜덤하게 추출하여 조사한 결과 지난달 전화비는 다음과 같았다.

(단위: 천 원)

100	67	64	66	59	62	67	61	64	58	54	64

① 모평균 μ의 점추정치는 얼마인가?
② 모평균 μ의 95% 신뢰구간을 설정하라.
③ 이 문제에 t분포를 적용하기 위한 전제는 무엇인가?
④ 대표적인 고객의 전화비가 59,000원이라는 주장은 타당한가?

풀이

① $\dfrac{786}{12} = 65.5$

② $65.5 - (2.201)\dfrac{11.54}{\sqrt{12}} \leq \mu \leq 65.5 + (2.201)\dfrac{11.54}{\sqrt{12}}$

$58.168 \leq \mu \leq 72.832$

③ 정규모집단으로부터 표본을 추출하였다.

④ 타당하다. 59,000원은 신뢰구간을 벗어나지 않기 때문이다. ◆

6 모비율의 신뢰구간 추정

가끔 우리는 양적 변수가 아닌 질적 변수에 관심을 갖게 된다. 즉 모집단에서 어떤 특성이 발생하는 상대도수에 관심을 갖는다. 예를 들면 A제품의 시장점유율, B정당의 지지율, 기계에서 생산되는 C제품의 불량률, D프로그램의 시청률 등 우리 주위에는 비율과 관련된 경영/경제문제가 참으로 많다.

모비율을 추론하는 경우에는 한 모집단과 두 모집단의 경우로 나누어서 설명할 수 있는데 후자에 대해서는 제10장에서 설명할 것이다.

한 모집단의 경우 우리는 모비율 p를 추정하고자 한다. 모비율 $p = \dfrac{X}{N}$는 모집단에서 성공의 퍼센트를 나타낸다. 모비율 p의 불편추정량은 표본비율 $\hat{p} = \dfrac{x}{n}$이다. 표본크기가 $n\hat{p} \geq 5$, $n(1-\hat{p}) \geq 5$로서 상당히 크면 중심극한정리에 의하여 표본비율 $\hat{p}$의 분포도 정규분포에 근접한다는 사실은 이미 배운 바와 같다.

표본비율 $\hat{p}$의 표본분포의 기대값과 표준오차는 다음과 같이 정의한다.

표본비율의 표본분포

기 대 값 : $E(\hat{p}) = p$

표준오차 : $\sigma_{\hat{p}} = \sqrt{\dfrac{p(1-p)}{n}}$

표본비율의 표준오차 $\sigma_{\hat{p}}$은 비율의 표본분포에서 변동을 측정한다. 그런

데 이는 미지의 모비율 p에 의존하므로 계산할 수 없다. 따라서 표본크기가 큰 경우($n \geq 30$)에는 모비율 p 대신에 표본비율 $\hat{p}$을 사용하여 $s_{\hat{p}}$으로 표준오차 $\sigma_{\hat{p}}$을 추정해야 한다.

$$s_{\hat{p}} = \sqrt{\frac{\hat{p}(1-\hat{p})}{n}}$$

그러므로 표본크기 n이 큰 경우에는 중심극한정리에 의하여 확률변수 Z 분포는

$$Z = \frac{\hat{p} - p}{\sqrt{\dfrac{\hat{p}(1-\hat{p})}{n}}}$$

으로 표준정규분포 $N(0, 1)$에 근접한다. 따라서 모비율의 신뢰구간을 설정하는 공식을 다음과 같이 정리할 수 있다.

모비율 p에 대한 100$(1-\alpha)$% 신뢰구간 (대표본)

$$P\left[\hat{p} - Z_{\frac{\alpha}{2}}\sqrt{\frac{\hat{p}(1-\hat{p})}{n}} \leq p \leq \hat{p} + Z_{\frac{\alpha}{2}}\sqrt{\frac{\hat{p}(1-\hat{p})}{n}}\right] = 1 - \alpha$$

이 공식을 볼 때 모비율 p에 대한 신뢰구간의 범위는

- 표본크기 n
- 신뢰수준
- 표본비율 $\hat{p}$

에 의존한다. 여기서 신뢰구간의 범위를 줄이기 위해서는 신뢰수준을 95%로 유지한다면 표본크기를 증가시킬 수밖에 없는 것이다.

예 8-6

어떤 여론조사기관에서는 A정당의 지지도를 조사하기 위하여 36명의 유권자를 랜덤하게 추출하여 설문을 한 결과 다음과 같은 결과를 얻었다. 전국 유권자 A정당 지지도에 대한 95% 신뢰구간을 구하라.

Y	Y	Y	N	N	Y	Y	Y	N	N	Y	Y
Y	Y	Y	Y	N	N	N	N	N	Y	N	Y
N	N	Y	Y	Y	N	Y	N	Y	N	Y	N

풀이

$$\hat{p} = \frac{20}{36} = 0.556$$

$$\hat{p} - Z_{\frac{\alpha}{2}}\sqrt{\frac{\hat{p}(1-\hat{p})}{n}} \leq p \leq \hat{p} + Z_{\frac{\alpha}{2}}\sqrt{\frac{\hat{p}(1-\hat{p})}{n}}$$

$$0.556 - 1.96\left(\sqrt{\frac{0.556(1-0.556)}{36}}\right) \leq p \leq 0.556 + 1.96\left(\sqrt{\frac{0.556(1-0.556)}{36}}\right)$$

$$0.393 \leq p \leq 0.718 \quad \blacklozenge$$

7 | 표본크기 결정

지금까지 우리는 모평균과 모비율의 신뢰구간을 설정할 때 신뢰구간의 길이와 무관하게 표본크기를 결정하였다. 신뢰구간의 범위는 오차한계인 $Z_{\frac{\alpha}{2}}\left(\frac{\sigma}{\sqrt{n}}\right)$ 또는 $Z_{\frac{\alpha}{2}}\left(\sqrt{\frac{\hat{p}(1-\hat{p})}{n}}\right)$에 의존하므로 결국 신뢰구간의 범위를 결정하는 것은 모표준편차 σ, 신뢰수준 $(1-\alpha)$, 표본크기 n이다. 신뢰수준만을 생각한다면 신뢰구간이 길면 좋다. 그러나 정보로서의 가치는 없게 된다. 따라서 신뢰수준을 높게 하면서 신뢰구간은 짧게 설정하는 것이 바람직스럽다.

이러한 목적을 달성하는 길은 표본크기(sample size)를 크게 하는 것이다. 모표준편차는 조정할 수 없기 때문에 신뢰수준이 주어지면 표본이 커질수록 평균의 표준오차 $\sigma_{\bar{x}} = \frac{\sigma}{\sqrt{n}}$가 감소하여 신뢰구간의 범위는 좁아진다. 이와 같이 표본크기와 신뢰구간은 반비례 관계이다. 표본크기를 적게 하려면 신뢰수준을 낮추든지 또는 오차한계를 넓혀야 한다.

표본크기는 시간, 비용, 다른 제약이 허용하는 한 클수록 좋다. 예산이 제한되어 있으면 정확성 요구를 만족시킬 최소한의 표본크기를 결정해야 하는데 이를 계산하기 위해서는 다른 세 가지 값이 우선 결정되어야 한다.

• 모수의 참값과 그의 추정치의 차이 $(\bar{x} - \mu)$, 즉 오차한계

- 원하는 신뢰수준, 즉 $100(1-\alpha)\%$의 값
- 모표준편차 σ의 값

모표준편차는 과거의 경험을 통해서 얻을 수 있고 그렇지 않으면 간단한 사전조사를 통해서 얻는 표본표준편차 s를 모표준편차 σ 대신에 사용할 수도 있다.

신뢰수준이 일정하게 주어졌을 때 신뢰구간의 범위를 결정하는 오차한계 (최대허용오차)를 특정 수준에서 유지할 수 있는 표본크기 n의 결정은 경우에 따라 다르다.

□ 모평균을 추정하는 경우

모표준편차 σ를 알고 있다고 가정할 때 모평균 μ를 추정하기 위하여 신뢰구간을 설정한다면 신뢰구간의 한쪽 범위는 추정치의 오차한계를 의미한다. 이 오차한계를 e라 놓으면 다음 식이 성립한다.

$$e = Z_{\frac{\alpha}{2}} \frac{\sigma}{\sqrt{n}}$$

이 식을 n에 관해서 풀면 모평균을 추정하는 데 필요한 표본크기 n을 구할 수 있다.

표본크기의 결정(σ기지)

$$n = \left(\frac{Z_{\frac{\alpha}{2}} \sigma}{e} \right)^2$$

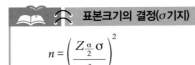

예 8-7

서울시에서는 모든 가정에서 사용하는 냉온방 기름의 연평균 사용량(μ)을 추정하기 위하여 표본평균을 사용하려고 한다. 95%의 신뢰수준으로 실제 모평균을 15갤런 이내의 추정치로 원할 때 필요한 표본크기는 얼마인가? 과거에 실시한 연구조사에 의하면 모표준편차 σ는 200갤런이라고 한다.

풀 이 $e = 15$ $\sigma = 200$

$$n = \left(\frac{Z_{\frac{\alpha}{2}}\sigma}{e}\right)^2 = \left[\frac{1.96\,(200)}{15}\right]^2 = 683 \quad \blacklozenge$$

그러나 모표준편차 σ를 모르는 경우에는 모표준편차 σ 대신에 사전조사를 통해 얻은 표본표준편차 s를 사용해야 한다.

표본크기의 결정(σ 미지)

$$n = \frac{(t_{n-1, \frac{\alpha}{2}})^2 s^2}{e^2} = \left(\frac{(t_{n-1, \frac{\alpha}{2}})s}{e}\right)^2$$

 예 8-8

서울자동차㈜는 최근에 개발한 중형차의 갤런당 평균 마일리지를 평가하기 위하여 다섯 대를 랜덤하게 추출하여 그들의 마일리지를 조사한 결과 다음과 같은 자료를 얻었다.
신뢰수준 95%와 ±0.2마일리지 이내의 표본오차로 모집단 평균 마일리지를 추정하기 위해서는 얼마나 더 표본을 추출해야 하는가?

32.2	32.1	30.8	31.9	30.3

풀 이 $\quad \bar{x} = \frac{1}{5}(32.2 + \cdots + 30.3) = 31.46$

$$s = \sqrt{\frac{\sum(x_i - \bar{x})^2}{n-1}} = 0.856$$

$$n = \left[\frac{t_{n-1, \frac{\alpha}{2}}(s)}{e}\right]^2 = \left[\frac{2.776(0.856)}{0.2}\right]^2$$

$$= 142$$

추가할 표본수 $= 142 - 5 = 137 \quad \blacklozenge$

□ 모비율을 추정하는 경우

모비율 p를 추정하는 데 필요한 표본크기의 결정방법도 앞절에서 공부한 모평균 μ를 추정하는 데 필요한 표본크기의 결정방법과 같다.

모비율 p에 대한 $100(1-\alpha)\%$ 신뢰구간의 한쪽 범위를 오차한계 e라 하면 다음 식이 성립한다.

$$e = Z_{\frac{\alpha}{2}}\sqrt{\frac{\hat{p}(1-\hat{p})}{n}}$$

위 식을 n에 관해서 풀면 모비율을 추정하는 데 필요한 표본크기는 다음 공식을 이용하여 구할 수 있다.

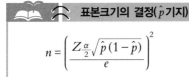

표본크기의 결정($\hat{p}$기지)

$$n = \left(\frac{Z_{\frac{\alpha}{2}}\sqrt{\hat{p}(1-\hat{p})}}{e}\right)^2$$

표본크기를 결정하기 위해서는 표본비율 $\hat{p}$이 필요하다. 그러나 과거경험도 없고 사전 예비조사도 하지 않는 경우에는 가장 불리하게 표본크기가 크도록 결정해야 한다. $\hat{p}=0.5$일 때 $\hat{p}(1-\hat{p})=0.25$로서 최대가 되므로 이를 이용해야 한다.

표본크기의 결정($\hat{p}$미지)

$$n = \left[\frac{Z_{\frac{\alpha}{2}}(0.5)}{e}\right]^2$$

예 8-9

한국갤럽에서는 종로구에 출마한 국회의원 K 후보에 대한 지지율을 알아보기 위하여 유권자를 대상으로 여론조사를 실시하기로 하였다. 유권자 30명을 랜덤으로 추출하여 예비조사한 결과 다음과 같은 자료를 얻었다.

Y	Y	N	N	N	N	Y	Y	Y	N
N	N	N	Y	Y	N	Y	Y	Y	N
Y	Y	Y	N	Y	Y	N	Y	Y	Y

유권자 전체의 지지율을 추정할 때 오차한계는 ±2.5%로 하고 이 한계를 벗어날 위험을 5%로 하였다(신뢰수준 95%).

① 추가로 필요한 표본크기는 얼마인가?

② 예비조사를 실시하지 않을 경우에 필요한 표본크기는 얼마인가?

풀이 ① $\hat{p} = \dfrac{18}{30} = 0.6$

$$n = \left[\frac{1.96\sqrt{0.6(1-0.6)}}{0.025} \right]^2 = 1,476$$

$$1,476 - 30 = 1,446$$

② $n = \left[\dfrac{1.96(0.5)}{0.025} \right]^2 = 1,537$ ◆

8 │ 모분산의 신뢰구간 추정

우리는 지금까지 모평균과 모비율에 대한 추정을 공부하였다. 그런데 평균과 함께 분산(표준편차)도 함께 고려할 필요가 있는 경우에는 분산에 대한 신뢰구간도 설정해야 한다. 분산은 자료가 평균을 중심으로 흩어진 정도를 나타낸다.

예를 들면 어떤 약품이나 제품을 생산하는 공정의 경우에는 평균과 함께 그의 변동(예: 축구공의 지름)도 함께 고려해야 한다. 변동이 크면 조정을 해야 하기 때문이다.

모분산을 추론하는 경우에는 χ^2분포를 사용하는 한 모집단과 F분포를 사용하는 두 모집단의 경우로 나누어서 설명할 수 있는데 후자에 대해서는 제10장에서 설명할 것이다. 한편 χ^2분포는 제13장에서 설명할 범주변수들 간의 상호연관성을 분석하는 경우에도 사용된다.

8.1 χ^2 분포

평균 μ, 분산 σ^2로 정규분포를 따르는 모집단으로부터 크기 n의 표본을

📖 😃 χ^2 분포

확률변수 $\chi^2(\chi^2$통계량)은

$$\chi^2_{n-1} = \frac{(n-1)s^2}{\sigma^2}$$

으로 자유도 $(n-1)$인 χ^2 분포를 따른다.

기대값: $E(\chi^2)=df$

분 산: $\mathrm{Var}(\chi^2)=2df$

랜덤하게 반복하여 추출한 후 각 표본에 대하여 분산 $s^2 = \frac{\sum(x_i-\bar{x})^2}{n-1}$ 을 계산하면 표본분산 s^2들은 확률분포를 따르게 된다.

　　이와 같은 표본분산 s^2들의 표본분포를 χ^2분포(chi-square distribution)라고 한다.

　　예를 들어 보자. 2, 3, 4로 구성된 모집단에서 $n=2$의 모든 가능한 표본을 복원추출하여 분산을 계산하면 [표 8-4], [표 8-5]와 같고 이의 표본분포를 그림으로 나타내면 [그림 8-10]과 같다.

■■■ 표 8-4 | 표본분산의 계산결과

표 본	확 률	분 산	표 본	확 률	분 산
2, 2	$\frac{1}{9}$	0.0	3, 4	$\frac{1}{9}$	0.5
2, 3	$\frac{1}{9}$	0.5	4, 2	$\frac{1}{9}$	2.0
2, 4	$\frac{1}{9}$	2.0*	4, 3	$\frac{1}{9}$	0.5
3, 2	$\frac{1}{9}$	0.5	4, 4	$\frac{1}{9}$	0.0
3, 3	$\frac{1}{9}$	0.0			

*(2, 4)의 경우 $\bar{x}=3$이므로 $s^2 = \frac{\sum(x_i-\bar{x})^2}{n-1} = \frac{(2-3)^2+(4-3)^2}{2-1} = 2$

표 8-5 | 분산의 표본분포

분 산	확 률
0.0	$\frac{3}{9}$
0.5	$\frac{4}{9}$
2.0	$\frac{2}{9}$

그림 8-10 분산의 표본분포의 그래프

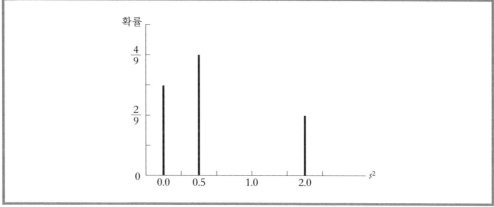

그림 8-11 자유도에 따른 χ^2분포의 모양

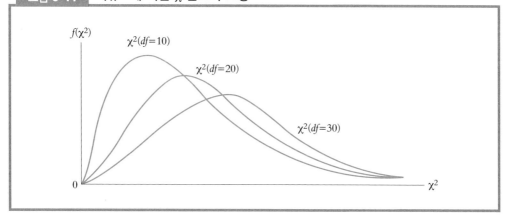

χ^2분포는 t분포와 같이 자유도 $(n-1)$에 따라 분포의 모양이 변한다. χ^2
분포도 표본크기가 클수록 정규분포에 근접하는 특성을 갖는다. 이는 [그림

8-11]이 보여 주고 있다.

χ^2분포는 연속확률분포이지만 t분포와 정규분포와는 달리 좌우대칭이 아니며 오른쪽으로 긴 꼬리를 갖는다. 확률변수 χ^2은 제곱의 합으로 구하기 때문에 음수는 가질 수 없고 다만 가장 왼쪽에서는 0의 값을 갖는다.

확률변수 χ^2의 확률을 구하기 위해서는 부표 F에 있는 χ^2분포표를 이용해야 한다. χ^2의 값은 자유도와 오차율 α에 따라서 결정된다. [그림 8-12]에서 보는 바와 같이 오른쪽 꼬리의 면적이 α가 될 때 χ^2의 값을 $\chi^2_{df,\,\alpha}$라 하면 df와 α에 따라 χ^2의 값은 표를 읽어 구할 수 있다.

그림 8-12 χ^2의 값

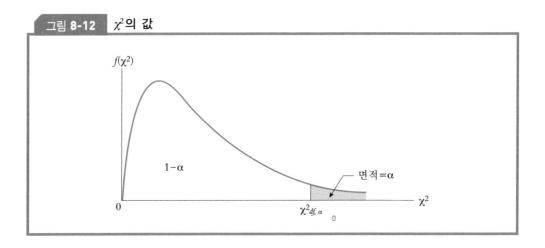

예를 들면 $\chi^2_{15,\,0.025}=27.488$인데 이는 $P(\chi^2>27.488)=0.025$를 의미한다. 한편 $\chi^2_{15,\,0.975}=6.262$인데 이는 $P(\chi^2>6.262)=0.975$를 의미함과 동시에 $P(\chi^2<6.262)=0.025$를 의미한다. 따라서 $df=15$일 때

$$P(6.262\leq\chi^2\leq27.488)=0.95$$

가 된다.

이를 일반식으로 나타내면 다음과 같다.

$$P(\chi^2_{n-1,\,1-\frac{\alpha}{2}}\leq\chi^2_{n-1}\leq\chi^2_{n-1,\,\frac{\alpha}{2}})=1-\alpha \tag{8.9}$$

식 (8.9)를 그림으로 나타내면 [그림 8-13]과 같다.

| 그림 8-13 | χ^2분포의 신뢰구간 |

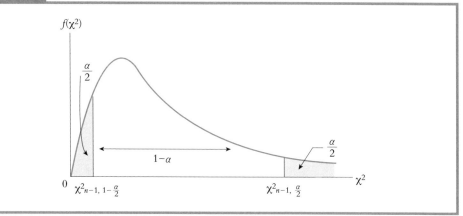

예 8-10

다음 문제에 대한 확률을 구하라.

① $P(\chi^2 > 21.6660)$, $df = 9$

② $P(\chi^2 < 2.087912)$, $df = 9$

③ $P(2.087912 \leq \chi^2 \leq 21.6660)$, $df = 9$

풀 이 ① 0.01

② $1 - 0.99 = 0.01$

③ $1 - 0.01 - 0.01 = 0.98$ ◆

예 8-11

$df = 12$일 때 다음 식이 성립하는 a와 b의 값을 구하라.

① $P(\chi^2 > a) = 0.05$

② $P(a \leq \chi^2 \leq b) = 0.95$

풀 이 ① 21.0261

② $a = 4.40379$ $b = 23.3367$ ◆

예 8-12

다음 문제에 대한 χ^2값을 구하라.
  ① $\alpha=0.05$, $df=15$
  ② $\alpha=0.95$, $df=10$

풀 이 ① 24.9958
  ② 3.9403 ◆

8.2 모분산의 신뢰구간 추정

정규분포를 따르는 모집단의 분산 σ^2에 대한 $100(1-\alpha)\%$ 신뢰구간을 구하는 식은 식 (8.9)로부터 유도할 수 있다.

$$P(\chi^2_{n-1,\ 1-\frac{\alpha}{2}} \leq \chi^2_{n-1} \leq \chi^2_{n-1,\ \frac{\alpha}{2}}) = 1-\alpha$$

$$P(\chi^2_{n-1,\ 1-\frac{\alpha}{2}} \leq \frac{(n-1)s^2}{\sigma^2} \leq \chi^2_{n-1,\ \frac{\alpha}{2}}) = 1-\alpha$$

모분산 σ^2에 대한 $100(1-\alpha)\%$ 신뢰구간

$$P\left(\frac{(n-1)s^2}{\chi^2_{n-1,\frac{\alpha}{2}}} \leq \sigma^2 \leq \frac{(n-1)s^2}{\chi^2_{n-1,1-\frac{\alpha}{2}}} \right) = 1-\alpha$$

 예 8-13

종로제조주식회사의 제조부에서는 철판의 표면에 플라스틱 코팅을 하는 일을 한다. 그런데 코팅의 두께(단위: mm)가 변동하지 않도록 신경을 많이 쓰고 있다. 회사는 일주일의 생산량 가운데서 아홉 개의 제품을 랜덤하게 추출하여 그들의 두께를 측정한 결과 다음과 같은 결과를 얻었다. 플라스틱 코팅의 두께는 정규분포를 따른다고 한다.

모분산 σ^2에 대한 95% 신뢰구간을 구하라.

19.3	19.5	19.8	20.0	20.3	20.4	20.8	21.2	21.4

풀 이 $\bar{x} = \dfrac{19.3 + \cdots + 21.4}{9} = 20.3$

$s^2 = 0.5325$

$\chi^2_{n-1,\,\frac{\alpha}{2}} = \chi^2_{9\text{-}1,\,\frac{0.05}{2}} = \chi^2_{8,\,0.025} = 17.535$

$\chi^2_{n-1,\,1-\frac{\alpha}{2}} = \chi^2_{8,\,0.975} = 2.18$

$\dfrac{(n-1)s^2}{\chi^2_{n-1,\,\frac{\alpha}{2}}} \le \sigma^2 \le \dfrac{(n-1)s^2}{\chi^2_{n-1,\,1-\frac{\alpha}{2}}}$

$\dfrac{8(0.5325)}{17.535} \le \sigma^2 \le \dfrac{8(0.5325)}{2.18}$

$0.243 \le \sigma^2 \le 1.954$ ◆

1. 평화제당㈜는 설탕을 생산하여 백에 담아 판매하고 있다. 설탕 백의 무게는 표준편차 1온스로 정규분포를 따르는 것으로 밝혀졌다. 25개의 백을 랜덤하게 추출하여 무게를 측정하여 보니 평균은 50온스였다.

   ① 평균의 표준오차를 구하라.
   ② 신뢰수준 95%일 때 오차한계를 구하라.
   ③ 공정에서 생산하는 모든 설탕 백의 평균 무게에 대한 95% 신뢰구간을 설정하라.
   ④ ③에서 구한 답을 해석하라.

   풀 이

   ① $\sigma_{\bar{x}} = \dfrac{\sigma}{\sqrt{n}} = \dfrac{1}{\sqrt{25}} = 0.2$

   ② $Z_{\frac{\alpha}{2}}\left(\dfrac{\sigma}{\sqrt{n}}\right) = 1.96(0.2) = 0.392$

   ③ $\bar{x} - Z_{\frac{\alpha}{2}}\dfrac{\sigma}{\sqrt{n}} \leq \mu \leq \bar{x} + Z_{\frac{\alpha}{2}}\dfrac{\sigma}{\sqrt{n}}$

   $50 - 1.96\left(\dfrac{1}{\sqrt{25}}\right) \leq \mu \leq 50 + 1.96\left(\dfrac{1}{\sqrt{25}}\right)$

   $49.61 \leq \mu \leq 50.39$

   ④ 25개의 표본을 100개 추출하여 신뢰구간을 설정하였을 때 모평균이 95개의 신뢰구간 속에 포함될 것이다. 따라서 ③에서 구한 신뢰구간이 실제로 모평균 μ를 포함할지는 전혀 모른다. 다만 모평균 μ가 49.61과 50.39 속에 포함할 것으로 95% 신뢰할 뿐이다.

2. 골초들이 일주일에 담뱃값으로 얼마나 쓰는지 알아보기 위하여 49명을 표본으로 추출하여 조사한 결과 평균은 20, 표본표준편차는 6이었다.

   ① 모평균의 점추정치는 얼마인가?
   ② 모평균 μ에 대한 95% 신뢰구간을 구하라.
   ③ 위 문제에서 표본크기만 49명에서 64명으로 바뀌는 경우 95% 신뢰구간을 구하라.

④ 위 ②, ③에서 신뢰구간이 다른 이유를 설명하라.

풀 이

① 20 이는 모평균의 가장 좋은 추정치이다.

② $\bar{x} - Z_{\frac{\alpha}{2}} \frac{s}{\sqrt{n}} \leq \mu \leq \bar{x} + Z_{\frac{\alpha}{2}} \frac{s}{\sqrt{n}}$

$20 - 1.96 \left(\frac{6}{\sqrt{49}} \right) \leq \mu \leq 20 + 1.96 \left(\frac{6}{\sqrt{49}} \right)$

$18.32 \leq \mu \leq 21.68$

③ $\bar{x} - Z_{\frac{\alpha}{2}} \frac{s}{\sqrt{n}} \leq \mu \leq \bar{x} + Z_{\frac{\alpha}{2}} \frac{s}{\sqrt{n}}$

$20 - 1.96 \left(\frac{6}{\sqrt{64}} \right) \leq \mu \leq 20 + 1.96 \left(\frac{6}{\sqrt{64}} \right)$

$18.53 \leq \mu \leq 21.47$

④ 표본크기가 증가할수록 표본오차가 감소하여 신뢰구간의 폭은 감소하게 된다.

3. 다음은 Excel 대학교 MBA 프로그램에 신청한 20명의 GMAT 성적이다.

| 500 | 650 | 560 | 530 | 570 | 460 | 470 | 420 | 600 | 490 |
| 530 | 640 | 450 | 640 | 440 | 430 | 530 | 550 | 480 | 660 |

① 표본평균과 표본표준편차를 구하라.

② 모평균은 얼마인가? 모평균의 가장 좋은 추정치는 얼마인가?

③ 모평균 μ에 대한 95% 신뢰구간을 설정하라.

④ 모평균이 540이라고 결론짓는 것은 타당한가?

풀 이

① $\bar{x} = 530$ $s = 77.26$

② 모평균은 모른다. 그러나 그의 가장 좋은 추정치는 530이다.

③ $\bar{x} - t_{n-1, \frac{\alpha}{2}} \frac{s}{\sqrt{n}} \leq \mu \leq \bar{x} + t_{n-1, \frac{\alpha}{2}} \frac{s}{\sqrt{n}}$

$530 - (2,086) \frac{77.26}{\sqrt{20}} \leq \mu \leq 530 + (2,086) \frac{77.26}{\sqrt{20}}$

$493.84 \leq \mu \leq 566.16$

④ 타당하다. 왜냐하면 540은 신뢰구간 속에 들어가기 때문이다.

4. 종로제조㈜는 협력업체로부터 수천 개의 부품이 든 컨테이너를 접수하였다. 회사는 불량품(B)을 알아보기 위하여 36개의 표본을 랜덤으로 추출하여 조사한 결과 다섯 개가 불량품임을 밝혀냈다. 컨테이너 속에 포함된 불량률에 대한 95% 신뢰구간을 설정하라.

B	G	G	G	G	G	G	B	G	G	G	G
B	G	G	G	G	G	G	G	G	G	B	G
G	G	G	G	G	G	G	G	G	G	G	B

풀 이

$$\hat{p} = \frac{5}{36} = 0.139$$

$$\hat{p} - Z_{\frac{\alpha}{2}}\sqrt{\frac{\hat{p}(1-\hat{p})}{n}} \leq p \leq \hat{p} + Z_{\frac{\alpha}{2}}\sqrt{\frac{\hat{p}(1-\hat{p})}{n}}$$

$$0.139 - 1.96\left(\sqrt{\frac{0.139(0.861)}{36}}\right) \leq p \leq 0.139 + 1.96\left(\sqrt{\frac{0.139(0.861)}{36}}\right)$$

$$0.026 \leq p \leq 0.252$$

5. 종로제조㈜에서는 종업원들의 가정에서 지불하는 연평균 의료비를 조사하려고 한다. 회사에서는 표본평균이 모평균 의료비의 ±50원(단위: 만 원) 이내에 포함하리라고 95% 신뢰할 수 있기를 원한다. 예비조사의 결과 표준편차는 400원이었다.
   ① 표본크기는 얼마인가?
   ② 회사가 ±25원 속에 포함되기를 원한다면 표본크기는 얼마인가?

풀 이

$$① \quad n = \left[\frac{Z_{\frac{\alpha}{2}}\sigma}{e}\right]^2 = \left[\frac{1.96(400)}{50}\right]^2 = 245.86 \risingdotseq 246$$

$$② \quad n = \left[\frac{1.96(400)}{25}\right]^2 = 983.45 \risingdotseq 984$$

6. 평화전자㈜는 협력업체로부터 컴퓨터 마우스를 구매하는데 그 업체는 불량률은 5%라고 주장한다. 표본비율 $\hat{p}$이 참 모비율 p의 1.25% 안에 포함되기를 95% 신뢰도로 원할 때 모든 마우스의 참 불량률을 추정하는 데 필요한 표본크기는 얼마인가?

풀 이

$$n = \left[\frac{1.96\sqrt{0.05(0.95)}}{0.0125} \right]^2 = 1,167.9 \fallingdotseq 1,168$$

7. 뚱뚱이 연구소에서는 뚱보들을 대상으로 체중감량 프로그램을 실시하였다. 프로그램이 끝나는 날 10명의 뚱보를 랜덤으로 추출하여 감량결과를 조사하였더니 다음과 같은 자료(단위: 파운드)를 얻었다.

18.5	25.5	11.8	15.4	6.3	20.3	16.8	17.2	12.3	19.5

① 이 프로그램에 참가한 모든 사람들의 체중감량의 모분산에 대한 95% 신뢰구간을 설정하라.

② 모평균 μ에 대한 95% 신뢰구간을 설정하라.

풀 이

① $n = 10$ $s^2 = 28.2$ $\chi^2_{9,\,0.025} = 19.0228$ $\chi^2_{9,\,0.975} = 2.70039$

$$\frac{(n-1)s^2}{\chi^2_{n-1,\,\frac{\alpha}{2}}} \le \sigma^2 \le \frac{(n-1)s^2}{\chi^2_{n-1,\,1-\frac{\alpha}{2}}}$$

$$\frac{9(28.2)}{19.0228} \le \sigma^2 \le \frac{9(28.2)}{2.70039}$$

$$13.34 \le \sigma^2 \le 93.99$$

② $\bar{x} = 16.36$ $s = 5.31$ $t_{9,\,0.025} = 2.262$

$$16.36 \pm 2.262 \left(\frac{5.31}{\sqrt{10}} \right)$$

$$12.56 \le \mu \le 20.16$$

연/습/문/제

1. 통계적 추정의 내용을 설명하라.

2. 점추정과 구간추정을 비교 설명하라.

3. 모수의 좋은 추정량이 되기 위한 조건은 무엇인가?

4. t분포와 χ^2분포는 어느 경우에 사용하는가?

5. 정규모집단으로부터 추출한 표본자료가 다음과 같다.

3	4	5	7	8	10	10	12	15

다음 문제의 점추정치를 구하라.
① 평균 μ ② 분산 σ^2 ③ 표준편차 σ ④ 표본평균의 표준오차 $\sigma_{\bar{x}}$

6. 표준편차 $\sigma = 12$인 정규모집단으로부터 표본을 랜덤으로 추출하여 그의 표본평균을 구하고 모평균에 대한 95% 신뢰구간을 구하니 14.4~25.6이었다. 표본평균 $\bar{x}$와 표본크기 n을 구하라.

7. 다음 자료는 Excel 대학교 통계학 1반에서 실시한 퀴즈 시험에서 랜덤으로 추출한 9명 학생이 받은 25점 만점의 성적이다. 그런데 성적은 표준편차 2점인 정규분포를 따른다고 한다.

8	9	10	14	15	16	20	22	25

① 모평균 μ에 대한 95% 신뢰구간을 구하라.

② 신뢰구간을 그림으로 나타내라.

8. 공정에서 생산하는 벽돌의 무게는 표준편차 0.12파운드인 정규분포를 따른다고 한다. 오늘 생산된 제품 가운데서 16개를 무작위로 추출하여 측정한 결과 평균 무게는 4.07파운드이었다.

① 오늘 생산된 모든 벽돌들의 평균 무게에 대한 95% 신뢰구간을 구하라.

② 모평균에 대한 98% 신뢰구간을 구한다면 ①에서 구한 결과보다 구간의 폭이 넓을 것인가?

③ 내일은 20개를 무작위로 추출하기로 결정하였다. 평균 무게에 대한 95% 신뢰구간을 구한다면 ①에서 구한 구간보다 넓을 것인가?

④ 오늘 생산된 제품의 표준편차는 0.12파운드가 아니고 0.15파운드라고 하면 이에 근거하여 구한 95% 신뢰구간은 ①에서 구한 구간보다 넓을 것인가?

9. 종로제조㈜는 종업원들의 평균 결근일 수를 알아보기 위하여 10명의 종업원을 랜덤으로 추출하여 조사한 결과 다음과 같은 자료를 얻었다. 그런데 결근일 수는 정규분포를 따르는 것으로 알려졌다.

0	1	1	1	2	2	2	2	3	4

① 표본평균과 표본표준편차를 구하라.

② 모평균은 얼마인가? 그의 가장 좋은 추정치는 얼마인가?

③ 모평균 μ에 대한 95% 신뢰구간을 설정하라.

④ 신뢰구간을 설정하기 위하여 t분포를 사용하는 이유는 무엇인가?

10. 다음 자료는 Excel 대학교 경영학과 교수 가운데 여덟 명의 나이이다. 나이는 표준편차 $\sigma=10$으로 정규분포를 따르는 것으로 알려졌다.

22	30	35	39	48	52	56	60

모집단 평균 나이의 95% 신뢰구간을 구하라.

11. 증권시장 분석가인 최 박사는 증권거래소에 상장된 어느 회사 주식의 연평균 수익률을 알아보기 위하여 121일 동안 조사하여 계산한 결과 평균 수익률은 $\bar{x}=10.37\%$, 표준편차는 $s=3.5\%$이었다. 이 회사 주식의 연평균 수익률에 대한 95% 신뢰구간을 Z통계량과 t통계량을 사용하여 설정하라.

12. 이항모집단으로부터 표본크기 $n=25$를 무작위로 추출하였다. 성공횟수가 5일 때
    ① 성공비율 p를 구하라.　　　　　　② 성공횟수의 분산 σ^2을 구하라.
    ③ 성공비율의 표준오차 $s_{\hat{p}}$을 구하라.

13. 한전에서는 신도시에 거주하는 10,000세대가 사용하는 하루 평균 kw를 추정하려고 한다. 그런데 과거에 실시한 연구조사에 의하면 모표준편차는 200kw라고 한다. 오차한계 ±30kw와 신뢰수준 95%로 전력의 하루 평균 사용량을 추정하는 데 필요한 표본크기는 얼마인가?

14. ABC 대통령은 그의 한반도 대운하계획에 대한 국민들의 지지율을 추정하고자 한다. 대통령은 추정치가 참 비율의 2% 이내에 포함되기를 원한다. 또한 신뢰수준은 95%를 원한다.
    ① 필요한 표본크기는 얼마인가?
    ② 대통령의 경제특보는 국민 200명을 랜덤으로 조사한 결과 110명이 지지한 것으로 나타났다. 추가로 필요한 표본크기는 얼마인가?

15. 다음 문제의 확률을 구하라.
    ① $\chi^2_{10,\,0.1}$　　　　② $\chi^2_{30,\,0.025}$　　　　③ $\chi^2_{15,\,0.95}$　　　　④ $\chi^2_{26,\,0.01}$

16. 우리나라 국민들의 하룻밤 수면시간을 측정하기 위하여 25명을 랜덤으로 추출하여 측정한 결과 다음과 같은 자료를 얻었다.

10	6.9	7.6	6.5	6.2	7.6	7.1	6.0	7.2
7.7	6.8	6.5	7.2	5.8	8.6	7.3	6.6	7.1
6.9	6.0	6.7	7.6	5.5	7.0	7.8		

수면시간이 정규분포를 따른다고 가정할 때

① 매일 밤 모평균 수면시간에 대한 95% 신뢰구간을 구하라.

② 매일 밤 모분산 수면시간에 대한 95% 신뢰구간을 구하라.

17. 최근에 출시한 새로운 모델의 승용차의 개솔린 소비량을 알아보기 위하여 같은 고속도로에서 경력이 비슷한 24명의 운전기사로 하여금 테스트를 실시한 결과 다음과 같은 결과(개솔린 갤런당 km)를 얻었다. 신뢰도 95%로 이 모델의 모평균 연료소비량을 추정하라.

| 14.5 | 15.5 | 16.5 | 16.9 | 17.5 | 18.0 | 18.0 | 18.2 | 18.2 | 18.5 | 18.5 | 18.6 |
| 18.7 | 19.1 | 19.2 | 19.3 | 19.7 | 19.8 | 19.8 | 20.2 | 20.3 | 20.5 | 21.0 | 21.8 |

18. Excel 보험회사에서는 회사가 지불하는 자동차보험 평균 청구액을 알기 위하여 $n=16$의 청구서를 조사한 결과 다음과 같은 자료를 얻었다. 신뢰도 95%와 200만원 이내의 표본오차로 모집단 평균 청구액을 추정하기 위해서는 얼마나 더 표본을 추출해야 하는가?

| 1,500 | 1,200 | 450 | 2,100 | 380 | 550 | 1,080 | 1,350 | 400 |
| 260 | 330 | 500 | 700 | 950 | 700 | 1,830 | | |

19. 다음은 정규분포를 따르는 모집단에서 랜덤으로 30개의 자료를 추출한 것이다.

570	428	156	110	134	284	22	196	92	162
366	264	234	162	234	274	50	256	262	366
320	244	288	188	310	252	180	310	152	536

모평균 μ의 95% 신뢰구간을 구하라.

① Z분포 이용　　　　　② t분포 이용

20. 설탕 50파운드를 담는 백의 무게의 분산에 대한 추정을 위하여 15개 백의 무게를 측정한 결과 다음과 같은 자료를 얻었다. 모분산 σ^2에 대한 95% 신뢰구간을 구하라.

| 50.2 | 48.5 | 50.8 | 51.5 | 49.5 | 51.1 | 51.3 | 50.7 |
| 46.7 | 49.2 | 52.1 | 48.3 | 51.6 | 49.2 | 51.5 | |

21. 여론조사기관 갤럽은 미국산 캘러웨이(Callaway)의 우리나라 시장점유율을 알아보기 위하여 100명의 골퍼를 랜덤으로 추출하여 사용여부(Yes 또는 No)를 조사하여 다음과 같은 자료를 얻었다.

N	N	Y	N	N	Y	Y	Y	N	Y	N	N	N	Y	N	N	N	N	N	N
N	N	Y	Y	N	N	N	Y	N	N	Y	Y	Y	N	N	N	N	N	N	N
Y	N	Y	Y	N	N	N	N	N	N	N	Y	N	N	N	Y	N	Y	N	Y
N	N	N	Y	N	N	Y	N	N	N	N	N	Y	Y	N	Y	N	N	N	N
Y	Y	N	N	Y	N	N	N	N	Y	N	N	N	N	N	Y	N	N	N	Y

① 그 외국 제품의 우리나라 시장점유율에 대한 95% 신뢰구간을 설정하라.
② 모비율을 95%의 신뢰도와 ±2% 이내의 표본오차로 추정하기 위해서는 추가로 추출해야 하는 표본크기는 얼마인가?

22. 남산식품㈜는 최근에 새로운 스낵용 먹거리를 개발하고 소비자들로 하여금 시식토록 하였다. 50명의 소비자들로 하여금 시식 후 반응을 0 : 좋아하지 않음, 1 : 좋아함, 2 : 그저 그러함 등으로 코드화하도록 하여 다음과 같은 자료를 얻었다. 스낵용 먹거리를 좋아하는 소비자들의 비율을 추정하기 위하여 95% 신뢰구간을 구하라.

0	0	1	1	2	0	0	0	1	0
0	0	2	2	2	1	0	0	0	1
1	0	2	0	0	1	1	0	0	0
0	1	0	0	2	0	1	0	2	0
0	0	1	0	0	2	1	1	0	0

23. 캔에 커피를 넣는 기계가 평균을 넘는 분산을 보일 때는 기계를 조정해야 하므로 정기적으로 관리를 해야 한다. 아홉 개의 캔을 표본으로 추출하여 무게를 측정한 결과 다음과 같은 자료를 얻었다. 모분산 σ^2에 대한 95% 신뢰구간을 구하라.

20	21.2	18.6	20.4	21.6	19.8	19.9	20.3	21

제 9 장

가설검정: 한 모집단

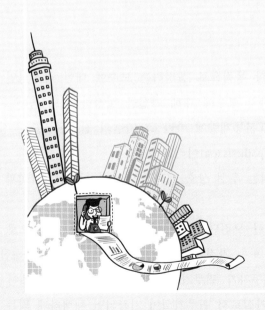

통계학의 핵심은 통계적 추론이다. 통계적 추론의 중요한 내용으로는 통계적 추정과 가설검정을 들 수 있다. 우리는 표본분포의 개념을 이용해서 제8장에서 모수의 점추정 및 신뢰구간 추정에 대해서 공부하였다.

가설검정에 있어서는 미지의 모수에 대해 잠정적인 가정이나 주장(가설)을 세우고 모집단으로부터 표본을 추출하여 얻는 표본통계량에 입각하여 이러한 가정이나 주장의 진위여부를 판별한다. 이러한 가설검정은 경영문제와 관련한 연구, 어떤 주장의 타당성 조사, 의사결정을 수행하는 데 널리 이용된다.

통계적 추정에 있어서는 추론이 표본으로부터 모집단으로 진행하여 모수의 참값을 추정하는 과정을 거치는 반면 가설검정에 있어서는 미지의 모수에 대한 주장 또는 가정의 타당성 여부를 표본결과로 검정하는 과정을 거친다.

본장에서는 가설검정의 기본개념과 한 모집단의 모수에 대한 가설검정의 절차에 관해서 공부하고 두 모집단의 경우에는 다음 장에서 공부할 것이다.

1 가설검정의 개념

1.1 가설검정의 의미

가설(hypothesis)이란 검정할 목적으로 설정하는 모수에 대한 잠정적인 진술(주장, 가정, 믿음)이다. 미지의 모수에 대해 가설을 설정하고 모집단으로부터 표본을 추출하여 조사한 표본통계량에 따라 그 가설의 진위여부를 결정하는 통계적 방법을 가설검정(hypothesis test)이라고 한다.

이러한 가설검정을 위해서는 우선 상호 배타적인 가설, 즉 귀무가설과 대립가설을 설정한다.

귀무가설(null hypothesis)이란 모집단의 특성에 대해 기존에 일반적으로 옳다고 제안하는 잠정적인 주장 또는 가정을 말하는데 H_0으로 표시한다. 대립가설(alternative hypothesis)이란 연구자가 귀무가설의 주장이 틀렸다고 새로이 주장하여 검정하고자 하는 연구가설로서 귀무가설이 기각되면 채택하게 되는 가설을 말하는데 H_1 또는 H_A로 표시한다.

통계분석 결과 만일 표본결과가 귀무가설이 분명하게 잘못되었음을 입증하게 되면 연구결과가 옳게 되는 대립가설을 채택하게 된다. 대립가설을 지지할 근거를 찾기 위하여 표본자료를 조사하지만 검정의 대상은 귀무가설이고 모든 가설검정은 귀무가설이 사실이라는 전제하에 진행된다. 만일 귀무가설을 기각할 충분한 근거를 제시하지 못하게 되면 귀무가설 기각을 유예한다는 의미에서 "귀무가설의 채택"이라는 표현보다 "귀무가설을 기각할 수 없음"이라는 표현을 사용한다.

귀무가설은 과거의 경험, 주장, 지식, 제조업자들의 주장, 연구의 결과 등 현재까지 인정되어 온 것을 나타내고 대립가설은 연구자가 기존상태로부터 새로운 변화, 주장 또는 효과가 존재한다는 주장을 하거나 표준으로부터 벗어나 품질문제가 발생하는 경우에는 귀무가설을 부정하고 대립가설을 지지할 만한 통계적 증거를 확인하고자 한다. 귀무가설을 부정하고 새로운 주장을 하기 위해서는 이를 입증할 충분한 근거를 제시해야 한다. 입증하지 못하면 귀무가설을 기각할 수 없게 된다. 이는 법정에서 검찰이 피고의 유죄를 입증할 충분한 근거를 제시하지 못하는 한 피고는 무죄가 되는 논리와 같다. 통상적으로 대립가설을 먼저 설정하고 다음에 귀무가설은 대립가설에서 주장하는 내용과 반대되는 모든 내용을 포함하도록 설정된다.

1.2 가설의 형태

우리가 관심을 갖는 모수를 θ라 하고 이 모수가 하나의 특정한 가정된 값(hypothesized value) θ_0를 갖는다고 하면 가설의 기본적인 형태를 다음과 같이 나타낼 수 있다.

가설의 형태

좌측검정	양측검정	우측검정
$H_0 : \theta \geq \theta_0$	$H_0 : \theta = \theta_0$	$H_0 : \theta \leq \theta_0$
$H_1 : \theta < \theta_0$	$H_1 : \theta \neq \theta_0$	$H_1 : \theta > \theta_0$

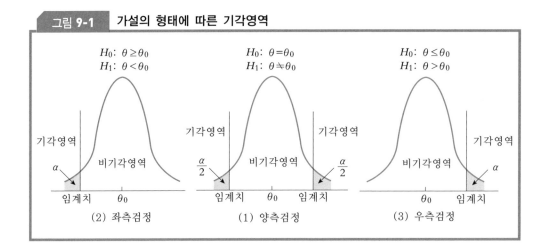

그림 9-1 가설의 형태에 따른 기각영역

귀무가설은 등호를 포함해야 하지만 대립가설은 절대로 등호를 포함할 수 없다. 그것은 귀무가설은 검정할 가설이고 우리가 계산할 때 포함해야 할 특정의 값을 필요로 하기 때문이다.

가설검정은 (1)과 같은 양측검정(two-tailed test)과 (2)와 (3) 같은 단측검정(one-tailed test)으로 구분된다.

귀무가설 H_0을 기각할 수 없는 것인지 또는 기각해야 할 것인지를 나타내는 영역은 대립가설의 형태에 따라 결정된다. [그림 9-1]은 대립가설의 형태에 따른 기각영역을 나타내고 있다.

양측검정의 경우에는 기각영역이 표본분포의 양쪽 꼬리부분에 있게 된다. 따라서 표본통계량이 귀무가설 $\theta = \theta_0$와 매우 근접하여 있으면 귀무가설을 기각할 수 없지만 표본통계량이 특정한 값 θ_0보다 현저하게 크거나 작으면 귀무가설을 기각하게 된다. 좌측검정(left-tailed test)의 경우에는 기각영역이 좌측 꼬리부분에 있기 때문에 표본통계량이 θ_0보다 현저하게 작으면 귀무가설을 기각하게 된다.

한편 우측검정(right-tailed test)의 경우에는 기각영역이 우측 꼬리부분에 있게 된다. 따라서 표본통계량이 θ_0보다 현저하게 크면 귀무가설을 기각하게 된다. 이때 단측검정의 경우 기각영역의 위치는 대립가설의 부등호 방향과 언제나 일치해야 한다.

예 9-1

다음 각 문제에 대해서 귀무가설과 대립가설을 설정하라.

① 자동차 판매대리점 주인 김 씨는 판매량을 증가시키기 위하여 새로운 보너스 정책을 고려하고 있다. 현재 월 평균 판매량은 20대이다. 김 씨는 이 정책이 판매량을 증가시킬지 조사를 하고자 한다.

② 박카스를 생산하는 동아제약㈜는 함량이 100ml라고 주장한다. 이를 넘치거나 부족하면 기계를 조정한다고 한다. 회사의 주장이 맞는지 조사하려고 한다.

③ 어느 회사는 5kg짜리 설탕 백을 판매하는데 실제로는 함량미달이라는 소비자들의 불만에 따라 소비자보호원에서는 5kg이 되는지 조사하기로 하였다.

풀 이 ① H_0: $\mu \leq 20$
  H_1: $\mu > 20$
② H_0: $\mu = 100$
  H_1: $\mu \neq 100$
③ H_0: $\mu \geq 5$
  H_1: $\mu < 5$ ◆

1.3 가설검정의 오류

가설검정은 의사결정자의 실수로 인하여 언제나 옳은 결정을 내리지는 않는다. 귀무가설 H_0이 옳으면 이를 기각하지 말아야 하고 대립가설이 옳으면 귀무가설 H_0을 기각해야 함에도 불구하고 옳은 결정이 언제나 가능하지는 않다. 이것은 제한된 표본정보를 가지고 모수에 대해 결론을 내리기 때문에 표본오차(sampling error)로 인하여 실수를 저지를 가능성이 있기 때문이다.

가설검정과 관련된 오류에는 두 가지가 있다. 귀무가설 H_0이 실제로는 사실이어서 기각하지 말아야 함에도 불구하고 허위라고 결론을 내려 이를 기각하는 오류를 제Ⅰ종 오류(type I error)라 하고 α로 표시한다. 이러한 오류를 범할 확률의 최대허용치를 검정의 유의수준(level of significance) 또는 위험수준(level of risk)이라고 한다.

한편 귀무가설 H_0이 실제로는 허위라서 기각해야 함에도 불구하고 이를 기각하지 못하는 오류를 제Ⅱ종 오류(type Ⅱ error)라 하고 β로 표시한다.

[표 9-1]은 제Ⅰ종 오류와 제Ⅱ종 오류의 차이를 보여 주고 있다.

■■ 표 9-1 | 제Ⅰ종 오류와 제Ⅱ종 오류

귀무가설의 채택/기각 \ 귀무가설의 진위	H_0이 사실	H_0이 허위 (H_1이 사실)
H_0 채택	옳은 결정 확률 $= 1 - \alpha$	제Ⅱ종 오류 확률 $= \beta$
H_0 기각	제Ⅰ종 오류 확률 $= \alpha$	옳은 결정 확률 $= 1 - \beta$

표본크기가 일정할 때 제Ⅰ종 오류를 범할 확률을 감소시키면 제Ⅱ종 오류를 범할 확률은 증가한다. 이와 같이 α와 β는 부의 관계이다. 두 오류는 의사결정자에게 위험 또는 손실을 의미하기 때문에 이들을 동시에 줄이기 위해서는 표본크기를 증가시켜야 한다. 왜냐하면 표준오차가 줄어들기 때문이다.

α는 절대로 0의 값을 가질 수 없다. $\alpha = 0$일 경우 $\beta = 1$이 되어 귀무가설이 거짓일 때도 언제나 이를 수락하기 때문이다. 따라서 α의 값은 두 오류의 상대적 중요성에 따라 결정된다.

그런데 α 위험이 β 위험보다 더욱 심각하기 때문에 α 오류를 통제하는 것이 일반적이다. α의 값은 보통 1%, 2%, 5%, 10% 등으로 의사결정자가 결정한다.

예 9-2

Excel 자동차의 연비는 갤런당 평균 35마일이다. 그런데 제품개발그룹이 최근에 새로운 연료주입 시스템을 개발하여 갤런당 평균 마일리지를 향상시킨다고 주장하여 이를 검정하기 위하여 Excel 자동차의 표본실험을 실시하고자 한다.

① 연구를 위한 가설을 설정하라.
② 이러한 상황에서 제Ⅰ종 오류는 무엇인가? 이러한 오류를 범한 후의 결과는 무엇인가?
③ 이러한 상황에서 제Ⅱ종 오류는 무엇인가? 이러한 오류를 범한 후의 결과는 무엇인가?

풀 이 ① H_0: $\mu \leq 35$
　　　　　　H_1: $\mu > 35$

② 귀무가설 $\mu \leq 35$가 사실임에도 불구하고 이를 기각하는 오류. 새로운 시스템이 효율적이라는 대립가설 H_1이 사실이 아님에도 이를 채택하게 된다.

③ 귀무가설 $\mu \leq 35$가 거짓임에도 불구하고 이를 기각하지 못하는 오류. 대립가설 H_1이 사실임에도 이를 기각하게 된다. ◆

1.4 결정규칙

가설검정을 실시할 때 사용되는 결정규칙(decision rule)은 설정된 가설을 채택하거나 기각하는 데 따르는 오류를 범할 확률을 통제하는 데 기여한다.

□ 검정통계량

문제에 대한 귀무가설과 대립가설이 설정되면 다음에는 검정통계량을 선정해야 한다.

검정통계량(test statistic)이란 귀무가설의 진위여부를 규명하기 위하여 가설검정과 관련된 모집단으로부터 표본을 랜덤하게 추출하여 필요한 계산을 하는 표본통계량을 말한다.

예를 들면 모평균에 관한 가설검정인 경우에는 표본평균이, 모분산인 경우에는 표본분산이, 모비율인 경우에는 표본비율이 검정통계량이 된다.

□ 유의수준과 임계치

유의수준 α를 결정하면 이에 따라 귀무가설의 기각여부를 결정하는 기준점(cutoff point: 경계)인 임계치(critical value)를 계산한다. 이는 귀무가설을 기각할 기각영역(rejection region)과 기각할 수 없는 비기각영역(nonrejection region)으로 구분하는 기준점이다. 여기에서 표본으로부터 계산한 통계량이 기각영역에 들어오면 귀무가설을 기각하고 대립가설을 채택하게 된다. 반면 표본통계량이 비기각영역에 들어오면 귀무가설을 기각할 수 없게 된다.

가설검정을 실시할 때는 유의수준 α가 의사결정자에 의해서 미리 결정되면 이에 해당하는 Z의 임계치를 찾아 기각영역과 비기각영역을 구분한다. 유의수준(level of significance)이란 귀무가설이 참인데도 이를 기각시키고 대립가설을 채택할 오류를 범할 확률 α를 말한다. 유의수준은 α오류에 의한 손실이 클수록 낮게 설정해야 한다. 유의수준이 낮을수록 귀무가설이 사실인 경우에 이를 잘못하여 기각시킬 가능성은 낮아지지만 α오류를 범할 가능성도 낮아진 다. 즉 유의수준을 낮게 설정한다는 것은 보다 엄격하게 대립가설을 채택하겠 다는 것을 뜻한다. 유의수준은 0.01(1%), 0.1(10%)로 설정하는 경우도 있지만 0.05(5%)가 보다 일반적이기 때문에 본서에서는 유의수준 5%를 전제로 한다.

양측검정의 경우 분포의 좌우 꼬리로부터 (유의수준 α)/2에 해당하는 확 률을 얻을 수 있는 기준점들인 두 개의 임계치($\pm Z_{\frac{\alpha}{2}}$)를 구한다. 한편 단측검 정의 경우 대립가설에 따라 분포의 좌우 한쪽 꼬리로부터 유의수준 α에 해당 하는 확률을 얻을 수 있는 기준점인 한 개의 임계치($\pm Z_\alpha$)를 구한다.

모평균 μ에 대하여 가설검정을 실시할 때 귀무가설 H_0을 기각할 것인가 또는 기각하지 못할 것인가를 결정하는 임계치는

- 표본평균 $\bar{x}$
- 표본평균 $\bar{x}$를 표준화한 Z값 또는 t값
- p값

의 사용 등 세 가지 방법으로 나타낼 수 있다.

가설검정에 있어서는 표본평균 $\bar{X}$의 값이 모평균의 특정한 값 μ_0보다 현 저한 차이를 보이면 귀무가설을 기각하게 된다. 이와 같이 유의수준 α에 해당 하는 임계치는 표본평균 $\bar{x}$를 이용하여 구할 수도 있지만 이는 진부한 방법이 기 때문에 현대에는 사용하지 않는다.

대신 유의수준 α에 해당하는 표준정규확률변수 Z의 임계치와 표본평균 $\bar{x}$ 를 $Z = \dfrac{\bar{x} - \mu_0}{\sigma / \sqrt{n}}$의 공식으로 표준화하여 얻는 Z값을 직접 비교하여 검정하는 방법이 오랫동안 사용되어 온 전통적 방법이다.

하지만 오늘날 Excel 또는 Minitab 등 컴퓨터 프로그램은 p값을 제공하기 때문에 p값을 유의수준 α와 직접 비교하여 귀무가설의 기각여부를 결정하는 더욱 보편화된 현대적 방법을 사용하고 있다.

□ p값을 이용한 가설검정

고전적 가설검정방법에 있어서는 일정한 규칙이 없어 의사결정자가 자의 로 유의수준을 결정하기 때문에 동일한 자료에 대해서도 사람에 따라 유의수 준을 얼마로 정하느냐에 따라서 귀무가설을 기각할 수도 있고 기각하지 않는

경우도 발생할 수 있다.

이런 경우에 p값(p value)이라고 하는 통계치를 계산함으로써 의사결정자로 하여금 참인 귀무가설을 기각할 최소수준의 α값으로 사용할 수 있게 하는 방법이 효과적이라고 할 수 있다. p값은 실제로 옳은 귀무가설 H_0을 기각할 α 오류를 범할 확률을 말하는데 관측된 유의수준(observed significance level)이라고도 한다. 따라서 의사결정자가 자의로 결정하는 유의수준 α와 이를 직접 비교함으로써 귀무가설 H_0의 기각여부를 결정할 수 있다.

 p값에 의한 결정규칙

만일 p값$<\alpha$이면 H_0을 기각

p값$\geq\alpha$이면 H_0을 기각할 수 없음

이 귀무가설 검정기준은 정규분포를 이용한 검정은 물론 t분포, χ^2분포, F분포 등 다른 분포를 이용한 검정에도 동일하게 적용되기 때문에 기억해 둘 필요가 있다. p값은 통계프로그램을 이용하면 출력할 수 있다.

일반적으로 p값이 작으면 작을수록 귀무가설을 기각할 충분한 근거를 갖게 되고 반대로 p값이 크면 클수록 귀무가설을 기각하지 못할 가능성은 높게 된다.

예를 들면 우측검정의 경우 p값이란 귀무가설이 진실이라는 가정하에서 검정통계량(Z)이 표본으로부터 계산된 검정통계량의 값(Z_C)보다 클 확률을 말한다.

p값은 가설검정의 형태에 따라 구하는 공식이 다르다. 만일 표본으로부터 계산한 검정통계량을 Z_C라고 하면 p값은 다음과 같이 계산한다.

 **p값 계산방법**

$$\text{검정통계량: } Z_C = \frac{\bar{x} - \mu_0}{\sigma / \sqrt{n}}$$

만일 $H_1: \mu \neq \mu_0$이면 p값$=2P(Z>|Z_C|)$

        $H_1: \mu < \mu_0$이면 p값$=P(Z<Z_C)$

        $H_1: \mu > \mu_0$이면 p값$=P(Z>Z_C)$

계산한 p값이 나타내는 부분은 다음 그림과 같다.

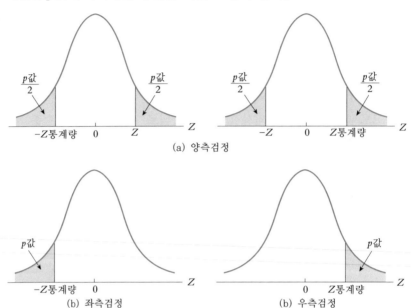

(a) 양측검정

(b) 좌측검정   (b) 우측검정

□ **결정규칙**

가설검정을 할 때 제Ⅰ종 오류를 범할 최대허용확률 α를 먼저 결정하고 결정규칙을 위한 임계치를 계산한다. 결정규칙이란 표본으로부터 계산한 검정통계량의 가능한 모든 값에 따라 귀무가설의 기각여부를 미리 규명하는 가설검정규칙을 말한다.

검정하려고 하는 모집단에서 추출한 표본으로부터 계산한 검정통계량의

그림 9-2 $\alpha=0.05$일 때 양측검정의 비기각/기각영역

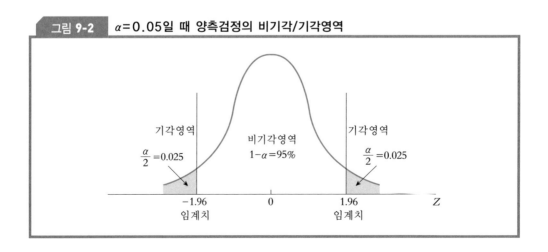

■ 표 9-2 | 유의수준 α에 따른 Z의 임계치

검 정 \ 유의수준		0.01	0.02	0.05	0.10
양측검정	$Z_{\frac{\alpha}{2}}$	2.575	2.33	1.96	1.645
	$-Z_{\frac{\alpha}{2}}$	−2.575	−2.33	−1.96	−1.645
단측검정	Z_α	2.33	2.05	1.645	1.28
	$-Z_\alpha$	−2.33	−2.05	−1.645	−1.28

수치가 유의수준 α에 따라 결정되는 비기각영역에 들어오면 그 귀무가설을 기각할 수 없게 된다. 이때 그 수치는 검정하려는 모수와 현저하지 않은(not significant) 차이를 보이기 때문이다. 한편 검정통계량의 수치가 기각영역에 들어오면 귀무가설 H_0을 기각하게 된다. 이는 그 수치가 검정하려는 모수와 현저한 차이를 보이기 때문이다. [그림 9-2]는 유의수준 α=0.05일 때 양측검정의 기각영역과 비기각영역을 보여 주고 있다.

[표 9-2]는 자주 사용되는 유의수준 α에 대응하는 Z의 임계치를 보여 주고 있다. 그런데 일반적으로 α=0.05가 가장 많이 사용된다.

1.5 가설검정의 순서

가설검정의 절차는 연구자가 새로이 입증하고자 하는 내용을 대립가설로 설정하고 이에 반대되는 내용을 포함하는 귀무가설을 설정함으로써 시작된다.

모집단의 모수에 대해 설정한 가설을 검정하기 위해서는 모집단으로부터 표본을 추출하여 검정통계량을 계산하고 이 계산된 값과 검정의 형태와 유의수준 α에 해당되는 Z의 임계치($\pm Z_\alpha$ 또는 $\pm Z_{\frac{\alpha}{2}}$)를 비교하든지 또는 p값과 유의수준 α를 비교하게 되는데 가설검정의 일반적 순서를 정리하면 다음과 같다.

가설검정의 순서

① 가설의 설정

검정통계량을 사용할 때

② 유의수준 α에 해당하는 임계치 및 기각영역의 결정

③ 검정통계량의 계산

④ 의사결정

　p값을 사용할 때

② 검정통계량의 계산

③ p값의 계산

④ 의사결정

2 | 모평균의 가설검정

　　평균 μ, 분산 σ^2인 정규분포를 따르는 모집단으로부터 크기 n의 표본을 추출하여 미지의 모평균에 대한 가설을 검정하는 경우에 모표준편차 σ를 알고 있는 경우에는 Z통계량을 사용하지만 그를 모르는 경우에는 t통계량을 사용한다.

□ 모표준편차 σ를 아는 경우

• 양측검정

다음과 같이 양측검정을 위한 가설이 설정된다고 하자.

H_0: $\mu = \mu_0$

H_1: $\mu \neq \mu_0$

　　귀무가설에서 모평균 μ가 모집단에 대해 가정한 값 μ_0과 같은 경우는 양측검정에 해당한다.

　　귀무가설이 사실이고 $\mu = \mu_0$이면 확률변수 Z는 다음과 같이 표준정규분포를 따른다.

$$Z_C = \frac{\bar{x} - \mu_0}{\sigma_{\bar{x}}}$$

　　이와 같이 구한 Z값을 계산된 Z값(computed Z value: Z_C) 또는 Z통계량(Z

statistic)이라고 한다. 이 경우 Z분포를 이용하여 모수에 대해 설정된 가설을 검정하기 때문에 Z검정(Z test)이라고 한다.

유의수준 α일 때 양측검정이기 때문에 다음 식이 성립한다.

$$P(Z > Z_{\frac{\alpha}{2}}) = \frac{\alpha}{2} \qquad P(Z < -Z_{\frac{\alpha}{2}}) = \frac{\alpha}{2}$$

따라서 양측검정의 결정규칙은 다음과 같다.

📖 🔔 양측검정의 결정규칙

만일 $\dfrac{\bar{x} - \mu_0}{\sigma/\sqrt{n}} > Z_{\frac{\alpha}{2}}$ 또는 $\dfrac{\bar{x} - \mu_0}{\sigma/\sqrt{n}} < -Z_{\frac{\alpha}{2}}$ 이면 H_0을 기각

만일 p값 $< \alpha$이면 H_0을 기각

이와 같이 양측검정의 경우에는 유의수준 α도 양쪽으로 나누어진다. 그리고 Z의 임계치가 $Z_{\frac{\alpha}{2}}$와 $-Z_{\frac{\alpha}{2}}$ 등 두 개이기 때문에 귀무가설의 기각영역이 표본분포의 양쪽 꼬리부분에 존재한다.

검정을 위해서는 표준정규분포표에서 찾는 유의수준 $\dfrac{\alpha}{2}$에 해당하는 두 개의 Z의 임계치로 구분되는 비기각영역에 계산된 Z_C값이 포함되면 귀무가설 H_0을 기각할 수 없고 기각영역에 포함되면 이를 기각하게 된다.

유의수준 $\alpha = 0.05$일 때 양측검정의 경우 임계치와 기각영역은 다음과 같다.

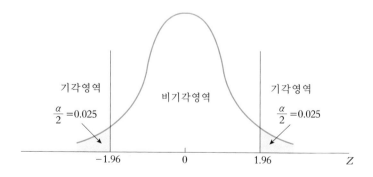

예 9-3

최근의 조사결과에 의하면 우리나라 초등학교 2학년 학생들의 평균 키는 112cm 이고 표준편차는 5cm로서 정규분포를 따르는 것으로 밝혀졌다. 이러한 결과를 확인하기 위하여 30명의 랜덤표본을 추출하여 측정한 결과 다음과 같은 자료를 얻었다. 유의수준 5%로 조사결과가 타당한지 검정하라.

112	135	68	88	98	132	129	125	124	118
86	97	159	92	146	138	101	87	151	149
116	112	102	105	105	104	104	103	84	105

풀 이 ① 가설의 설정

H_0: $\mu = 112$

H_1: $\mu \neq 112$

② 유의수준 $\alpha = 0.05$에 해당하는 임계치 및 기각영역의 결정

임계치: $Z_{\frac{\alpha}{2}} = Z_{0.025} = 1.96$ $-Z_{\frac{\alpha}{2}} = -Z_{0.025} = -1.96$

비기각영역: $-1.96 \leq Z \leq 1.96$

기각영역: $-1.96 > Z$ 또는 $Z > 1.96$

③ 검정통계량의 계산

$\bar{x} = 112.5$ $\mu_0 = 112$ $\sigma = 5$ $n = 30$

$Z_C = \dfrac{\bar{x} - \mu_0}{\sigma / \sqrt{n}} = \dfrac{112.5 - 112}{5 / \sqrt{30}} = 0.55$

p값 $= 2P(Z > 0.55) = 2(0.5 - 0.2088) = 0.5824$

④ 의사결정

$Z_C = 0.55 < Z_{0.025} = 1.96$이므로 귀무가설 H_0을 기각할 수 없다. 한편 p값 $= 0.5824 > \alpha = 0.05$이므로 귀무가설 H_0을 기각할 수 없다.

따라서 최근의 조사결과는 맞다고 할 수 있다.

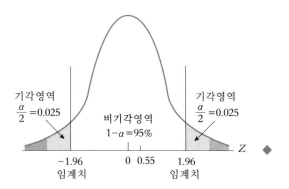

□ **좌측검정**

좌측검정을 위한 가설은 다음과 같은 형태를 취한다.

H_0: $\mu \geq \mu_0$

H_1: $\mu < \mu_0$

귀무가설에서 모평균 μ가 모집단에 대해 가정한 값 μ_0보다 큰 경우는 좌측검정에 해당한다.

귀무가설이 사실이라면 표준정규확률변수 Z는 다음과 같이 표준정규분포를 따른다.

$$Z_C = \frac{\bar{x} - \mu_0}{\sigma / \sqrt{n}}$$

유의수준이 α일 때 다음 식이 성립한다.

$$P(Z < -Z_\alpha) = \alpha$$

여기서 Z의 임계치는 $-Z_\alpha$이다. 좌측검정의 경우에는 귀무가설의 기각영역이 표본분포의 왼쪽 꼬리부분에 존재한다.

좌측검정의 결정규칙은 다음과 같다.

📖 ⋀ **좌측검정의 결정규칙**

만일 $\dfrac{\bar{x} - \mu_0}{\sigma / \sqrt{n}} < -Z_\alpha$이면 H_0을 기각

만일 p값 $< \alpha$이면 H_0을 기각

유의수준 $\alpha = 0.05$일 때 좌측검정의 경우 임계치와 기각영역은 다음과 같다.

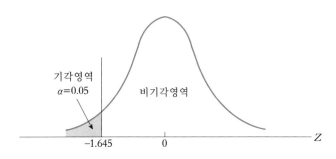

📝 **예 9-4**

현대자동차㈜에서는 새로운 모델을 시판하면서 고속도로에서는 적어도 32.5마일/갤런이라고 주장한다. 이러한 회사의 주장이 맞는지 알아보기 위하여 그 모델 36대의 주행거리를 시험한 결과 다음 자료와 같이 $\bar{x} = 30.35$마일/갤런이었다. 그런데 과거의 경험에 의해서 모표준편차는 5.3마일/갤런이라는 사실은 알고 있다. 유의수준 5%로 회사의 주장을 검정하라.

25.5	25.5	25.6	25.7	25.7	25.8	25.8	25.9	25.9	25.9	25.9	30.0
30.0	30.0	30.0	30.1	30.2	30.2	30.3	30.3	30.4	30.4	30.5	30.6
30.6	30.6	30.7	30.8	30.8	30.8	30.9	40.0	40.2	40.3	40.3	40.4

풀 이 ① 가설의 설정

H_0: $\mu \geq 32.5$

H_1: $\mu < 32.5$

② 유의수준 $\alpha = 0.05$에 해당하는 임계치 및 기각영역의 결정

임계치: $-Z_\alpha = -Z_{0.05} = -1.645$

비기각영역: $-1.645 \leq Z$

기각영역: $-1.645 > Z$

③ 검정통계량의 계산

$$Z_C = \frac{\bar{x} - \mu_0}{\sigma/\sqrt{n}} = \frac{30.35 - 32.5}{5.3/\sqrt{36}} = -2.43$$

p값 $= P(Z < -2.43) = 0.0075$ (좌측검정이기 때문에)

④ $Z_C = -2.43 < -Z_{0.05} = -1.645$이므로 귀무가설 H_0을 기각한다. 한편 p값 $= 0.0075 < \alpha = 0.05$이므로 귀무가설 H_0을 기각한다.

따라서 회사의 주장은 받아들일 수 없다.

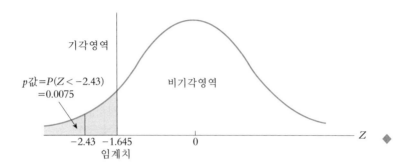

□ 우측검정

우측검정을 위한 가설은 다음과 같은 형태를 취한다.

H_0: $\mu \leq \mu_0$

H_1: $\mu > \mu_0$

귀무가설에서 모평균 μ가 가정한 값 μ_0보다 작은 경우는 우측검정에 해당한다.

유의수준이 α일 때 다음 식이 성립한다.

$$P(Z > Z_\alpha) = \alpha$$

여기서 Z의 임계치는 Z_α이다. 우측검정의 경우에는 귀무가설의 기각영역이 표본분포의 오른쪽 꼬리부분에 존재한다.

우측검정의 결정규칙은 다음과 같다.

📖 〽️ **우측검정의 결정규칙**

만일 $\dfrac{\bar{x}-\mu_0}{\sigma/\sqrt{n}} > Z_\alpha$이면 H_0을 기각

만일 p값 $< \alpha$이면 H_0을 기각

유의수준 $\alpha = 0.05$일 때 우측검정의 경우 임계치와 기각영역은 다음과 같다.

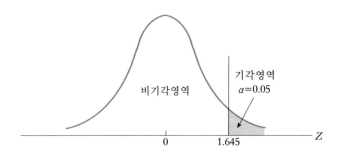

📝 **예 9-5**

K 제약회사는 알약에 포함되는 이물질 농도가 3%를 넘지 않도록 신경을 쓰고 있다. 회사는 공정에서 생산되는 알약의 이물질 농도는 표준편차 0.5%인 정규분포를 따르는 것으로 알고 있다. 회사는 농도를 검정하기 위하여 공정에서 생산되는 알약 36개를 랜덤하게 추출하여 농도를 측정한 결과 다음과 같은 자료를 얻었다. 알약에 포함되는 이물질 농도가 3%를 넘는지 유의수준 5%로 검정하라.

2.97	2.98	3.00	3.01	2.99	3.02	3.02	3.02	3.03	3.04	3.04	3.04
2.94	3.05	3.05	3.05	3.06	3.06	3.06	3.07	3.07	3.07	3.08	3.08
2.91	3.09	3.09	3.09	3.09	2.90	3.10	3.10	3.10	3.11	3.11	2.92

풀이 ① 가설의 설정

H_0: $\mu \le 3$

H_1: $\mu > 3$

② 유의수준 $\alpha = 0.05$에 해당하는 임계치 및 기각영역의 결정

임계치: $Z_\alpha = Z_{0.05} = 1.645$

비기각영역: $Z \leq 1.645$

기각영역: $Z > 1.645$

③ 검정통계량의 계산

$$Z_C = \frac{\bar{x} - \mu_0}{\sigma/\sqrt{n}} = \frac{3.04 - 3}{0.5/\sqrt{36}} = 0.48$$

p값 $= P(Z > 0.48) = 0.3156$

④ 의사결정

$Z_C = 0.48 < Z_{0.05} = 1.645$이므로 귀무가설 H_0을 기각할 수 없다. 한편 p값 $= 0.3156 > \alpha = 0.05$이므로 귀무가설 H_0을 기각할 수 없다.

따라서 모평균 농도는 3% 이하이다.

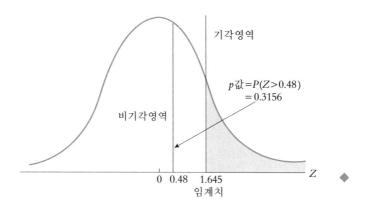

□ **모표본편차 σ를 모르는 경우 (소표본)**

가설검정을 할 때 표본크기가 $n \geq 30$이면 모집단의 분포가 어떤 분포이건 중심극한정리에 의하여 평균의 표본분포는 정규분포를 따르기 때문에 Z검정을 하든 t검정을 하든 별로 차이가 없게 된다.

Z값을 사용할 때는 확률변수 Z는 다음과 같은 공식을 이용하여 표준화시켜야 한다.

$$Z = \frac{\bar{x} - \mu_0}{s_{\bar{x}}} = \frac{\bar{x} - \mu_0}{s/\sqrt{n}}$$

그러나 신뢰구간 추정에서처럼 모집단이 정규분포를 따르지만 모표준편차 σ를 모르는 경우에는 t통계량을 이용하는 것이 일반적인 원칙이다.

평균 μ인 정규모집단으로부터 $n \leq 30$인 표본을 추출하여 모평균 μ에 대한 가설을 검정할 때 신뢰구간 추정 때처럼 t분포를 이용한다. 따라서 t분포를 이용하여 가설검정을 하는 것을 t검정(t test)이라고 한다.

표본평균이 $\bar{x}$, 표본분산이 $s_{\bar{x}}^2$일 때 확률변수 t는

$$t = \frac{\bar{x} - \mu_0}{s_{\bar{x}}} = \frac{\bar{x} - \mu_0}{s/\sqrt{n}}$$

으로 자유도 $(n-1)$의 t분포를 따른다.

모표준편차 σ를 모르고 소표본인 경우 모평균 μ에 대한 가설검정의 형태 및 결정규칙은 다음과 같다.

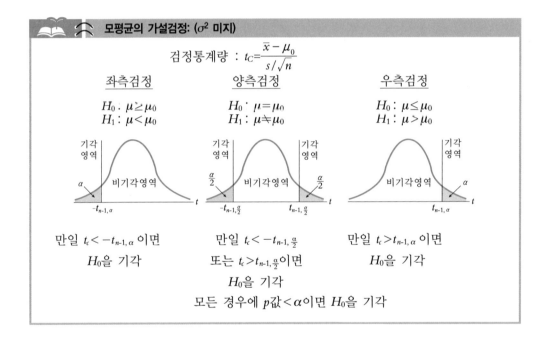

모평균의 가설검정: (σ^2 미지)

검정통계량 : $t_C = \dfrac{\bar{x} - \mu_0}{s/\sqrt{n}}$

좌측검정	양측검정	우측검정
$H_0 : \mu \geq \mu_0$ $H_1 : \mu < \mu_0$	$H_0 : \mu = \mu_0$ $H_1 : \mu \neq \mu_0$	$H_0 : \mu \leq \mu_0$ $H_1 : \mu > \mu_0$

만일 $t_c < -t_{n-1,\alpha}$ 이면 H_0을 기각

만일 $t_c < -t_{n-1,\frac{\alpha}{2}}$ 또는 $t_c > t_{n-1,\frac{\alpha}{2}}$이면 H_0을 기각

만일 $t_c > t_{n-1,\alpha}$ 이면 H_0을 기각

모든 경우에 p값$<\alpha$이면 H_0을 기각

예 9-6

어떤 약 한 알의 평균 무게는 43mg이다. 생산부장은 약을 생산하는 기계의 조정으로 평균 무게에 변화가 있는지 알고자 한다. 확률표본으로 12알을 랜덤으로 추출하여 무게를 측정한 결과 다음과 같은 자료를 얻었다. 평균 무게에 변화가 발생하였는지 유의수준 5%로 검정하라.

39	39	40	40	41	42	42	42	42	43	43	45

x	$x-\bar{x}$	$(x-\bar{x})^2$
39	-2.5	6.25
39	-2.5	6.25
40	-1.5	2.25
40	-1.5	2.25
41	-0.5	0.25
42	0.5	0.25
42	0.5	0.25
42	0.5	0.25
42	0.5	0.25
43	1.5	2.25
43	1.5	2.25
45	3.5	12.5
498	0.0	35.00

$$\bar{x} = \frac{498}{12} = 41.5$$

$$s = \sqrt{\frac{\sum(x-\bar{x})^2}{n-1}} = \sqrt{\frac{35.00}{12-1}} = 1.78$$

① 가설의 설정

　　H_0: $\mu = 43$

　　H_1: $\mu \neq 43$

② 유의수준 $\alpha = 0.05$에 해당하는 임계치 및 기각영역의 결정

　　임계치: $t_{n-1, \frac{\alpha}{2}} = t_{11,\ 0.025} = 2.201$　　　$-t_{n-1, \frac{\alpha}{2}} = -t_{11,\ 0.025} = -2.201$

　　비기각영역: $-2.201 \leq t \leq 2.201$

　　기각영역: $-2.201 > t$ 또는 $t > 2.201$

③ 검정통계량의 계산

$$t_C = \frac{\bar{x} - \mu_0}{s/\sqrt{n}} = \frac{41.5 - 43}{1.78/\sqrt{12}} = -2.92$$

④ 의사결정

　　계산한 값 $t_C = -2.92 < -t_{11,\ 0.025} = -2.201$이므로 귀무가설 H_0을 기각한다. 컴퓨터의 출력결과 p값 $= 0.014112 < \alpha = 0.05$이므로 귀무가설 H_0을 기각한다.[1] 따라서 평균 무게에 변화가 있다.

---

1 t분포표는 임계치를 세상할 뿐 정확한 p값을 찾을 수는 없다. 다만 p값이 포함될 범위만 알 수 있는데 이 범위와 유의수준 α를 비교하여 귀무가설의 기각여부를 결정할 수 있다. 따라서 본서에서는 이의 설명을 생략하고 Excel을 사용한 컴퓨터 출력결과 얻는 p값을 이용하고자 한다.

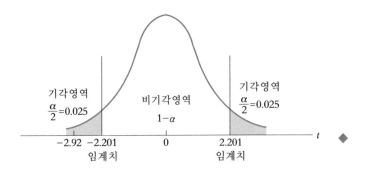

3 | 모비율의 가설검정

모비율에 대한 구간설정뿐만 아니라 가설검정도 가능하다. 예를 들면 대통령후보나 정당에 대한 지지율, 제품의 시장점유율, 로트 속에 포함된 불량품의 비율, 한반도 대운하건설계획에 대한 국민들의 찬반율 등에 대해 설정한 가설을 검정할 수 있다.

모비율 p에 대한 추론은 표본비율 $\hat{p}$에 입각하여 실시한다. 표본비율 $\hat{p}=$ (성공횟수 x/시행횟수 n)으로 구한다. 그런데 비율의 분포는 이항분포이다. 이항분포는 표본크기 n이 증가하여 $np \geq 5$이고 $n(1-p) \geq 5$이면 중심극한정리에 의하여 정규분포에 근접한다. 따라서 비율의 표본분포를 근사하기 위하여 정규분포를 이용할 수 있다.

크기 n의 확률표본으로부터 계산한 표본비율 $\hat{p}$은

평   균: $E(\hat{p})=p$

표준편차: $\sigma_{\hat{p}}=\sqrt{\dfrac{p(1-p)}{n}}$

으로 정규분포에 근접한다.

표본크기가 큰 경우 근사치로서의 확률변수 Z는 검정통계량으로서

$$Z = \frac{\hat{p} - p}{\sqrt{\dfrac{p(1-p)}{n}}}$$

로 표준정규분포를 따른다.

　　모비율 p에 대한 가설검정도 세 가지 형태를 취하는데 그들의 결정규칙은
다음과 같다.

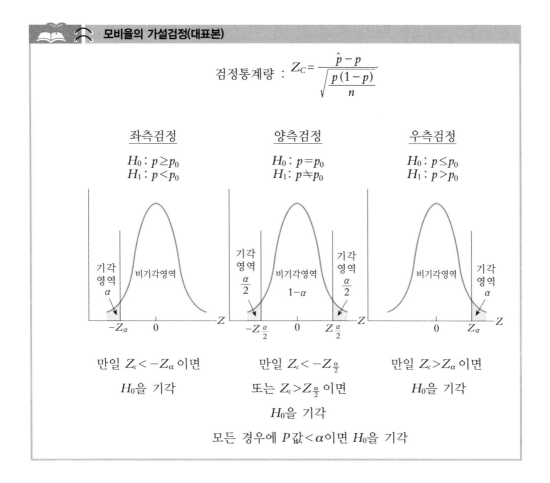

모비율의 가설검정(대표본)

검정통계량 : $Z_C = \dfrac{\hat{p} - p}{\sqrt{\dfrac{p(1-p)}{n}}}$

좌측검정	양측검정	우측검정
$H_0 : p \geq p_0$	$H_0 : p = p_0$	$H_0 : p \leq p_0$
$H_1 : p < p_0$	$H_1 : p \neq p_0$	$H_1 : p > p_0$

기각영역 α　비기각영역

비기각영역 $1-\alpha$

비기각영역

$-Z_\alpha$　0　Z

$-Z_{\frac{\alpha}{2}}$　0　$Z_{\frac{\alpha}{2}}$　Z

0　Z_α　Z

만일 $Z_c < -Z_\alpha$ 이면
H_0을 기각

만일 $Z_c < -Z_{\frac{\alpha}{2}}$
또는 $Z_c > Z_{\frac{\alpha}{2}}$ 이면
H_0을 기각

만일 $Z_c > Z_\alpha$ 이면
H_0을 기각

모든 경우에 P값$< \alpha$이면 H_0을 기각

 예 9-7

지난 수개월 동안 강남 컨트리클럽에서 라운딩을 즐기는 골퍼들의 25%는 여자들
이었다. 클럽에서는 여자들의 비율을 높이기 위하여 이들에 대해 여러 가지 할인
혜택을 제공하고 있다. 클럽은 이러한 할인혜택이 효과가 있는지 알아보기 위하여

100명의 골퍼들을 랜덤으로 추출하여 성별을 조사하여 다음과 같은 자료를 얻었다. 이 자료에 입각해서 여자들의 모비율이 증가하였다고 결론지을 수 있는지 유의수준 5%로 검정하라.

남	여	남	남	남	여	남	여	남	남	남	여	여	남	남	남	여	여	여	남
남	여	남	남	남	남	남	여	여	여	여	남	여	남	여	남	남	남	남	여
남	남	남	남	남	남	여	여	남	남	남	남	여	여	여	남	남	남	남	남
여	여	남	남	여	여	남	남	여	남	남	여	남	남	남	여	남	남	남	남
남	남	남	여	남	남	남	남	남	남	남	남	남	남	남	남	여	남	남	남

풀 이 ① 가설의 설정

H_0: $p \leq 0.25$

H_1: $p > 0.25$

② 유의수준 $\alpha = 0.05$에 해당하는 임계치 및 기각영역의 결정

임계치: $Z_\alpha = Z_{0.05} = 1.645$

비기각영역: $Z \leq 1.645$

기각영역: $Z > 1.645$

③ 검정통계량의 계산

$$Z_C = \frac{\hat{p} - p}{\sigma_{\hat{p}}} = \frac{\hat{p} - p}{\sqrt{\dfrac{p(1-p)}{n}}} = \frac{0.3 - 0.25}{\sqrt{\dfrac{0.25(0.75)}{100}}} = 1.15$$

p값 $= P(Z > 1.15) = 0.1251$

④ 의사결정

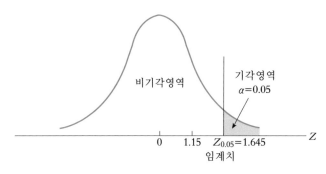

$Z_C = 1.15 < Z_{0.05} = 1.645$이므로 귀무가설 H_0을 기각할 수 없다. 한편 p값 $= 0.1251 > \alpha = 0.05$이므로 귀무가설 H_0을 기각할 수 없다.

따라서 새로운 할인혜택은 여자 골퍼들의 수를 증가시키지 않았다. ◆

4 모분산의 가설검정

우리는 지금까지 모평균과 모비율에 대한 가설검정을 공부하였다. 그런데 경영문제에 있어서는 평균에 못지않게 분산이 중요한 경우가 많다. 품질관리자는 제품의 많은 특성에 있어서 변동이 있으면 규격을 지키지 못하기 때문에 이러한 불량품 발생을 방지하기 위하여 분산에 많은 신경을 쓰고 있다. 또한 병이나 캔에 음료수를 넣을 때 그의 곁에 써 있는 규격보다 많아도 좋지 않고 부족해도 좋지 않기 때문에 정기적으로 음료수의 무게를 검사하게 된다.

우리는 제8장에서 한 모집단의 모분산을 추정하는 경우에 χ^2분포를 사용한다고 공부하였다. 본절에서 공부할 한 모집단의 가설검정을 위해서도 χ^2분포를 사용한다. 그러나 제10장에서 공부할 두 모집단의 모분산에 대한 추정과 검정을 위해서는 F분포를 사용한다.

모분산 σ^2에 대한 가설검정은 정규모집단으로부터 크기 n의 표본을 랜덤으로 추출하여 얻는 표본분산 s^2을 이용하여 실시한다.

우리는 제8장에서 확률변수 χ^2_{n-1}은

$$\chi^2_{n-1} = \frac{(n-1)s^2}{\sigma^2}$$

으로 자유도 $(n-1)$의 χ^2분포를 따른다는 사실을 공부하였다.

가설을 검정함에 있어서 가정하는 모분산의 특정한 값을 σ_0^2이라고 하면 검정통계량 χ^2_{n-1}은

$$\chi^2_{n-1} = \frac{(n-1)s^2}{\sigma_0^2}$$

으로 자유도 $(n-1)$의 χ^2분포를 따른다. 따라서 이를 χ^2검정(χ^2 test)이라 한다.

모분산의 가설검정(대표본)

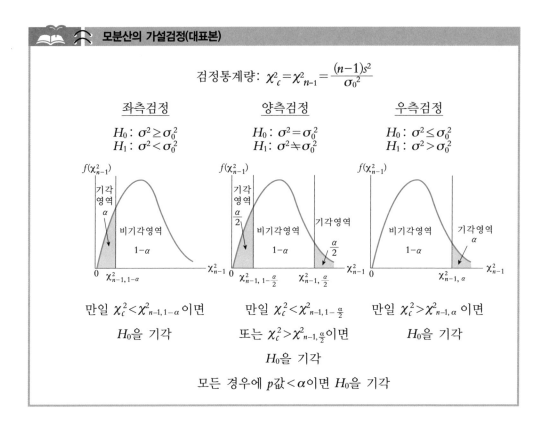

검정통계량: $\chi_c^2 = \chi_{n-1}^2 = \dfrac{(n-1)s^2}{\sigma_0^2}$

좌측검정

$H_0 : \sigma^2 \geq \sigma_0^2$
$H_1 : \sigma^2 < \sigma_0^2$

만일 $\chi_c^2 < \chi_{n-1,\,1-\alpha}^2$ 이면

H_0을 기각

양측검정

$H_0 : \sigma^2 = \sigma_0^2$
$H_1 : \sigma^2 \neq \sigma_0^2$

만일 $\chi_c^2 < \chi_{n-1,\,1-\frac{\alpha}{2}}^2$

또는 $\chi_c^2 > \chi_{n-1,\,\frac{\alpha}{2}}^2$이면

H_0을 기각

우측검정

$H_0 : \sigma^2 \leq \sigma_0^2$
$H_1 : \sigma^2 > \sigma_0^2$

만일 $\chi_c^2 > \chi_{n-1,\,\alpha}^2$ 이면

H_0을 기각

모든 경우에 p값 $< \alpha$이면 H_0을 기각

모분산에 대한 가설검정도 세 가지 형태로 나타낼 수 있다. 그들의 결정 규칙은 위와 같다.

 예 9-8

캔맥주를 생산하는 회사의 품질관리 기사는 캔 열 개를 표본으로 추출하여 무게를 조사한 결과 다음과 같은 자료를 얻었다. 유의수준 5%로 모분산 σ^2이 0.01온스 보다 크다고 하는 가설을 검정하라.

20.11	20.25	20.12	20.08	19.96	19.98	19.93	20.09	20.11	19.75

풀 이 ① 가설의 설정

$H_0 : \sigma^2 \leq 0.01$

$H_1 : \sigma^2 > 0.01$

② 유의수준 $\alpha = 0.05$에 해당하는 임계치 및 기각영역의 결정

임계치: $df = n-1 = 9$, $\chi^2_{n-1,\ \alpha} = \chi^2_{9,\ 0.05} = 16.9190$

기각영역: $\chi^2 > 16.9190$

③ 검정통계량의 계산

$$\chi^2_C = \frac{(n-1)s^2}{\sigma_0^2} = \frac{9(0.019)}{0.01} = 17.1$$

④ 의사결정

$\chi^2_C = 17.1 > \chi^2_{9,\ 0.05} = 16.9190$이므로 귀무가설 H_0을 기각한다. 컴퓨터 출력결과 p값$= 0.048 < \alpha = 0.05$이므로 귀무가설 H_0을 기각한다.

즉 모분산은 0.01보다 크다고 할 수 있다.

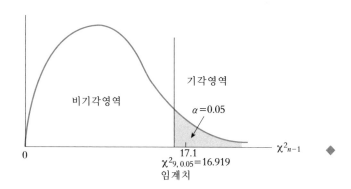

예제와 풀이

1. 삼성음료㈜는 사이다를 생산하는데 캔에 12온스를 담는 기계의 성능을 테스트하고 자 한다. 품질관리 기사는 과·부족이 발생하면 기계를 조정해야 한다. 캔의 무게는 표준편차 0.6온스의 정규분포를 따른다고 한다. 랜덤표본으로 36개의 캔을 추출하 여 무게를 측정한 결과 다음과 같은 자료를 얻었다. 유의수준 5%로 캔의 무게가 12온스라고 하는 회사의 주장을 검정하라.

11.9	12.7	12.5	11.6	11.3	11.1	13.2	12.1	12.0
10.9	11.6	12.2	12.9	12.3	12.1	11.3	12.5	11.0
11.2	10.8	12.0	12.4	11.8	11.1	10.6	13.2	11.5
12.1	11.9	11.8	9.9	11.9	12.3	12.0	12.1	11.0

① 평균 캔무게 μ에 대한 95% 신뢰구간을 설정하라.
② 회사의 주장대로 12온스인지 유의수준 5%로 검정하라.
③ 신뢰구간 추정의 결과로 가설을 검정하라.

풀이

① $\bar{x} = 11.8$ $\sigma = 0.6$

$$\bar{x} - Z_{\frac{\alpha}{2}} \frac{\sigma}{\sqrt{n}} \leq \mu \leq \bar{x} + Z_{\frac{\alpha}{2}} \frac{\sigma}{\sqrt{n}}$$

$$11.8 - (1.96)\frac{0.6}{\sqrt{36}} \leq \mu \leq 11.8 + (1.96)\frac{0.6}{\sqrt{36}}$$

$$11.604 \leq \mu \leq 11.996$$

② (1) 가설의 설정

H_0: $\mu = 12$

H_1: $\mu \neq 12$

(2) 유의수준 $\alpha = 0.05$에 해당하는 임계치 및 기각영역의 결정

임계치: $Z_{\frac{\alpha}{2}} = Z_{0.025} = 1.96$ $-Z_{\frac{\alpha}{2}} = -Z_{0.025} = -1.96$

비기각영역: $-1.96 \leq Z \leq 1.96$

기각영역: $Z < -1.96$ 또는 $Z > 1.96$

(3) 검정통계량의 계산

$\bar{x} = 11.8$

$$Z_C = \frac{\bar{x} - \mu_0}{\sigma / \sqrt{n}} = \frac{11.8 - 12}{0.6 / \sqrt{36}} = -2$$

(4) 의사결정

$Z_C = -2 > -Z_{0.025} = -1.96$이므로 귀무가설 H_0을 기각한다. 한편 p값$=0.0455 <$ $\alpha = 0.05$이므로 귀무가설 H_0을 기각하고 대립가설 H_1을 채택한다.

따라서 기계를 조정해야 한다.

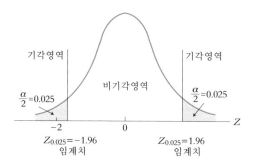

③ $\mu_0 = 12$는 신뢰구간 11.604와 11.996을 벗어나므로 귀무가설 H_0을 기각한다.

2. Excel 대학병원에서는 새로운 심장 수술법을 개발하여 환자의 회복시간이 상당히 단축되었다고 주장한다. 과거의 자료에 의하면 표준 수술법을 사용하였을 때의 평균 회복시간은 42일이고 표준편차는 4일이었다. 과연 새로운 방법이 회복시간을 단축 시켰는지 밝히기 위하여 다음과 같이 36명의 환자를 추출하여 조사한 결과 평균 회 복시간은 41.12일이었다. 유의수준 5%로 병원 측의 주장을 검정하라.

30.32	32.74	33.58	33.59	34.65	35.00	36.78	37.81	37.85	38.00	38.10	38.20
39.20	39.40	39.40	39.50	39.50	39.60	39.70	39.80	39.80	40.00	40.00	40.20
40.30	42.00	44.00	44.00	45.00	46.00	47.00	47.00	49.50	50.12	60.20	62.50

풀 이

① 가설의 설정

H_0: $\mu \geq 42$

H_1: $\mu < 42$

② 유의수준 $\alpha = 0.05$에 해당하는 임계치 및 기각영역의 결정

임계치: $-Z_{0.05} = -1.645$

비기각영역: $Z \geq -1.645$

기각영역: $Z < -1.645$

③ 검정통계량의 계산

$$Z_C = \frac{\bar{x} - \mu_0}{\sigma/\sqrt{n}} = \frac{41.12 - 42}{4/\sqrt{36}} = -1.32$$

p값 $= P(Z < -1.32) = 0.0934$

④ 의사결정

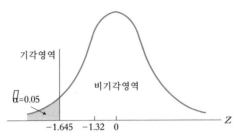

$Z_C = -1.32 > -Z_{0.05} = -1.645$이므로 귀무가설 H_0을 기각할 수 없다. 한편 p값 $= 0.0934 > \alpha = 0.05$이므로 귀무가설 H_0을 기각할 수 없다.

따라서 회복시간은 단축되었다고 할 수 없다.

3. 서대문식품㈜는 아침식사용 시리얼을 생산한다. 시리얼은 봉지에 12온스씩 담도록 설계되어 있지만 함량미달이라는 소비자들의 불만이 많아 이를 테스트하기 위하여 50개의 봉지를 오늘 생산량 중에서 랜덤으로 추출하여 그들의 무게를 측정한 결과 다음과 같은 자료를 얻었다. 각 봉지의 평균 무게가 과연 함량미달인지 유의수준 5%로 검정하라(컴퓨터 사용 결과 $\bar{x} = 11.96$온스, $s = 0.31$온스).

11.7	11.7	11.4	12.1	11.5	12.4	11.8	11.8	12.2	11.1
11.8	11.5	12.4	12.2	11.9	11.6	11.8	12.2	12.3	12.4
11.9	11.5	12.0	12.2	11.8	11.7	12.3	12.4	12.2	11.9
12.0	12.0	11.8	11.9	12.3	12.1	12.2	11.5	11.7	11.9
12.3	12.0	11.9	12.2	11.8	11.7	12.2	12.3	12.5	12.1

풀 이

① 가설의 설정

H_0: $\mu \geq 12$

$H_1: \mu < 12$

② 유의수준 $\alpha=0.05$에 해당하는 임계치 및 기각영역의 결정

임계치: $-Z_{0.05} = -1.645$

비기각영역: $Z \geq -1.645$

기각영역: $Z < -1.645$

③ 검정통계량의 계산

$$Z_C = \frac{\bar{x} - \mu_0}{\sigma/\sqrt{n}} = \frac{11.96 - 12}{0.31/\sqrt{50}} = -0.91$$

p값 $= P(Z < -0.91) = 0.1814$

④ 의사결정

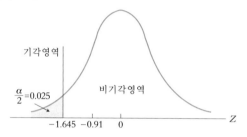

$Z_C = -0.91 > -Z_{0.05} = -1.645$이므로 귀무가설 H_0을 기각할 수 없다. 한편 p값$=$ 0.1814$>\alpha=0.05$이므로 귀무가설 H_0을 기각할 수 없다.

따라서 시리얼 봉지들의 평균 무게는 12온스 이상이라고 할 수 있다.

4. 평화전지㈜는 현재 평균 수명 100시간인 벽시계용 배터리를 생산하고 있는데 연구진이 새로 개발한 배터리의 수명이 100시간보다 길다는 확실한 증거가 있으면 이를 대량생산할 계획을 갖고 있다.

30개의 배터리를 랜덤하게 추출하여 수명을 측정한 결과 다음과 같은 자료를 얻었다(컴퓨터 사용 결과 평균 시간 $\bar{x}=108.97$시간, 표본표준편차 $s=22.88$시간임). 유의수준 5%로 새로운 배터리를 생산할 계획을 수립할 필요가 있는지 Z검정과 t검정으로 검정하라.

87	98	159	93	145	137	100	88	150	70
98	75	101	105	104	105	103	102	115	117
120	122	125	130	132	95	88	70	135	100

풀이 ① 가설의 설정

H_0: $\mu \leq 100$

H_1: $\mu > 100$

② 유의수준 $\alpha = 0.05$에 해당하는 임계치 및 기각영역의 결정

임계치: $Z_\alpha = Z_{0.05} = 1.645$ $t_{29, 0.05} \fallingdotseq 1.699$

비기각영역: $Z \leq 1.645$ $t \leq 1.699$

기각영역: $Z > 1.645$ $t > 1.699$

③ 검정통계량의 계산

$$Z_C = \frac{\bar{x} - \mu_0}{s/\sqrt{n}} = \frac{108.97 - 100}{22.88/\sqrt{30}} = 2.15$$

$$t_C = \frac{\bar{x} - \mu_0}{s/\sqrt{n}} = 2.15$$

$$p값 = P(Z \geq 2.15) = 0.0158$$

④ 의사결정

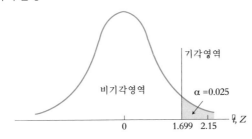

$Z_C = 2.15 > Z_{0.05} = 1.645$이므로 귀무가설 H_0을 기각한다. $t_C = 2.15 > t_{29, \ 0.05} = 1.699$이므로 귀무가설 H_0을 기각한다. 한편 $p값 = 0.0158 < \alpha = 0.05$이므로 귀무가설 H_0을 기각한다. 따라서 대립가설을 채택해야 하므로 새로운 배터리의 생산계획을 수립할 필요가 있다.

5. 강남 고속버스 터미널에서는 예약제를 실시하고 있다. 회사 측에 의하면 예약자 중 적어도 95%는 출발시간 전에 도착한다고 주장한다. 40명의 예약자를 랜덤으로 추출하여 조사한 결과 다음과 같은 자료를 얻었다(지킴: Y, 안지킴: N). 회사 측의 주장을 반박할 충분한 근거가 있는지 유의수준 5%로 검정하라.

Y	N	Y	Y	Y	Y	N	Y	Y	Y
N	Y	Y	Y	Y	Y	Y	Y	Y	Y
Y	Y	Y	Y	N	Y	Y	Y	Y	Y
Y	Y	Y	Y	Y	Y	Y	Y	Y	N

풀이

① 가설의 설정

H_0: $p \geq 0.95$

H_1: $p < 0.95$

② 유의수준 $\alpha = 0.05$에 해당하는 임계치 및 기각영역의 결정

임계치: $-Z_\alpha = -Z_{0.05} = -1.645$

기각영역: $Z < -1.645$

③ 검정통계량의 계산

$$\hat{p} = \frac{35}{40} = 0.875$$

$$Z_C = \frac{0.875 - 0.95}{\sqrt{\dfrac{0.95(1 - 0.95)}{40}}} - 2.18$$

$$p값 = P(Z < -2.18) = 0.0146$$

④ 의사결정

$Z_C = -2.18 < -Z_{0.05} = -1.645$이므로 귀무가설 H_0을 기각한다. 한편 p값 = 0.0146 < $\alpha = 0.05$이므로 귀무가설 H_0을 기각한다.

따라서 회사의 주장은 옳지 않다.

6. 평화은행의 혜화지점장은 고객이 기다리는 시간의 변동을 줄이기 위하여 고객이 도착하는 순서대로 한 줄로 서 있다가 창구가 비는 대로 고객을 순서대로 서비스하는 정책을 고려한다. 왜냐하면 이러한 정책은 고객이 기다리는 평균 시간에는 변화를 주지 않지만 기다리는 시간의 변동은 줄인다고 생각하기 때문이다.

그러나 이를 반대하는 사람은 과거 창구 수에 따른 여러 개의 독립적인 줄에서 기다리는 시간의 표준편차 6분/고객보다 효과가 별로 없을 것이라고 주장한다. 누구의 주장이 맞는지 유의수준 5%로 검정하기 위하여 한 줄에서 기다리는 사람 가운데서 표본으로 20명을 추출하여 시간을 측정한 결과 다음과 같은 자료를 얻었다.

3.2	3.5	4.8	5.6	6.8	7.5	8.0	8.5	9.0	9.4
9.5	10.0	10.5	11.0	11.6	12.0	13.5	16.5	18.5	20.5

풀 이

① 가설의 설정

H_0: $\sigma \geq 6$

H_1: $\sigma < 6$

② 유의수준 $\alpha = 0.05$에 해당하는 임계치 및 기각영역의 결정

임계치: $\chi^2_{n-1,\,1-\alpha} = \chi^2_{19,\,0.95} = 10.1170$

비기각영역: $\chi^2_{n-1} > \chi^2_{19,\,0.95}$

기각영역: $\chi^2_{n-1} \leq \chi^2_{19,\,0.95}$

③ 검정통계량의 계산

$$\chi^2_C = \frac{(n-1)s^2}{\sigma_0^2} = \frac{19(4.61)^2}{36} = 11.22$$

④ 의사결정

$\chi^2_C = 11.22 > \chi^2_{19,\,0.95} = 10.1170$이므로 귀무가설 H_0을 기각할 수 없다.

따라서 지점장의 주장은 옳지 않다.

연/습/문/제

1. 가설검정의 개념을 설명하라.

2. 가설검정의 오류를 설명하라.

3. 가설검정의 순서를 나열하라.

4. 다음 용어를 간단히 설명하라.
   ① 귀무가설과 대립가설   ② 제Ⅰ종 오류와 제Ⅱ종 오류   ③ 임계치
   ④ 유의수준   ⑤ 검정통계량   ⑥ p값

5. 다음 문제에 대해 귀무가설과 대립가설을 설정하라.
   ① 비행기 제조회사는 알루미늄 판의 두께가 정확하게 평균 0.05인치인지 조사하고자 한다.
   ② 비행기 제조회사는 특수 철근의 평균 장력이 적어도 5,000파운드인지 조사하고자 한다.
   ③ 컴퓨터 제조회사는 컴퓨터 한 대 조립하는 데 기껏해야 평균 40분이 소요된다는 감독관의 주장을 조사하고자 한다.

6. $n=60$, $\sigma=3.1$인 문제에서 가설은 다음과 같다.

   $$H_0 : \mu=8.3$$
   $$H_1 : \mu<8.3$$

   ① 만일 $\mu=8.3$이라면 범할 수 있는 오류는 무엇인가?
   ② 만일 $\mu=6.7$이라면 범할 수 있는 오류는 무엇인가?
   ③ 유의수준 $\alpha=6\%$ 미만이어야 한다. 다음과 같은 기각영역

$$Z_C = \frac{\bar{x} - 8.3}{3.1/\sqrt{60}} < -1.645$$

는 이러한 조건을 만족시키는가? 그렇다면 실제의 유의수준은 얼마인가?

7. 다음과 같은 문제의 모평균 μ에 대한 가설을 설정하고 표본자료에 입각하여 주장이 나 가설을 검정하려고 한다.

ⓐ 201A년 한국에서 시험을 본 TOEFL 점수의 평균은 500점을 넘는다.

ⓑ 군산시에서 출생하는 신생아의 병원비 평균 청구액은 20만 원 미만이다.

① ⓐ, ⓑ 두 문제에 대해 가설을 설정하라.

② 어떤 경우에 결정은 옳은가?

③ 틀린 결정은 무엇이며 이때 범하는 오류는 무엇인가?

8. Excel 대학교에서 통계학을 강의하는 강 교수는 43명의 학생에게 과제물을 주고 독립적으로 이를 풀어오도록 요구하였다. 각 학생이 소요한 시간을 기록한 후 평균 을 계산하니 7.40시간이었고 표준편차는 1.5시간이었다.

① 학생들이 과제물을 풀어오는 데 소요된 평균 시간에 대한 95% 신뢰구간을 구 하라.

② 신뢰구간과 양측검정의 관계를 이용하여 다음과 같은 가설을 검정하라.

　　ⓐ $H_0 : \mu = 7.6$　　　　　$H_1 : \mu \neq 7.6$　$(\alpha = 0.05)$

　　ⓑ $H_0 : \mu = 6.7$　　　　　$H_1 : \mu \neq 6.7$　$(\alpha = 0.05)$

9. 클라이슬러 자동차회사에서는 새로운 엔진을 개발하였는데 공기오염표준을 준수하 고 있는지 결정하기 위하여 검정하려고 한다. 이러한 형태의 모든 엔진은 그의 평균 탄소배출량이 20ppm 미만이어야 한다. 10개의 엔진을 생산하여 그들의 탄소배출 량을 측정한 결과 다음과 같은 자료를 얻었다. 유의수준 5%로 이러한 엔진이 오염 표준을 준수한다고 결론지을 수 있는지 검정하라.

13.9	20	17.5	16.6	19.6	16.4	20.5	21.5	16	15.7

10. 새로운 생산방법을 도입한 이래 지난 50주 동인 의자 생산이 주 평균 208개보다 더 많은지를 알고자 하는 평화가구㈜는 지난해 50주 동안 생산한 의자는 주 평균

211.5개, 표준편차 16개라는 사실을 밝혀냈다. 생산율은 증가하였는지 유의수준 5%로 검정하라.

11. 종로제조㈜는 현재 생산하고 있는 제품 대신에 약간 개량한 새로운 제품을 개발하여 시판하려고 한다. 회사는 새로운 제품이 성공할지 알아보기 위하여 다음과 같이 50명의 잠재고객을 랜덤으로 추출하여 두 제품을 비교하도록 하였다. 회사는 사실 50% 이상이 선호(P)한다면 새로운 제품을 시판하려고 한다. 유의수준 5%로 새로운 제품을 시판할 필요가 있는지 검정하라.

P P N P P N P N P N P P N P P N P P P P N P P N P N
N P N P P P N P P P P P P N P P P P N P N N P P P N

12. 병원에서 환자들이 침대에 누워 체류하는 기간이 얼마이냐는 자원을 배분하는 데 고려하는 한 요소이다. Excel 대학병원에서는 그동안 환자들의 평균 체류기간은 5일이라고 여겨왔다. 그런데 병원에서는 얼마 전 새로운 치료 시스템을 도입하여 환자들의 체류기간은 줄어들었지 않나 생각하고 있다. 이를 검정하기 위하여 100명의 환자를 랜덤으로 추출하여 체류기간을 조사한 결과 다음과 같은 자료를 얻었다. 유의수준 5%로 체류기간이 5일 미만인지 검정하라.

3	8	2	3	1	4	5	2	13	3
4	10	3	9	1	3	2	2	1	5
8	4	2	1	3	3	4	5	2	2
6	4	3	7	3	10	5	4	4	3
4	3	13	3	1	2	11	3	5	4
4	5	3	9	6	3	1	6	4	2
6	1	5	7	3	9	1	2	4	10
4	3	2	9	3	6	9	5	3	1
2	2	4	4	2	6	6	3	12	4
5	4	6	4	5	3	5	4	3	8

13. 골프공을 제조하는 평화기업은 골프공의 무게를 정확하게 관리하기 때문에 무게의 분산은 1mg을 초과하지 않는다고 주장한다. 31개의 공을 랜덤으로 추출하여 무게를 측정한 결과 분산은 1.62mg이었다. 유의수준 5%로 회사의 주장을 거부할 충분한 근거가 있는지 검정하라.

14. 한국비료는 50kg 백의 비료를 생산한다. 회사는 최근 새로운 기계를 도입하였기 때문에 무게에 변동이 있는지 관심을 갖고 있다. 15개의 백을 추출하여 무게를 측정한 결과 다음과 같은 자료를 얻었다. 백의 무게는 정규분포를 따르는 것으로 알려졌다.

46.7	47.5	48.3	49.2	49.2	49.5	50.7	50.8
51.1	51.2	51.3	51.5	51.5	51.6	52.1	

① 백의 무게의 모분산 σ^2에 대한 95% 신뢰구간을 설정하라.
② 백의 무게의 표준편차 σ는 0.5kg을 넘지 않는다고 회사는 주장하는데 이를 반박할 충분한 근거는 있는지 유의수준 5%로 검정하라.

15. 종로제조㈜는 조립라인 작업에 새로운 안전장치를 설치하였다. 사장은 이 시설의 설치 후에 매일 생산량에 변동이 발생했는지에 관심을 갖고 있다. 따라서 500을 초과하는 어떤 분산도 바람직하지 않다고 생각한다. 8일 동안의 생산량을 조사한 결과 다음과 같은 결과를 얻었다. 유의수준 5%로 매일 생산량의 모분산이 500은 넘지 않는다는 귀무가설을 검정하라.

580	582	598	618	625	630	639	640

16. 평화 양계장에서는 6개월 된 닭의 평균 무게는 4.35kg이라고 발표하였다. 닭의 무게는 정규분포를 따른다고 한다. 양계장에서는 무게를 늘리기 위하여 특수 첨가제를 사료에 넣어 먹였다. 10마리의 닭을 표본으로 추출하여 무게를 측정한 결과 다음과 같은 결과를 얻었다. 특수 사료가 과연 닭의 평균 무게를 늘렸는지 유의수준 5%로 검정하라.

4.30	4.33	4.35	4.36	4.37	4.38	4.39	4.39	4.40	4.41

17. 참기름을 생산하는 회사의 제조부장은 최근 병에 참기름 2리터를 담도록 정밀하게 설계된 기계를 도입하여 사용하고 있다. 이것이 사실인지 알기 위하여 50개의 병을 랜덤으로 추출하여 무게를 측정한 결과 다음과 같은 자료를 얻었다. 유의수준 5%로 병들의 평균 무게가 2리터인지 검정하라.

2.108	2.111	2.015	1.975	1.985	2.000	1.965	1.995	1.975	2.005
1.941	1.969	1.967	2.013	2.020	1.938	1.908	1.894	1.951	2.017
2.012	2.029	1.963	1.994	2.008	2.044	1.992	1.894	1.972	2.005
2.013	2.002	1.884	1.896	1.999	2.000	1.874	1.964	1.994	2.002
1.955	1.987	1.889	2.010	2.015	1.894	2.004	1.884	2.016	2.022

18. 우리나라 초등학교 1학년 학생들의 키는 평균이 100cm이고 표준편차는 15cm인 정규분포를 따른다는 조사보고가 있었다. 16명을 랜덤으로 추출하여 키를 측정한 결과 다음과 같은 자료를 얻었다. 유의수준 5%로 모평균 키가 100cm라고 하는 주장을 검정하라.

127	103	95	107	101	98	95	135
130	119	112	97	103	95	104	99

19. 샴푸병을 생산하는 공정이 고장 없이 진행하면 내용물이 평균 20온스인 병을 생산하게 된다. 그러나 정확하게 20온스인지 아닌지 검정하기 위하여 아홉 개의 병을 추출하여 무게를 측정한 결과 다음과 같은 자료를 얻었다. 모집단이 정규분포를 따른다고 할 때 유의수준 5%로 내용물이 평균 20온스라는 주장을 검정하라.

21.4	19.7	19.7	20.6	20.8	20.1	19.7	20.3	20.9

20. 남산식품㈜는 최근에 새로운 스낵용 먹거리를 개발하고 소비자들로 하여금 시식토록 하였다. 50명의 소비자들로 하여금 시식 후 반응을 0 : 좋아하지 않음, 1 : 좋아함, 2 : 그저 그러함 등으로 코드화하도록 하여 다음과 같은 자료를 얻었다. 회사는 스낵용 먹거리를 좋아하지 않는 소비자의 비율이 절반을 넘지 않나 걱정하고 있다. 유의수준 5%로 절반을 넘는지 검정하라.

0	0	1	1	2	0	0	0	1	0
0	0	2	2	2	1	0	0	0	1
1	0	2	0	0	1	1	0	0	0
0	1	0	0	2	0	1	0	2	0
0	0	1	0	0	2	1	1	0	0

21. 여론조사기관 갤럽은 미국산 캘러웨이(Callaway)의 우리나라 시장점유율을 알아보기 위하여 100명의 골퍼를 랜덤으로 추출하여 사용여부(Yes 또는 No)를 조사하여 다음과 같은 자료를 얻었다. 그의 시장점유율은 25%는 넘을 것이라는 일반적인 생각이 맞는지 유의수준 5%로 검정하라.

Y	Y	N	Y	N	N	Y	Y	Y	N	Y	N	N	N	Y	N	N	N	N	N
N	N	Y	Y	N	N	N	Y	N	N	Y	Y	Y	N	N	N	N	N	N	N
Y	N	Y	N	N	N	N	N	N	N	Y	N	N	Y	N	N	Y	N	Y	N
N	N	N	Y	N	N	Y	N	N	N	N	N	Y	Y	N	N	Y	N	N	N
Y	Y	N	N	Y	N	N	N	N	Y	N	N	N	N	N	Y	N	N	N	Y

제 10 장

통계적 추정과 가설검정: 두 모집단

1. 독립표본과 대응표본
2. 두 표본평균 차이의 표본분포
3. 두 모평균 차이에 대한 추정과 검정
4. 두 모비율 차이에 대한 추정과 검정
5. 두 모분산에 대한 검정

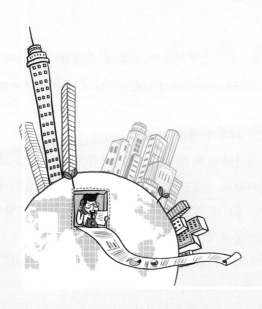

우리는 제8장과 제9장에서 미지의 모수에 대한 신뢰구간 추정과 가설검정을 실시함에 있어서 한 모집단으로부터 추출한 한 표본에 입각하였다. 이는 한 표본검정(one-sample test)이라고 한다. 우리는 본장에서 한 모집단의 신뢰구간 추정과 가설검정의 절차를 연장해서 두 모집단으로부터 추출하는 두 표본에 입각하여 두 모평균의 차이, 두 모비율의 차이, 두 모분산의 비율에 관한 신뢰구간 추정과 가설검정의 절차를 공부하기로 한다.

이와 같이 두 모집단으로부터 각각 하나의 표본을 랜덤으로 추출하여 이 표본들이 같은 또는 유사한 모집단에서 추출되었는지를 결정한다. 따라서 이를 두 표본검정(two-sample test)이라고 한다.

실제적으로 우리는 두 모집단의 평균, 비율, 분산을 서로 비교하는 경우가 많다. 예를 들면 '통계학을 수강하는 남학생과 여학생 사이에 평균 점수는 차이가 있는가? 두 정당 사이의 지지율 사이에 차이가 있는가? 우리나라 남성의 키는 여성의 키보다 변동적인가?' 등이다.

본장에서는 두 모집단으로부터 추출하는 두 표본이 서로 독립적인 경우와 종속적인 경우로 나누어 공부할 것이다.

1 독립표본과 대응표본

두 모집단의 평균을 비교할 때는 표본자료를 어떻게 수집할 것인가에 신경을 써야 한다. 표본은 독립표본(independent sample)과 종속표본(dependent sample)으로 구분할 수 있다.

독립표본이란 예컨대 남자와 여자의 평균 키를 비교한다고 할 때 크기 n_1의 남자와 크기 n_2의 여자를 각 모집단에서 독립적으로 추출하기 때문에 특정 남자와 특정 여자의 키를 대응시킬 하등의 이유가 없는 경우의 표본추출을 말한다.

이에 반하여 종속표본이란 예컨대 부부간의 몸무게를 비교한다고 할 때 한 모집단으로부터 크기 n의 가정을 선정하여 남편의 몸무게와 그의 부인의 몸무게를 직접 대응시킬 이유가 있는 경우의 표본추출을 말한다. 종속표본은 대응표본(paired sample)이라고도 한다.

일반적으로 종속표본은 다음의 경우에 사용한다.

- 전과 후의 비교: 예를 들면 어떤 사람의 다이어트하기 전의 몸무게와 한 이후의 몸무게의 비교
- 대응하는 특성을 가진 사람들의 비교: 예를 들면 종로제조㈜에 근무하는 남자 근로자들의 평균 임금과 교육과 경력이 같은 여자 근로자들의 평균 임금의 비교
- 장소에 의해 짝을 이루는 관찰의 비교: 예를 들면 같은 상점에서 취급하는 두 회사 제품의 판매량의 비교
- 시간에 의해 짝을 이루는 관찰의 비교: 예를 들면 동일한 기간 동안 두 상점에서 판매한 금액의 비교

2 두 표본평균 차이의 표본분포

두 모집단의 평균 차이에 관심이 있기 때문에 두 모평균을 다음과 같이 정의한다.

μ_1=모집단 1의 평균

μ_2=모집단 2의 평균

그림 10-1 **독립표본**

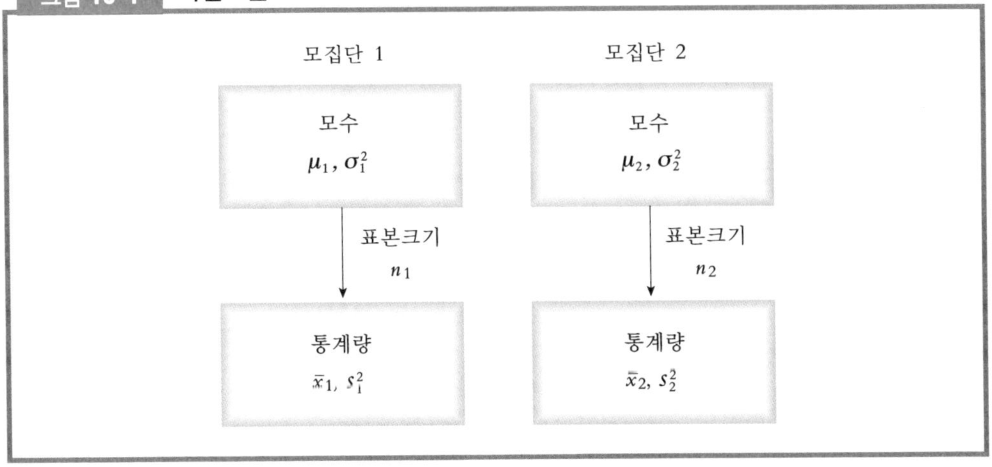

모집단 1   모집단 2

| 모수 μ_1, σ_1^2 | 모수 μ_2, σ_2^2 |

표본크기 n_1 표본크기 n_2

| 통계량 $\bar{x}_1, s_1^2$ | 통계량 $\bar{x}_2, s_2^2$ |

그러면 두 모평균의 차이는 $(\mu_1 - \mu_2)$이다. 이를 추정하기 위하여 모집단 1에서 표본크기 n_1의 확률표본을 추출하고 모집단 2에서 표본크기 n_2의 확률표본을 독립적으로 추출한다. 그러면 표본평균은 다음과 같다.

$\bar{x}_1 =$ 모집단 1에서 추출한 표본크기 n_1의 확률표본의 평균

$\bar{x}_2 =$ 모집단 2에서 추출한 표본크기 n_2의 확률표본의 평균

이는 [그림 10-1]에서 보는 바와 같다.

표본평균 $\bar{x}_1$는 모평균 μ_1의 점추정량이고 $\bar{x}_2$는 모평균 μ_2의 점추정량이다. 따라서 두 모평균의 차이 $(\mu_1 - \mu_2)$의 점추정량은 두 표본평균의 차이 $(\bar{x}_1 - \bar{x}_2)$이다.

모집단 1에서 크기 n_1의 표본을 랜덤추출하면 표본평균 $\bar{x}_1$의 표본분포를,

그림 10-2 **두 표본평균 차이의 표본분포**

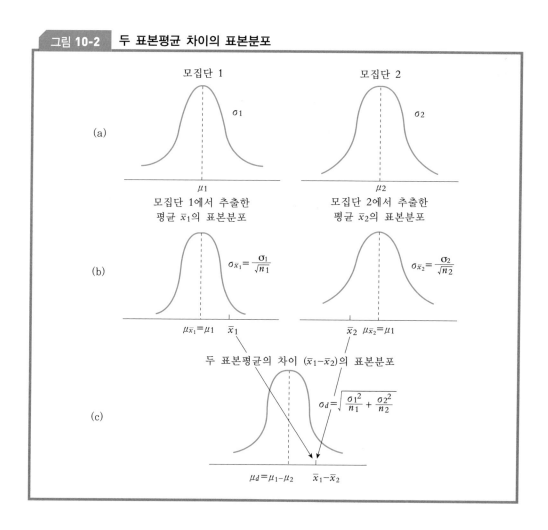

모집단 2에서 크기 n_2의 표본을 랜덤추출하면 표본평균 $\bar{x}_2$의 표본분포를 얻는다. 이는 [그림 10-2](b)에서 보는 바와 같다.

그런데 모집단 1과 모집단 2로부터 추출하는 표본들도 수없이 많으므로 ($\bar{x}_1 - \bar{x}_2$)의 가능한 모든 표본평균 차이의 분포를 작성할 수 있다. 이것이 두 표본평균 차이 ($\bar{x}_1 - \bar{x}_2$)의 표본분포이다. 이는 [그림 10-2](c)에서 보는 바와 같다.

두 표본평균의 차이 ($\bar{x}_1 - \bar{x}_2$)의 표본분포는 표본을 추출한 두 모집단이 정규분포를 따른다든지 또는 $n_1 \geq 30$, $n_2 \geq 30$이면 중심극한정리에 의하여 정규분포에 근접한다. 이때 두 표본평균의 차이 ($\bar{x}_1 - \bar{x}_2$)의 표본분포는 다음과 같이 평균과 표준오차를 갖는다.

📖 ⌃ 두 표본평균의 차이 ($\bar{x}_1 - \bar{x}_2$)의 표본분포

평　　　　　　균: $E(\bar{x}_1 - \bar{x}_2) = \mu_d = \mu_{\bar{x}_1 - \bar{x}_2} = \mu_1 - \mu_2$

표준편차(표준오차): $\sigma_d = \sigma_{\bar{x}_1 - \bar{x}_2} = \sqrt{\dfrac{\sigma_1^2}{n_1} + \dfrac{\sigma_2^2}{n_2}}$

---

3 두 모평균 차이에 대한 추정과 검정

3.1 독립표본

□ **두 모집단의 표준편차를 아는 경우**

평균 μ_1, 분산 σ_1^2인 모집단 1로부터는 크기 n_1의 표본을 추출하고 평균 μ_2, 분산 σ_2^2인 모집단 2로부터는 크기 n_2의 표본을 독립적으로 추출한다고 하자. 이때 표본크기 n_1과 n_2는 꼭 같아야 할 이유는 없다.

두 모집단이 정규분포를 따르고 그의 분산이 알려져 있는 경우 두 모집단 평균의 차이 ($\mu_1 - \mu_2$)에 대한 추정과 검정을 하기 위해서는 그의 점추정량인 두 표본평균의 차이인 ($\bar{x}_1 - \bar{x}_2$)의 확률분포를 이용해야 한다.

두 모집단이 정규분포를 하고 두 표본이 독립적으로 추출되었기 때문에 표본평균 차이의 표본분포는 평균 $(\mu_1 - \mu_2)$, 분산 $\left(\dfrac{\sigma_1^2}{n_1} + \dfrac{\sigma_2^2}{n_2}\right)$인 정규분포를 따른다.

정규분포를 표준화함으로써 표준정규확률변수 Z는

$$Z = \frac{(\overline{x}_1 - \overline{x}_2) - (\mu_1 - \mu_2)}{\sqrt{\dfrac{\sigma_1^2}{n_1} + \dfrac{\sigma_2^2}{n_2}}}$$

으로 표준정규분포 $N(0, 1)$을 따른다.

두 모평균의 차이 $(\mu_1 - \mu_2)$의 신뢰구간은 다음 식을 이용하여 구할 수 있다.

📖 ⚎ 두 모평균의 차이 $(\mu_1 - \mu_2)$에 대한 100$(1-\sigma)$신뢰구간(σ 기지)

$$(\overline{x}_1 - \overline{x}_2) - Z_{\frac{\alpha}{2}}\sqrt{\frac{\sigma_1^2}{n_1} + \frac{\sigma_2^2}{n_2}} \leq \mu_1 - \mu_2 \leq (\overline{x}_1 - \overline{x}_2) + Z_{\frac{\alpha}{2}}\sqrt{\frac{\sigma_1^2}{n_1} + \frac{\sigma_2^2}{n_2}}$$

한편 모평균의 차이 $(\mu_1 - \mu_2)$에 대한 가설검정도 위의 Z통계량을 이용하여 다음과 같이 실시한다.

📖 ⚎ 두 모평균의 차이 $(\mu_1 - \mu_2)$에 대한 가설검정(σ 기지)

검정통계량: $Z_C = \dfrac{(\overline{x}_1 - \overline{x}_2) - \mu_0}{\sqrt{\dfrac{\sigma_1^2}{n_1} + \dfrac{\sigma_2^2}{n_2}}}$

좌측검정	양측검정	우측검정
$H_0: \mu_1 - \mu_2 \geq \mu_0$	$H_0: \mu_1 - \mu_2 = \mu_0$	$H_0: \mu_1 - \mu_2 \leq \mu_0$
$H_1: \mu_1 - \mu_2 < \mu_0$	$H_1: \mu_1 - \mu_2 \neq \mu_0$	$H_1: \mu_1 - \mu_2 > \mu_0$

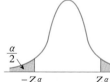

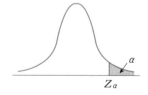

만일 $Z_C < -Z_\alpha$이면 H_0을 기각

만일 $Z_C < -Z_{\frac{\alpha}{2}}$ 또는 $Z_C > Z_{\frac{\alpha}{2}}$이면 H_0을 기각

만일 $Z_C > Z_\alpha$이면 H_0을 기각

모든 경우에 p값 $< \alpha$이면 H_0을 기각

예 10-1

평화타이어㈜와 대한타이어㈜는 거의 비슷한 래디얼 타이어를 생산하고 있다. 두 회사 제품의 평균 수명거리에 차이가 있는지 알아보기 위하여 표본을 추출하여 다음과 같은 자료(단위: 1,000km)를 얻었다. 과거의 경험에 의하여 두 회사 제품의 수명거리의 표준편차는 3,000km라고 한다.

평화타이어	33	37	38	38	42	44	45	45	46	47	48	48		
대한타이어	31	32	33	33	35	35	40	40	43	45	47	48	50	52

① 두 회사 제품의 수명거리의 모평균의 차이에 대한 95% 신뢰구간을 구하라.
② 두 회사 제품의 수명거리의 모평균에 차이가 있다고 할 수 있는지 유의수준 5%로 검정하라.

풀 이 ① 평화타이어의 평균 수명거리 $\overline{x}_1 = (33 + 37 + \cdots + 48)/12 = 42.58$
대한타이어의 평균 수명거리 $\overline{x}_2 = (31 + 32 + \cdots + 52)/14 = 40.29$

$$(\overline{x}_1 - \overline{x}_2) - Z_{\frac{\alpha}{2}} \sqrt{\frac{\sigma_1^2}{n_1} + \frac{\sigma_2^2}{n_2}} \leq \mu_1 - \mu_2 \leq (\overline{x}_1 - \overline{x}_2) + Z_{\frac{\alpha}{2}} \sqrt{\frac{\sigma_1^2}{n_1} + \frac{\sigma_2^2}{n_2}}$$

$$(42.58 - 40.29) - (1.96)\sqrt{\frac{9}{12} + \frac{9}{14}} \leq \mu_1 - \mu_2 \leq (42.58 - 40.29)$$
$$+ (1.96)\sqrt{\frac{9}{12} + \frac{9}{14}}$$

$$2.29 - 2.31 \leq \mu_1 - \mu_2 \leq 2.29 + 2.31$$
$$-0.02 \leq \mu_1 - \mu_2 \leq 4.60$$

② $H_0: \mu_1 = \mu_2$
$H_1: \mu_1 \neq \mu_2$
$Z_{0.025} = 1.96$
비기각영역: $-1.96 \leq Z \leq 1.96$
기각영역: $-1.96 > Z$ 또는 $Z > 1.96$

$$Z_C = \frac{\overline{x}_1 - \overline{x}_2}{\sqrt{\frac{\sigma_1^2}{n_1} + \frac{\sigma_2^2}{n_2}}} = \frac{42.58 - 40.29}{\sqrt{\frac{9}{12} + \frac{9}{14}}} = \frac{2.29}{1.18} = 1.94$$

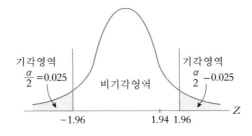

p값 $=2P(Z>1.94)=2(0.0262)=0.0524$ $Z_C=1.94<Z_{0.025}=1.96$이므로 귀무가설 H_0을 기각할 수 없다. 한편 p값 $=0.0524>\alpha=0.05$이므로 귀무가설 H_0을 기각할 수 없다.

따라서 두 회사 제품의 평균 수명거리에는 차이가 없다. ◆

□ 두 모집단의 표준편차를 모르는 경우(소표본)

두 모집단의 표준편차 σ를 모르지만 대표본인 경우에는 표본에서 구한 표본표준편차 s를 σ 대신 사용하여 Z통계량에 의해 두 모평균의 차이 $(\mu_1-\mu_2)$의 신뢰구간을 구할 수 있다.

$$(\bar{x}_1-\bar{x}_2)-Z_{\frac{\alpha}{2}}\sqrt{\frac{s_1^2}{n_1}+\frac{s_2^2}{n_2}}\leq \mu_1-\mu_2\leq (\bar{x}_1-\bar{x}_2)+Z_{\frac{\alpha}{2}}\sqrt{\frac{s_1^2}{n_1}+\frac{s_2^2}{n_2}}$$

그러나 두 모집단이 정규분포를 따르지만 모표준편차 σ를 모르는 경우에는 t통계량을 이용하는 것이 일반적인 원칙이다.

표준편차를 모르는 두 모집단으로부터 추출하는 표본크기가 적어도 하나는 $n<30$인 경우 두 모평균의 차이에 대한 신뢰구간과 가설검정을 위해서는 자유도 (n_1+n_2-2)의 t분포를 이용해야 한다.

이때 세 개의 가정이 꼭 필요하다.

• 두 모집단은 정규분포를 따른다.
• 두 모집단의 분산은 모르지만 서로 같다$(\sigma_1^2=\sigma_2^2=\sigma^2)$.
• 두 모집단으로부터 추출하는 표본은 독립표본이다.

표본크기가 작은 경우에는 표본분산 s^2은 모분산 σ^2의 좋은 추정량이 될 수 없다. 따라서 두 표본의 분산 s_1^2과 s_2^2을 가중평균한 통합분산 s_p^2을 모분산 σ^2의 추정량으로 사용해야 한다.

📖 🔼 **두 모집단의 통합분산**

$$s_p=\sqrt{\frac{(n_1-1)s_1^2+(n_2-1)s_2^2}{n_1+n_2-2}}$$

예 10-2

두 모집단으로부터 다음과 같이 독립적으로 표본을 추출할 때 통합분산을 구하라.

모집단 1: 3   7   8

모집단 2: 2   3   6   9

풀 이 $\bar{x}_1 = (3+7+8)/3 = 6$

$\bar{x}_2 = (2+3+6+9)/4 = 5$

$s_1^2 = ((3-6)^2 + (7-6)^2 + (8-6)^2)/(3-1) = 7$

$s_2^2 = ((2-5)^2 + (3-5)^2 + (6-5)^2 + (9-5)^2)/(4-1) = 10$

$s_p^2 = \dfrac{(n_1-1)s_1^2 + (n_2-1)s_2^2}{n_1+n_2-2} = \dfrac{(3-1)7 + (4-1)10}{3+4-2} = 8.8$ ◆

두 모집단의 분산은 모르지만 $\sigma_1^2 = \sigma_2^2 = \sigma^2$이고 소표본인 경우에는 두 모분산 σ_1^2과 σ_2^2의 추정량으로 두 표본표준편차를 가중평균한 통합분산(pooled variance) s_p^2을 사용하게 된다. 이러한 경우 두 표본평균의 차이 $(\bar{x}_1 - \bar{x}_2)$의 표본분포는 다음과 같이 정규분포를 따른다.

두 표본평균의 차이 $(\bar{x}_1 - \bar{x}_2)$의 표본분포($\sigma_1^2 = \sigma_2^2$, 소표본)

평   균: $E(\bar{x}_1 - \bar{x}_2) = \mu_1 - \mu_2$

표준오차: $s_d = \sqrt{\dfrac{s_p^2}{n_1} + \dfrac{s_p^2}{n_2}} = s_p \sqrt{\dfrac{1}{n_1} + \dfrac{1}{n_2}}$

분산을 모르는 두 정규모집단으로부터 소표본을 독립적으로 추출할 때 확률변수 t는

$$t = \frac{(\bar{x}_1 - \bar{x}_2) - (\mu_1 - \mu_2)}{s_d} = \frac{(\bar{x}_1 - \bar{x}_2) - (\mu_1 - \mu_2)}{s_p \sqrt{\dfrac{1}{n_1} + \dfrac{1}{n_2}}}$$

으로 자유도 $(n_1 + n_2 - 2)$인 t분포를 따른다.

이제 두 모평균 차이에 대한 신뢰구간은 다음 공식을 이용히여 구할 수 있다.

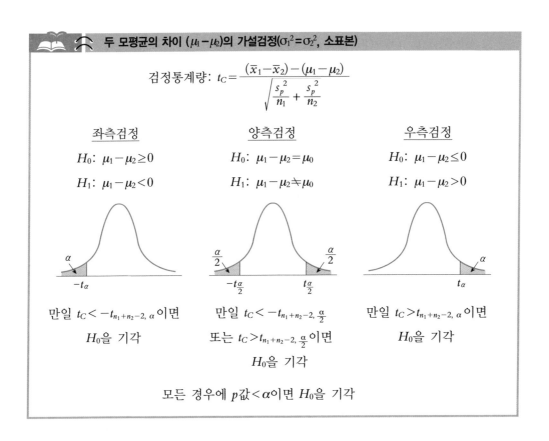

두 모평균의 차이 $(\mu_1-\mu_2)$에 대한 100(1−α)% 신뢰구간 $(\sigma_1^2=\sigma_2^2$, 소표본)

$$(\bar{x}_1-\bar{x}_2)-t_{(n_1+n_2-2),\frac{\alpha}{2}}\ (s_p)\sqrt{\frac{1}{n_1}+\frac{1}{n_2}}\leq\mu_1-\mu_2\leq(\bar{x}_1-\bar{x}_2)+t_{(n_1+n_2-2),\frac{\alpha}{2}}\ (s_p)\sqrt{\frac{1}{n_1}+\frac{1}{n_2}}$$

한편 두 모평균 차이에 대한 가설검정은 다음과 같이 실시한다.

두 모평균의 차이 $(\mu_1-\mu_2)$의 가설검정($\sigma_1^2=\sigma_2^2$, 소표본)

검정통계량: $t_C=\dfrac{(\bar{x}_1-\bar{x}_2)-(\mu_1-\mu_2)}{\sqrt{\dfrac{s_p^2}{n_1}+\dfrac{s_p^2}{n_2}}}$

좌측검정	양측검정	우측검정
$H_0:\ \mu_1-\mu_2\geq0$	$H_0:\ \mu_1-\mu_2=\mu_0$	$H_0:\ \mu_1-\mu_2\leq0$
$H_1:\ \mu_1-\mu_2<0$	$H_1:\ \mu_1-\mu_2\neq\mu_0$	$H_1:\ \mu_1-\mu_2>0$

만일 $t_C<-t_{n_1+n_2-2,\ \alpha}$이면
H_0을 기각

만일 $t_C<-t_{n_1+n_2-2,\ \frac{\alpha}{2}}$이면
또는 $t_C>t_{n_1+n_2-2,\ \frac{\alpha}{2}}$이면
H_0을 기각

만일 $t_C>t_{n_1+n_2-2,\ \alpha}$이면
H_0을 기각

모든 경우에 p값$<\alpha$이면 H_0을 기각

 예 10-3

평화여객㈜는 내년에 어느 회사의 타이어를 사용할 것인가를 결정하려고 한다. 여러 자료를 검토한 결과 ABC타이어와 XYZ타이어 중에서 선정하려고 한다. 두 회사 제품 15개씩을 독립표본으로 추출하여 타이어의 마모시간을 측정한 결과 다음과 같은 자료를 얻었다. 마모시간은 대체로 정규분포를 따르며 두 타이어의 마모시간의 분산은 동일하다고 알려져 있다.

ABC	2.44	2.56	2.58	2.64	2.84	3.04	3.11	3.15
	3.26	3.74	3.82	3.91	4.16	4.21	4.52	
XYZ	3.45	3.62	3.62	3.65	3.82	3.82	3.85	3.92
	3.94	4.11	4.15	4.16	4.22	4.55	4.88	

① 두 회사의 평균 마모시간의 차이 $(\mu_1 - \mu_2)$에 대한 95% 신뢰구간을 설정하라.

② 두 회사의 평균 마모시간에 차이가 있는지 유의수준 5%로 검정하라.

[풀이] ① $\overline{x}_1 = 3.33$ $s_1 = 0.68$ $\overline{x}_2 = 3.98$ $s_2 = 0.38$

$$s_p^2 = \frac{(n_1-1)s_1^2 + (n_2-1)s_2^2}{n_1+n_2-2} = \frac{14(0.68)^2 + 14(0.38)^2}{28} = 0.3034$$

$$s_p = \sqrt{0.3034} = 0.55$$

$$t_{28, 0.025} = 2.048$$

$$(\overline{x}_1 - \overline{x}_2) - t_{(n_1+n_2-2), \frac{\alpha}{2}} (s_p)\sqrt{\frac{1}{n_1} + \frac{1}{n_2}} \leq \mu_1 - \mu_2 \leq (\overline{x}_1 - \overline{x}_2) + t_{(n_1+n_2-2), \frac{\alpha}{2}} (s_p)\sqrt{\frac{1}{n_1} + \frac{1}{n_2}}$$

$$(3.33 - 3.98) - 2.048(0.55)\sqrt{\frac{1}{15} + \frac{1}{15}} \leq \mu_1 - \mu_2 \leq (3.33 - 3.98) +$$

$$2.048(0.55)\sqrt{\frac{1}{15} + \frac{1}{15}}$$

$$-1.06 \leq \mu_1 - \mu_2 \leq -0.24$$

ABC사의 평균 마모시간이 XYZ사의 마모시간보다 0.24시간~1.06시간 짧다고 95% 신뢰할 수 있다.

② H_0: $\mu_1 = \mu_2$

H_1: $\mu_1 \neq \mu_2$

$$t_{28, 0.025} = 2.048$$

$$t_C = \frac{\overline{x}_1 - \overline{x}_2}{(s_p)\sqrt{\frac{1}{n_1} + \frac{1}{n_2}}} = \frac{3.33 - 3.98}{(0.55)\sqrt{\frac{1}{15} + \frac{1}{15}}} = -3.25$$

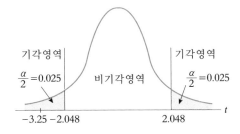

$t_C = -3.25 < -t_{28, 0.025} = -2.048$이므로 귀무가설 H_0을 기각한다. 한편 컴퓨터 출력결과 p값 $= 0.002997 < \alpha = 0.05$이므로 귀무가설 H_0을 기각한다. 따라서 두 회사의 평균 마모시간에는 현저한 차이가 있다. ◆

3.2 대응표본

우리는 지금까지 독립표본을 전제로 하였다. 그러나 같은 도시, 같은 주일, 같은 부부, 같은 사람에 짝을 이루는 각 쌍의 관찰에 관심을 갖는 경우가 있다. 이럴 때에는 두 모집단으로부터 추출하는 두 표본이 종속적이고, 관련되어 대응된 쌍을 이루게 된다. 대응표본을 추출하여 두 모집단의 평균 차이 $(\mu_1 - \mu_2 = \mu_d)$에 대한 추정과 검정을 할 경우에는 두 모집단이 정규분포를 따른다는 전제가 꼭 필요하다. 이것은 표본크기에 상관없이 t분포를 사용할 수 있기 때문이다.

짝을 이룬 두 표본의 값을 확률변수 x_1과 x_2라 하면 i번째 짝의 차이는 $x_{1i} - x_{2i} = d_i$가 된다. 우리는 x_1, x_2 두 개의 확률변수 대신에 한 개의 확률변수 d를 이용하여 추정과 가설검정을 실시한다.

짝을 이룬 n개의 표본들의 차이 d_i들의 모집단은 정규분포를 따르는데 표본평균과 표준편차는 다음과 같이 구한다.

$$\text{평 균}: \quad \bar{d} = \frac{\sum\limits_{i=1}^{n}(x_{1i} - x_{2i})}{n} = \frac{\sum\limits_{i=1}^{n} d_i}{n}$$

$$\text{표준편차}: \quad s_d = \sqrt{\frac{\sum\limits_{i=1}^{n}(d_i - \bar{d})^2}{n-1}}$$

짝을 이룬 차이들의 표본평균 $\bar{d}$의 값은 두 모집단의 평균 차이(mean difference) μ_d의 불편추정치가 되고 짝을 이룬 차이의 표본표준편차 s_d는 짝을 이룬 차이의 모표준편차 σ_d의 불편추정치가 된다.

평균 차이 $\bar{d}$의 평균과 표준오차는 다음과 같이 구한다.

$$\text{평 균}: \quad E(\bar{d}) = \mu_d = \mu_1 - \mu_2$$

$$\text{표준편차}: \quad s_{\bar{d}} = \frac{s_d}{\sqrt{n}}$$

사실은 짝을 이룬 모표준편차 σ_d를 모르기 때문에 $\bar{d}$에 입각하여 μ_d에 관한 통계적 추정을 할 때에는 표준정규분포 대신에 t분포를 사용한다.

통계량 $\bar{d}$를 표준화하면 검정통계량 t는

$$t = \frac{\overline{d} - \mu_d}{s_d / \sqrt{n}}$$

으로 $(n-1)$의 t분포를 따른다.

이제 t분포를 이용하여 두 모평균의 차이 $\mu_d = \mu_1 - \mu_2$에 대한 신뢰구간은 다음과 같이 설정한다.

두 모평균의 차이 $(\mu_1 - \mu_2)$에 대한 100$(1-\alpha)$% 신뢰구간(대응표본)

$$\overline{d} - t_{n-1, \frac{\alpha}{2}} \frac{s_d}{\sqrt{n}} \leq \mu_1 - \mu_2 \leq \overline{d} + t_{n-1, \frac{\alpha}{2}} \frac{s_d}{\sqrt{n}}$$

한편 대응표본의 경우 두 모평균의 차이 $(\mu_1 - \mu_2)$에 대한 가설검정은 다음과 같이 실시한다.

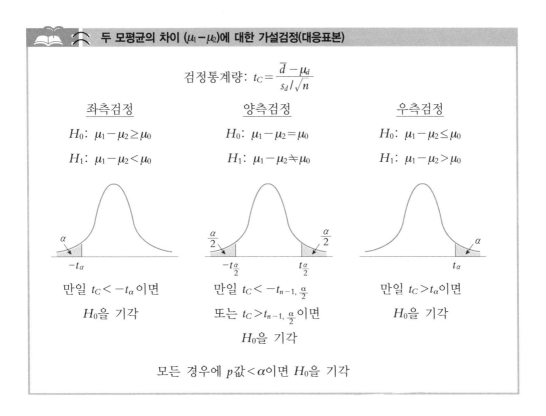

두 모평균의 차이 $(\mu_1 - \mu_2)$에 대한 가설검정(대응표본)

검정통계량: $t_C = \dfrac{\overline{d} - \mu_d}{s_d / \sqrt{n}}$

| 좌측검정 | 양측검정 | 우측검정 |

$H_0: \mu_1 - \mu_2 \geq \mu_0$ $H_0: \mu_1 - \mu_2 = \mu_0$ $H_0: \mu_1 - \mu_2 \leq \mu_0$

$H_1: \mu_1 - \mu_2 < \mu_0$ $H_1: \mu_1 - \mu_2 \neq \mu_0$ $H_1: \mu_1 - \mu_2 > \mu_0$

만일 $t_C < -t_\alpha$이면   만일 $t_C < -t_{n-1, \frac{\alpha}{2}}$ 만일 $t_C > t_\alpha$이면

H_0을 기각   또는 $t_C > t_{n-1, \frac{\alpha}{2}}$이면 H_0을 기각

H_0을 기각

모든 경우에 p값 $< \alpha$이면 H_0을 기각

예 10-4

뚱보 9명에 대해서 다이어트 프로그램을 실시하기 전과 후의 체중(단위: kg)을 측정한 결과 다음과 같은 자료를 얻었다.

뚱 보	1	2	3	4	5	6	7	8	9
전	100	88	84	94	108	82	96	97	100
후	95	81	76	88	97	85	77	89	98

① 두 모평균의 차이 μ_d에 대한 95% 신뢰구간을 설정하라.
② 다이어트 프로그램 실시 이후 체중이 감량되었다고 결론지을 수 있는지 유의수준 5%로 검정하라.

풀 이 ①

표 본	전(x_1)	후(x_2)	$d_i = x_1 - x_2$	$d_i - \bar{d}$	$(d_i - \bar{d})^2$
1	100	95	5	-2	4
2	88	81	7	0	0
3	84	76	8	1	1
4	94	88	6	-1	1
5	108	97	11	4	16
6	82	85	-3	-10	100
7	96	77	19	12	144
8	97	89	8	1	1
9	100	98	2	-5	25
			63		292

$$\bar{d} = \frac{\sum d_i}{n} = \frac{63}{9} = 7$$

$$s_d = \sqrt{\frac{\sum_{i=1}^{n}(d_i - \bar{d})^2}{n-1}} = \sqrt{\frac{292}{8}} = 6.042$$

$$t_{n-1, \frac{\alpha}{2}} = t_{8, 0.025} = 2.306$$

$$\bar{d} - t_{n-1, \frac{\alpha}{2}} \frac{s_d}{\sqrt{n}} \leq \mu_1 - \mu_2 \leq \bar{d} + t_{n-1, \frac{\alpha}{2}} \frac{s_d}{\sqrt{n}}$$

$$7 - (2.306)\frac{6.042}{\sqrt{9}} \leq \mu_1 - \mu_2 \leq 7 + (2.306)\frac{6.042}{\sqrt{9}}$$

$$2.36 \leq \mu_1 - \mu_2 \leq 11.64$$

다이어트 프로그램 실시 후의 평균 체중이 2.36kg에서 11.64kg 감량되었다고 95% 신뢰할 수 있다.

② $H_0: \mu_1 \leq \mu_2$

   $H_1: \mu_1 > \mu_2$

   $t_{n-1, \alpha} = t_{8, 0.05} = 1.860$

   $t_C = \dfrac{\bar{d}}{s_d / \sqrt{n}} = \dfrac{7}{6.042 / \sqrt{9}} = 3.48$

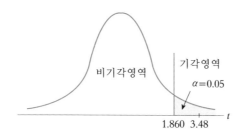

$t_C = 3.48 > t_{8, 0.05} = 1.860$이므로 귀무가설 H_0을 기각한다. 컴퓨터 출력결과 p값 $= 0.0042 < \alpha = 0.05$이므로 귀무가설 H_0을 기각한다. 따라서 다이어트 프로그램 실시 후의 체중은 감량되었다는 주장은 옳다. ◆

4 두 모비율 차이에 대한 추정과 검정

우리는 제8장과 제9장에서 한 모집단의 비율에 대한 추정과 검정을 공부하였는데 우리 주위에는 두 모비율을 비교하는 문제가 많다.

예를 들면 동일한 제품을 생산하는 두 회사 사이의 불량률을 비교한다든지, 미국과 우리나라 사이의 이혼율을 비교한다든지, 한 정당의 지지율에 있어서 수도권, 영남권, 호남권 사이에 차이가 있는가에 관심을 갖게 된다.

성공비율 p_1을 갖는 이항분포를 따르는 모집단 1로부터 표본크기 n_1을 추출하고 성공비율 p_2를 갖는 이항모집단 2로부터 크기 n_2의 확률표본을 독립적으로 추출한다고 하자. 한편 표본 n_1 가운데 성공횟수가 x_1이면 표본비율 $\hat{p}_1 = \dfrac{x_1}{n_1}$이고 표본 n_2 가운데 성공횟수가 x_2이면 표본비율 $\hat{p}_2 = \dfrac{x_2}{n_2}$이다.

이때 모비율 p의 불편추정량은 표본비율 $\hat{p}$이며 두 모비율의 차이 (p_1-p_2)의 불편추정량은 두 표본비율의 차이 $(\hat{p}_1-\hat{p}_2)$이다.

두 모비율의 차이 (p_1-p_2)에 대한 추정과 검정을 위해서는 다음과 같은 전제가 필요하다.

그림 10-3 **두 표본비율의 차이의 표본분포**

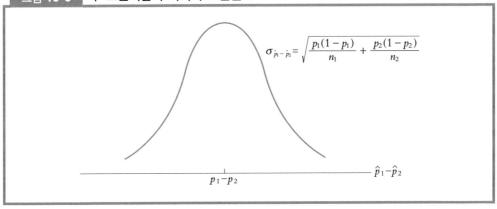

$$\sigma_{\hat{p}_1-\hat{p}_2} = \sqrt{\frac{p_1(1-p_1)}{n_1} + \frac{p_2(1-p_2)}{n_2}}$$

- 두 모집단에서 독립적으로 표본을 추출한다.
- 두 표본에 있어서 $np \geq 5$, $n(1-p) \geq 5$이다. 이는 대표본을 의미한다.

위 조건이 만족되면 확률변수 $(\hat{p}_1-\hat{p}_2)$의 표본분포는 [그림 10-3]과 같이 정규분포를 따른다.

📖 **두 표본비율의 차이 $(\hat{p}_1-\hat{p}_2)$의 표본분포 (p_1과 p_2기지)**

평　균: $E(\hat{p}_1-\hat{p}_2) = p_1-p_2$

표준오차: $\sigma_{\hat{p}_1-\hat{p}_2} = \sqrt{\dfrac{p_1(1-p_1)}{n_1} + \dfrac{p_2(1-p_2)}{n_2}}$

그러나 모비율 p_1과 p_2를 알지 못하는 경우가 일반적이므로 이들의 불편추정량 $\hat{p}_1$과 $\hat{p}_2$를 사용하여 추정표준오차(estimated standard error)를 구한다.

📖 〽 **두 표본비율의 차이 $(\hat{p}_1 - \hat{p}_2)$의 표본분포 (p_1과 p_2미지)**

추정표준오차: $s_{\hat{p}_1 - \hat{p}_2} = \sqrt{\dfrac{\hat{p}_1(1-\hat{p}_1)}{n_1} + \dfrac{\hat{p}_2(1-\hat{p}_2)}{n_2}}$ 　　　　　　(10.1)

두 모집단에서 추출하는 두 표본 n_1과 n_2가 크기 때문에 두 표본비율의 차이 $(\hat{p}_1 - \hat{p}_2)$의 표본분포는 정규분포에 근접한다. 따라서 확률변수 Z는

$$Z = \frac{(\hat{p}_1 - \hat{p}_2) - (p_1 - p_2)}{\sqrt{\dfrac{\hat{p}_1(1-\hat{p}_1)}{n_1} + \dfrac{\hat{p}_2(1-\hat{p}_2)}{n_2}}} \tag{10.2}$$

으로 표준정규분포를 따른다.

따라서 두 모비율의 차이 $(p_1 - p_2)$에 대한 신뢰구간은 다음과 같이 구한다.

📖 〽 **두 모비율의 차이 $(\hat{p}_1 - \hat{p}_2)$에 대한 100$(1-\alpha)$% 신뢰구간(대표본)**

$$(\hat{p}_1 - \hat{p}_2) - Z_{\frac{\alpha}{2}}\sqrt{\frac{\hat{p}_1(1-\hat{p}_1)}{n_1} + \frac{\hat{p}_2(1-\hat{p}_2)}{n_2}} \le p_1 - p_2 \le (\hat{p}_1 - \hat{p}_2) + Z_{\frac{\alpha}{2}}\sqrt{\frac{\hat{p}_1(1-\hat{p}_1)}{n_1} + \frac{\hat{p}_2(1-\hat{p}_2)}{n_2}}$$

두 모비율의 차이 $(p_1 - p_2)$에 대한 가설을 검정하는 경우 귀무가설은 H_0: $p_1 - p_2 = p_0$ 아니면 H_0: $p_1 - p_2 = 0$이다. 이때 사용되는 검정통계량은 서로 다르다.

귀무가설이 H_0: $p_1 - p_2 = p_0$ (이때 p_0는 어떤 수치이다)일 경우에 사용되는 Z 통계량은 식 (10.2)이다.

그러나 귀무가설이 $p_1 = p_2$인 경우 귀무가설이 사실이라면 두 개의 표본비율 $\hat{p}_1$과 $\hat{p}_2$은 똑같은 모비율 p_1과 p_2의 추정치이므로 두 표본비율의 차이의 추정표준오차를 계산할 때 식 (10.1)을 사용하지 않고 이들 두 개의 표본비율을 통합해서 p_1과 p_2의 하나의 추정치로 사용해야 한다.

통합표본비율(pooled sample proportion) $\bar{p}$는 다음과 같이 구한다.

$$\bar{p} = \frac{x_1 + x_2}{n_1 + n_2} = \frac{n_1 \hat{p}_1 + n_2 \hat{p}_2}{n_1 + n_2}$$

따라서 귀무가설에서 $p_1 = p_2$를 가정하는 특수한 경우에 두 표본비율의 차이 $(\hat{p}_1 - \hat{p}_2)$은 다음과 같이 정규확률분포를 따른다.

📖 ⌒ 두 표본비율의 차이 $(\hat{p}_1 - \hat{p}_2)$의 확률분포 $(p_1 = p_2)$

평 균: $p_1 - p_2 = 0$

추정표준오차: $\sigma_d = \sqrt{\dfrac{\overline{p}(1-\overline{p})}{n_1} + \dfrac{\overline{p}(1-\overline{p})}{n_2}}$

따라서 귀무가설 $H_0 : p_1 - p_2 = 0$을 검정하는 데 사용되는 확률변수 Z는

$$Z = \frac{\hat{p}_1 - \hat{p}_2}{\sqrt{\dfrac{\overline{p}(1-\overline{p})}{n_1} + \dfrac{\overline{p}(1-\overline{p})}{n_2}}} \tag{10.3}$$

으로 표준정규분포를 따른다.

두 모비율의 차이 $(p_1 - p_2)$에 대한 가설검정은 다음과 같이 실시한다.

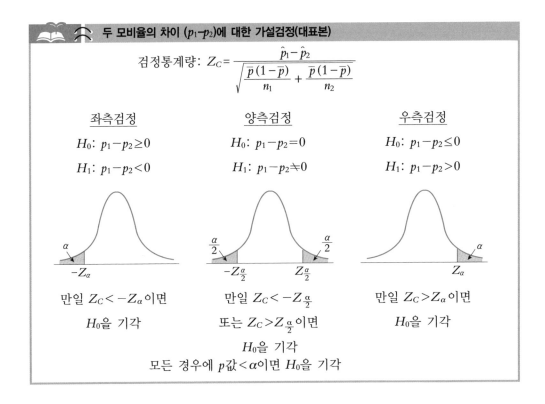

예 10-5

성인남자 100명과 독립적으로 성인여자 64명을 랜덤으로 추출하여 흡연여부를 조사한 결과 다음과 같은 자료를 얻었다.

남자	N	N	Y	N	N	N	Y	N	N	N	Y	Y	N	N	N	Y	N	N	N	Y
	Y	Y	N	N	N	N	Y	N	N	N	N	N	N	N	Y	N	Y	N	N	Y	N
	Y	N	Y	N	N	N	N	N	N	N	Y	N	N	Y	N	Y	N	N	N	N
	Y	N	Y	N	N	N	N	N	Y	N	N	N	N	N	Y	N	Y	N	N	Y
	N	N	Y	N	Y	Y	N	N	N	N	N	Y	N	N	N	N	Y	Y	Y	Y
여자	Y	N	N	Y	N	Y	N	N	Y	N	N	N	N	N	N					
	N	Y	N	N	N	N	Y	N	Y	N	N	Y	N	N	N					
	Y	N	N	N	N	N	N	Y	N	N	N	N	N	N					
	Y	N	N	N	N	Y	Y	N	Y	N	Y	N	N	Y	N	N				
	N	N	N	N																

① 두 모비율의 차이 $(p_1 - p_2)$에 대한 95% 신뢰구간을 설정하라.

② 자료에 입각하여 남자 흡연율이 여자 흡연율보다 현저하게 높다고 말할 수 있는지 유의수준 5%로 검정하라.

풀이 ① $\hat{p}_1 = \dfrac{33}{100} = 0.33$

$\hat{p}_2 = \dfrac{17}{64} = 0.266$

$Z_{\frac{\alpha}{2}} = Z_{0.025} = 1.96$

$$(\hat{p}_1 - \hat{p}_2) - Z_{\frac{\alpha}{2}} \sqrt{\dfrac{\hat{p}_1(1-\hat{p}_1)}{n_1} + \dfrac{\hat{p}_2(1-\hat{p}_2)}{n_2}} \leq p_1 - p_2 \leq (\hat{p}_1 - \hat{p}_2)$$
$$+ Z_{\frac{\alpha}{2}} \sqrt{\dfrac{\hat{p}_1(1-\hat{p}_1)}{n_1} + \dfrac{\hat{p}_2(1-\hat{p}_2)}{n_2}}$$

$$(0.33 - 0.266) - (1.96)\sqrt{\dfrac{0.33(0.67)}{100} + \dfrac{0.266(0.734)}{64}} \leq p_1 - p_2 \leq (0.33 - 0.266)$$
$$+ (1.96)\sqrt{\dfrac{0.33(0.67)}{100} + \dfrac{0.266(0.734)}{64}}$$

$-0.078 \leq p_1 - p_2 \leq 0.206$

두 모비율의 차이는 -7.8%에서 20.6%까지라고 95% 신뢰할 수 있다.

② $H_0 : p_1 = p_2$

$H_0 : p_1 > p_2$

$Z_\alpha = Z_{0.05} = 1.645$

$$\bar{p} = \frac{x_1 + x_2}{n_1 + n_2} = \frac{33 + 17}{100 + 64} = 0.3$$

$$Z_C = \frac{\hat{p}_1 - \hat{p}_2}{\sqrt{\dfrac{\bar{p}(1-\bar{p})}{n_1} + \dfrac{\bar{p}(1-\bar{p})}{n_2}}} = \frac{0.33 - 0.266}{\sqrt{\dfrac{0.3(0.7)}{100} + \dfrac{0.3(0.7)}{64}}} = 0.87$$

$$p값 = P(Z > 0.87) = 0.1922$$

$Z_C = 0.87 < Z_{0.05} = 1.645$이므로 귀무가설 H_0을 기각할 수 없다. 한편 p값 $= 0.1922 > \alpha = 0.05$이므로 귀무가설 H_0을 기각할 수 없다. 따라서 남자 흡연율이 여자 흡연율과 같다고 할 수 있다. ◆

5 두 모분산에 대한 검정

5.1 F분포

우리는 제8장과 제9장에서 한 모집단의 분산에 대한 추정과 검정을 함에 있어서 χ^2분포를 이용하였다. 본절에서는 [그림 10-4]에서 보는 바와 같이 두 모집단 분산의 동일성에 대한 검정을 하기 위해 F분포(F distribution)를 이용한

그림 10-4 두 모표준편차의 비교

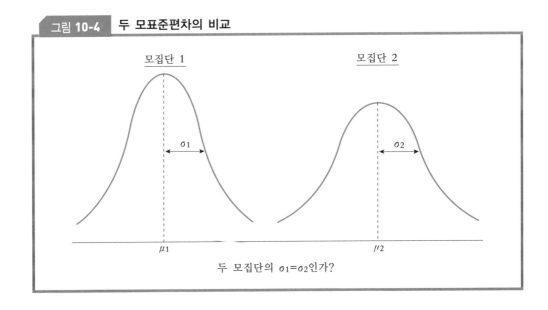

두 모집단의 $\sigma_1 = \sigma_2$인가?

다. 여기서 두 모분산에 대한 추정은 생략하고자 한다.

우리는 두 방법에 따른 조립시간의 분산, 두 용광로 사용에 따른 온도의 분산, 두 투자안에 내포된 위험, 두 지역 사이의 소득분산 등을 비교하는 경우가 있다.

두 모분산 σ_1^2과 σ_2^2의 동일성을 검정하기 위해서는 정규분포를 따르는 모집단 1로부터 크기 n_1의 표본을 랜덤으로 추출하고 정규분포를 따르는 모집단 2로부터 크기 n_2의 표본을 독립적으로 추출한 후 이들의 좋은 추정량인 표본분산 s_1^2과 s_2^2을 비교해야 한다.

두 표본분산의 차이 $(s_1^2 - s_2^2)$의 분포는 수학적으로 규명하기가 어렵기 때문에 표본분산의 비율 $\frac{s_1^2}{s_2^2}$을 사용하여 가설검정을 실시한다.

$\sigma_1^2 = \sigma_2^2$로서 분산이 같은 두 정규모집단으로부터 크기 n_1과 크기 n_2의 확률표본을 반복하여 독립적으로 추출한 후 두 표본분산의 비율 $\frac{s_1^2}{s_2^2}$들을 계산하여 히스토그램을 그리면 비율 $\frac{s_1^2}{s_2^2}$들의 표본분포는 분자의 자유도 $(n_1 - 1)$과 분모의 자유도 $(n_2 - 1)$인 F분포를 따른다. 다시 말하면 두 모집단으로부터 추출한 표본분산의 비율 $\frac{s_1^2}{s_2^2}$을 나타내는 확률변수 F는 F분포를 따른다.

📖 ☆ F분포

$$F_{n_1-1,\,n_2-1} = \frac{\dfrac{(n_1-1)\,s_1^2/\sigma_1^2}{n_1-1}}{\dfrac{(n_2-1)\,s_2^2/\sigma_2^2}{n_2-1}} = \frac{\dfrac{s_1^2}{\sigma_1^2}}{\dfrac{s_2^2}{\sigma_2^2}} = \frac{s_1^2}{s_2^2}$$

[그림 10-5]는 F분포의 모양을 보여 주고 있다.

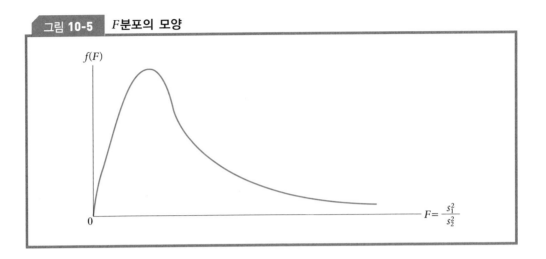

그림 10-5 F분포의 모양

F분포의 특성은 다음과 같다.

F분포의 특성

- F분포군이 있다. F분포의 모양은 두 개 표본의 자유도 $(n_1 - 1)$과 $(n_2 - 1)$에 따라서 결정된다.
- 연속함수이다. F값은 0부터 $+\infty$까지의 무한한 값을 갖는다.
- F값은 언제나 양수의 값을 갖는다.
- 오른쪽 꼬리분포이다. 자유도 $(n_1 - 1)$과 $(n_2 - 1)$이 증가할수록 F분포는 정규분포에 근접한다.
- 비대칭이다. x의 값이 증가할 때 F곡선은 x축에 접근하지만 절대로 닿지는 않는다. 한편 자유도가 커질수록 정규분포 모양에 근접한다.

F분포는 두 모분산을 비교하는 데 사용할 뿐만 아니라 제11장과 제12장에서 공부할 분산분석과 회귀분석을 위해서도 사용되는 중요한 확률분포이다.

F분포의 오른쪽 꼬리면적이 부표 G에 나와 있다. F값은 F분포표에서 $\alpha = 0.01$, $\alpha = 0.025$, $\alpha = 0.05$, $\alpha = 0.1$에 한하여 df_1(표의 가로)과 df_2(표의 세로)를 알면 구할 수 있다. 여기서 $df_1 = n_1 - 1$이고 $df_2 = n_2 - 1$이다.

예를 들면 $n_1 = 16$, $n_2 = 21$, $\alpha = 0.05$일 때 F값은

| 그림 10-6 | $F_{15, 20}$의 확률밀도함수 |

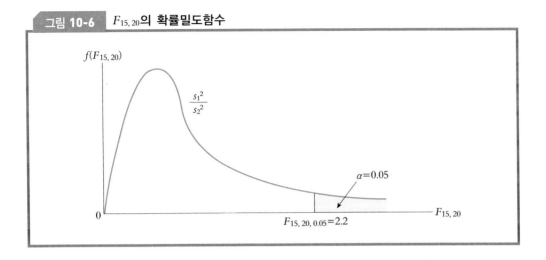

$$F_{df_1, df_2, \alpha} = F_{15, 20, 0.05} = 2.2$$

이다. 이는

$$P(F_{15, 20} > 2.2) = 0.05$$

임을 의미한다. 이를 그림으로 나타내면 [그림 10-6]과 같다.

 예 10-6

다음과 같이 F값과 자유도가 주어졌을 때 그의 확률을 구하라.

	F값	df_1	df_2
①	2.39	9	20
②	2.57	30	16
③	3.75	5	28
④	2.61	2	19
⑤	4.46	40	5

풀 이 ① 0.05   ② 0.025   ③ 0.01

④ 0.10   ⑤ 0.05 ◆

예 10-7

다음과 같이 확률과 자유도가 주어졌을 때 그들의 F값을 구하라.

	확 률	df_1	df_2
①	0.05	5	25
②	0.025	12	15
③	0.01	9	9
④	0.10	20	20
⑤	0.05	24	24

풀 이 ① 2.60 ② 2.96 ③ 5.35 ④ 1.79 ⑤ 1.98 ◆

5.2 두 모분산 비율의 검정

두 모분산 비율 $\dfrac{\sigma_1^2}{\sigma_2^2}$에 대한 가설검정을 할 때 F분포의 오른쪽 꼬리면적이 $\dfrac{\alpha}{2}=0.025$인 F_U의 값과 왼쪽 꼬리면적 $\dfrac{\alpha}{2}$를 뺀 $1-\dfrac{\alpha}{2}=0.975$인 F_L의 값을 우선 구해야 한다.

여기서

$$F_U=F_{df_1,\,df_2,\,\frac{\alpha}{2}}=F_{df_1,\,df_2,\,0.025}$$

$$F_L=F_{df_1,\,df_2,\,1-\frac{\alpha}{2}}=F_{df_1,\,df_2,\,0.975}$$

이다. 그런데 F_U의 값은 부표 G에서 바로 찾을 수 있지만 F_L의 값은 부표에

그림 10-7 *F*분포의 모양

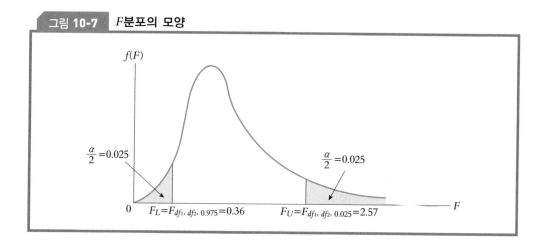

서 찾을 수 없기 때문에 F_U와의 관계식을 이용하여 구한다.

$$F_L = F_{df_1, df_2, 1-\frac{\alpha}{2}} = \frac{1}{F_{df_2, df_1, \frac{\alpha}{2}}}$$

예를 들어 $\alpha = 0.05$, $df_1 = 15$, $df_2 = 20$일 때 F_U와 F_L을 구해 보자.

$$F_U = F_{df_1, df_2, \frac{\alpha}{2}} = F_{15, 20, 0.025} = 2.57$$

$$F_L = F_{df_1, df_2, 1-\frac{\alpha}{2}} = F_{15, 20, 0.975} = \frac{1}{F_{df_2, df_1, \frac{\alpha}{2}}} = \frac{1}{F_{20, 15, 0.025}} = \frac{1}{2.76} = 0.36$$

이를 그림으로 나타내면 [그림 10-7]과 같다.

두 모분산 비율에 대한 검정에 있어서 주의할 점은 큰 표본분산은 항상 분자에 놓음으로써 $F = \frac{s_1^2}{s_2^2} > 1$이 되게 한다.

정규분포를 하는 두 모집단으로부터 각각 표본크기 n_1과 n_2를 독립적으로 추출한다고 할 때 두 모분산 비율에 대한 가설검정은 다음과 같이 실시한다. 여기서도 s_1^2이 s_2^2보다 크다고 전제하여 분자에 놓는다.

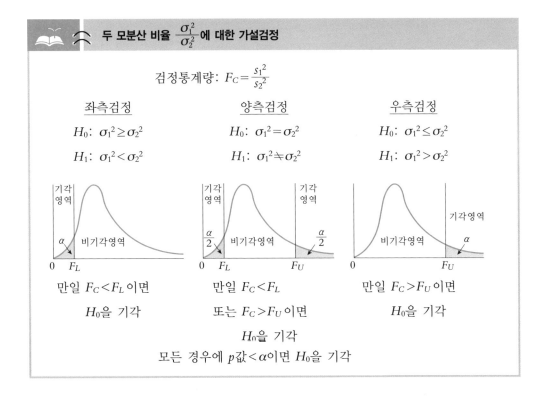

두 모분산 비율 $\frac{\sigma_1^2}{\sigma_2^2}$에 대한 가설검정

검정통계량: $F_C = \frac{s_1^2}{s_2^2}$

좌측검정	양측검정	우측검정
H_0: $\sigma_1^2 \geq \sigma_2^2$	H_0: $\sigma_1^2 = \sigma_2^2$	H_0: $\sigma_1^2 \leq \sigma_2^2$
H_1: $\sigma_1^2 < \sigma_2^2$	H_1: $\sigma_1^2 \neq \sigma_2^2$	H_1: $\sigma_1^2 > \sigma_2^2$

만일 $F_C < F_L$이면 H_0을 기각

만일 $F_C < F_L$ 또는 $F_C > F_U$이면 H_0을 기각

만일 $F_C > F_U$이면 H_0을 기각

모든 경우에 p값 $< \alpha$이면 H_0을 기각

예 10-8

종로제조㈜에서는 동일한 제품을 두 생산라인에서 생산하고 있다. 이들 두 라인에서 생산하는 제품의 무게(단위: g)의 분산비율을 알아보기 위하여 다음과 같이 확률표본을 독립적으로 추출하여 무게를 측정한 자료를 얻었다. 두 라인에서 생산하는 제품의 무게의 변동에 차이가 있는지 유의수준 5%로 검정하라.

생산라인 1	45	52	54	56	64	67	70		408
생산라인 2	51	56	57	59	60	61	63	65	472

풀 이 H_0: $\sigma_1^2 = \sigma_2^2$

H_1: $\sigma_1^2 \neq \sigma_2^2$

$F_U = F_{df_1,\, df_2,\, \frac{\alpha}{2}} = F_{6,\, 7,\, 0.025} = 5.12$

$F_L = F_{df_1,\, df_2,\, 1-\frac{\alpha}{2}} = F_L(6,\, 7,\, 0.975) = \dfrac{1}{F_{df_2,\, df_1,\, \frac{\alpha}{2}}} = \dfrac{1}{F_{7,\, 6,\, 0.025}} = \dfrac{1}{5.70} = 0.175$

비기각영역: $F > F_L(0.175)$ 또는 $F < F_U(5.12)$

기각영역: $F < F_L(0.175)$ 또는 $F > F_U(5.12)$

$F_C = \dfrac{s_1^2}{s_2^2} = \dfrac{8.995^2}{4.375^2} = 4.227$

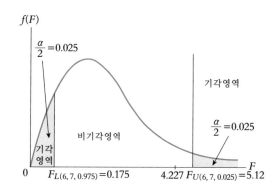

$F_C = 4.227 < F_U = 5.12$이므로 귀무가설 H_0을 기각할 수 없다. 한편 컴퓨터 출력결과 p값 $= 0.080794 > \alpha = 0.05$이므로 귀무가설 H_0을 기각할 수 없다. 따라서 두 라인에서 생산하는 제품의 무게의 변동에 차이가 없다. ◆

1. 경쟁관계에 있는 A사 제품과 B사 제품의 로트로부터 표본을 각각 11개씩 추출하여 그 길이를 측정한 결과 다음과 같은 자료를 얻었다. A사 제품의 표준편차는 4이고 B사 제품의 표준편차는 3이라고 한다.

| A사 | 34 | 37 | 35 | 36 | 34 | 36 | 35 | 37 | 36 | 38 | 39 | 397 |
| B사 | 30 | 31 | 39 | 32 | 33 | 30 | 32 | 34 | 31 | 30 | 35 | 357 |

① 두 제품의 모평균 길이의 차이 $(\mu_1 - \mu_2)$에 대한 95% 신뢰구간을 설정하라.

② A사 제품의 평균 길이가 B사 제품의 길이보다 더욱 길다고 주장하는 A사의 주장을 유의수준 5%로 검정하라.

풀이

① $\bar{x}_A = 36.09$

$\bar{x}_B = 32.45$

$$(\bar{x}_A - \bar{x}_B) - Z_{\frac{\alpha}{2}}\sqrt{\frac{\sigma_1^2}{n_1} + \frac{\sigma_2^2}{n_2}} \leq \mu_1 - \mu_2 \leq (\bar{x}_A - \bar{x}_B) + Z_{\frac{\alpha}{2}}\sqrt{\frac{\sigma_1^2}{n_1} + \frac{\sigma_2^2}{n_2}}$$

$$(36.09 - 32.45) - (1.96)\sqrt{\frac{16}{11} + \frac{9}{11}} \leq \mu_1 - \mu_2 \leq (36.09 - 32.45) + (1.96)\sqrt{\frac{16}{11} + \frac{9}{11}}$$

$$0.69 \leq \mu_1 - \mu_2 \leq 6.59$$

A사 제품이 B사 제품보다 평균적으로 0.69~6.59만큼 더 길다고 95% 신뢰할 수 있다.

② $H_0: \mu_A \leq \mu_B$

$H_1: \mu_A > \mu_B$

$Z_\alpha = Z_{0.05} = 1.645$

$$Z_C = \frac{\bar{x}_A - \bar{x}_B}{\sqrt{\frac{\sigma_1^2}{n_1} + \frac{\sigma_2^2}{n_2}}} = \frac{36.09 - 32.45}{\sqrt{\frac{16}{11} + \frac{9}{11}}} = 2.41$$

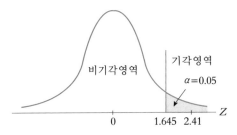

p값$=P(Z>2.41)=0.0082$

$Z_C=2.41>Z_{0.05}=1.645$이므로 귀무가설 H_0을 기각한다. 한편 p값$=0.007931$ $<\alpha=0.05$이므로 귀무가설 H_0을 기각한다. 따라서 A사의 주장은 옳다.

2. 강 교수는 A대학교와 B대학교에서 통계학을 강의하고 있다. 똑같은 문제로 시험을 보게 한 후 두 대학교 학생 사이에 점수 차이가 있는지 검정하기 위하여 랜덤으로 표본을 추출하여 다음과 같은 자료를 얻었다.

A대학교				B대학교				
94	85	77	98	58	80	93	92	65
90	77	84	84	89	74	91	76	85
75	87	80	85	79	75	85	80	86
93	71	90	77	80	92	66	80	86
60	77	100	83	83	90	85	71	85
75	80	88	86	83	75	80	80	60
89	65	79	86	71	68	90	75	63
89	90	80	92	75	86	85	65	92
75	95	95	73	84	89	88	73	84
74	96	91	87	67	95	79	86	81

① 두 모평균 점수 차이 $(\mu_1-\mu_2)$에 대한 95% 신뢰구간을 구하라.

② 두 모평균 점수 사이에 차이가 있는지 유의수준 5%로 검정하라.

풀이

① $(\bar{x}_1-\bar{x}_2)-Z_{\frac{\alpha}{2}}\sqrt{\dfrac{s_1^2}{n_1}+\dfrac{s_2^2}{n_2}}\leq\mu_1-\mu_2\leq(\bar{x}_1-\bar{x}_2)+Z_{\frac{\alpha}{2}}\sqrt{\dfrac{s_1^2}{n_1}+\dfrac{s_2^2}{n_2}}$

$\quad (83.8-80)-1.96\left(\sqrt{\dfrac{81.3436}{40}+\dfrac{85.5102}{50}}\right)\leq\mu_1-\mu_2\leq(83.8-80)$

$$+1.96\left(\sqrt{\dfrac{81.3436}{40}+\dfrac{85.5102}{50}}\right)$$

$0.0077 \leq \mu_1 - \mu_2 \leq 7.5923$

② H_0: $\mu_1 = \mu_2$

   H_1: $\mu_1 \neq \mu_2$

   $Z_{0.025} = 1.96$

   비기각영역: $-1.96 \leq Z \leq 1.96$

   기각영역: $Z < -1.96$ 또는 $Z > 1.96$

$$Z_C = \frac{\overline{x}_1 - \overline{x}_2}{\sqrt{\dfrac{s_1^2}{n_1} + \dfrac{s_2^2}{n_2}}} = \frac{83.8 - 80}{\sqrt{\dfrac{81.3436}{40} + \dfrac{85.5102}{50}}} = 1.9639$$

p값 $= 2P(Z > 1.96) = 0.05$ (컴퓨터 출력결과 0.0495)

$Z_C = 1.9639 > Z_{0.025} = 1.96$이고 한편 p값 $= 0.0495 < \alpha = 0.05$이므로 귀무가설 H_0을 기각한다. 두 대학교 학생 사이에 점수 차이가 있다.

3. 종로제조㈜는 조립공정에서 사용한 기존의 방법과 새로운 방법의 성과를 비교하려고 한다. 작업자 여덟 명씩 두 가지 방법에 따른 조립시간을 측정한 결과 다음과 같은 자료를 얻었다. 조립시간은 대체로 정규분포를 따르며 두 방법에 의한 조립시간의 분산은 동일하다고 가정한다.

기존의 방법	1.2	1.9	2.5	2.7	3.7	4.0	4.2	5.2
새로운 방법	0.3	0.9	1.4	1.8	2.2	2.4	3.5	3.8

① 두 방법의 평균 조립시간의 차이 $(\mu_1 - \mu_2)$에 대한 95% 신뢰구간을 설정하라.
② 새로운 방법의 평균 조립시간이 기존의 방법보다 짧다는 주장을 유의수준 5%로 검정하라.

풀이

① $\overline{x}_1 = 3.175$ $s_1 = 1.326$

   $\overline{x}_2 = 2.038$ $s_2 = 1.206$

$$s_p^2 = \frac{(n_1 - 1)s_1^2 + (n_2 - 1)s_2^2}{n_1 + n_2 - 2} = \frac{7(1.326)^2 + 7(1.206)^2}{8 + 8 - 2} = 1.607$$

$$s_p = \sqrt{1.607} = 1.268$$

$$t_{n_1 + n_2 - 2,\, \frac{\alpha}{2}} = t_{14,\, 0.025} = 2.145$$

$$(\bar{x}_1 - \bar{x}_2) - t_{n_1+n_2-2,\,\frac{\alpha}{2}}\,(s_p)\sqrt{\frac{1}{n_1}+\frac{1}{n_2}} \le \mu_1 - \mu_2 \le (\bar{x}_1-\bar{x}_2) + t_{n_1+n_2-2,\,\frac{\alpha}{2}}\,(s_p)\sqrt{\frac{1}{n_1}+\frac{1}{n_2}}$$

$$(3.175-2.050) - 2.145(1.268)\sqrt{\frac{1}{8}+\frac{1}{8}} \le \mu_1-\mu_2 \le (3.175-2.050)$$
$$+\,2.145(1.268)\sqrt{\frac{1}{8}+\frac{1}{8}}$$

$$-0.22 \le \mu_1-\mu_2 \le 2.50$$

기존의 방법의 평균 조립시간이 새로운 방법보다 0.22시간 짧은 것으로부터 2.50시간 긴 것으로 95% 신뢰할 수 있다.

② $H_0:\ \mu_1 = \mu_2$

  $H_1:\ \mu_1 > \mu_2$

$t_{n_1+n_2-2,\,\alpha} = t_{14,\,0.05} = 1.761$

$$t_C = \frac{\bar{x}_1 - \bar{x}_2}{(s_p)\sqrt{\dfrac{1}{n_1}+\dfrac{1}{n_2}}} = \frac{3.175-2.038}{(1.268)\sqrt{\dfrac{1}{8}+\dfrac{1}{8}}} = \frac{1.137}{0.634} = 1.793$$

$t_C = 1.793 > t_{14,\,0.05} = 1.761$이므로 귀무 가설 H_0을 기각한다. 따라서 새로운 방법의 평균 조립시간이 기존의 방법보다 짧다.

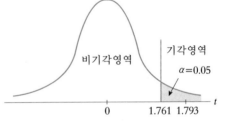

4. 종로제조㈜는 작업자들에게 특별훈련을 실시한 후에 작업 완료시간(단위: 분)에 효과가 있는지 작업자 여섯 명을 랜덤으로 추출하여 다음과 같은 자료를 얻었다.
   ① 두 모평균 차이 μ_d에 대한 95% 신뢰구간을 설정하라.
   ② 특별훈련을 실시한 이후 완료시간 단축에 효과가 있었는지 유의수준 5%로 검정하라.

작업자	전	후	$d_i=$전$-$후	$d-\bar{d}$	$(d-\bar{d})^2$
1	6.0	5.4	0.6	0.3	0.09
2	5.0	5.2	-0.2	-0.5	0.25
3	7.0	6.5	0.5	0.2	0.04
4	6.2	5.9	0.3	0.0	0.00
5	6.0	6.0	0.0	-0.3	0.09
6	6.4	5.8	0.6	0.3	0.09
			1.8		0.56

풀 이

① $\overline{d} = \dfrac{1.8}{6} = 0.3$

$s_d = \sqrt{\dfrac{\sum(d-\overline{d})^2}{n-1}} = \sqrt{\dfrac{0.56}{5}} = 0.3347$

$t_{n-1,\,\frac{\alpha}{2}} = t_{5,\,0.025} = 2.571$

$\overline{d} - t_{n-1,\,\frac{\alpha}{2}} \dfrac{s_d}{\sqrt{n}} \leq \mu_d \leq \overline{d} + t_{n-1,\,\frac{\alpha}{2}} \dfrac{s_d}{\sqrt{n}}$

$0.3 - (2.571)\dfrac{0.3347}{\sqrt{6}} \leq \mu_d \leq 0.3 + (2.571)\dfrac{0.3347}{\sqrt{6}}$

$-0.05 \leq \mu_d \leq 0.65$

특별훈련을 실시한 이후 평균 완료시간의 차이에 대한 95% 신뢰구간은 -0.05 분에서 0.65분이다.

② $H_0:\ \mu_1 \leq \mu_2$

$H_1:\ \mu_1 > \mu_2$

$t_{n-1,\,\alpha} = t_{5,\,0.05} = 2.015$

$t_C = \dfrac{\overline{d}}{\dfrac{s_d}{\sqrt{n}}} = \dfrac{0.3}{\dfrac{0.3347}{\sqrt{6}}} = 2.20$

$t_C = 2.20 > t_{5,\,0.05} = 2.015$이므로 귀무가설 H_0을 기각한다. 따라서 특별훈련 실시 이후 평균 완료시간은 단축되었다.

5. 동아제약㈜는 최근에 개발한 감기약의 판매촉진을 위하여 신문과 TV에 대대적인 광고를 하였다. 사장은 광고효과를 비교하기 위하여 신문광고를 읽은 고객 60명을 랜덤으로 추출하여 조사한 결과 18명이 그 감기약을 복용(Y)하였고 TV광고를 시청한 고객 100명을 추출하여 조사한 결과 22명이 복용하였다.

신문	Y	Y	Y	Y	Y	Y	Y	Y	Y	Y	Y	Y	Y	Y	Y	Y	Y	Y	N	N
	N	N	N	N	N	N	N	N	N	N	N	N	N	N	N	N	N	N	N	N
	N	N	N	N	N	N	N	N	N	N	N	N	N	N	N	N	N	N	N	N
TV	Y	Y	Y	Y	Y	Y	Y	Y	Y	Y	Y	Y	Y	Y	Y	Y	Y	Y	Y	Y
	Y	Y	N	N	N	N	N	N	N	N	N	N	N	N	N	N	N	N	N	N
	N	N	N	N	N	N	N	N	N	N	N	N	N	N	N	N	N	N	N	N
	N	N	N	N	N	N	N	N	N	N	N	N	N	N	N	N	N	N	N	N
	N	N	N	N	N	N	N	N	N	N	N	N	N	N	N	N	N	N	N	N

① 두 모비율의 차이 (p_1-p_2)에 대한 95% 신뢰구간을 설정하라.

② 신문광고가 TV광고보다 더욱 효과적인지 유의수준 5%로 검정하라.

풀 이

① $\hat{p}_1 = \dfrac{18}{60} = 0.30$

$\hat{p}_2 = \dfrac{22}{100} = 0.22$

$Z_{\frac{\alpha}{2}} = Z_{0.025} = 1.96$

$(0.3-0.22)-(1.96)\sqrt{\dfrac{0.3(0.7)}{60}+\dfrac{0.22(0.78)}{100}} \leq p_1-p_2 \leq (0.3-0.22)$

$$+(1.96)\sqrt{\dfrac{0.3(0.7)}{60}+\dfrac{0.22(0.78)}{100}}$$

$-0.0613 \leq p_1-p_2 \leq 0.2213$

두 모비율의 차이는 -6.13%에서 22.13%라고 95% 신뢰할 수 있다.

② $H_0: p_1=p_2$

$H_1: p_1>p_2$

$Z_\alpha = Z_{0.05} = 1.645$

$\bar{p} = \dfrac{18+22}{60+100} = \dfrac{40}{160} = 0.25$

$Z_C = \dfrac{0.30-0.22}{\sqrt{\dfrac{0.25(0.75)}{60}+\dfrac{0.25(0.75)}{100}}} = 1.13$

p값$= P(Z>1.13) = 0.1292$

$Z_C = 1.13 < Z_{0.05} = 1.645$이므로 귀무가설 H_0을 기각할 수 없다. 한편 p값$=$ 0.1292$> \alpha = 0.05$이므로 귀무가설 H_0을 기각할 수 없다. 따라서 표본결과에 의하면 신문광고가 TV광고보다 더욱 효과적이라고 말할 수는 없다.

6. [예 10-3] 평화여객㈜ 문제에서

① 두 회사 제품의 모분산 사이에 차이가 있는지 유의수준 5%로 검정하라.

② 두 모분산 비율 $\dfrac{\sigma_1^2}{\sigma_2^2}$에 대한 95% 신뢰구간을 설정하라.

풀 이

① $n_1 = n_2 = 15$ $s_1^2 = 0.4612$ $s_2^2 = 0.1423$

H_0: $\sigma_1^2 = \sigma_2^2$

H_1: $\sigma_1^2 \neq \sigma_2^2$

$F_{14, 14, 0.025}$의 값은 F분포표에 없으므로 그에 가장 가까운 $F_{15, 14, 0.025} = 2.95$를 사용한다.

$$F_C = \frac{0.4612}{0.1423} = 3.24$$

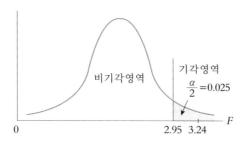

비기각영역

기각영역

$\frac{\alpha}{2} = 0.025$

0   2.95 3.24 F

$F_C = 3.24 > F_{15, 14, 0.025} = 2.95$이므로 귀무가설 H_0을 기각한다. 따라서 두 제품의 모분산 사이에는 차이가 있다.

② $F_U = F_{df_1, df_2, \frac{\alpha}{2}} = F_{14, 14, 0.025} \doteqdot F_{15, 14, 0.025} = 2.95$

$$F_L = \frac{1}{F_{df_2, df_1, 0.025}} = \frac{1}{F_{14, 14, 0.025}} \doteqdot \frac{1}{F_{15, 14, 0.025}} = \frac{1}{2.95} = 0.339$$

$$\frac{s_1^2/s_2^2}{F_U} \leq \frac{\sigma_1^2}{\sigma_2^2} \leq \frac{s_1^2/s_2^2}{F_L}$$

$$\frac{0.4612/0.1423}{2.95} \leq \frac{\sigma_1^2}{\sigma_2^2} \leq \frac{0.4612/0.1423}{0.339}$$

$$1.0987 \leq \frac{\sigma_1^2}{\sigma_2^2} \leq 9.5606$$

σ_1^2은 σ_2^2보다 1.0987배에서 9.5606배 사이에 있음을 95% 신뢰할 수 있다.

연/습/문/제

1. 독립표본과 종속표본의 차이를 설명하라.

2. F분포는 어느 경우에 사용하는가?

3. 다음 문제에서 표본들은 독립적인가 또는 종속적인가?

   ① Excel 대학교와 Word 대학교는 201A년 신입생들의 평균 SAT 점수를 비교하기로 하였다. Excel 대학교는 100명의 점수를, Word 대학교는 89명의 점수를 수집하였다.

   ② Excel 대학교 병원에서는 최근에 개발한 약의 효과를 실험하려고 한다. 25명의 환자에게 이 약을 복용토록 한 후 복용 전후의 건강상태를 기록하였다.

4. 직물을 생산하는 회사는 두 제품 A와 B의 평균 강도가 같은지를 알고자 한다. 두 제품의 표본을 랜덤으로 추출하여 평균을 측정한 결과는 다음과 같다. 유의수준 5%로 검정하라.

A	B
$n_1 = 75$	$n_2 = 75$
$\bar{x}_1 = 990.8$	$\bar{x}_2 = 977.0$
$\sigma_1 = 50$파운드	$\sigma_2 = 55$파운드

5. Excel 대학교 통계학 A반과 B반의 학기말 고사 성적은 다음과 같다. 한 교수가 똑같은 교수방법으로 지도한 결과이다.

A반	91	87	73	92	64	74	88	88	74	73
	70	86	72	91	85	85	82	76	84	83
	84	76	89	83	87	78	79	94	90	97

B반	84	85	85	84	59	62	91	83	80	76
	66	78	65	84	79	89	93	87	78	91
	64	85	72	64	74	93	70	79	79	75
	66	83	74	70	82	82	75	78	99	57

① 두 표본평균의 표본분포와 두 표본평균의 차이의 표본분포를 그림으로 나타내라.

② 두 모평균 차이에 대한 95% 신뢰구간을 설정하라.

③ 두 모평균 점수 사이에 차이가 있는지 유의수준 5%로 검정하라.

6. 우리나라에서 생산하는 자동차는 미국보다 국내에서의 판매가격이 훨씬 높다고 알려져 있다. 이것이 사실인지 알기 위하여 한국산 Excel 자동차의 한국과 미국내 소매가격(단위: 1,000달러)을 동일기간 50군데의 판매점을 랜덤으로 추출하여 조사한 결과 다음과 같은 자료를 얻었다.

미국 (1)	18.3	16.5	17.3	18.5	18.6	16.7	14.8	16.8	12.5	10.8
	18.5	15.7	16.0	16.3	18.4	19.5	13.2	16.7	12.9	17.3
	18.2	16.4	16.8	16.5	18.7	15.7	17.2	18.2	18.9	19.2
	17.1	18.7	14.9	16.7	20.4	17.2	14.6	17.2	13.0	18.5
	16.9	13.3	16.4	15.9	16.6	17.7	16.0	17.1	14.6	18.0
한국 (2)	18.5	14.1	18.3	21.2	18.9	18.8	14.8	16.5	16.4	18.0
	16.8	19.8	17.5	16.6	14.9	16.5	16.7	15.4	17.6	20.1
	16.6	18.2	17.5	18.8	19.8	14.7	18.1	16.8	20.3	16.3
	20.5	17.9	15.6	15.4	17.8	17.2	18.0	17.4	18.2	16.5
	18.6	16.9	17.6	14.4	21.7	18.7	16.3	14.2	14.7	20.0

① 두 나라에서 판매되는 이 모델의 모평균 소매가격의 차이에 대한 95% 신뢰구간을 구하고 이의 의미를 설명하라.

② 한국에서의 소매가격이 미국에서의 소매가격보다 높은지 유의수준 5%로 검정하라.

7. Excel 대학교 통계학 수강학생을 대상으로 어느 날 하루에 공부한 시간에 차이가 있는지 알고자 남학생 다섯 명과 여학생 여섯 명을 조사하여 다음과 같은 자료를 얻었다. 학생들의 공부시간은 정규분포를 따른다고 하며 두 모집단의 공부시간의 표준편차는 같다고 한다. 유의수준 5%로 검정하라.

남자 (1)	2	3	4	6	9	
여자 (2)	2	4	7	8	10	11

① 남학생들과 여학생들의 평균 공부시간의 차이 $(\mu_1 - \mu_2)$에 대한 95% 신뢰구간을 설정하라.

② 여학생들의 평균 공부시간이 남학생들의 시간보다 많다는 주장을 유의수준 5%로 검정하라.

8. 종로제조㈜는 동일작업을 수행하는 남자 근로자와 여자 근로자 사이에 시간당 임금격차가 있는지 밝히기 위하여 근로자들을 독립적으로 추출하여 조사한 결과 다음과 같은 자료를 얻었다. 임금은 정규분포를 따르며 두 모집단의 표준편차는 같다고 한다.

남자 (1)	58	50	60	55	60	53	64	48
	50	56	62	43	52	53	52	48
여자 (2)	44	54	42	40	37	46	44	50
	35	50	43	44	45	42	53	

① 남자 근로자의 평균 임금이 여자 근로자의 평균 임금보다 10만큼 많은지 유의수준 5%로 검정하라.

② 평균 임금 차이에 대한 95% 신뢰구간을 설정하라.

9. 평화백화점 훈련부장은 종업원들에게 새로운 판매기법을 훈련시킨 후 종업원들의 판매량에 증가효과가 있는지 알기 위하여 종업원 10명을 대상으로 하루 판매량을 조사한 결과 다음과 같은 자료를 얻었다.

① 두 모평균의 차이 μ_d에 대한 95% 신뢰구간을 설정하라.

② 훈련 후 판매량이 증가하였는지 유의수준 5%로 검정하라.

종업원	전	후	$d_i=$전$-$후	$d-\bar{d}$	$(d-\bar{d})^2$
1	54	60	-6	-2	4
2	56	59	-3	1	1
3	50	57	-7	-3	9
4	52	56	-4	0	0
5	55	56	-1	3	9
6	52	58	-6	-2	4
7	56	62	-6	-2	4
8	53	55	-2	2	4
9	53	54	-1	3	9
10	60	64	-4	0	0
			-40		44

10. 새나라자동차㈜와 금호자동차㈜가 제조한 자동차 50대를 확률표본으로 추출하여 100,000km를 달리기 전에 엔진검사를 필요로(B) 한 자동차는 얼마인지 조사한 결과 다음과 같은 자료를 얻었다. 두 회사 자동차들은 기후조건, 운전조건, 보수프로그램 등에 있어 똑같다고 한다.

새나라	B G G B G B G G G B G G G G B G G G B G G B G G G
	B G G B G G B G B G G G G G B G G G G G B G G G B G
금호	G G B G G B G G B G G G G B G G B G G B G G G G G B
	G B G G B G G B G G B G G G B B G G G B G B G G G B

① 두 모비율의 차이 (p_1-p_2)에 대한 95% 신뢰구간을 구하라.

② 100,000km 달리기 전에 엔진검사를 필요로 한 두 회사 자동차의 비율에 차이가 있는지 유의수준 5%로 검정하라.

11. 다음과 같이 F값과 자유도가 주어졌을 때 그의 확률을 구하라.

	F 값	n_1	n_2
①	2.81	5	18
②	2.96	8	20

12. 다음과 같이 확률과 자유도가 주어졌을 때 그의 F값을 구하여라.

	확률	n_1	df_2
①	0.05	6	22
②	0.025	13	7

13. $df_1 = 10$, $df_2 = 12$인 F분포가 있을 때 분포의 양쪽 꼬리면적이 0.05에 해당하는 F의 임계치를 구하라.

14. 두 기계를 사용하여 10cm의 길이를 자르고 있다. 길이의 변동에 차이가 있는지 알기 위하여 표본을 랜덤으로 추출하여 길이를 측정한 결과 다음과 같은 자료를 얻었다. 유의수준 5%로 검정하라.

기계 1	10.7	10.7	10.4	10.9	10.5	10.3	9.6	11.1	11.2	10.4	106
기계 2	9.6	10.4	9.7	10.3	9.2	9.3	9.9	9.5	9.0	10.9	98

15. 평화가구㈜에서는 두 공장에서 같은 종류의 가구를 생산한다. 두 공장에서 매일 생산하는 가구의 생산량의 변동을 비교하기 위하여 두 공장에서 표본조사의 날짜를 랜덤으로 추출하고 생산량을 조사한 결과 다음과 같은 자료를 얻었다. 유의수준 5%로 두 공장에서 생산하는 생산량의 변동에 차이가 있는지 검정하라(컴퓨터 사용결과 $s_1^2 = 59.77$, $s_2^2 = 22.82$임).

공장 1	34	20	25	23	30	40	24	25	20	30
	28	10	35							
공장 2	32	13	27	19	25	20	21	24	19	15
	18	17	25	14	20	18	19	20		

16. 컴퓨터 프로그램은 거의 정규분포를 따르는 자료를 생성한다. 두 개의 독립된 표본을 다음과 같이 추출하였다.

표본 1		표본 2	
26	34	29	34
19	25	26	30
17	25	24	32
30	28	29	25

표본 1에서 추출된 모분산 1이 표본 2에서 추출된 모분산 2보다 크다고 주장하는 가설을 유의수준 5%로 검정하라.

17. 한 제조업체는 조립공정에서 사용한 기존의 방법과 새로운 방법의 성과를 비교하려고 한다. 작업자 12명씩 두 조로 나누어 두 가지 방법에 따른 조립시간을 측정한 결과 다음과 같은 자료를 얻었다. 조립시간은 대체로 정규분포를 따르며 두 방법에 의한 조립시간의 분산은 동일하다고 가정한다.

기존의 방법	12.5	10.3	8.7	11.7	9.6	11.5
	9.9	9.4	10.6	9.6	11.3	9.7
새로운 방법	9.4	6.9	7.0	11.6	7.3	8.2
	9.7	8.4	12.7	10.4	7.2	9.2

① 두 방법의 평균 조립시간의 차이 $(\mu_1 - \mu_2)$에 대한 95% 신뢰구간을 구하라.
② 두 방법의 모평균 조립시간간에 차이가 있는지 유의수준 5%로 검정하라.

18. 다음 자료는 어느 날 금성백화점에서 랜덤으로 추출한 여성 12명과 남성 10명이 장을 보는 데 소요한 시간(분)을 측정한 것이다. 유의수준 5%로 여성의 시간변동이 남성의 시간변동보다 더 큰지 검정하라.

여성 (1)	15.4	23.1	30.5	16.2	18.1	24.2
	23.4	16.4	25.9	21.3	26.1	26.2
남성 (2)	15.8	19.8	18.6	20.4	19.0	24.1
	17.5	20.5	26.2	21.3		

19. Excel 대학교 남학생 100명과 여학생 95명을 랜덤으로 추출하여 이성과 교제하는지의 여부를 조사하여 다음과 같은 자료를 얻었다.

남	Y NNNNN Y NNNNN Y Y Y NNNNN Y NNNNN Y NNNNN Y Y Y NNNNN Y NNNNN Y NNNNN Y Y Y NNNNN Y NNNNN Y NNNNN Y Y Y NNNNN Y NNNNN Y NNNNN Y Y Y NNNNN
여	Y Y NNNN Y NNNN Y Y Y NNNNN Y Y NNNN Y NNNN Y Y Y NNNNN Y Y NNNN Y NNNN Y Y Y NNNNN Y Y NNNN Y NNNN Y Y Y NNNNN Y Y YYYY Y YYYY Y Y Y NNNNN

① 두 모비율 차이 $(p_1 - p_2)$에 대한 95% 신뢰구간을 설정하라.

② 전체 남자 교제율과 여자 교제율이 같다고 말할 수 있는지 유의수준 5%로 검정하라.

20. 다음의 자료는 랜덤으로 추출한 두 박물관의 입장객 수(단위: 천 명)에 관한 것이다.

주	우주박물관 (x_1)	역사박물관 (x_2)	차이 $(d_i = x_1 - x_2)$	$d_i - \bar{d}$	$(d_i - \bar{d})^2$
1	0.6	0.5	0.1	−0.158	0.025
2	0.8	1.0	−0.2	−0.458	0.210
3	0.7	0.5	0.2	−0.058	0.003
4	1.2	0.8	0.4	0.142	0.020
5	1.4	1.2	0.2	−0.058	0.003
6	2.3	2.5	−0.2	−0.458	0.210
7	3.8	2.8	1.0	0.742	0.551
8	4.4	3.5	0.9	0.642	0.412
9	1.5	1.2	0.3	0.042	0.002
10	1.3	1.4	−0.1	−0.358	0.128
11	1.1	0.8	0.3	0.042	0.002
12	0.8	0.6	0.2	−0.058	0.003
			3.1		1.569

① 두 박물관의 평균 입장객 수의 차이에 대한 95% 신뢰구간을 구하라.

② 우주박물관의 평균 입장객 수가 역사박물관보다 더 많다는 주장을 유의수준 5%로 검정하라.

제**11**장

분산분석

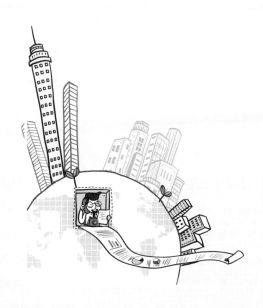

우리는 제8장과 제9장에서 한 모집단 평균에 대한 추정과 검정을 공부하였고 제10장에서는 두 모집단의 평균 차이에 대한 추정과 검정을 공부하였다. 그런데 현실적으로 세 개 이상 모집단의 평균을 동시에 비교하고자 할 때가 있다. 예를 들면 '다섯 가지 다른 훈련프로그램의 실시 후 평균 판매액 사이에 차이가 있는가, 자동차 세 모델의 평균 연료소비량에 차이가 있는가, 경영학 · 공학 · 컴퓨터를 전공한 취업자들의 초봉에 차이가 있는가, TV · 라디오 · 신문 등 광고매체를 이용할 때 광고효과에 차이가 있는가' 등이다. 이러한 경우에 두 모집단에서 한 것처럼 Z검정이나 t검정을 사용하여 모든 집단의 가능한 $_nC_2$쌍(pair)에 대하여 검정을 할 수는 있다. 그러나 비교의 횟수가 많아짐에 따라 옳은 귀무가설을 잘못하여 기각시킬 제Ⅰ종 오류 α는 커지게 될 위험을 감수해야 한다.

따라서 세 모집단 이상의 평균을 동시에 비교하면서 결합유의수준을 α로 유지하는 통계적 절차가 필요한데 이것이 바로 분산분석(analysis of variance: ANOVA)이다. 분산분석은 표본분산을 분석하여 모평균들의 동일성을 검정한다. 분산분석이라는 말은 집단(그룹)내 분산에 대한 집단간 분산의 비율을 이용하기 때문에 사용하는 용어이다. 분산분석의 결과 모든 모평균들이 동일하지 않다는 충분한 근거가 발견될 때 어떤 특정 모평균이 다른 모평균들과 다른지 찾아낼 수는 없다. 다만 이를 규명하는 공식적, 비공식적 방법이 있지만 본서에서는 생략하고자 한다.

우리는 본장에서 분산분석의 원리와 독립변수(인자)가 하나인 일원분산분석(one-way analysis of variance)은 물론 두 개인 이원분산분석(two-way analysis of variance)에 관해서 공부할 것이다.

1 실험설계의 기본개념

통계분석에 있어서는 그룹 사이에 모평균의 차이가 있는지 밝히기 위하여 측정하고자 하는 반응변수(response variable, 또는 종속변수)를 미리 정하고 하나 또는 둘 이상의 인자(factor, 또는 독립변수)가 어떻게 반응변수에 영향을 미치는지를 조사하기 위하여 관련자료를 수집하게 된다. 종속변수에 영향을 미치는 변수는 여러 개가 있을 수 있는데 우리가 관심을 갖는 독립변수를 제외한 외부적인 요인을 외생변수(extraneous variable)라고 한다. 예를 들면 동일한 비료(독립변수)를 사용하더라도 수확량(종속변수)에 영향을 미치는 논의 비옥도, 기후, 지역, 용수 등 이러한 요인들은 외생변수라고 할 수 있다.

예를 들면 주택규모가 주택가격에 미치는 영향을 연구할 때 주택규모라는 인자는 우리가 통제할 수 없기 때문에 수집한 자료는 관찰자료(observational data)라고 한다.

반면 비료가 수확량(반응변수)에 미치는 영향이라든가 상표가 판매량에 미치는 영향을 조사할 때 비료 또는 상표라는 인자는 통제할 수 있기 때문에 수집한 자료는 실험자료(experimental data)라고 한다. 실험을 하다 보면 어떤 조건에 따라 인자에 변화를 주는데 이러한 인자의 여러 가지 조건을 인자수준(factor level) 또는 처리(treatment)라 하며 간단히 수준(level)이라고도 한다.

예를 들면 비료의 종류(a, b, c), 상표의 종류(a, b), 열처리방법(A, B, C), 온도($100°$, $150°$, $200°$) 등을 처리 또는 수준이라고 한다. 여기서 비료, 상표, 열처리방법, 온도 등은 인자(독립변수)이다.

한 수준을 대상으로 추출한 표본관찰치들 사이를 그룹내(within group)라고 하고 각 수준의 평균들 사이를 그룹간(between group)이라고 한다.

실험에서 자료를 수집하기 위하여 사람, 차, 동물, 토지 등에 여러 가지 처리를 적용하게 되는데 이를 실험단위(experimental unit)라고 한다.

일반적으로 처리를 둘 이상의 실험단위에 적용할 때 이를 반복(replication)이라고 한다. 인자수준에 따라 표본을 여러 번 추출하는 것도 반복이라고 한다.

일반적으로 분산분석에서의 가설은 n개의 모평균을 비교하는 경우 다음과 같은 형태를 취한다.

H_0: $\mu_1 = \mu_2 = \mu_3 \cdots = \mu_l$ (모평균들은 모두 같다)

H_1: 적어도 하나는 나머지와 같지 않다.

여기서 처리의 수는 l개이며 $\mu_j(j=1, 2, \cdots, l)$는 처리 j를 적용했을 때 반응변수의 모평균을 나타낸다.

랜덤화(randomization)란 같은 조건에서 미리 예견할 수 없는 실험오차를 없애기 위하여 실험순서를 랜덤하게 결정하는 것을 말한다. 각 모집단으로부터 표본이 독립적으로 추출되도록 실험설계된다.

2 | 분산분석의 기본원리

□ 분산분석의 목적

분산분석은 세 개 이상의 모집단 평균 사이에 통계적으로 유의한 차이가 있는지를 검정하려는 분석방법이다. 이를 위해 각 집단으로부터 표본을 추출하여 계산한 집단(표본)간 관찰치들의 변동(분산)과 집단내 관찰치들의 변동의 비율을 이용하여 모평균들의 동일성을 검정하려고 한다.

분산분석의 목적은 한 인자(독립변수, 예컨대 상표)가 측정하려는 반응변수(종속변수, 예컨대 판매액)에 현저한 영향(significant effect)을 미치는가를 결정하는 것이다. 만일 상표라는 인자가 모평균 판매액에 현저한 영향을 미친다면 서로 다른 상표의 종류를 사용하여 얻는 표본의 평균 판매액은 서로 같지 않을 것이나. 따라서 여러 상표간 표본의 평균 판매액이 동일한가를 테스트함으로써 상표라는 인자가 모평균 판매액에 현저한 영향을 미치는가라는 질문에 답하려는 것이다. 이러한 독립변수와 종속변수의 관계는 제12장에서 공부할 회귀분석과 유사한 개념이다.

■■ 표 11-1 | 두 모집단으로부터 추출한 표본자료

모집단 1의 표본	모집단 2의 표본
8	9
11	17
20	24
21	29
23	31
37	40
합계　　120	150
평균　　$20\,(\bar{x}_1)$	$25\,(\bar{x}_2)$　　$\bar{\bar{x}} = 22.5$

간단한 예를 들어 설명하기로 하자. [표 11-1]은 두 모집단에서 독립적으로 표본을 추출한 자료이다. 이 자료를 이용하여 점그림(dotplots)을 그린 것이 [그림 11-1]이다.

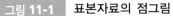

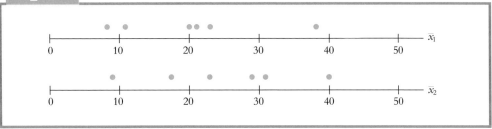

그림 11-1　표본자료의 점그림

　　두 모집단으로부터 추출한 표본의 평균은 $\bar{x}_1 = 20$, $\bar{x}_2 = 25$이고 두 표본들의 변동(분산)은 꽤 크게 보이고 있다. 따라서 이들 표본평균에 차이가 있다고 해서 $\mu_1 \neq \mu_2$라고 추리할 수 있는가? 그렇지 않다. 왜냐하면 이들 표본평균들 사이의 변동이 모평균 사이의 변동에서 기인하는 것인지 또는 모집단내의 변동에 기인하는 것인지 불분명하기 때문이다.

　　그러나 다른 표본자료의 [표 11-2]와 [그림 11-2]를 보자.

■ 표 11-2 │ 두 모집단으로부터 추출한 다른 표본자료

모집단 1의 표본	모집단 2의 표본
18	24
20	24
20	24
20	25
21	25
21	28
합계　120	150
평균　$20\,(\bar{x}_1 = 20)$	$25\,(\bar{x}_2 = 25)$　　$\bar{\bar{x}} = 22.5$

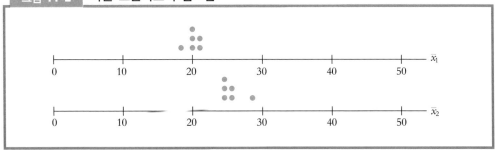

그림 11-2　다른 표본자료의 점그림

두 모집단으로부터 추출한 다른 표본의 평균도 $\bar{x}_1 = 20$, $\bar{x}_2 = 25$로 같다. 그러나 표본들은 표본평균 주위에 밀집되어 분산이 작다. 이 경우 우리는 $\mu_1 \neq \mu_2$라고 추리할 수 있다. 왜냐하면 표본평균들 사이의 변동이 표본내 변동보다 모평균 사이의 변동에 크게 기인하는 것이 분명하기 때문이다.

이러한 사실로부터 우리는 표본평균들 사이의 변동이 표본내 변동보다 훨씬 크다면 모든 모평균은 같지 않다고 결론을 내릴 수 있다. 우리는 이때 표본평균들 사이의 변동은 처리효과(treatment effect)가 다르게 작용하기 때문이라고 본다. 즉 강한 처리효과가 존재하면 표본(집단) 사이의 변동이 표본(집단)내 변동보다 현저하게 크게 된다.

F비(F ratio)란 표본내 변동(분산)에 대한 표본간 변동(분산)의 비율을 말한다. 따라서 F비가 커질수록 모평균들이 동일하다는 귀무가설 H_0를 기각할 가능성은 높아진다.

[표 11-1]과 [표 11-2]에서 볼 수 있는 바와 같이 표본자료는 표본간에는 물론 같은 표본내에서도 차이가 있다. 분산분석에서는 이러한 변동을 이용하기 때문에 표본자료의 산포(변동)를 요인별로 분해할 필요가 있다.

- 모든 12개 관찰치가 동일하지 않기 때문에 이들 사이에는 변동이 있다. 이는 총변동(total variation)이라고 한다.
- 다른 처리(표본) 사이에 변동이 있다. 두 모집단으로부터 추출한 표본자료 사이에 수치의 차이가 있다. 이는 표본간 변동(between-sample variation)이라고 한다.
- 어떤 처리(표본)내에도 변동이 있다. μ_1의 표본내에서도 모든 수치가 서로 다르다. 이는 표본내 변동(within-sample variation)이라고 한다. 각 처리내의 변동은 독립변수 외에 여러 가지 외생변수의 영향 때문에 발생하는 오차변동이다.

□ 분산분석의 논리

분산분석의 논리는 아주 간단하다. 특정 기준(수준)에 의해 구분되는 여러 모집단에서 표본들을 추출할 때 각 표본 관찰치에서 전체 표본들의 총평균을 뺀 차이, 즉 편차들의 제곱합인 총변동(total variation)은 원래 각 모집단의 평균이 서로 다르기 때문에 발생할 수도 있고 또는 한 모집단 내 관찰치들의 외생변수로 인한 랜덤 변동(분산)으로 인해 발생할 수도 있는데 전자로 인한 그룹 간 분산이 후자로 인한 그룹내 분산보다 현저히 크다면 어떤 모집단의 평균이 나머지 모집단들의 평균과 서로 다르다고 추정할 수 있는 것이다. 다시 말하면 표본평균들 사이에서는 변동이 크고 표본평균 내에서는 변동이 작은 경우에는 모평균들이 서로 다르다고 추정할 수 있는 것이다. 즉 여러 모평균의 동일성을 그룹(집단)간 분산과 그룹내 분산을 비교하고 판단하기 때문에 이를 분산분석이 라고 한다.

그림 [11-3]에서 왼쪽 그림은 그룹간 변동과 그룹내 변동이 비슷하여 모 평균들이 동일한 경우를 나타내고 오른쪽 그림은 그룹간 변동이 그룹내 변동 보다 커 모평균들이 동일하지 않은 경우를 나타내고 있다.

그림 11-3 표본평균의 변동

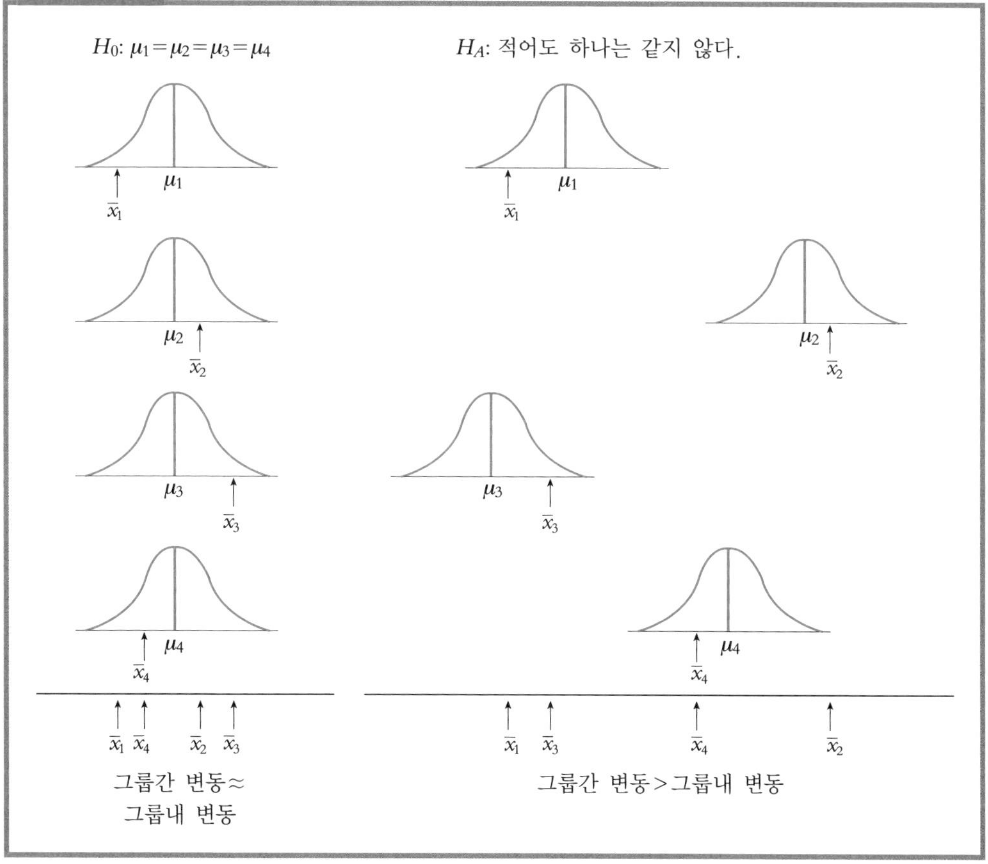

3 일원배치법: 완전 랜덤설계법

□ 기본개념

어떤 반응변수에 영향을 미치는 여러 인자 중에서 하나의 인자만을 실험대상으로 하는 계획을 일원분산분석 또는 일원배치법(one-way factorial design)이라고 한다. 이 방법은 하나의 독립변수를 제외한 다른 외생변수들이 실험결과에 미치는 영향을 상쇄시키기 위해 독립변수의 각 처리에 실험대상을 완전히 랜덤하게 할당하게 되는데 따라서 완전 랜덤설계법(completely randomized design)이라고도 한다. 즉 이는 집단을 구분하는 독립변수가 한 개인 경우 집단간 종속변수의 평균에 차이가 있는지 분석하는 방법이다.

예를 들면 광고효과에 영향을 미치는 여러 요인 중 광고매체라는 하나의 독립변수를 TV, 라디오, 신문이라는 세 개 이상의 수준으로 나누고 각 수준간 광고효과에 차이가 있는가를 분석하는 경우이다. 이와 같이 일원분산분석에서는 각각의 수준에 따른 주효과(main effect)만을 조사하게 된다. 본서에서는 반복 수가 일정한 경우에 한하여 공부할 것이다.

□ 데이터(관찰치)의 배열

인자 A의 수준(그룹)이 l개(A_1, A_2, $\cdots$, A_l)이고 각 수준에 똑같이 m개의 실험반복이 있는 일원배치법의 데이터 배열은 [표 11-3]과 같다.

[표 11-3]에서 T_j, $\bar{x}_j$, T, $\bar{\bar{x}}$ 등은 다음과 같은 식을 이용하여 구한다.

관찰치는 x_{ij}로 표시하는데 이는 j번째 수준(그룹)의 i번째 관찰치를 나타낸다. 예컨대 x_{23}은 세 번째 수준의 두 번째 관찰치를 의미한다.

$$T_j = \sum_{i=1}^{m} x_{ij} \quad j = 1, 2, \cdots, l$$

$$\bar{x}_j = \frac{T_j}{m}$$

$$T = \sum_{j=1}^{l} T_j$$

$$\bar{\bar{x}} = \frac{T}{lm}$$

■■■ 표 11-3 | 일원배치법—반복 수가 같은 데이터의 배열

실험(i)	인자의 수준(j)				
	A_1	A_2	$\cdots$	A_l	
1	x_{11}	x_{21}	$\cdots$	x_{l1}	
2	x_{12}	x_{22}	$\cdots$	x_{l2}	
$\vdots$	$\vdots$	$\vdots$		$\vdots$	
m	x_{1m}	x_{2m}	$\cdots$	x_{lm}	
합 계	T_1	T_2	$\cdots$	T_l	T
평 균	$\bar{x}_1$	$\bar{x}_2$	$\cdots$	$\bar{x}_l$	$\bar{\bar{x}}$

□ 총변동의 분해

총편차(total deviation)란 개개의 데이터(관찰치) x_{ij}와 데이터의 총평균 $\bar{\bar{x}}$와 의 편차의 합계를 말하는데 이는 인자수준의 변화에 의한 각 수준의 표본평균과 총평균과의 편차(설명된 편차) 그리고 오차발생(측정 및 실험)에 의한 각 수준내의 관찰치와 그 수준의 표본평균과의 편차(설명되지 않은 편차: 처리의 효과와 관련없는 외생변수로부터 발생된 편차)로 구성된다. 다시 말하면 설명된 편차는 독립변수의 각 처리의 효과 차이 때문에 발생되는 편차이고 설명되지 않은 편차는 처리의 효과와는 관계가 없는 외생변수로부터 발생된 편차이다. 즉

총편차＝설명된 편차＋설명되지 않은 편차

$$(x_{ij} - \bar{\bar{x}}) = (\bar{x}_j - \bar{\bar{x}}) + (x_{ij} - \bar{x}_j) \tag{11.1}$$

가 성립한다. 그림 [11-4]는 [표 11-1]을 이용하여 그린 편차의 분해를 보여 주고 있다.

위 식 (11.1)의 양변을 제곱하여 i와 j에 대해 합하면 총제곱합(sum of squares total: SST)을 얻는다. 총제곱합은 총변동으로서 모든 표본 관찰치들의 산포를 나타낸다.

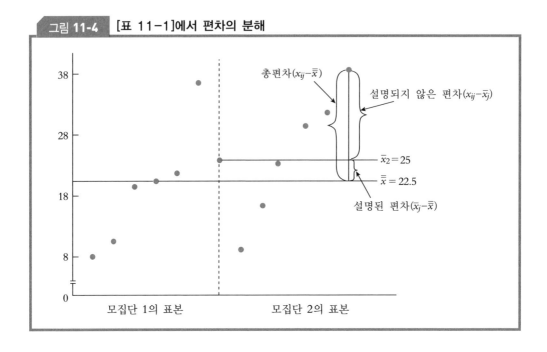

그림 11-4 [표 11-1]에서 편차의 분해

$$\sum_{i=1}^{m}\sum_{j=1}^{l}(x_{ij}-\overline{\overline{x}})^2 = \sum_{i=1}^{m}\sum_{j=1}^{l}(\overline{x}_j-\overline{\overline{x}})^2 + \sum_{i=1}^{m}\sum_{j=1}^{l}(x_{ij}-\overline{x}_j)^2$$

총변동 = 그룹간 변동 + 그룹내 변동

(총제곱합) (A의 변동) (오차변동)

$$SST = SSB + SSW$$

여기서 그룹간 변동이란 처리의 효과 차이에서 오는 편차제곱의 합으로서 집단간 제곱합(sum of squares between: SSB)이라고도 한다. 이때 SSB는 처리의 효과라고 할 수 있다. 한편 그룹내 변동이란 처리 외의 외생변수로부터 기인하는 편차제곱의 합으로서 집단내 제곱합(sum of squares within: SSW)이라고도 한다. 이때 SSW는 외생변수의 효과라고 할 수 있다. 그림 [11-5]는 완전 랜덤설계법에서 총제곱합의 분해를 보여 주고 있다.

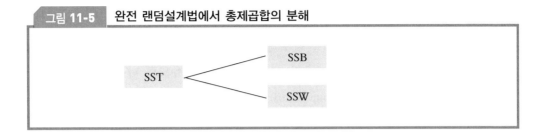

| 그림 11-5 | 완전 랜덤설계법에서 총제곱합의 분해 |

그런데 *SST*, *SSB*, *SSW*를 계산하기 위해서는 다음과 같은 간편한 식을 이용한다.

📖 ≈ 간편계산

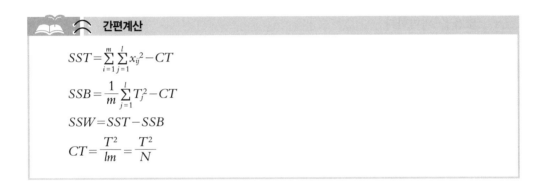

$$SST = \sum_{i=1}^{m} \sum_{j=1}^{l} x_{ij}^2 - CT$$

$$SSB = \frac{1}{m} \sum_{j=1}^{l} T_j^2 - CT$$

$$SSW = SST - SSB$$

$$CT = \frac{T^2}{lm} = \frac{T^2}{N}$$

□ 자유도 계산

총변동을 그룹간 변동과 그룹내 변동으로 분해할 수 있으므로 총변동과 관련된 자유도 또한 두 부분으로 나눌 수 있다. 자유도는 표본크기에서 1을 빼어 구한다. 총변동과 관련된 자유도는 총표본수$-1 = N - 1 = l \cdot m - 1$이다. 인자의 수준은 l개이므로 그룹간 변동과 관련된 자유도는 $(l-1)$이 된다. 한편 각 수준내 실험횟수는 m개인데 여기서 1을 빼고 수준의 수(l)를 곱하면 그룹내 변동과 관련된 자유도가 된다. 즉 $l(m-1)$이 그룹내 변동의 자유도이다.

이상에서 설명한 것을 정리하면 다음 표와 같다.

변 동	자 유 도
그룹간 변동(SSB)	$l - 1$
그룹내 변동(SSW)	$l(m - 1)$
총변동(SST)	$lm - 1$

□ 표본분산의 계산

이제 제곱합을 자유도로 나누면 평균제곱(mean squares)이 되는데 이는 표본분산과 같은 개념이다. 그룹간 제곱합을 그의 자유도로 나누면 그룹간 평균제곱(mean square between groups: MSB), 즉 그룹간 분산이 되고 그룹내 제곱합을 그의 자유도로 나누면 그룹내 평균제곱(mean square within groups: MSW), 즉 그룹내 분산이 된다.

F비를 결정하는 데는 MSB가 큰 역할을 수행한다. MSB가 커질수록 MSW는 작아지고 F비는 커져서 귀무가설을 기각하게 된다. MSB가 크다는 것은 그룹들 간의 변동차이가 현저해서 각 요인수준의 평균들이 같다고 볼 수 없음을 의미한다.

📖 ☁ MSB와 MSW

$$MSB = \frac{SSB}{l-1}$$

$$MSW = \frac{SSW}{N-1}$$

□ 검정통계량의 계산

한편 검정통계량 F비는 다음과 같이 구한다.

📖 ☁ 검정통계량

$$F\text{비} = \frac{\text{그룹간 분산}}{\text{그룹내 분산}} = \frac{MSB}{MSW}$$

□ 가설검정

F비는 독립변수에 의해 설명된 분산(집단간 분산, 독립변수의 처리에 의한 분산)과 독립변수에 의해 설명되지 않은 분산(집단내 분산, 외생변수에 의한 분산)의 비율을 말한다. 분산분석에서는 가설검정을 위한 검정통계량으로 F비를 사용한다.

분산분석의 목적은 다수의 인자수준의 모집단 평균(treatment means)들 사이에 존재하는 동일성(equality) 여부를 검정하는 것이다.

귀무가설과 대립가설은 다음과 같다.

H_0: $\mu_1=\mu_2=\cdots=\mu_j$ (혹은 H_0: $\alpha_1=\alpha_2=\cdots=\alpha_j=0$)
H_1: 적어도 하나는 나머지와 같지 않다. (집단간 평균에 차이가 있다)

[표 11-4]에서 검정통계량 F비는 모든 표본들이 정규분포인 모집단에서 추출되었으며, 각 모집단의 분산은 동일하다는 가정하에 모집단의 평균들 사이에는 차이가 없다는 귀무가설을 검정하기 위한 것이다. 여기서 귀무가설은 처리(수준)의 효과가 없다는 것을 의미하고 대립가설은 처리의 효과가 있다는 것을 의미한다.

유의수준 α일 때 F의 임계치(critical value)는 $F_{l-1,\,l(m-1),\,\alpha}$로 표시하며 부표 G에서 찾는다.

유의수준이 α이고 자유도가 $(l-1)$, $l(m-1)$인 F분포의 기각역은 F비$>F_{l-1,\,l(m-1),\,\alpha}$이다.

□ F검정 실시

일반적으로 두 개의 변동을 비교하기 위해서는 각각의 변동을 자유도로 나누어 불편분산을 구하고 그룹간 표본분산(처리에 의한 분산)과 그룹내 분산(외생변수에 의한 분산)간의 분산비율에 의한 F검정을 실시한다. 분산분석은 우측검정에 해당한다. 귀무가설의 비기각/기각영역을 결정하는 임계치 F값은 허용오차 α와 두 개의 자유도에 의해 정의되는 F분포에 의하여 결정된다.

만일 F비$=\dfrac{MSB}{MSW}$ $>F_{l-1,\,N-l,\,\alpha}$이면 H_0을 기각

분자의 자유도$=l-1$, 분모의 자유도$=N-l$

만일 p값$<\alpha$이면 H_0을 기각

귀무가설이 기각되면 각 인자수준에서 처리의 효과가 존재한다는 통계적

결론을 내릴 수 있다. 즉 그룹간의 불편분산이 그룹내의 불편분산에 비하여 현저하게 크다면 이는 인자의 수준이 변화함으로써 평균에 차이가 있다는 것을 의미한다. 즉 인자가 그의 수준 차이로 인하여 오차변동에 비하여 통계적으로 유의한 영향을 준다고 말할 수 있다.

[표 11-4]는 지금까지 설명한 일원배치법의 내용을 정리한 분산분석표이다.

■ 표 11-4 | 일원배치법의 분산분석표—반복 수가 같은 경우

변동의 원천	제 곱 합	자 유 도	평균제곱(분산)	검정통계량(F비)
A(그룹간 변동)	$SSB = \sum_j \dfrac{T_j^2}{m} - CT$	$l-1$	$MSB = \dfrac{SSB}{l-1}$	$F비 = \dfrac{MSB}{MSW}$
e(그룹내 변동)	$SSW = SST - SSB$	$l(m-1)$	$MSW = \dfrac{SSW}{l(m-1)}$	
합계(총변동)	$SST = \sum_j \sum_i x_{ij}^2 - CT$	$lm-1$		

예 11-1

다음은 어떤 회사에서 한 제품의 상표의 종류에 따른 하루의 판매액을 조사하여 얻은 자료이다. 평균 판매액의 관점에서 세 개의 상표 사이에 모평균 판매액에 있어 차이가 있는지 유의수준 5%로 검정하라.

인자수준(j) \ 표본 수(i)	상표 Ⅰ	상표 Ⅱ	상표 Ⅲ	
1	28	24	21	
2	24	22	20	
3	22	28	21	
4	23	22	23	
5	28	24	20	
합 계	$T_1 = 125$	$T_2 = 120$	$T_3 = 105$	$T = 350$
평 균	$\bar{x}_1 = 25$	$\bar{x}_2 = 24$	$\bar{x}_3 = 21$	$\bar{\bar{x}} = 23.33$

풀 이 ① 가설의 설정

H_0: $\mu_1 = \mu_2 = \mu_3$ (상표에 따라 모평균 판매액은 모두 같다.)

H_1: 적어도 하나는 나머지와 같지 않다. (상표에 따라 적어도 하나의 모평

균 판매액은 나머지와 같지 않다.)

② 임계범위의 결정

유의수준 $\alpha = 0.05$이고 자유도가 $l-1 = 3-1 = 2$와 $l(m-1) = 3(5-1) = 12$인 F분포의 기각범위는 F비 $> F_{2,\,12,\,0.05} = 3.89$이다.

③ 검정통계량의 계산

$$CT = \frac{T^2}{N} = \frac{122{,}500}{15} = 8{,}166.67$$

$$SST = \sum_{i=1}^{m}\sum_{j=1}^{l} x_{ij}^2 - CT = 28^2 + 24^2 + \cdots + 20^2 - CT$$
$$= 8{,}272 - 8{,}166.67 = 105.33$$

$$SSB = \frac{1}{m}\sum_{j=1}^{l} T_j^2 - CT = \frac{1}{5}(125^2 + 120^2 + 105^2) - CT$$
$$= 8{,}210 - 8{,}166.67 = 43.33$$

$$SSW = SST - SSB = 105.33 - 43.33 = 62$$

$$MSB = \frac{SSB}{l-1} = \frac{43.33}{2} = 21.67$$

$$MSW = \frac{SSW}{l(m-1)} = \frac{62}{12} = 5.17$$

$$F비 = \frac{MSB}{MSW} = \frac{21.67}{5.17} = 4.19$$

④ 분산분석표의 작성

변동의 원천	제 곱 합	자 유 도	평균제곱	F비
A(처리)	43.33	2	21.67	4.19
e(오차)	62	12	5.17	
총 변 동	105.33	14		

⑤ 통계적 검정과 해석

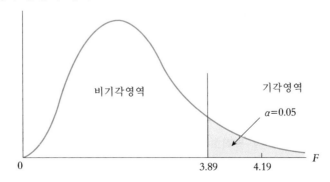

계산된 F비$=4.19>F_{2,12,0.025}=3.89$이므로 귀무가설 H_0을 기각한다. 컴퓨터 출력결과 p값$=0.042<\alpha=0.05$이므로 귀무가설 H_0을 기각한다. 따라서 상표들 간의 모평균 판매액에 현저한 차이가 있다. ◆

4 이원배치법: 랜덤블럭설계법

□ 기본개념

지금까지 반응변수에 영향을 미치는 인자를 하나만 고려하고 다른 인자나 조건은 외생변수로 일정하게 유지하면서 실험하는 단순한 일원배치법을 공부하였다. 그러나 현실적으로는 종속변수에 영향을 미치는 변수로서 두 개의 독립변수를 고려해야 하는 경우가 많다. 예를 들면 광고효과에 영향을 미치는 요인으로 광고매체 하나를 고려할 수 있지만 광고비라는 외생변수의 효과가 큰 경우에는 광고매체와 광고비 등 두 개의 독립변수가 광고효과에 미치는 영향을 분석할 수 있다.

일원배치법에서는 총변동을 그룹간 변동과 그룹내 변동으로 구분하는데 그룹내 변동이란 외생변수들로부터 기인하는 오차변동이다. 일원배치법에서 외생변수의 효과가 처리의 효과보다 상대적으로 크면 MSE가 커지고, F비가 작아져 귀무가설을 기각할 수 없게 된다. 따라서 종속변수에 큰 영향을 미치는 하나의 외생변수를 찾아 이를 다른 독립변수(블럭변수)로 취급하여 통제한 후 그로 인한 변동의 원천을 제거할 수 있다면 대립가설을 채택할 가능성은 증가하게 된다. 다시 말하면 오차변동에 큰 영향을 미치는 하나의 외생변수를 분리시켜 고려한다면 오차변동의 크기는 상당히 감소할 것이다 (그림 11-6 참조). 이때 외생변수의 효과를 제거한 후 처리의 효과를 검정하는 분산분석방법을 랜덤블럭설계법(randomized block design)이라고 한다.

이러한 외생변수에 의한 분산을 줄이기 위해서는 실험단위를 몇 개의 동질적인 집단으로 블럭화(block, 묶음)하는 것이다. 이때 고려하는 하나의 외생변수를 블럭변수(blocking variable)라고 하는데 이를 도입함으로써 블럭변수의 영향을 집단내 제곱합(SSW)으로부터 제거함으로써 F비를 변경시키려는 것이다. 이와 같이 블럭변수에 의한 차이를 고려함으로써 제곱합을 계산하여 그 효과를 제거하는 실험설계를 함으로써 보다 강력하게 귀무가설을 검정하려는 것이다.

이원배치법(two-way factorial design)에서 독립변수와 블럭변수로 구분되는 각 집단을 셀(cell)이라고 한다. 이는 [표 11-5]에서 보는 바와 같다. 표에서 블럭의 수는 m개이고 처리의 수는 l개이므로 셀의 수는 모두 $l \cdot m$개이다. 여기서 열효과는 처리, 행효과는 블럭이라 한다. 이원배치법은 두 변수로 구분되는 각 셀에서 반복이 없는 경우(하나의 관찰치 있음)와 반복이 있는 경우(두 개 이상의 관찰치가 있음)로 나누어진다. 본절에서 공부할 반복이 없는 계획법은 랜덤블럭설계법(randomized blocks design)이라고 하는데 랜덤으로 선정되는 특정 처리와 블럭의 조합(셀)에서 단 한 번의 실험을 실시하여 관찰치를 얻는 것을 의미한다. 반복이 여러 개 있는 계획법은 요인설계법이라고 하는데 다음 절에서 공부할 것이다. 랜덤블럭설계법의 경우에는 독립변수와 블럭변수 각자가 종속변수에 영향을 미치는 주효과(main effect)만을 검정하게 된다. 따라서 각 처리간 모평균이 같은지는 물론 각 블럭간 모평균이 같은지에 대해서도 가설을 검정하게 된다.

□ 데이터의 배열

두 개의 인자를 A(독립변수), B(블럭변수)로 표시하고 인자 A의 수준은 l개, 인자 B의 수준은 m개라고 하면,[1] 인자 A의 한 수준과 인자 B의 한 수준의 조합이 한 처리가 되며 따라서 전체의 처리 수(셀의 수)는 $l \cdot m$개가 된다. [표 11-5]는 반복이 없는 이원배치법의 데이터 배열이다.

[표 11-5]에서 T_j, $\bar{x}_j$, T_i, $\bar{x}_i$, T, $\bar{x}$ 등은 각각 다음 식을 이용하여 구한다.

---

1 인자 A는 독립변수이고, 인자 B는 종속변수에 영향이 큰 외생변수(블럭변수)인데 이를 기준으로 블럭을 만들게 된다. 이때 각 블럭간 평균 차이가 현저하다면 이 블럭변수는 종속변수에 큰 영향을 미친다고 할 수 있다.

■■ 표 11-5 │ 반복 없는 이원배치법의 데이터 배열

인자 A(처리) ＼ 인자B(블럭)	A_1	A_2	...	A_l	합 계	평 균
B_1	x_{11}	x_{21}	...	x_{l1}	T_{l1}	$\bar{x}_{l1}$
B_2	x_{12}	x_{22}	...	x_{l2}	T_{l2}	$\bar{x}_{l2}$
⋮	⋮	⋮		⋮	⋮	⋮
B_m	x_{1m}	x_{2m}	...	x_{lm}	T_{lm}	$\bar{x}_{lm}$
합　계	T_1	T_2	...	T_l	T	
평　균	$\bar{x}_1$	$\bar{x}_2$	...	$\bar{x}_l$		$\bar{\bar{x}}$

$$T_j = \sum_{i=1}^{m} x_{ij} \qquad j=1, 2, \cdots, l$$

$$\bar{x}_j = \frac{T_j}{m}$$

$$T_i = \sum_{j=1}^{l} x_{ij} \qquad i=1, 2, \cdots, m$$

$$\bar{x}_i = \frac{T_i}{l}$$

$$T = \sum_{j=1}^{l} T_j = \sum_{i=1}^{m} T_i$$

$$\bar{\bar{x}} = \frac{T}{lm}$$

□ 총변동의 분해

개개의 데이터 x_{ij}와 모든 데이터의 총평균 $\bar{\bar{x}}$와의 총편차는 다음과 같이 세 부분으로 분해할 수 있다.

$$\sum_{i=1}^{l} \sum_{j=1}^{m} (x_{ij} - \bar{\bar{x}})^2 = \sum_i \sum_j (\bar{x}_i - \bar{\bar{x}})^2 + \sum_i \sum_j (\bar{x}_j - \bar{\bar{x}})^2 + \sum_i \sum_j (x_{ij} - \bar{x}_i - \bar{x}_j + \bar{\bar{x}})^2$$

총변동 $=A$의 변동 $+B$의 변동 $+$ 오차변동

$$SST = SSB + SSAB + SSW$$

그림 [11-6]은 완전 랜덤설계법과 랜덤블럭설계법에서 총변동의 분해를

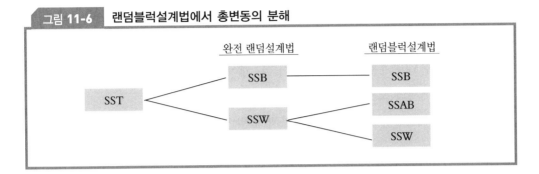

그림 11-6 랜덤블럭설계법에서 총변동의 분해

보여 주고 있다. 총변동 등 실제로는 간편한 식을 이용하여 계산한다.

📖 ☈ **간편계산**

$$SST = \sum_{i=1}^{m} \sum_{j=1}^{l} x_{ij}^2 - CT$$

$$SSB = \frac{1}{m} \sum_{j=1}^{l} T_j^2 - CT$$

$$SSAB = \frac{1}{l} \sum_{i=1}^{m} T_i^2 - CT$$

$$SSW = SST - SSB - SSAB$$

$$CT = \frac{T^2}{lm} = \frac{T^2}{N}$$

▬ 표 11-6 | 이원배치법의 분산분석표—반복이 없는 경우

변동의 원천	제 곱 합	자 유 도	평균제곱	F비	$F(\alpha)$
A(그룹간 변동) (처리)	$SSB=$ $\frac{1}{m}\sum_{j=1}^{l} T_j^2 - CT$	$l-1$	$MSB = \dfrac{SSB}{l-1}$	$\dfrac{MSB}{MSW}$	$F_{l-1,\,(l-1)(m-1),\,\alpha}$
B(그룹간 변동) (블럭)	$SSAB=$ $\frac{1}{l}\sum_{i=1}^{m} T_i^2 - CT$	$m-1$	$MSAB=$ $\dfrac{SSAB}{m-1}$	$\dfrac{MSAB}{MSW}$	$F_{m-1,\,(l-1)(m-1),\,\alpha}$
e(그룹내 변동)	$SSW=SST-$ $SSB-SSAB$	$(l-1)(m-1)$	$MSW=$ $\dfrac{SSW}{(l-1)(m-1)}$		
T(총변동)	$SST=$ $\sum_{i=1}^{m}\sum_{j=1}^{l} x_{ij}^2 - CT$	$lm-1$			

□ 분산분석표의 작성

반복이 없는 이원배치법의 분산분석표를 작성하면 [표 11-6]과 같다. 귀무가설과 대립가설은 다음과 같이 두 개이다. 인자 A_j에서의 모평균을 $\mu(A_j)$, 인자 B_i에서의 모평균을 $\mu(B_i)$라고 하자.

그러면 인자 A의 가설은 다음과 같다.

H_0: $\mu(A_1)=\mu(A_2)=\cdots=\mu(A_j)$

H_1: 적어도 하나는 나머지와 같지 않다.

여기서 만일 F비$=\dfrac{MSB}{MSW}>F_{l-1,\,(l-1)(m-1),\,\alpha}$이면 귀무가설 H_0은 유의수준 α에서 기각된다. 한편 p값$<\alpha$이면 귀무가설 H_0을 기각한다.

한편 인자 B의 가설은 다음과 같다.

H_0: $\mu(B_1)=\mu(B_2)=\cdots=\mu(B_i)$

H_1: 적어도 하나는 나머지와 같지 않다.

여기서 만일 F비$=\dfrac{MSAB}{MSW}>F_{m-1,\,(l-1)(m-1),\,\alpha}$이면 귀무가설 H_0은 유의수준 α에서 기각된다.

 예 11-2

다음의 자료는 세 대의 기계와 세 명의 작업자 사이에서 생산되는 시간당 생산량에 관한 랜덤실험의 결과이다. 이 자료에 대한 분산분석표를 작성하고 기계들 간에 또한 작업자들 간에 모평균 생산량의 차이가 존재하는지 유의수준 5%로 검정하라.

기계 (처리) / 작업자 (블럭)	A_1	A_2	A_3	합 계	평 균
B_1	100	85	80	265	88.33
B_2	80	67	65	212	70.67
B_3	70	56	50	176	58.67
합 계	250	208	195	653	
평 균	83.33	69.33	65		72.56

풀 이 ① 가설의 설정

기계에 대한 가설

H_0: $\mu(A_1) = \mu(A_2) = \mu(A_3)$

H_1: 적어도 하나는 나머지와 같지 않다.

작업자에 대한 가설

H_0: $\mu(B_1) = \mu(B_2) = \mu(B_3)$

H_1: 적어도 하나는 나머지와 같지 않다.

② 임계범위의 결정

기계에 대해서는 유의수준 $\alpha = 0.05$이고 자유도 2, 4인 F분포의 기각범위는 F비 $> F_{l-1, (l-1)(m-1), \alpha} = F_{2, 4, 0.05} = 6.94$이다.

작업자에 대해서는 유의수준 $\alpha = 0.05$이고 자유도 2, 4인 F분포의 기각범위는 F비 $> F_{m-1, (l-1)(m-1), \alpha} = F_{2, 4, 0.05} = 6.94$이다.

③ 검정통계량의 계산

$$SST = \sum_{j=1}^{3} \sum_{i=1}^{3} x_{ij}^2 - CT = 100^2 + 85^2 + \cdots + 50^2 - \frac{653^2}{9}$$

$$= 49,275 - 47,378.78 = 1,896.22$$

$$SSB = \frac{1}{m} \sum_{j=1}^{3} T_j^2 - CT = \frac{1}{3}(250^2 + 208^2 + 195^2) - CT$$

$$= 47,929.67 - 47,378.78 = 550.89$$

$$SSAB = \frac{1}{l} \sum_{i=1}^{3} T_i^2 - CT$$

$$= \frac{1}{3}(265^2 + 212^2 + 176^2) - CT$$

$$= 48,715 - 47,378.78 = 1,336.22$$

$$SSW = SST - SSB - SSAB = 1,896.22 - 550.89 - 1,336.22 = 9.11$$

④ 자유도의 계산

SST: $lm - 1 = 3(3) - 1 = 8$

SSB: $l - 1 = 3 - 1 = 2$

$SSAB$: $m - 1 = 3 - 1 = 2$

SSW: $(l-1)(m-1) = (3-1)(3-1) = 4$

⑤ 분산분석표의 작성

변동의 원천	제 곱 합	자 유 도	평균제곱	F비
A(그룹간 변동)	550.89	2	275.445	120.92
B(그룹간 변동)	1,336.22	2	668.11	293.29
e(그룹내 변동)	9.11	4	2.278	
총 변 동	1,896.22	8		

⑥ 통계적 검정과 해석

기계(A)의 경우 계산된 F비$=120.92>F_{2,\,4,\,0.05}=6.94$이므로 귀무가설 H_0을 기각한다. 한편 컴퓨터 출력결과 p값$=0<\alpha=0.05$이므로 귀무가설 H_0을 기각한다. 따라서 기계들 간에 모평균 생산량의 차이가 존재한다. 이는 기계 구입의 의사결정에 영향을 미친다.

작업자(B)의 경우 계산된 F비$=293.29>F_{2,\,4,\,0.05}=6.94$이므로 귀무가설 H_0을 기각한다. 한편 컴퓨터 출력결과 p값$=0.000265<\alpha=0.05$이므로 귀무가설 H_0을 기각한다. 따라서 작업자들 간에 모평균 생산량의 차이가 존재한다. 이는 임금결정, 해고여부의 의사결정에 영향을 미친다. ◆

5 │ 이원배치법: 요인설계법

□ 기본개념

반복 수가 일정한 이원배치법의 실험에서는 반복 없는 이원배치법에서 행한 두 인자 A와 B의 주효과(main effect) 외에 두 개의 인자가 동시에 작용하여 종속변수에 영향을 미치는 교호작용효과(interaction effect)를 실험오차와 분리하여 각각 구할 수 있다. 이 외에 인자의 수준 수가 적더라도 반복 수를 적절히 조절함으로써 두 독립변수의 집단간 평균 차이를 검정하는 인자의 주효과에 대한 검출력을 높일 수 있는 장점을 갖는다.

반응변수와 한 인자 사이의 관계가 다른 인자의 수준에 의해 영향을 받을 때 그 두 인자 A와 B 사이에는 교호작용 $A \times B$가 존재한다고 한다. 이러한 개념은 그림으로 설명할 수 있다. [그림 11-7]에서 (a)는 교호작용이 없는 경우를, (b)는 있는 경우를 나타내고 있다. 인자 A는 반응온도를, 그리고 인자 B는 반응시간을 나타내고 반응변수는 인장강도를 의미한다고 하자.

그림 (a)에서 인장강도와 반응온도 사이의 함수적 관계는 반응시간의 수준이 변함에도 불구하고 일정하다. 따라서 두 인자 A와 B 사이에는 교호작용효과는 없고 다만 반응변수에 가법효과(additive effect)만을 줄 뿐이다. 이러한 경우에는 두 직선이 평행하게 된다.

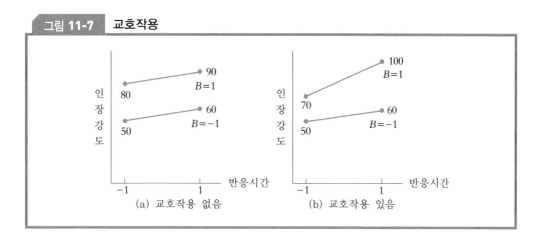

그림 11-7 교호작용

(a) 교호작용 없음

(b) 교호작용 있음

그림 (b)에서는 인자 A의 수준의 함수로서 인장강도의 증가율은 인자 B의 수준이 -1에서 1로 변할 때 증가한다. B가 1일 때 인장강도는 가파른 기울기를 갖는다. 따라서 인자 B의 수준은 반응변수와 인자 A의 관계에 영향을 미친다고 볼 수 있다. 이와 같이 두 독립변수가 서로 작용함으로써 교호작용효과가 존재하면 두 직선은 교차하게 된다. 두 인자 사이에 교호작용효과가 존재하면 이들의 결합효과는 각 인자의 개별 효과의 합보다 크게 된다.

본절에서는 lm개 수준조합을 각각 r회씩 반복하여 lmr회의 전부를 실험하여 두 개의 독립변수를 동시에 고려하는 이원배치법에 관하여 설명하고자 한다. 이는 요인설계법(factorial design)이라고 한다. 이 설계법에서는 두 개의 독립변수에 의해 형성되는 $l \cdot m$개의 셀에 두 개 이상의 실험대상이 랜덤으로 배정된다. 이때 두 독립변수의 그룹간 평균 차이를 검정함과 동시에 두 독립변수간의 교호작용효과도 검정하게 된다. 그러나 두 변수간의 교호작용효과가 존재하는 경우에 열효과와 행효과 같은 주효과의 존재 유무를 검정하는 것은 무의미하다.

□ 데이터의 배열

인자 A의 j번째 수준, 인자 B의 i번째 수준, k번째 반복실험에 해당하는 관찰치를 x_{ijk}라 하면 반복 있는 이원배치법의 데이터 배열은 [표 11-7]과 같다.

■ 표 11-7 | 반복 있는 이원배치법의 데이터 배열

인자 A(처리) / 인자 B(블럭)	A_1	A_2	합 계
B_1	x_{111} x_{112} $\vdots$ x_{11r}	x_{121} x_{122} $\vdots$ x_{12r}	
소 계	$\sum x_{11k}$	$\sum x_{12k}$	$\sum\limits_{j=1}^{l}\sum\limits_{k=1}^{r} x_{1jk}$
B_2	x_{211} x_{212} $\vdots$ x_{21r}	x_{221} x_{222} $\vdots$ x_{22r}	
소 계	$\sum x_{21k}$	$\sum x_{22k}$	$\sum\limits_{j=1}^{l}\sum\limits_{k=1}^{r} x_{2jk}$
합 계	$\sum\limits_{i=1}^{m}\sum\limits_{k=1}^{r} x_{i1k}$	$\sum\limits_{i=1}^{m}\sum\limits_{k=1}^{r} x_{i2k}$	$\sum\limits_{i=1}^{m}\sum\limits_{j=1}^{l}\sum\limits_{k=1}^{r} x_{ijk}$

□ 총변동의 분해

개별 데이터 x_{ijk}와 모든 데이터의 총평균 $\bar{\bar{x}}$와의 총변동은 다음과 같이 네 부분으로 구성된다.

총변동＝A의 변동＋B의 변동＋A와 B의 교호작용＋오차변동

$$SST = SSA + SSB + SSAB + SSW$$

여기서 A의 변동이란 처리에 의하여 설명된 변동을, B의 변동이란 블럭에 의해 설명된 변동을 의미한다.

이때 SST, SSA, SSB, $SSAB$, SSW를 계산하기 위하여 간편한 식을 이용한다.

간편계산

$$SST = \sum_{i=1}^{m} \sum_{j=1}^{l} \sum_{k=1}^{r} x_{ijk}^2 - CT$$

$$SSA = \frac{\sum_{j=1}^{l} (\sum_{i=1}^{m} \sum_{k=1}^{r} x_{ijk})^2}{mr} - CT$$

$$SSB = \frac{\sum_{k=1}^{r} (\sum_{i=1}^{m} \sum_{j=1}^{l} x_{ijk})^2}{jr} - CT$$

$$SSAB = SST - SSA - SSB - SSW$$

$$SSW = x_{ijk}^2 - [\sum_{j=1}^{l} \sum_{k=1}^{r} (\sum_{i=1}^{m} x_{ijk})^2 / r]$$

$$CT = T^2 / lmr$$

□ 자유도의 계산

SST: $N-1 = lmr-1$

SSA: $l-1$

SSB: $m-1$

$SSAB$: $(l-1)(m-1)$

SSW: $lm(r-1)$

□ 분산분석표의 작성

반복 있는 이원배치법의 분산분석표는 [표 11-8]과 같다. 인자 A와 인자 B의 주효과가 있는지를 검정할 수 있다. 그러나 두 인자 A와 B 사이에 교호작용효과가 있는지를 검정하는 것이 목적이기 때문에 귀무가설과 대립가설은 다음과 같다.

H_0: $(\alpha\beta)_{ij} = 0$　$i = 1, 2, \cdots, m$　$j = 1, 2, \cdots, l$ (교호작용효과가 없다)

H_1: 적어도 하나의 $(\alpha\beta)_{ij}$는 0이 아니다. (교호작용효과가 있다)

■ 표 11-8 | 이원배치법의 분산분석표—반복 있는 경우

변동의 원천	제 곱 합	자 유 도	평균제곱	F비	$F(\alpha)$
A(열)효과	$SSA =$ $\dfrac{\sum\limits_{j=1}^{l}(\sum\limits_{i=1}^{m}\sum\limits_{k=1}^{r}x_{ijk})^2}{mr} - CT$	$l-1$	$MSA = \dfrac{SSA}{l-1}$	$\dfrac{MSA}{MSW}$	$F_{l-1,\,lm(r-1),\,\alpha}$
B(행)효과	$SSB=$ $\dfrac{\sum\limits_{k=1}^{r}(\sum\limits_{i=1}^{m}\sum\limits_{j=1}^{l}x_{ijk})^2}{jr} - CT$	$m-1$	$MSB = \dfrac{SSB}{(m-1)}$	$\dfrac{MSB}{MSW}$	$F_{m-1,\,lm(r-1),\,\alpha}$
A×B (교호작용)	$SSAB=SST-SSA$ $-SSB-SSW$	$(l-1)(m-1)$	$MSAB=$ $\dfrac{SSAB}{(l-1)(m-1)}$	$\dfrac{MSAB}{MSW}$	$F_{(l-1)(m-1),\,lm(r-1),\,\alpha}$
e(그룹내 변동)	$SSW=\sum\limits_{i=1}^{m}\sum\limits_{j=1}^{l}\sum\limits_{k=1}^{r}x^2_{ijk}-$ $[\sum\limits_{j=1}^{l}\sum\limits_{k=1}^{r}(\sum\limits_{i=1}^{m}x_{ijk})^2/r]$	$lm(r-1)$	$MSW=$ $\dfrac{SSW}{lm(r-1)}$		
T(총변동)	SST $=\sum\limits_{i=1}^{m}\sum\limits_{j=1}^{l}\sum\limits_{k=1}^{r}x_{ijk}{}^2-CT$	$lmr-1$			

유의수준이 α이고 자유도가 $[(l-1)(m-1),\ lm(r-1)]$인 F분포의 기각역은 F비$>F_{(l-1)(m-1),\,lm(r-1),\,\alpha}$이다.

만일 F비$>F$이면 귀무가설은 유의수준 α에서 기각되어 두 인자 A와 B 사이에는 교호작용효과가 존재한다는 통계적 결론을 내릴 수 있다. 한편 만일 p값$<\alpha$이면 귀무가설 H_0을 기각한다.

예 11-3

어떤 화학공정에서 수율(%)을 높이기 위한 실험을 실시하기 위하여 반응온도(A)와 반응시간(B)을 두 인자로 하고 여섯 개의 수준조합에 대하여 반복 4회씩 랜덤으로 실시하여 다음과 같은 자료를 얻었다.
(1) 두 인자 A와 B 사이에 교호작용효과가 존재하는지 유의수준 5%로 검정하라.
(2) 인자 A의 주효과가 있는지 유의수준 5%로 검정하라.
(3) 인자 B의 주효과가 있는지 유의수준 5%로 검정하라.

블럭＼처리	A_1	A_2	A_3
	2	2	4
	1	3	3
B_1	2	3	4
	1	2	3
	2	3	4
	3	3	4
B_2	1	2	3
	2	4	4

풀 이 ① 가설의 설정

(1) H_0: $(\alpha\beta)_{ij}=0$ $i=1, 2$ $j=1, 2, 3$

H_1: 적어도 하나의 $(\alpha\beta)_{ij}$는 0이 아니다.

(2) H_0: $\mu(A_1)=\mu(A_2)=\mu(A_3)$

H_1: 적어도 하나는 나머지와 같지 않다.

(3) H_0: $\mu(B_1)=\mu(B_2)$

H_1: 적어도 하나는 나머지와 같지 않다.

② 임계범위의 결정

(1) 유의수준 $\alpha=0.05$이고 자유도 2, 18인 F분포의 기각범위는 F비 $> F_{2,18,0.05}=3.55$이다.

(2) 유의수준 $\alpha=0.05$이고 자유도 2, 18인 F분포의 기각범위는 F비 $> F_{2,18,0.05}=3.55$이다.

(3) 유의수준 $\alpha=0.05$이고 자유도 1, 18인 F분포의 기각범위는 F비 $> F_{1,18,0.05}=4.41$이다.

③ 검정통계량의 계산

B＼A	A_1	A_2	A_3	합 계
	2	2	4	
	1	3	3	
B_1	2	3	4	
	1	2	3	
소계	6	10	14	30

		2	3	4	
B_2		3	3	4	
		1	2	3	
		2	4	4	
	소계	8	12	15	35
합 계		14	22	29	65

$$CT = \frac{T^2}{lmr} = \frac{4{,}225}{3(2)(4)} = 176.0417$$

$$SST = \sum_{i=1}^{m} \sum_{j=1}^{l} \sum_{k=1}^{r} x_{ijk}^2 - CT = 2^2 + 1^2 + 2^2 + \cdots + 3^2 + 4^2 - 176.0417$$
$$= 199 - 176.0417 = 22.9583$$

$$SSA = \frac{\sum_{j=1}^{l} (\sum_{i=1}^{m} \sum_{k=1}^{r} x_{ijk})^2}{mr} - CT = \frac{14^2 + 22^2 + 29^2}{2(4)} - 176.0417$$
$$= \frac{1{,}527}{8} - 176.0417 = 14.0833$$

$$SSB = \frac{\sum_{j=1}^{l} (\sum_{i=1}^{m} \sum_{k=1}^{r} x_{ijk})^2}{jr} - CT = \frac{30^2 + 35^2}{3(4)} - 176.0417 = 1.0416$$

$$SSW = \sum_{i=1}^{m} \sum_{j=1}^{l} \sum_{k=1}^{r} x_{ijk}^2 - [\sum_{j=1}^{l} \sum_{k=1}^{r} (\sum_{i=1}^{m} x_{ijk})^2 / r]$$
$$= 199 - \frac{6^2 + 10^2 + 14^2 + 8^2 + 12^2 + 15^2}{4} = 199 - \frac{765}{4} = 7.75$$

$$SSAB = SST - SSA - SSB - SSW$$
$$= 22.9583 - 14.0833 - 1.0416 - 7.75 = 0.0834$$

④ 자유도의 계산

$SST: lmr - 1 = 3(2)(4) - 1 = 23$

$SSA: l - 1 = 3 - 1 = 2$

$SSB: m - 1 = 2 - 1 = 1$

$SSAB: (l-1)(m-1) = (3-1)(2-1) = 2$

$SSW: lm(r-1) = 3(2)(4-1) = 18$

⑤ 분산분석표의 작성

변동의 원천	제 곱 합	자 유 도	평균제곱	F비	$F(0.05)$
A(열)효과	14.0833	2	7.0417	16.35	3.55
B(행)효과	1.0416	1	1.0416	2.42	4.41
A×B(교호작용)	0.0834	2	0.0417	0.10	3.55
e(그룹내 변동)	7.75	18	0.4306		
총 변 동	22.9583	23			

⑥ 통계적 검정과 해석

  (1) 계산된 F비$(0.10) < F_{2, 18, 0.05} = 3.55$이므로 귀무가설 H_0을 기각할 수 없어 유의수준 5%로 두 인자 반응온도와 반응시간 사이에는 교호작용 효과가 존재하지 않는다고 결론을 내릴 수 있다.

  (2) 한편 계산된 F비$(16.35) > F_{2, 18, 0.05} = 3.55$이므로 귀무가설 H_0은 기각되어 반응온도의 수준은 수율에 유의한 영향을 미친다(반응온도의 수준별 평균수율 중 적어도 하나는 나머지와 같지 않다).

  (3) 계산된 F비$(2.42) < F_{1, 18, 0.05} = 4.41$이므로 귀무가설 H_0을 기각할 수 없어 반응시간의 수준은 수율에 유의한 영향을 미치지 못한다. ◆

1. 어떤 회사의 생산관리자는 작업자 세 명이 하루에 똑같은 평균 생산량을 생산하는지 검정하기 위하여 5회씩 랜덤으로 관찰한 결과 다음과 같은 자료를 수집하였다. 유의수준 5%로 검정하라.

관찰횟수	처리			합 계
	작업자 1	작업자 2	작업자 3	
1	20	20	18	
2	15	25	22	
3	22	22	26	
4	16	18	16	
5	19	23	18	
합 계	92	108	100	$T = 300$
평 균	18.4	21.6	20.0	$\bar{\bar{x}} = 20$

풀 이

① 가설의 설정

H_0: $\mu_1 = \mu_2 = \mu_3$

H_1: 적어도 하나는 나머지와 같지 않다.

② 임계범위의 결정

유의수준 5%이고 자유도가 $l - 1 = 3 - 1 = 2$와 $l(m - 1) = 3(5 - 1) = 12$인 F분포의 기각범위는 F비$> F_{2,12} = 3.89$이다.

③ 검정통계량의 계산

$$CT = \frac{T^2}{N} = \frac{300^2}{15} = 6,000$$

$$SST = \sum_{i=1}^{5} \sum_{j=1}^{3} x_{ij}^2 - CT$$
$$= (20^2 + 20^2 + \cdots + 18^2) - CT$$
$$= 6,152 - 6,000 = 152$$

$$SSB = \frac{1}{m}\sum_{j=1}^{3}T_j^{\ 2} - CT$$

$$= \frac{1}{5}(92^2 + 108^2 + 100^2) - CT$$

$$= 6,025.6 - 6,000 = 25.6$$

$$SSW = SST - SSB = 152 - 25.6 = 126.4$$

$$MSB = \frac{SSB}{l-1} = \frac{25.6}{2} = 12.8$$

$$MSW = \frac{SSW}{l(m-1)} = \frac{126.4}{3(5-1)} = 10.53$$

$$F\text{비} = \frac{MSB}{MSW} = \frac{12.8}{10.53} = 1.22$$

④ 분석분석표의 작성

변동의 원천	제곱합	자유도	평균제곱	F비
A(처리)	25.6	2	12.8	1.22
B(오차)	126.4	12	10.53	
총변동	152	14		

⑤ 통계적 검정과 해석

계산된 F비$(1.22) < F_{2,12} = 3.89$이므로 귀무가설 H_0를 기각할 수 없다. 따라서 각 작업자간 평균 생산량은 동일하다고 결론을 내릴 수 있다.

2. 어떤 회사의 생산관리자는 작업자가 어떤 기계를 사용하여 생산하느냐에 따라 하루의 평균 생산량에 차이가 있는지 검정하기 위하여 기계를 블럭변수로 하여 다음과 같은 자료를 수집하였다.

기계(블럭)	처리			합 계	평 균
	작업자 1(A_1)	작업자 2(A_2)	작업자 3(A_3)		
B_1	17	15	17	43	14.33
B_2	22	20	18	57	19.00
B_3	25	23	22	70	23.33
B_4	19	19	19	60	20.00
B_5	15	12	16	49	16.33
합 계	98	89	92	$T=279$	
평 균	19.6	17.8	18.4		$\overline{\overline{x}} = 18.6$

① 작업자간에 평균 생산량의 차이가 있는지 유의수준 5%로 검정하라.

② 기계간에 평균 생산량의 차이가 있는지 유의수준 5%로 검정하라.

풀 이

① 가설의 설정

작업자: H_0: $\mu(A_1) = \mu(A_2) = \mu(A_3)$

H_1: 적어도 하나는 나머지와 같지 않다.

기 계: H_0: $\mu(B_1) = \mu(B_2) = \mu(B_3) = \mu(B_4) = \mu(B_5)$

H_1: 적어도 하나는 나머지와 같지 않다.

② 임계범위의 결정

작업자: F비 $> F_{l-1, (l-1)(m-1), \alpha} = F_{2, 8, 0.05} = 4.46$

기 계: F비 $> F_{m-1, (l-1)(m-1), \alpha} = F_{4, 8, 0.05} = 3.84$

③ 검정통계량의 계산

$$SST = \sum_{i=1}^{5} \sum_{j=1}^{3} x_{ij}^2 - CT$$

$$= 17^2 + 15^2 + \cdots + 16^2 - \frac{279^2}{15}$$

$$= 167.6$$

$$SSB = \frac{1}{m} \sum_{j=1}^{3} T_j^2 - CT$$

$$= \frac{1}{5}(98^2 + 89^2 + 92^2) - \frac{279^2}{15}$$

$$= 8.4$$

$$SSAB = \frac{1}{l} \sum_{i=1}^{5} T_i^2 - CT$$

$$= \frac{1}{3}(43^2 + 57^2 + 70^2 + 60^2 + 49^2) - \frac{279^2}{15}$$

$$= 143.6$$

$$SSW = SST - SSB - SSAB = 167.6 - 8.4 - 143.6 = 15.6$$

④ 자유도의 계산

SST: $l_{m-1} = 14$

SSB: $l-1 = 2$

$SSAB$: $m-1 = 4$

SSW: $(l-1)(m-1) = 8$

⑤ 분산분석표의 작성

변동의 원천	제곱합	자유도	평균제곱	F비
A(처리, 그룹간 변동)	8.4	2	4.2	2.15
B(블럭, 그룹간 변동)	143.6	4	35.9	18.41
e(오차, 그룹내 변동)	15.6	8	1.95	
총변동	167.6	14		

⑥ 통계적 검정과 해석

작업자(A)의 경우 계산된 F비$=2.15<F_{2,8,0.05}=4.46$이므로 귀무가설 H_0를 기각할 수 없다. 따라서 유의수준 5%에서 작업자에 따라 모평균 생산량에 차이가 없다. 기계(B)의 경우 계산된 F비$=18.41>F_{4,8,0.05}=3.84$이므로 귀무가설 H_0를 기각한다. 따라서 유의수준 5%에서 기계에 따라 모평균 생산량에 차이가 있다.

3. 세 가지 품종의 옥수수를 18구획의 토지에 세 가지의 비료를 사용하여 재배한 후 수확량을 수집한 자료가 다음과 같다.
  ① 유의수준 5%로 두 인자간 교호작용효과가 있는지 검정하라.
  ② 유의수준 5%로 품종에 따라 평균 수확량에 차이가 있는지 검정하라.
  ③ 유의수준 5%로 비료에 따라 평균 수확량에 차이가 있는지 검정하라.

인자 B (블럭) \ 인자 A (처리)	옥 수 수			합 계
	품종 1	품종 2	품종 3	
비료 1	580	460	400	
	500	540	480	
소계	1,080	1,000	880	2,960
비료 2	540	620	480	
	460	560	420	
소계	1,000	1,180	900	3,080
비료 3	600	580	410	
	560	600	480	
소계	1,160	1,180	890	3,230
합 계	3,240	3,360	2,670	9,270

풀이

① 가설의 설정

(1) H_0: $(\alpha\beta)_{ij}=0$ $j=1, 2, 3$ $i=1, 2, 3$

   H_1: 적어도 하나의 $(\alpha\beta)_{ij}$는 0이 아니다.

(2) H_0: $\mu(A_1)=\mu(A_2)=\mu(A_3)$

   H_1: 적어도 하나는 나머지와 같지 않다.

(3) H_0: $\mu(B_1)=\mu(B_2)=\mu(B_3)$

   H_1: 적어도 하나는 나머지와 같지 않다.

② 임계범위의 결정

(1) 교호작용: F비 $> F_{4, 9, 0.05}=3.63$이면 귀무가설 H_0을 기각한다.

(2) 품종: F비 $> F_{2, 9, 0.05}=4.26$이면 귀무가설 H_0을 기각한다.

(3) 비료: F비 $> F_{2, 9, 0.05}=4.26$이면 귀무가설 H_0을 기각한다.

③ 검정통계량의 계산

$$CT=\frac{T^2}{lmr}=\frac{9,270^2}{3(3)(2)}=4,774,050$$

$$SST=\sum\sum\sum x_{ijk}{}^2-CT=580^2+500^2+\cdots+420^2-CT=82,450$$

$$SSA=\frac{\sum\limits_{j=1}^{3}(\sum\limits_{i=1}^{3}\sum\limits_{k=1}^{2}x_{ijk})^2}{mr}-CT=\frac{3,240^2+3,360^2+2,670^2}{3(2)}-4,774,050=45,300$$

$$SSB=\frac{\sum\limits_{j=1}^{3}(\sum\limits_{i=1}^{3}\sum\limits_{k=1}^{2}x_{ijk})^2}{jr}-CT=\frac{2,960^2+3,080^2+3,230^2}{3(2)}-4,774,050=6,100$$

$$SSAB=SST-SSA-SSAB-SSW$$

$$=82,450-45,300-6,100-19,850=11,200$$

$$SSW=\sum\limits_{i=1}^{3}\sum\limits_{j=1}^{3}\sum\limits_{k=1}^{2}x_{ijk}{}^2-[\sum\limits_{j=1}^{3}\sum\limits_{k=1}^{2}(\sum\limits_{i=1}^{3}x_{ijk})^2/r]$$

$$=4,856,500-\frac{1,080^2+1,000^2+\cdots+890^2}{2}=19,850$$

④ 자유도의 계산

SST: $lmr-1=3(3)(2)-1=17$

SSA: $l-1=3-1=2$

SSB: $m-1=3-1=2$

$SSAB$: $(l-1)(m-1)=(3-1)(3-1)=4$

SSW: $lm(r-1)=3(3)(1)=9$

⑤ 분산분석표의 작성

변동의 원천	제곱합	자유도	평균제곱	F비	$F(0.05)$
A(그룹간 변동)	45,300	2	22,650	1.38	4.26
B(그룹간 변동)	6,100	2	3,050	10.27	4.26
A×B(교호작용)	11,200	4	2,800	1.27	3.63
e(그룹내 변동)	19,850	9	2,205.56		
총 변 동	82,450	17			

⑥ 통계적 검정과 해석

(1) F비$=1.27 < F_{4, 9, 0.05} = 3.63$이므로 귀무가설 H_0을 기각할 수 없다.

따라서 품종과 비료간 교호작용은 없다.

(2) F비$=1.38 < F_{2, 9, 0.05} = 4.26$이므로 귀무가설 H_0을 기각할 수 없다.

따라서 품종에 따른 평균 수확량은 모두 같다고 할 수 있다.

(3) F비$=10.27 > F_{2, 9, 0.05} = 4.26$이므로 귀무가설 H_0을 기각한다.

따라서 비료에 따른 평균 수확량 중 적어도 하나는 나머지와 같지 않다.

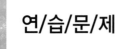

연/습/문/제

1. 분산분석의 원리를 설명하라.

2. 다음 용어를 설명하라.
   ① 인자　　　　② 처리　　　　③ 반복　　　　④ 교호작용효과
   ⑤ 일원배치법　⑥ 이원배치법　⑦ 랜덤화

3. 다음 자료는 서울시내 수퍼마켓 여섯 군데에서 하루 동안 양주 세 가지 종류를 판매한 병 수를 나타낸다. 수퍼마켓 간에 그리고 양주의 종류 간에 평균 판매량에 차이가 있는지 유의수준 5%로 검정하라.

양주(처리) 수퍼마켓(블럭)	양 주		
	A_1	A_2	A_3
B_1	16	15	18
B_2	14	14	14
B_3	12	11	15
B_4	13	12	17
B_5	16	15	16
B_6	13	13	15

4. 네 명의 운전사로 하여금 다섯 가지 모델의 자동차를 400마일 달리도록 하여 얻은 연료효율(갤런당 마일)에 관한 자료가 다음과 같다. 각 운전사가 자동차를 운전하는 순서는 랜덤하게 결정된다. 각 자동차 모델의 평균 연료효율에 차이가 있는지 유의수준 5%로 검정하라.

		자 동 차				
		1	2	3	4	5
운전사	1	33.6	32.8	31.9	27.2	30.6
	2	36.9	36.1	32.1	34.4	35.3
	3	34.2	35.3	33.7	31.3	34.6
	4	34.8	37.1	34.8	32.9	32.8

5. 체중조절을 전문으로 하는 한의사 김 씨는 세 가지 다른 다이어트 프로그램을 실험하기 위하여 희망자 15명을 랜덤하게 추출하여 각 프로그램에 다섯 명씩 할당하였다. 3주 후 다음과 같이 체중감소(단위: 파운드)를 나타내었다. 각 프로그램 사이에 평균 감소량의 차이가 있는지 유의수준 5%로 검정하라.

프로그램 1	프로그램 2	프로그램 3
9	8	10
10	8	8
10	6	6
11	8	8
10	10	10

6. 마케팅을 전공하는 최 박사는 노트북의 값이 제조하는 상표마다, 그리고 판매하는 백화점마다 다른지 조사하기 위하여 다음과 같은 자료를 수집하였다. 두 인자 사이에 교호작용효과가 있는지 유의수준 5%로 검정하라.

상 표	백 화 점								
	1			2			3		
A	130	151	136	151	151	151	201	151	101
B	221	221	221	201	201	201	301	311	315
C	151	161	176	251	251	251	151	251	171

7. 사용하는 치약에 따라 충치의 수가 영향을 받는지 또는 사용하는 인종에 따라 충치의 수가 영향을 받는지 10년 동안 조사한 결과 다음과 같은 자료를 얻었다.

인 종	치 약		
	1	2	3
한 국 인	18	17	21
인 도 인	24	25	25
독 일 인	30	28	27
미 국 인	27	25	23
호 주 인	22	23	22

① 각 치약을 사용하는 모든 사람 사이에 충치의 평균 수는 같은지 유의수준 5%로 검정하라.
② 각 인종의 모든 사람 사이에 충치의 평균 수는 같은지 유의수준 5%로 검정하라.

8. 어떤 회사의 생산관리자는 기계 세 대가 정말로 동일한 평균 생산량을 생산하는지 검정하고자 한다. 그런데 생산량은 작업자 네 명 가운데 누가 특정 기계를 운전하느냐에 따라 다르기 때문에 기계(처리)와 작업자(블럭) 사이의 각 조합(셀)에 두 개씩의 관찰치를 확보하였다.

작업자 (블럭) \ 기계(처리)		기 계			합 계
		기계 1	기계 2	기계 3	
가		50	42	43	
		48	46	45	
	소계	98	88	88	274
나		56	38	40	
		58	32	38	
	소계	114	70	78	262
다		51	39	42	
		55	33	40	
	소계	106	72	82	260
라		40	47	45	
		38	51	39	
	소계	78	98	84	260
합 계		396	328	332	1,056

① 각 기계가 생산하는 평균 생산량은 동일한지 유의수준 5%로 검정하라.

② 각 작업자가 생산하는 평균 생산량은 동일한지 유의수준 5%로 검정하라.

③ 기계와 작업자 사이의 교호작용효과가 있는지 유의수준 5%로 검정하라.

9. 종이의 접착력에 미치는 영향을 분석하기 위하여 세 개의 다른 접착제를 네 개의 로트에 각각 무작위로 적용하여 다음과 같은 자료를 얻었다. 평균 접착강도의 관점에서 세 개의 접착제에 차이가 있는지 유의수준 5%로 검정하라.

		인자수준			합　계
		접착제 1	접착제 2	접착제 3	
실험의 반복	1	10.2	12.8	7.2	
	2	11.8	14.7	9.3	
	3	9.6	13.3	8.7	
	4	12.4	15.4	9.7	

10. 다음과 같은 자료를 사용하여

인자(처리) 인자(블럭)	A_1	A_2
B_1	13	14
	15	17
	14	17
	16	20
	16	16
B_2	17	17
	16	16
	15	22
	18	20
	16	19

① 분산분석표를 작성하라.

② 두 인자 A와 B 사이에 유의한 교호작용효과가 있는지 유의수준 5%로 검정하라.

11. 전국적인 광고회사인 Excel 애드(주)는 광고의 크기와 광고의 컬러가 잡지 구독자들의 반응에 어떤 차이를 일으키는지 조사하려고 한다. 구독자들을 무작위로 추출하여 그들에게 세 가지의 광고 크기와 네 가지의 광고 컬러를 제시하였다. 각 독자들은 크기와 컬러의 특정 조합에 대해 1부터 10까지의 등급을 매기도록 하였다. 각 조합에 대한 등급은 다음 표와 같이 조사되었다. 등급은 정규분포를 따른다고 한다.

크기＼컬러	빨강	파랑	노랑	녹색
소	4	3	5	2
중	3	5	6	4
대	9	7	8	5

크기에 따라 광고의 유효성에 차이가 있는지 그리고 컬러에 따라 광고의 유효성에 차이가 있는지 유의수준 5%로 검정하라.

12. 일원배치법에서 요인의 다섯 수준의 각각에 실험단위 다섯 개씩이 사용되었다.

변동의 원천	제곱합	자유도	평균제곱	F비	$F(0.05)$
A(처리)	300				2.69
오 차					
합 계	460				

① 분산분석표를 완성하라.
② 귀무가설과 대립가설을 설정하라.
③ 유의수준 5%로 각 수준의 모평균에는 차이가 있는지 검정하라.

13. 랜덤블럭설계법에서 블럭변수(B)의 수 여덟 개, 처리(A)의 수 네 개에 대해 실험이 실시되었다.

변동의 원천	제곱합	자유도	평균제곱	F비	$F(0.05)$
처리	310				3.84
블럭	85				
오차					
합계	430				

① 분산분석표를 완성하라.

② 처리와 블럭변수에 대한 가설을 설정하라.

③ 위 ②에서 현저한 차이가 있는지 유의수준 5%로 검정하라.

14. 다이어트용 소다를 생산하는 강 회장은 캔의 색깔이 판매량에 미치는 영향을 비교하고자 한다. 네 개의 지역을 선정하고 각 지역에 빨강, 노랑, 파랑만을 판매하는 가게 세 군데씩을 정하여 실험기간 동안 판매량을 조사하여 다음과 같은 자료를 얻었다.

지역	캔의 색깔			합 계
	빨강	노랑	파랑	
동	47	52	60	159
서	56	54	52	162
남	49	63	55	167
북	41	44	48	133
합계	193	213	215	621

① 분산분석표를 작성하라.

② 캔의 색깔에 따른 평균 판매량은 동일한지 유의수준 5%로 검정하라.

③ 지역에 따른 평균 판매량은 동일한지 유의수준 5%로 검정하라.

15. 위 연습문제 14에서 각 지역별, 각 색깔별로 가게를 하나씩 추가하여 동일기간 동안 판매량을 조사한 결과가 다음 표와 같다고 한다.

지역	캔의 색깔		
	빨강	노랑	파랑
동	45	50	54
서	49	51	58
남	43	60	50
북	38	49	44

① 두 표를 결합한 후 분산분석표를 작성하라.

② 두 인자 캔의 색깔과 지역 사이에 유의한 교호작용효과가 있는지 유의수준 5%

로 검정하라.

16. 다음과 같은 자료를 이용하여 각 그룹간 모평균에 차이가 있는지 유의수준 5%로 검정하라.

		그 룹				합 계
		1	2	3	4	
실	1	10	11	13	18	
험	2	9	16	8	23	
횟						
수	3	5	9	9	25	
합 계		$T_1=24$	$T_2=36$	$T_3=30$	$T_4=66$	$T=156$
평 균		$\bar{x}_1=8$	$\bar{x}_2=12$	$\bar{x}_3=10$	$\bar{x}_4=22$	$\bar{\bar{x}}=13$

17. 어떤 화학공정에서 생산하는 제품의 인장강도를 높이기 위하여 반응압력(A)을 세 수준(2, 3, 5기압)으로 하고 반응시간(B)을 세 수준(10분, 15분, 20분)으로 정한 후 랜덤으로 실험하여 다음과 같은 인장강도 자료를 얻었다.

반응압력(처리) / 반응시간(블럭)	A_1	A_2	A_3
$B1$	12	14	8
$B2$	9	11	9
$B3$	7	8	8

① 분산분석표를 작성하라.

② 반응압력 간에 특성치의 차이가 존재하는지 유의수준 5%로 검정하라.

③ 반응시간에 따라 평균 강도에 차이가 있는지 유의수준 5%로 검정하라.

제12장

회귀분석과 상관분석

지금까지 공부한 통계적 추론에서 우리는 하나의 독립변수 X를 추정하거나 이에 관한 가설검정을 공부하였다. 그런데 많은 경영문제에 있어서는 두 확률변수 X와 Y의 관계에 관심을 갖게 된다. 예를 들면 가격, 소비자들의 소득수준, 경쟁제품의 가격, 품질, 광고비 등과 판매량과의 관계이다. 이러한 두 변수간의 관계를 밝힘으로써 판매량을 예측하기도 하고 이를 확대시킬 방안을 강구하기도 한다.

본장에서는 모집단과 표본의 측정이 두 변수에 관한 문제를 다룰 것이다. 두 변수 사이의 함수적 관계는 그래프나 통계량을 사용하여 밝힐 수 있는데 이렇게 되면 표본자료를 이용해서 모집단에 대한 결론을 유도할 수 있는 것이다.

우리는 본장에서 두 변수 사이의 선형관계를 나타내는 식을 찾아 독립변수의 특정 값에 따른 종속변수의 값을 예측하는 회귀분석과 두 변수 사이의 관계의 강도와 방향을 찾는 상관분석을 공부할 것이다.

1 회귀분석과 상관분석

두 변수란 하나의 독립변수(independent variable) X와 하나의 종속변수(dependent variable) Y를 말한다. 독립변수란 모델에서 다른 변수에 영향을 주고 그 변수의 값을 예측하는 데 사용되는 변수로서 설명변수(explanatory variable) 또는 예측변수(predictor variable)라고도 한다. 한편 종속변수는 독립변수로부터 영향을 받기 때문에 수학적 방정식을 이용하여 독립변수의 특정한 값에 따른 그의 값을 예측하고자 하는 변수를 말하며 반응변수(response variable)라고도 한다.

회귀분석(regression analysis)이란 독립변수와 종속변수 사이의 함수적 관계를 나타내는 수학적 회귀식(regression equation)을 구하고 독립변수의 특정한 값에 대응하는 종속변수의 값을 예측하는 모델을 산출하는 기법이다. 회귀분석은 서로 영향을 주고받으면서 변화하는 인과관계(cause and effect relationship)를 갖는 두 변수 사이의 관계를 분석하게 된다.

　　본장에서는 두 변수 사이의 관계를 선형으로 나타낼 수 있는 단순선형회귀분석(simple linear regression analysis)에 국한하여 설명하고 둘 이상의 독립변수와 종속변수의 관계를 다루는 중회귀분석은 생략하고자 한다.

　　상관분석(correlation analysis)이란 두 변수 X와 Y 사이의 밀접성(선형관계)의 강도(strength)와 방향(direction)을 요약하는 수치를 구하는 기법이다.

　　그러나 상관분석은 두 변수 사이의 관계의 유무만을 확인할 뿐 관계의 원인을 규명하지는 않는다. 따라서 인과관계를 밝히기 위해서는 좀 더 체계적이고 이론적인 연구가 필요한 것이다.

　　두 변수 사이의 선형적 관계를 분석하는 회귀분석과 상관분석은 수학적으로 밀접하게 관련되어 있다. 두 변수 사이의 관계가 밀접하다는 사실을 상관분석에 의해 밝히면 회귀분석에 의해 두 변수 사이의 관계를 회귀식으로 나타내고 독립변수의 변화에 따른 종속변수의 영향을 분석할 수 있다. 따라서 회귀분석을 상관분석과 함께 사용하면 변수들 사이의 관련성에 대한 다양한 정보를 얻을 수 있는 것이다.

2 ｜ 산점도

　　회귀분석이나 상관분석을 할 때는 먼저 두 변수 사이의 관계를 대략적으로 알아보기 위하여 산점도(scatter diagram)를 그리게 된다. 산점도는 보통 X축에 독립변수, Y축에 종속변수를 설정하고 각 변수의 값을 나타내는 점을 도표에 나타낸 것이다.

　　간단한 예를 들어보기로 하자. [표 12-1]은 종로㈜에서 생산하는 제품의 판매액과 표본으로 추출한 5회의 광고비와의 관계를 나타내는 자료이다.

　　1회의 광고비와 판매액의 좌표는 $x=10$, $y=37$이다. 이를 [그림 12-1]에 나타낸 것이 점 A이다. 이와 같은 방식으로 나머지 4회의 좌표를 도표에 나타낸 것이 산점도이다.

　　산점도를 보면 광고비와 판매액의 관계는 정(+)의 관계임을 알 수 있다.

광고비가 증가할수록 판매액도 증가한다. 이와 같이 산점도를 그리면 두 변수간의 관련성 및 예측을 위한 상관분석이나 회귀분석을 할 만한 자료인지를 미리 알 수 있다.

■ 표 12-1 | 광고비와 판매액 (단위: 억 원)

회	광고비(x)	판매액(y)
1	10	37
2	16	80
3	11	45
4	12	55
5	11	40

그림 12-1 │ 산 점 도

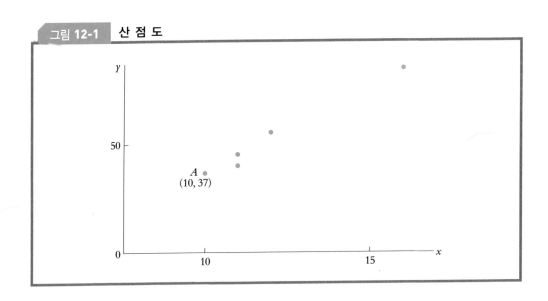

3 단순선형회귀모델

3.1 확정적 모델과 확률적 모델

회귀분석으로 들어가기 전에 이해해야 할 중요한 개념은 확정적 모델 (deterministic model)과 확률적 모델(probabilistic model)의 차이이다. 확정적 모델에 있어서는 독립변수의 값을 지정하면 종속변수의 값은 함수적 관계에 따라 정확하게 계산할 수 있다.

직선의 수학적 방정식을

$$y_i = \alpha + \beta x_i$$

로 표현하면 이는 확정적 모델이다. 이 모델에서 α는 y의 절편(intercept)이고 β는 직선의 기울기(slope)로서 x의 값이 지정되면 y의 값은 정확하게 계산할 수 있다. 여기서 α, β, y는 모두 상수이다. 그러나 이 확정적 모델은 예측오차(error of prediction)를 평가할 방법을 제공하지 못한다. 예컨대 판매액은 광고비 외에 다른 많은 변수에 의존한다. 이러한 예상할 수 없는(설명할 수 없는) 일정치 않은 확률적 요인들의 영향으로 광고비가 계속 일정하게 지불되더라도 판매액은 일정하지 않고 항상 변동하게 된다.

이러한 확률적 성질은 y의 값을 확정적 모델에서와 같이 정확한 값으로 예측할 수 없다는 것을 의미한다. y에 관한 불확실성은 확률변수 오차항에 기인한다.

한편 광고비 각각에 대하여 판매액은 여러 개의 값을 가지는 정규분포의 형태를 취한다. 예를 들면 광고비가 10억 원이라고 할 때 판매액은 30억, 40억, 50억 원 등 수없이 많게 되는데 이들은 평균 판매액을 중심으로 정규분포를 따르게 된다. 이와 같이 판매액에 있어서 설명되지 않는 모든 변동을 오차(error)라고 한다.

따라서 선형회귀모델은 다음과 같이 확정적 부분과 확률적 오차부분을 포함한다.

$y=$확정적 부분+확률적 오차부분

$y_i = \alpha + \beta x_i + \varepsilon_i$

위 식에서 α와 β는 모르는 모수이다. 종속변수 Y의 값은 두 모수, 즉 독립변수 X 및 오차항 ε에 의하여 결정된다.

확률적 모델에서는 독립변수 X의 특정한 값이 주어지더라도 이에 대한 종속변수 Y의 정확한 값을 구할 수 없다. 이는 확률변수인 오차항 때문이다. 독립변수 X의 한 값에 대응하는 종속변수 Y의 값은 오차항의 값에 따라 확률적으로 다르게 나타나기 때문에 Y 또한 확률변수이다(두 모델에서 독립변수 X는 확률변수로 취급하지 않는다). 종속변수 Y의 값은 독립변수 X와 오차항 ε에 의하여 결정된다.

3.2 모집단 회귀모델

선형회귀모델은 앞에서 설명한 확률적 모델이므로 모집단 회귀모델을 다음과 같이 표현할 수 있다.

모집단 단순선형회귀모델

$y_i = \alpha + \beta x_i + \varepsilon_i$ (12.1)

식 (12.1)에서 y_i는 실제 관찰치이다. α, β, X의 값이 일정하게 주어지더라도 이러한 관찰치들이 달라짐에 따라 ε은 다른 값을 갖는다. 오차항 ε에 따라 매번 다르게 결정되는 Y의 분포는 X가 특정한 값을 가질 때의 분포이므로 조건부분포이다. 모집단 회귀모델은 [그림 12-2](a)가 보여 주고 있다.

모집단의 단순회귀모델에서 확정적 부분을 평균선(line of means) 또는 모집단 회귀선(population regression line)이라고 하는데 이는 독립변수 X의 주어진 값에 따른 종속변수 Y의 조건부 기대값인 $E(y|x)$ 또는 $\mu_{y|x}$는 모델의 직선 부분과 같기 때문이다. 즉 독립변수 X의 특정한 값에 따른 종속변수 Y의 평균은 회귀선 위에서 구해진다. 이는 오차항의 평균은 0이라고 가정하기 때문이다.

📖 🔺 **모집단 회귀선**

$$E(y) = E(y|x) = \mu_{y|x} = \alpha + \beta x \qquad (12.2)$$

그림 12-2 **모집단 회귀모델과 모집단 회귀식**

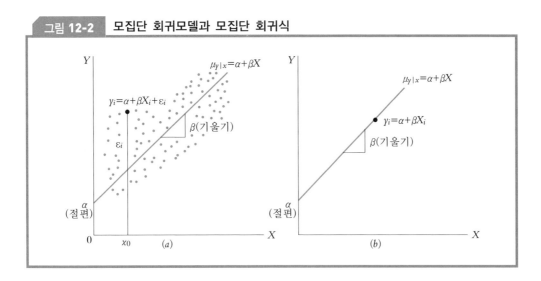

위 모집단 회귀식에서 절편 α와 기울기 β는 모집단 회귀계수(coefficient of regression)라고 한다. 모집단 회귀식은 [그림 12-2](b)에서 보는 바와 같다.

독립변수 X의 값이 주어지면 종속변수 Y의 값은 평균 $E(y|x)$를 중심으로 랜덤하게 오차를 가지고 정규분포를 따른다고 가정할 수 있다. 오차(error)란 독립변수 X의 값이 주어질 때 종속변수 Y의 실제 관찰치와 종속변수 Y의 기대값의 차이를 말한다. 즉 이는 변수 X와 Y 사이의 선형관계에 의해서 설명할 수 없는 Y의 값의 변동을 말한다.

📖 🔺 **오 차**

$$\varepsilon_i = y_i - \mu_{y|x_i} \quad \text{또는} \quad y_i = \mu_{y|x_i} + \varepsilon_i \qquad (12.3)$$

이와 같이 독립변수 X의 값이 주어지면 종속변수 Y의 값은 여러 상이한 값을 가지면서 변동하고 평균 $E(y|x_i)$를 갖는 정규분포를 따른다고 가정할 수 있다.

3.3 표본회귀모델

만일 우리가 α와 β의 값을 알면 X의 주어진 값에 따른 Y의 기대값을 모집단 회귀식을 이용하여 구할 수 있다. 그러나 실제로는 α와 β의 값을 모르기 때문에 표본자료를 사용하여 이들을 추정해야 한다. 모집단 회귀선을 추정하기 위하여 표본을 추출하고 각 표본점으로부터 표본회귀선(sample regression line) 또는 예측선(prediction line)을 얻을 수 있다.

표본회귀선

$$\hat{y} = a + bx \tag{12.4}$$

여기서 a는 α의, b는 β의, $\hat{y}$는 $\mu_{y|x}$의 추정치이다. a와 b의 값을 표본회귀계수(sample regression coefficient)라고 한다. 최소자승법을 이용하여 α와 β의 추정치로서 a와 b의 값을 구하게 되면 독립변수 X의 값이 주어질 때 예측치 $\hat{y}$의 값을 구할 수 있다. [그림 12-3]은 단순선형회귀모델에서 모수 α와 β를 추정하는 과정을 나타내는 그림이다.

그림 12-3 단순선형회귀모델에서의 추정과정

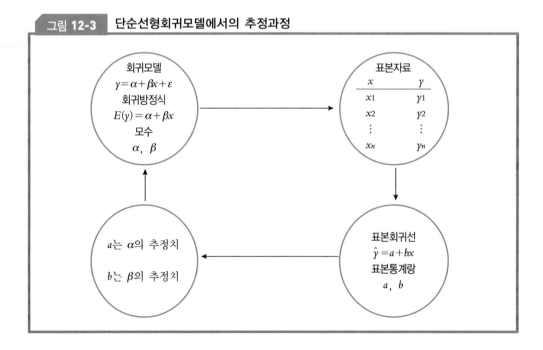

표본에 따라 a와 b가 달라지기 때문에 표본회귀선도 표본에 따라 여러 가지가 될 수 있다. 이와 같이 a와 b를 구해 표본회귀식에 대입해 구한 예측치 $\hat{y}$은 실제치 y와 차이가 있게 된다.

독립변수 X의 값이 주어질 때 표본회귀선의 예측치 $\hat{y}$와 실제치 y 사이에는 표본오차 때문에 차이가 발생하는데 이를 잔차(residual)라고 하고 e로 표시한다. 잔차 e는 모집단 오차 ε의 추정치이다. 이는 [그림 12-4]에서 보는 바와 같다.

📖 🔀 **잔 차**

$$e_i = y_i - \hat{y}_i \tag{12.5}$$

그림에서 보는 바와 같이 오차항 ε_i는 관찰치 y_i와 모집단 회귀선과의 편차이며 잔차항 e_i는 관찰치와 표본회귀선과의 편차이다.

식 (12.5)를 식 (12.4)에 대입하면 표본회귀모델(sample regression model)을 얻을 수 있다.

📖 🔀 **표본회귀모델**

$$y_i = a + bx_i + e_i$$

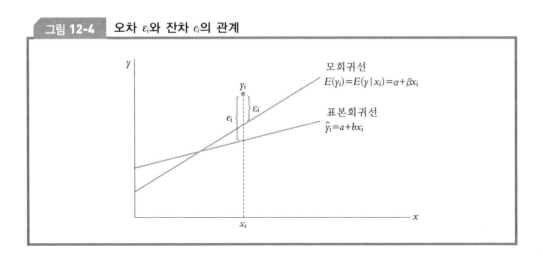

그림 12-4 **오차 ε_i와 잔차 e_i의 관계**

표본회귀모델은 식 (12.1)에 의해 정의된 모집단 회귀모델에 대응하는 개념이다. 표본회귀모델은 종속변수 Y의 표본관찰치 y_i가 표본회귀선 $\hat{y} = a + bx$에 나타난 값과 그로부터 떨어진 잔차 e와의 합으로 표시될 수 있음을 의미한다.

4 최소자승법

표본자료가 준비되면 산점도(scatter diagram)를 작성하여 두 변수의 관계가 선형이면 독립변수 X와 종속변수 Y의 관계를 가장 잘 설명해 줄 수 있는 표본회귀식을 구해야 한다. 이는 모수 α와 β의 추정치로 사용할 회귀계수 a와 b를 어떻게 결정할 것이냐 하는 것을 의미한다.

종속변수 Y의 실제 관찰치 y_i와 표본회귀식으로부터 구한 종속변수의 예측치 $\hat{y}_i$의 차이인 잔차는 [그림 12-5]에서 보는 것처럼 독립변수 X_i의 값에 따라 많이 존재하기 때문에 (+)와 (−)값을 갖는다. 그런데 모든 잔차의 합을 최소로 하는 가장 좋은 표본회귀식의 a와 b를 구하기 위해서는 잔차를 자승한 값들의 합이 최소가 되도록 표본회귀식을 구하는 방법인데 이를 최소자승법 (least squares method)이라 한다. 즉

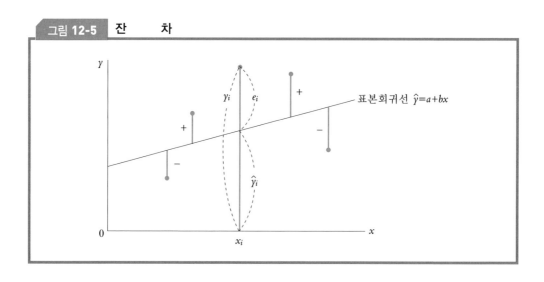

그림 12-5 잔 차

$$최소 \sum e_i^2 = 최소 \sum (y_i - \hat{y}_i)^2 \qquad (12.6)$$

을 만족시키는 표본회귀선 $\hat{y}_i = a + bx_i$의 계수 a와 b를 결정하는 것이다.

    최소자승법은 표본자료를 가장 잘 대표할 수 있는 하나의 회귀선만을 결정하고 특히 a와 b가 모수 α와 β의 가장 좋은 추정치가 되기 때문에 표본회귀선을 도출하는 유일한 방법으로 사용된다.

    표본회귀선 $\hat{y}_i = a + bx_i$를 식 (12.1)에 대입하면 다음과 같다.

$$최소 \sum (y_i - a - bx_i)^2 \qquad (12.7)$$

    최소자승법에 의하여 a와 b의 값을 구하기 위해서는 식 (12.2)를 a와 b에 대해 각각 편미분한 후 0으로 놓고 미지수인 a와 b에 대해 정리하면 다음과 같은 정규방정식(normal equation)을 얻는다.

$$\sum y_i = na + b\sum x_i \qquad (12.8)$$
$$\sum x_i y_i = a\sum x_i + b\sum x_i^2 \qquad (12.9)$$

    식 (12.3)과 식 (12.4)를 연립하여 풀면 다음과 같이 회귀계수 a와 b를 구할 수 있다.

📖 ≋ **표본회귀선의 회귀계수**

$$b = \frac{n\sum x_i y_i - \sum x_i \sum y_i}{n\sum x_i^2 - (\sum x_i)^2} = \frac{\sum x_i y_i - n\bar{x}\bar{y}}{\sum x_i^2 - n\bar{x}^2} \qquad (12.10)$$
$$a = \bar{y} - b\bar{x} \qquad (12.11)$$

    여기서 표본회귀선의 절편 a는 독립변수 X의 값 x가 0일 때(만일 $x=0$이고 x의 관찰치 범위 내에 있다면) 종속변수 Y의 값 y의 예측평균치(estimated average value)이다. 한편 기울기 b는 x의 한 단위 변화의 결과로 인한 y의 평균치의 예측변화를 말한다.

예 12-1

다음은 [표 12-1] 판매액과 광고비와의 관계를 나타내는 자료이다.

① 최소자승법에 의한 표본회귀선을 구하고 a와 b의 값의 의미를 설명하라.

② 산점도와 함께 표본회귀선을 그래프로 나타내라.

③ 잔차를 구하라.

④ 광고비가 13억 원일 때 판매액은 얼마로 예측할 수 있는가?

(단위: 억 원)

회	광고비(x)	판매액(y)
1	10	37
2	16	80
3	11	45
4	12	55
5	11	40

풀 이 ①

x_i	y_i	x_i^2	x_iy_i
10	37	100	370
16	80	256	1,280
11	45	121	495
12	55	144	660
11	40	121	440
60	257	742	3,245

$$\bar{x} = \frac{60}{5} = 12$$

$$\bar{y} = \frac{257}{5} = 51.4$$

$$b = \frac{\sum x_iy_i - n\bar{x}\,\bar{y}}{\sum x_i^2 - n\bar{x}^2} = \frac{3,245 - 5(12)(51.4)}{742 - 5(12^2)} = 7.32$$

$$a = \bar{y} - b\bar{x} = 51.4 - 7.32(12) = -36.44$$

$$\hat{y} = -36.44 + 7.32x$$

−36.44는 표본회귀선의 y의 절편인데 광고비를 사용한다면 0원이 될 수 없으므로 여기서 −36.44는 실제적 의미는 없다. 한편 7.32는 기울기인데 광고비가 한 단위(1억 원)씩 변화할 때 판매액의 평균치는 7.32억 원씩 평균적으로 변화한다는 것을 의미한다.

②

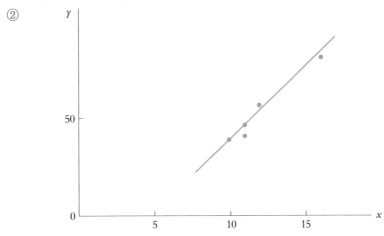

③

x	y	$\hat{y}=-36.44+7.32x$	$e=y-\hat{y}$
10	37	36.76	0.24
16	80	80.68	−0.68
11	45	44.08	0.92
12	55	51.40	3.60
11	40	44.08	−4.08

④ $\hat{y}=-36.44+7.32(13)=58.72$억 원 ◆

5 표본회귀선의 적합도 검정

회귀분석에서 표본회귀식을 도출하는 목적은 독립변수 X의 값이 주어지면 종속변수 Y의 값을 예측하려는 것이다. 두 변수에 관한 표본자료가 수집되

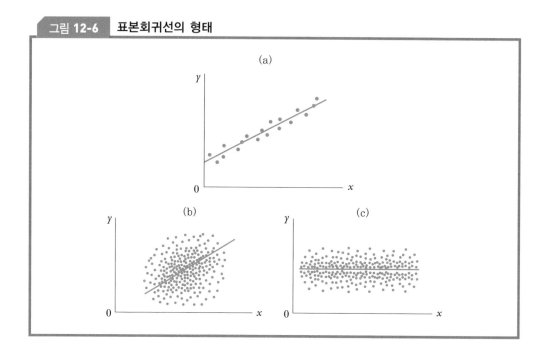

그림 **12-6** 표본회귀선의 형태

면 이에 가장 적합한 선(best fitting line)인 표본회귀식은 최소자승법에 의하여 구할 수 있다. 그러나 이렇게 구한 표본회귀식이 항상 바람직한 결과를 나타내는지 평가할 필요가 있다. 즉 표본회귀식을 모집단 전체로 일반화하여 사용할 수 있는지 추정된 표본회귀식의 통계적 유의성 검정을 할 필요가 있는데 이를 적합도 검정이라고 한다.

회귀식을 이용한 종속변수의 예측에 대한 정확도는 두 변수의 밀접성이 결정한다. 만일 두 변수의 값들이 [그림 12-6](a)에서와 같이 표본회귀선 주위에 몰려 있으면 종속변수 Y의 관찰치(observed value)와 표본회귀식에 의한 종속변수 Y의 예측치(predicted value)의 차이인 잔차가 줄어들어 예측의 정확성은 높게 된다. 그러나 (b)와 (c)처럼 그렇지 않은 경우도 많이 발생할 수 있다.

따라서 표본회귀선이 구해지면 다음과 같은 평가방법을 적용해야 한다.

• 적합도 검정
• 유의성 검정

표본회귀선을 구하게 되면 이 회귀선이 모든 관찰치들을 얼마나 적합하도록 도출되었는지, 즉 종속변수를 얼마나 잘 설명해 주는지 회귀모델 자체에 대한 적합도 검정(goodness-of-fit test)을 실시하고 한편으로는 각 독립변수와 종속변수의 관련도가 통계적으로 유의한지를 밝히는 유의성 검정(significance test)을 실시해야 한다.

본절에서는 전자에 대해서 공부하고 다음 절에서 후자에 대하여 공부할 것이다.

적합도 검정방법으로는
- 추정의 표준오차
- 결정계수

를 들 수 있다.

□ 추정의 표준오차

우리가 표본자료를 이용하여 구한 표본회귀선이 종속변수 Y의 값을 예측하는 데 어느 정도의 정확성을 갖느냐를 평가하기 위한 기법의 하나가 추정의 표준오차(standard error of estimate)이다.

종속변수 Y의 값을 예측하는데 오류를 발생시키는 것은 오차항 ε_i이다. 따라서 오차항들을 검토함으로써 회귀선에 의한 예측의 정확성을 추정할 수 있다.

오차들의 평균은 $E(\varepsilon_i)=0$이고 분산은 σ_e^2인데 분산은 회귀선 주위로 흩어져 있는 잔차, 즉 $(y_i-\hat{y}_i)^2$을 측정한다. 그런데 모든 y_i값들의 모집단은 모르기 때문에 표본을 이용하게 되고 오차들의 분산 σ_e^2 대신에 추정의 표준오차 S_e를 사용하게 된다.

추정의 표준오차는 실제치(y_i)가 회귀식으로 추정한 값($\hat{y}_i$)으로부터 떨어져 있는 잔차를 제곱하여 모두 더한 잔차제곱합(sum of squared error: SSE)을 자유도로 나누어 구한 평균, 즉 잔차평균제곱(mean of squared error: MSE)의 제곱근을 말하는데 다음 공식을 사용하여 구한다.

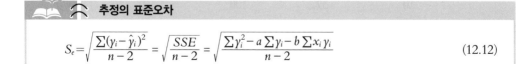

추정의 표준오차

$$S_e=\sqrt{\frac{\sum(y_i-\hat{y}_i)^2}{n-2}}=\sqrt{\frac{SSE}{n-2}}=\sqrt{\frac{\sum y_i^2-a\sum y_i-b\sum x_i y_i}{n-2}} \tag{12.12}$$

여기서 분모로 $(n-2)$를 사용하는 이유는 회귀분석과정에서 사용된 추정량

a와 b의 두 개만큼 자유도가 줄어야만 S_e가 σ_e의 불편추정량이 되기 때문이다.

아무리 최소자승법이 오차를 최소로 하면서 모든 자료에 적합한 선을 제공하더라도 모든 관찰치들이 예측선 위에 떨어지지 않는 한 그 예측선은 완전한 예측자가 될 수 없다. 추정의 표준오차는 표본회귀선(또는 종속변수의 예측치) 주위로 표본들의 실제 관찰치들이 흩어진 변동을 측정하는 반면 표준편차는 표본들의 실제 관찰치들이 표본평균 주위로 흩어진 변동을 측정하지만 근본적으로 이들은 같은 개념이다.

추정의 표준오차가 클수록 관찰치들은 표본회귀선 주위로 널리 흩어질 것이다. 그러나 만일 모든 관찰치들이 회귀선상에 놓이게 되면 $S_e=0$이 된다. 따라서 추정의 표준오차가 작을수록 표본회귀선을 이용한 종속변수 Y의 값의 예측에 대한 정확도가 높기 때문에 표본회귀선이 독립변수와 종속변수의 통계적 관계를 적절하게 설명할 수 있는 것이다. 그렇지만 추정의 표준오차가 어느 정도 작아야만 추정된 표본회귀식이 적합하다고 판단할 수 있는지 객관적인 기준은 없기 때문에 연구자가 그의 경험에 의하여 주관적으로 판단할 수밖에 없다.

이와 같이 S_e가 y값에 따라 달라지므로 별도로 분석된 다른 여러 회귀분석결과의 적합도를 직접 비교할 수 없게 된다. 이러한 이유로 S_e를 통한 적합도 검정을 절대평가방법이라고 부른다.

이러한 문제점을 해결하기 위하여 여러 개의 적합도를 비교할 수 있는 결정계수가 적합도 평가기준으로 널리 사용된다.

 예 12-2

[표 12-1]의 자료를 이용하여 추정의 표준오차를 구하라.

x	y	x^2	y^2	xy
10	37	100	1,369	370
16	80	256	6,400	1,280
11	45	121	2,025	495
12	55	144	3,025	660
11	40	121	1,600	440
60	257	742	14,419	3,245

풀 이 $S_e = \dfrac{\sum y^2 - a\sum y - b\sum xy}{n-2} = \dfrac{14,419 - (-36.44)(257) - 7.32(3,245)}{5-2}$

$\qquad\qquad = 3.21$ ◆

□ 결정계수

표본자료를 사용하여 최소자승법에 의하여 추정한 회귀식이 종속변수의 변화, 즉 그 표본들을 얼마나 잘 설명하고 있는가를 평가하는 또 하나의 기법이 결정계수(coefficient of determination)이다. 이는 별도로 분석된 여러 개의 적합도의 상호비교가 가능한 상대평가방법이다.

회귀분석에서 종속변수의 실제 관찰치 y_i값과 y값들의 평균 $\overline{y}$ 사이의 차이, 즉 $(y_i - \overline{y})$를 y의 총편차(total deviation)라고 하는데 이는 회귀선에 의하여 $(y_i - \hat{y_i})$으로 나타내는 잔차 e_i에 해당하는 회귀선에 의하여 설명 안 된 편차(unexplained deviation)와 $(\hat{y_i} - \overline{y})$로 나타내는 회귀선에 의하여 설명된 편차(explained deviation)로 구분할 수 있다. 이를 식으로 나타내면 다음과 같다.

📖 ⌃ 총편차의 구성

총편차＝설명된 편차＋설명 안 된 편차

$(y_i - \overline{y}) = \quad (\hat{y_i} - \overline{y}) \quad + \quad (y_i - \hat{y_i})$　　　　　　　　(12.13)

이를 그림으로 나타내면 [그림 12-7]과 같다.

식 (12.13)의 양변을 각각 제곱한 후 모든 관찰치에 대하여 합한 값으로 전환시키면 다음과 같다.

📖 ⌃ 총제곱합의 구성

총제곱합＝회귀제곱합＋오차제곱합

$\sum(y_i - \overline{y})^2 = \sum(\hat{y_i} - \overline{y})^2 + \sum(y_i - \hat{y_i})^2$

$\quad SST \quad = \quad SSR \quad + \quad SSE$　　　　　　　　(12.14)

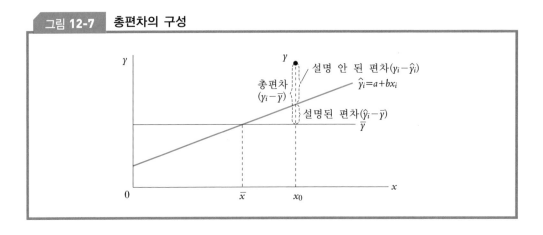

그림 12-7 총편차의 구성

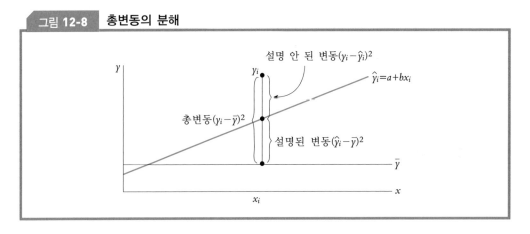

그림 12-8 총변동의 분해

총제곱합(sum of squares total: SST)은 총변동(total variation)이라고도 하는데 독립변수를 고려하지 않았을 경우 실제 관찰치 y_i들이 이들의 평균 $\bar{y}$로부터 흩어진 정도를 나타낸다. 회귀제곱합(sum of squares regression: SSR)은 독립변수를 고려함으로써 회귀식으로 설명되는 제곱합을 의미한다. 오차제곱합(sum of squares error: SSE)은 회귀식으로 설명되지 않는 제곱합으로서 $\sum e_i^2$을 의미한다. 이를 그림으로 나타내면 [그림 12-8]과 같다.

총변동을 이와 같이 분해함으로써 SSE의 크기로 표본회귀식의 적합도를 측정할 수 있다. 결정계수 R^2은 종속변수 Y의 총제곱합 중에서 회귀식으로 설명되는 제곱합이 차지하는 상대적 비율로 측정한다.

결정계수

$$R^2 = \frac{\text{설명되는 변동}}{\text{총변동}} = \frac{SSR}{SST} = 1 - \frac{SSE}{SST} = \frac{a\sum y_i + b\sum x_i y_i - n\bar{y}^2}{\sum y_i^2 - n\bar{y}^2} \qquad (12.15)$$

결정계수는 0부터 1까지의 값을 갖는데 표본회귀선이 모든 자료에 완전히 적합하면 $SSE=0$이 되고 결정계수 R^2은 1이 된다. $R^2=1$이란 예측한 회귀식이 총변동의 100%를 설명함을 의미한다. 이럴 경우에는 두 변수 X와 Y 사이의 상관관계는 100% 있다고 말할 수 있다. R^2의 값이 1에 가까울수록 표본회귀선으로 종속변수 Y의 실제 관찰치를 예측하는 데 정확성이 더 높다고 말할 수 있다.

예 12-3

[표 12-1]의 자료를 이용하여 결정계수를 구하라.

x	y	$\hat{y}$	$y-\hat{y}$	$(y-\hat{y})^2$	$y-\bar{y}$	$(y-\bar{y})^2$
10	37	36.76	0.24	0.0576	-14.4	207.36
16	80	80.68	-0.68	0.4624	28.6	817.96
11	45	44.08	0.92	0.8464	-6.4	40.96
12	55	51.40	3.60	12.9600	3.6	12.96
11	40	44.08	-4.08	16.6464	-11.4	129.96
				$SSE=30.9728$		$SST=1,209.20$

풀 이 $\hat{y} = -36.44 + 7.32x$ $\qquad \bar{y} = 51.4$

$SSR = SST - SSE = 1,209.20 - 30.9728 = 1,178.2272$

$R^2 = \dfrac{SSR}{SST} = \dfrac{1,178.2272}{1,209.20} = 0.9744$

평균 판매액 $\bar{y}$로부터 흩어지는 판매액 y의 총변동의 97.44%는 광고비와 판매액의 선형관계를 나타내는 회귀선에 의해서 설명된다. 즉 광고비가 판매액 변동의 97.44%를 결정하므로 나머지 2.56%는 다른 요인들이 영향을 미친다. ◆

6 상관분석

우리가 공부한 회귀식은 두 확률변수 X와 Y의 관계를 나타낼 뿐 두 변수 사이의 밀접한 관계의 강도와 방향은 나타내지 못한다. 한편 산점도(scatter diagram)는 두 변수 사이의 관계를 개략적으로 알려 줄 뿐 정확한 관계의 정도를 알려 주지는 않는다.

그런데 상관분석은 두 확률변수 사이의 밀접한 정도와 방향을 측정하는데 우리는 두 변수간의 관계가 1차식으로 나타낼 수 있는 선형관계인 경우에 한하여 공부하기로 한다. 상관분석은 두 개의 변수가 독립적인지, 이들 사이에 어떤 연관성이 있는지를 분석하는 연관성분석의 한 방법이다.

두 양적 자료의 두 확률변수 X와 Y의 선형관계의 유무와 밀접성의 강도를 측정하는 척도로는 공분산과 상관계수가 있다.

6.1 공분산

공분산(covariance)은 통계적으로 종속적인 두 확률변수 X와 Y 사이의 선형관계의 방향을 측정하는 척도로서 다음과 같이 두 변수의 값이 각각의 평균으로부터 떨어져 있는 편차의 곱들을 평균하는 공식을 이용하여 구한다.[1]

> **📖 🔼 두 확률변수 X와 Y의 공분산**
>
> 모집단: $\mathrm{Cov}(x,\ y) = \sigma_{xy} = E[x_i - E(x)][y_i - E(y)]$
>
> $\qquad\qquad\quad = E(xy) - E(x)E(y)$: 결합확률분포의 기대값 이용
>
> $\qquad \mathrm{Cov}(x,\ y) = \dfrac{\sum (x_i - \mu_x)(y_i - \mu_y)}{N}$: 평균 이용
>
> 표　본: $S_{xy} = \dfrac{\sum (x_i - \overline{x})(y_i - \overline{y})}{n-1} = \dfrac{1}{n-1}\left[\sum x_i y_i - \dfrac{\sum x_i \sum y_i}{n}\right]$

---

[1] 일반적으로 분산이란 하나의 변수에 대하여 측정한 관찰치가 그 변수의 평균으로부터 떨어져 있는 편차를 제곱한 값들의 평균, 즉 편차제곱의 평균을 말하고 공분산이란 두 개의 변수에 대하여 측정한 관찰치가 각각의 평균으로부터 떨어져 있는 편차를 구한 다음 이들을 서로 곱한 편차곱의 평균을 말한다.

공분산은 두 확률변수 X와 Y가 결합확률분포를 나타낼 때 그 분포의 분산을 측정하지만 두 변수의 결합확률분포를 모르는 경우에는 기대값 대신에 두 변수의 값이 그들의 평균인 μ_x와 μ_y로부터 떨어진 편차의 곱을 평균하여 구한다. 결합확률분포에 대해서는 이미 제4장에서 공부하였기 때문에 여기서는 생략하고자 한다.

공분산은 분산 σ^2과 달리 음수의 값을 가질 수 있다. 공분산이 양수이면 두 변수 X와 Y가 같은 방향으로 함께 움직이고(정의 선형관계) 음수이면 두 변수가 반대 방향으로 움직이는(음의 선형관계) 것을 의미한다. 공분산은 또 두 변수가 선형으로 움직이지 않을 때는 0의 값을 갖는다.

이와 같이 공분산은 두 확률변수 X와 Y 사이에 선형관계가 있는지, 있을 때 정의 관계인지 또는 음의 관계인지 방향(direction)은 밝혀 주지만 그의 크기 (magnitude)는 두 변수의 선형관계의 밀접성 정도를 나타내는 지표는 될 수 없다. 왜냐하면 공분산의 크기는 두 변수의 측정단위에 의존하기 때문이다.

예를 들면 확률변수 X의 단위가 kg이고 확률변수 Y의 단위가 dl일 때 공분산이 2라고 가정하자. 이때 만일 변수 X의 단위가 g으로 바뀌고 변수 Y의 단위가 l로 바뀌면 동일한 두 변수 X와 Y의 공분산은 200이 된다. 이와 같이 공분산의 크기가 증가하였다고 해서 두 변수간의 선형관계의 정도가 변하는 것은 아니다.

공분산과 뒤에 설명할 상관계수는 모집단에 대해서도 계산하지만 주로 표본에 대해서 계산한다. 이때 모집단 공분산과 상관계수는 상수임에 반하여 표본 공분산과 상관계수는 추출되는 표본에 따라 값이 달라지기 때문에 확률변수라고 할 수 있다.

예 12-4

[표 12-1]의 표본자료를 이용하여 두 확률변수 X와 Y의 공분산을 구하라.

x	y	$\hat{y}$	$y-\hat{y}$	$(y-\hat{y})^2$	$y-\bar{y}$	$(y-\bar{y})^2$
10	37	36.76	0.24	0.0576	-14.4	207.36
16	80	80.68	-0.68	0.4624	28.6	817.96
11	45	44.08	0.92	0.8464	-6.4	40.96

	12	55	51.40	3.60	12.9600	3.6	12.96
	11	40	44.08	-4.08	16.6464	-11.4	129.96
합계	60	257			$SSE=30.9728$		$SST=1,209.20$

풀 이 $S_{xy} = \dfrac{1}{n-1}\left[\displaystyle\sum_{i=1}^{n} x_i y_i - \dfrac{\displaystyle\sum_{i=1}^{n} x_i \sum_{i=1}^{n} y_i}{n}\right] = \dfrac{1}{5-1}\left[3,245 - \dfrac{60(257)}{5}\right]$

$\qquad\qquad = 40.25$

두 변수 X와 Y는 정(+)의 선형관계를 나타낸다. ◆

6.2 상관계수

공분산은 두 확률변수 X와 Y의 선형관계의 여부를 나타내지만 두 변수 X와 Y의 측정단위에 따라 그의 값이 달라지므로 두 변수 사이의 연관관계의 강도를 나타내 주지는 못한다. 따라서 단위에 관계없이 두 변수 X와 Y 사이의 밀접한 정도를 측정하기 위해서는 상관계수(correlation coefficient)를 계산해야 한다. 상관계수는 두 변수의 공분산을 표준화한 것이다.

상관계수는 공분산을 변수 X의 표준편차와 변수 Y의 표준편차의 곱으로 나누는데 이는 측정단위를 표준화하기 위함이다. 즉 분자의 단위와 분모의 단위를 상쇄시킴으로써 측정단위와 관계없이 두 변수 X와 Y의 관계의 정도를 측정할 수 있는 것이다. 이는 모상관계수라 할 수 있다.

상관계수는 공분산처럼 모집단에 대해서 구하지만 표본에 대해서도 구한다.

📖 두 확률변수 *X*와 *Y*의 상관계수

모집단: $\rho = \dfrac{\text{Cov}(x,\, y)}{\sigma_x \sigma_y} \quad (-1 \le r \le 1)$

$\qquad\quad \sigma_x(\text{변수 } X\text{의 표준편차}) = \sqrt{E(x^2) - (\textstyle\sum x)^2}$

$\qquad\quad \sigma_y(\text{변수 } Y\text{의 표준편차}) = \sqrt{E(y^2) - (\textstyle\sum y)^2}$

표 본: $r = \dfrac{S_{xy}}{S_x S_y}$

$$= \frac{\sum(x_i - \bar{x})(y_i - \bar{y})}{\sqrt{\sum(x_i - \bar{x})^2}\sqrt{\sum(y_i - \bar{y})^2}}$$

$$S_x(\text{변수 } X\text{의 표본표준편차}) = \sqrt{\frac{\sum x_i^2 - \frac{(\sum x_i)^2}{n}}{n-1}}$$

$$S_y(\text{변수 } Y\text{의 표본표준편차}) = \sqrt{\frac{\sum y_i^2 - \frac{(\sum y_i)^2}{n}}{n-1}}$$

현실적으로 두 변수 X, Y를 대변하는 두 모집단을 고려하여 모상관계수를 계산할 수 없기 때문에 표본상관계수를 구하여 모상관계수의 추정량으로 사용하게 된다.

표본상관계수는 회귀분석과 관련된 문제에 있어서는 결정계수의 제곱근으로 구한다.

표본상관계수

$$r = \sqrt{R^2} = \sqrt{\frac{SSR}{SST}} \tag{12.16}$$

표본상관계수 r의 부호는 표본회귀선에서 기울기의 부호와 같다. 즉 b가 +이면 r도 +이고, b가 −이면 r도 −이다. 또한 b가 0이면 r도 0이다.

상관계수는 다음과 같은 특성을 갖는다.

표본상관계수의 특성

• r은 −1.0부터 +1.0까지의 값을 갖는다.
• $|r|$이 클수록 두 변수 사이의 선형관계는 더욱 강하다.
• r이 0에 가깝다는 것은 두 변수 사이에 선형관계가 없음을 의미한다.
• $r=1$ 또는 $r=-1$은 두 변수 사이에 완전한 선형관계가 있음을 의미한다. 즉 표본회귀선은 모든 표본점들을 통과한다.
• r이 0, −1, +1의 값을 갖는 경우는 실제로 흔치 않다.
• r의 부호가 +이면 두 변수의 관계가 정의 관계이고 −이면 부의 관계이다.

예 12-5

[예 12-1]의 자료를 이용하여 표본상관계수를 구하라.

x	y	$x-\bar{x}$	$(x-\bar{x})^2$	$(y-\bar{y})$	$(y-\bar{y})^2$	$(x-\bar{x})(y-\bar{y})$
10	37	-2	4	-14.4	207.36	28.8
16	80	4	16	28.6	817.96	114.4
11	45	-1	1	-6.4	40.96	6.4
12	55	0	0	3.6	12.96	0
11	40	-1	1	-11.4	129.96	11.4
			22		1,209.20	161.0

풀 이 $\bar{x}=12$ $\bar{y}=51.4$

$$r=\frac{\sum[(x-\bar{x})(y-\bar{y})]}{\sqrt{\sum(x-\bar{x})^2}\sqrt{\sum(y-\bar{y})^2}}=\frac{161.0}{\sqrt{22}\sqrt{1,209.20}}=0.9872$$

따라서 두 변수의 관계가 정의 관계이고 상당히 밀접한 선형관계가 있음을 의미한다. ◆

7 | 표본회귀선의 유의성 검정

우리는 표본회귀선의 적합도를 판정하는 방법으로 추정의 표준오차와 결정계수를 공부하였다. 그런데 회귀선의 적합도가 높더라도 모집단 회귀선의 기울기가 $\beta=0$이면 회귀모델 $y_i=\alpha+\beta x_i+\varepsilon_i$는 $y_i=\alpha+\varepsilon_i$가 되기 때문에 모집단 회귀선은 수평선이 되어 $\hat{y}$은 상수가 됨으로써 독립변수 X의 값들이 종속변수 Y의 값들을 예측하는 데 아무 소용이 없게 된다.

따라서 우리는 통계량 b를 근거로 모수 β가 0이 아닌지를 검정함으로써, 즉 회귀모델의 두 변수 사이에 선형관계가 성립하는지(회귀선이 유의한지)를 검정함으로써 종속변수 y값들을 추정하는 데 회귀선을 사용할 수 있는지를 결정하기 위해서는 표본회귀선에 대한 유의성 검정(significance test)이 우선 필요하다.

유의성 검정은

- t검정
- F검정

을 통해서 실시할 수 있다.

□ 모집단 회귀선의 기울기 β에 대한 t 검정

모수 β에 대한 t검정(t test)은 표본회귀식의 기울기 b를 이용해야 한다. 그리고 검정통계량은 b의 확률분포를 알아야 결정할 수 있다.

📖 〜 기울기 b의 확률분포

오차항 ε에 대한 모든 가정이 만족되면 b의 확률분포는 평균이 β이고 다음과 같은 표준편차를 갖는 정규분포를 따른다.

평   균: $E(b)=\beta$

표준편차: $\sigma_b=\dfrac{\sigma_e}{\sqrt{\sum(x_i-\bar{x})^2}}$ (12.17)

식 (12.17)에서 오차의 표준편차인 σ_e는 알 수 없으므로 그의 추정량인 추정의 표준오차 S_e를 사용하면 검정통계량 t값은 t분포를 따른다.

$$t=\frac{b-0}{S_b}=\frac{b}{S_e/\sqrt{\sum(x_i-\bar{x})^2}}=\frac{b}{S_e/\sqrt{\sum x_i^2-n\bar{x}^2}}$$

S_b: 회귀계수 b의 표준오차

이때의 자유도는 $(n-2)$이다. 이는 통계량 t는 a와 b를 추정할 때 각각 자유도를 하나씩 잃기 때문이다.

모수 β에 대한 t검정의 결정규칙은 다음과 같다.

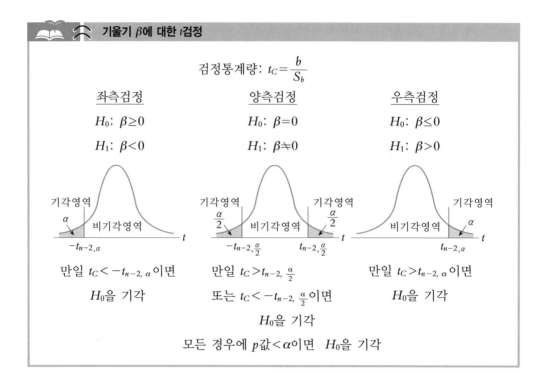

기울기 β에 대한 t검정

검정통계량: $t_C = \dfrac{b}{S_b}$

좌측검정

H_0: $\beta \geq 0$

H_1: $\beta < 0$

만일 $t_C < -t_{n-2,\,\alpha}$이면

H_0을 기각

양측검정

H_0: $\beta = 0$

H_1: $\beta \neq 0$

만일 $t_C > t_{n-2,\,\frac{\alpha}{2}}$

또는 $t_C < -t_{n-2,\,\frac{\alpha}{2}}$이면

H_0을 기각

우측검정

H_0: $\beta \leq 0$

H_1: $\beta > 0$

만일 $t_C > t_{n-2,\,\alpha}$이면

H_0을 기각

모든 경우에 p값 $< \alpha$이면 H_0을 기각

한편 β에 대한 신뢰수준 $(1-\alpha)$의 신뢰구간은 다음과 같이 설정할 수 있다.

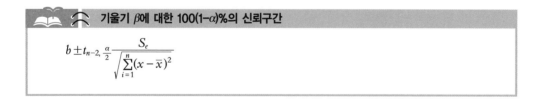

기울기 β에 대한 $100(1-\alpha)\%$의 신뢰구간

$$b \pm t_{n-2,\,\frac{\alpha}{2}} \dfrac{S_e}{\sqrt{\displaystyle\sum_{i=1}^{n}(x-\bar{x})^2}}$$

예 12-6

[표 12-1]의 자료를 이용하여 다음과 같은 가설에 대하여

H_0: $\beta = 0$

H_1: $\beta \neq 0$

① 유의수준 5%로 모집단 회귀선의 기울기 β에 대해 t검정하라.

② 기울기 β에 대한 95% 신뢰구간을 구하라.

 ① $t_{n-2,\,\frac{\alpha}{2}} = t_{5-2,\,0.025} = t_{3,\,0.025} = 3.182$

기각영역: $t > 3.182$ 또는 $t < -3.182$

$$t_C = \frac{b}{S_e / \sqrt{\sum x_i^2 - n\bar{x}^2}} = \frac{7.32}{3.21 / \sqrt{742 - 5(12)^2}} = 10.69$$

$t_C = 10.69 > t_{3,\,0.025} = 3.182$ 이므로 귀무가설 H_0을 기각한다. 한편 컴퓨터 출력결과 p값 $= 0.001753 < \alpha = 0.05$ 이므로 귀무가설 H_0을 기각한다. 따라서 두 변수 X와 Y는 선형관계이다. 즉 회귀선은 유의하다고 할 수 있다.

② $b \pm t_{n-2,\,\frac{\alpha}{2}} \dfrac{S_e}{\sqrt{\sum\limits_{i=1}^{n}(x_i - \bar{x})^2}} = 7.32 \pm (3.182)\dfrac{3.21}{\sqrt{22}} = 7.32 \pm 2.17$

기울기 β의 95% 신뢰구간은 $5.15 \leq \beta \leq 9.49$이다. 추정된 회귀방정식을 이용하여 종속변수의 값을 예측할 수 있다. ◆

□ 모집단 회귀선의 기울기 β에 대한 F 검정

설명된 변동과 설명 안 된 변동의 측정을 이용해서 귀무가설 H_0: $\beta = 0$을 검정하는 방법이 F검정(F test)이다. 즉 설명된 제곱합 SSR(회귀제곱합)이 설명 안 된 제곱합 SSE(오차제곱합)에 비해 크면 회귀식이 표본자료를 잘 설명하기 때문에 귀무가설을 기각하는 것이다.

SSR의 자유도는 독립변수의 수와 같기 때문에 1이고 SSE의 자유도는 $\hat{y}_i$을 추정하기 위하여 a와 b를 사용하였으므로 $(n-2)$이며 SST의 자유도는 두 자유도의 합 $1 + (n-2) = n-1$과 같다. 제곱합을 그의 자유도로 나누면 평균제곱(mean square)이 된다. 우리가 필요로 하는 평균제곱은 독립변수에 의해 설명된 평균제곱, 즉 회귀평균제곱(mean square regression: MSR)과 독립변수에 의해 설명 안 된 평균제곱, 즉 오차평균제곱(mean square error: MSE)이다. 이들은 분산과 같은 개념이다.

📖 🔺 **설명된 평균제곱**

$$MSR = \frac{SSR}{\text{독립변수의 수} = 1} = \Sigma(\hat{y}_i - \bar{y})^2 \tag{12.18}$$

📖 ☰ **설명 안 된 평균제곱**

$$MSE = \frac{SSE}{n-2} = S_e^2 \tag{12.19}$$

$$F비 = \frac{MSR}{MSE}$$

귀무가설 H_0: $\beta=0$은 MSR/MSE로 검정할 수 있다. 이 비율은 자유도 1 과 $(n-2)$를 갖는 F분포를 따른다. 이 경우 이 비율은 1에 근접하는 값을 가지게 될 것이다. 따라서 이 비율이 1보다 큰 값을 가지게 되면 MSE(설명 안 된 오차의 분산)보다 MSR(독립변수에 의해 설명된 부분의 분산)이 크다면 독립변수에 의해 설명된 변동이 설명 안 된 변동보다 크므로 회귀모델이 유의하지 않다는 귀무가설을 기각하고 대립가설을 채택하게 된다.

📖 ☰ **기울기 β에 대한 F검정**

H_0: $\beta=0$

H_1: $\beta \fallingdotseq 0$

만일 $F비 = \dfrac{MSR}{MSE} > F_{1,n-2,\alpha}$이면 귀무가설 H_0을 기각

만일 p값$< \alpha$이면 귀무가설 H_0을 기각

따라서 다음과 같은 단순회귀분석에서 회귀모델의 유의성 검정을 위한 분산분석표를 작성할 수 있다.

변동의 원천	제곱합	자유도	평균제곱	F비
회 귀	SSR	1	$MSR = \dfrac{SSR}{1}$	$\dfrac{MSR}{MSE}$
잔 차	SSE	$n-2$	$MSE = \dfrac{SSE}{n-2}$	
총 변 동	SST	$n-1$		

F검정의 결과는 t검정의 결과와 같은데 t검정은 두 변수 사이의 선형관계의 단측검정도 할 수 있으나 F검정은 양측검정만 할 수 있다.

 예 12-7

[표 12-1]의 자료를 이용하여 다음과 같은 가설을
H_0: $\beta = 0$
H_1: $\beta \neq 0$
① 유의수준 5%로 모집단 회귀선의 기울기 β에 대해 F검정하라.
② 분산분석표를 작성하라.

풀 이 ① [예 12-3]에서
$SST = 1{,}209.20$
$SSE = 30.9728$
$SSR = 1{,}178.2272$
$F_{1, n-2, \alpha} = F_{1, 3, 0.05} = 10.13$
$F비 = \dfrac{SSR}{SSE/(n-2)} = \dfrac{1{,}178.2272}{30.9728/3} = 114.1221$

$F비 = 114.1221 > F_{1, 3, 0.05} = 10.13$이므로 귀무가설 H_0을 기각한다. 한편 컴퓨터 출력결과 p값$=0.001753 < \alpha = 0.05$이므로 귀무가설 H_0을 기각한다. 따라서 두 변수 사이의 선형관계는 종속변수 Y의 변동을 설명할 수 있다.

②

변동의 원천	제 곱 합	자 유 도	평균제곱	F비	$F(0.05)$
회　　귀	1,178.2272	1	1,178.2272	114.1221	10.13
잔　　차	30.9728	$n-2=3$	10.3243		
총 변 동	1,209.20	$n-1=4$			◆

8 | 종속변수 *Y*의 추정과 예측

회귀분석을 하는 중요한 이유는 독립변수의 값이 주어졌을 때 이에 대응하는 종속변수의 값을 구하려는 것이다. 최소자승법을 이용하여 구한 표본회귀선의 적합도 검정과 유의성 검정이 만족스럽다는 평가가 끝나면 표본회귀선을 이용하여 추정이나 예측을 수행하는 것이다.

우리가 확률적 모델을 사용하려는 목적은 두 가지이다.

첫째는 독립변수 *X*의 특정한 값 x_0에 대응하는 종속변수 *Y*의 모든 값들의 평균(기대값) $E(y|x)$를 추정하는 신뢰구간(confidence interval)을 구하려는 것이다. 예를 들어 [표 12-1]에서 광고비로 11억 원을 수없이 지출하면 매출액은 따라서 수없이 많고 서로 다른데 이들은 평균을 중심으로 정규분포를 따르게 된다. 이때 평균 매출액의 신뢰구간을 추정하려는 것이다. 평균 매출액은 모집단 회귀선상의 값이다.

둘째는 독립변수 *X*의 특정한 값 x_0에 대응하는 종속변수 *Y*의 하나의 예측치 범위를 추정하는 예측구간(prediction interval)을 구하려는 것이다. 예를 들어 [표 12-1]에서 광고비로 어느 달 11억 원을 지출할 때 예상되는 매출액의 예측구간을 구하려는 것이다.

독립변수 *X*의 값이 주어지면 종속변수 *Y*의 값은 많은데 이 모집단 분포의 기대값(평균)은

$$E(y|x) = \alpha + \beta x \tag{12.20}$$

를 이용하여 구할 수 있다. 그러나 실제로는 표본회귀선

$$\hat{y} = a + bx \tag{12.21}$$

를 이용하여 α와 β를 추정한다. 이와 같이 종속변수 *Y*의 추정치 $\hat{y}$은 종속변

수 Y의 기대값을 추정하기 위해서는 물론 미래에 관찰될 y의 개별 관찰치의 범위를 예측하기 위해서 사용된다.

　다시 말하면 표본회귀선상의 값인 추정치 $\hat{y}$은 종속변수 Y의 기대값은 물론 종속변수 Y의 예측치의 가장 좋은 점추정량이다. 따라서 종속변수 Y의 기대값의 추정치와 종속변수 Y의 예측치를 구하기 위해서는 독립변수 X의 주어진 값 x_0를 표본회귀식에 대입한다. 이것이 점추정치이다.

□ 종속변수 Y의 기대값에 대한 신뢰구간

　표본자료를 사용하여 구하는 표본회귀선은 다른 표본을 사용하면 다른 표본회귀선을 구할 수 있기 때문에 독립변수 X의 특정한 값에 따른 종속변수 Y의 점추정치는 매번 다를 수가 있다. 따라서 모집단 회귀선상의 값인 종속변수 Y의 기대값을 예측하기 위해서는 신뢰구간을 구하게 된다.

　식 (12.20)과 식 (12.21)을 그린 그림이 [그림 12-9]이다. 그림에서 독립변수 $X=x_0$일 때 종속변수 Y의 기대값을 추정하는 데 따르는 오차는 x_0에서의 두 직선 사이의 편차이다.

　만일 종속변수 Y가 독립변수 X의 어떤 주어진 값에서 일정한 분산 σ_e^2으로 정규분포를 한다고 가정하면 종속변수 Y의 모평균의 추정치 $\hat{y}$ 또한 다음과 같은 표준오차로 정규분포를 따른다.

그림 12-9 　종속변수 Y의 추정치와 기대값

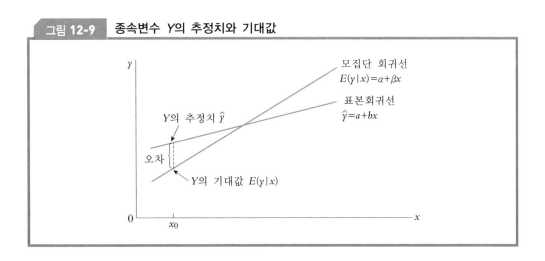

📖 〰 X£‰x_0일 때 $\hat{y}$의 표본분포의 표준오차

$$\sigma_0 = \sigma_e \sqrt{\frac{1}{n} + \frac{(x_0 - \bar{x})^2}{\sum x_i^2 - n\bar{x}^2}} \qquad\qquad (12.22)$$

σ_e : 모집단 전체에 대한 오차의 표준편차

식 (12.22)에서 표본크기 n이 클수록 종속변수의 예측치 $\hat{y}_i$의 표준오차는 작아지며 또한 X값이 평균 $\bar{x}$로부터 멀리 떨어질수록 $\hat{y}_i$의 표준오차는 커짐을 발견할 수 있다.

한편 표본자료를 사용하기 때문에 식 (12.22)에서 σ_e 대신에 그의 불편추정량인 추정의 표준오차 S_e를 사용함으로써 종속변수 Y의 표준오차 대신에 종속변수의 추정치 $\hat{y}$의 추정표준오차 S_0로 대치하여야 한다.

📖 〰 $\hat{y}$의 추정표준오차

$$S_0 = S_e \sqrt{\frac{1}{n} + \frac{(x_0 - \bar{x})^2}{\sum x_i^2 - n\bar{x}^2}} \qquad\qquad (12.23)$$

독립변수 $X = x_0$일 때 종속변수 Y의 기대값인 $E(y|x)$에 대한 신뢰구간은 $n \leq 30$일 때 다음과 같이 구할 수 있다.

📖 〰 $E(y|x)$에 대한 $100(1-\alpha)\%$ 신뢰구간

$$P\left[\hat{y} - t_{n-2, \frac{\alpha}{2}}(S_e)\sqrt{\frac{1}{n} + \frac{(x_0 - \bar{x})^2}{\sum x_i^2 - n\bar{x}^2}} \leq E(y|x) \leq \hat{y}\right.$$
$$\left. + t_{n-2, \frac{\alpha}{2}}(S_e)\sqrt{\frac{1}{n} + \frac{(x_0 - \bar{x})^2}{\sum x_i^2 - n\bar{x}^2}}\right] = 1 - \alpha$$

독립변수의 특정한 값 x_0가 그의 평균 $\bar{x}$로부터 멀리 떨어질수록 $E(y|x)$의 신뢰구간은 넓어지기 때문에 $E(y|x)$에 대한 예측은 부정확하게 된다. 이는 [그림 12-10]에서 보는 바와 같다.

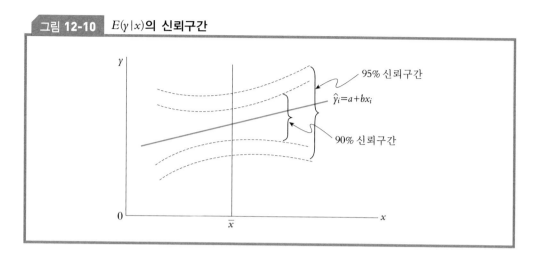

그림 12-10 $E(y|x)$의 신뢰구간

예 12-8

[표 12-1]을 사용하여 광고비 $x_0 = 11$억 원인 수많은 달들의 평균 판매액에 대한 95% 신뢰구간을 구하라.

풀 이

$$\hat{y} = -36.44 + 7.32x = -36.44 + 7.32(11)$$
$$= 44.08$$

$$\hat{y} \pm t_{n-2,\,\frac{\alpha}{2}}\, S_e \sqrt{\frac{1}{n} + \frac{(x_0 - \bar{x})^2}{\sum (x_i - \bar{x})^2}}$$

$$44.08 \pm t_{3,\,6.025}(3.21)\left(\sqrt{\frac{1}{5} + \frac{(11-12)^2}{22}}\right)$$

$$44.08 \pm 3.182(3.21)(0.495)$$

$$39.02 \leq y|x_0| \leq 49.14 \quad \blacklozenge$$

□ 종속변수 Y의 예측치에 대한 예측구간

독립변수 $X = x_0$일 때 종속변수 Y의 값을 예측하게 되면 종속변수 Y의 실제치와 종속변수 Y의 예측치의 차이인 예측오차는 $[E(y|x) - \hat{y}]$ 부분과 $[y - E(y|x)]$ 부분으로 구성된다. 이는 [그림 12-12]에서 보는 바와 같다.

이와 같이 종속변수 Y값을 예측하는 데 따르는 오차의 변동은 종속변수 Y의 기대값을 추정하는 데 따르는 오차의 변동보다 큰 것이 사실이다. 즉 종속변수 Y의 분포에 있어서 오차의 분산은 다음과 같다.

$$\sigma_e \sqrt{1 + \frac{1}{n} + \frac{(x_0 - \bar{x})^2}{\sum x_i^2 - n\bar{x}^2}}$$

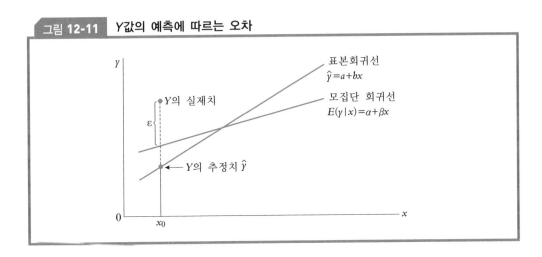

그림 **12-11**   *Y*값의 예측에 따르는 오차

표본자료를 사용하므로 σ_e 대신에 S_e를 사용하면 독립변수 $X = x_0$일 때 종속변수 Y의 예측치에 대한 예측구간은 다음과 같이 구한다.

종속변수 *Y*의 예측치에 대한 100(1-α)% 예측구간

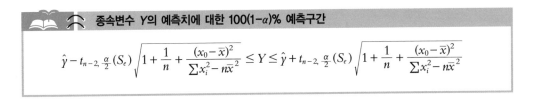

$$\hat{y} - t_{n-2, \frac{\alpha}{2}}(S_e) \sqrt{1 + \frac{1}{n} + \frac{(x_0 - \bar{x})^2}{\sum x_i^2 - n\bar{x}^2}} \leq Y \leq \hat{y} + t_{n-2, \frac{\alpha}{2}}(S_e) \sqrt{1 + \frac{1}{n} + \frac{(x_0 - \bar{x})^2}{\sum x_i^2 - n\bar{x}^2}}$$

예 12-9

[표 12-1]의 자료를 이용하여 어느 달 광고비 $x_0 = 11$억 원일 때 예측되는 판매액에 대한 95% 예측구간을 구하라.

 $\hat{y} \pm t_{n-2, \frac{\alpha}{2}}(S_e) \sqrt{1 + \frac{1}{n} + \frac{(x_0 - \bar{x})^2}{\sum (x_i - \bar{x})^2}}$

$44.08 \pm 3.182(3.21)(1.116)$

$32.68 \leq y \leq 55.48$ ◆

　　종속변수 Y의 기대값에 대한 신뢰구간에서처럼 종속변수 Y의 예측치에 대한 예측구간도 상당히 넓음을 알 수 있다. 이는 표본크기가 아주 작기 때문이다. 즉 표본의 수가 증가하면 신뢰구간과 예측구간은 좁아진다.

　　일반적으로 예측구간이 신뢰구간보다 넓은데 이는 독립변수 X의 값이 주어질 때 종속변수 Y의 예측치를 예측하는 데 따르는 오차가 종속변수 Y의 기대값을 추정하는 데 따르는 오차보다 크기 때문이다.

1. 10개 대학교 캠퍼스 내에 서점을 운영하는 「출판사 오래」는 대학교 학생 수(단위: 1,000명)와 1년간 교재 판매액(단위: 백만 원)의 자료를 다음과 같이 수집하였다.

학 생 수	판 매 액
2	58
6	105
8	88
8	118
12	117
16	137
20	157
20	169
22	149
26	202

① 표본회귀선을 구하라.

② 산점도와 함께 표본회귀선을 그래프로 나타내라.

③ 학생 수가 18,000명일 때의 판매액을 예측하라.

④ 결정계수를 구하라.

⑤ 표본상관계수를 구하라.

⑥ 추정의 표준오차를 구하라.

⑦ 가설 $H_0 : \beta = 0$ $H_1 : \beta \neq 0$

을 유의수준 5%로 t검정하라.

⑧ 가설 $H_0 : \beta = 0$ $H_1 : \beta \neq 0$

을 유의수준 5%로 F검정하라.

⑨ 기울기 β에 대한 95% 신뢰구간을 구하라.

풀 이

①

x_i	y_i	x_i^2	$x_i y_i$
2	58	4	116
6	105	36	630
8	88	64	704
8	118	64	944
12	117	144	1,404
16	137	256	2,192
20	157	400	3,140
20	169	400	3,380
22	149	484	3,278
26	202	676	5,252
140	1,300	2,528	21,040

$\bar{x} = 14$

$\bar{y} = 130$

$b = \dfrac{\sum x_i y_i - n\bar{x}\bar{y}}{\sum x_i^2 - n\bar{x}^2} = \dfrac{21,040 - 10(14)(130)}{2,528 - 10(14)} = \dfrac{2,840}{568} = 5$

$a = \bar{y} - b\bar{x} = 130 - 5(14) = 60$

$\hat{y} = 60 + 5x$

②

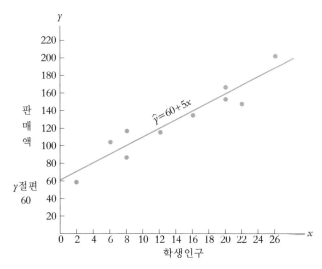

③ $\hat{y} = 60 + 5(18) = 150$백만 원

④

x	y	$\hat{y}$	$(y-\hat{y})$	$(y-\hat{y})^2$	$y-\overline{y}$	$(y-\overline{y})^2$
2	58	70	-12	144	-72	5,184
6	105	90	15	225	-25	625
8	88	100	-12	144	-42	1,764
8	118	100	18	324	-12	144
12	117	120	-3	9	-13	169
16	137	140	-3	9	7	49
20	157	160	-3	9	27	729
20	169	160	9	81	39	1,521
22	149	170	-21	441	19	361
26	202	190	12	144	72	5,184
				1,530		15,730

$SSR = SST - SSE = 15,730 - 1,530 = 14,200$

$R^2 = \dfrac{SSR}{SST} = \dfrac{14,200}{15,730} = 0.9027$

평균 판매액 $\overline{y}$로부터 흩어지는 판매액 y의 총변동의 90.27%는 학생 수와 판매액의 선형관계를 나타내는 회귀선에 의하여 설명된다. 학생 수가 판매액 변동의 90.27%를 결정하므로 나머지 9.73%는 다른 요인들에 의하여 결정된다.

⑤ $r = \sqrt{0.9027} = 0.95$

두 변수 X와 Y 사이에는 강한 정의 선형 밀접성이 존재한다.

⑥

x	y	y^2
2	58	3,364
6	105	11,025
8	88	7,744
8	118	13,924
12	117	13,689
16	137	18,769
20	157	24,649
20	169	28,561
22	149	22,201
26	202	40,804
	1,300	184,730

$$S_e = \sqrt{\frac{\sum \gamma^2 - a \sum \gamma - b \sum x\gamma}{n-2}} = \sqrt{\frac{184,730 - 60(1,300) - 5(21,040)}{10-2}} = 13.829$$

⑦ $t_{n-2, \frac{\alpha}{2}} = t_{8, 0.025} = 2.306$

$$t_C = \frac{b}{S_e / \sqrt{\sum x_i^2 - n\bar{x}^2}} = \frac{5}{13,829 / \sqrt{2,528 - 10(14)^2}}$$

$$= 8.617$$

$t_C = 8.617 > t_{8, 0.025} = 2.306$ 이므로 귀무가설 H_0을 기각한다.

따라서 두 변수 X와 Y는 선형관계이다.

⑧ $SST = \sum (\gamma_i - \bar{\gamma})^2 = 15,730$

$SSE = \sum (\gamma_i - \hat{\gamma}_i)^2 = 1,530$

$SSR = SST - SSE = 14,200$

$F_{1, n-2, \alpha} = F_{1, 8, 0.05} = 5.32$

$$F비 = \frac{SSR}{SSE/(n-2)} = \frac{14,200}{1,530/8} = 74.25$$

$F비 = 74.25 > = F_{1, 8, 0.05} = 5.32$ 이므로 귀무가설 H_0을 기각한다.

변동의 원천	제 곱 합	자 유 도	평균제곱	F비
회　귀	14,200	1	14,200	74.25
오　차	1,530	$n-2$	191.25	
총 변 동	15,730	$n-1$		

⑨ $b \pm t_{n-2, \frac{\alpha}{2}} \dfrac{S_e}{\sqrt{\sum x_i^2 - n\bar{x}^2}}$

$$= 5 \pm t_{8, 0.025} \frac{13,829}{\sqrt{2,528 - 10(14)^2}}$$

$$= 5 \pm (2.306)(0.58)$$

$$= 5 \pm 1.34 = 3.64 \sim 6.34$$

2. 다음은 어느 제품의 가격과 판매량의 자료이다.

x	1	1	2	3	3	4	4	5	6
γ	47	55	50	40	46	32	35	25	20

① 산점도와 함께 표본회귀선을 그래프로 나타내라.

② 추정의 표준오차를 구하라.

③ 결정계수를 구하라.

④ 두 변수의 공분산을 구하라.

⑤ 표본상관계수를 구하라.

⑥ $H_0 : \beta = 0$, $H_1 : \beta \neq 0$을 유의수준 5%로 t검정하라.

⑦ β에 대한 95% 신뢰구간을 구하라.

⑧ $H_0 : \beta = 0$, $H_1 : \beta \neq 0$을 유의수준 5%로 F검정하라.

⑨ 분산분석표를 작성하라.

⑩ $x_0 = 3.5$일 때 y의 기대값을 구하라.

⑪ $x_0 = 3.5$일 때 y의 기대값에 대한 95% 신뢰구간을 구하라.

⑫ $x_0 = 3.5$일 때 y의 개별치에 대한 95% 예측구간을 구하라.

풀 이

①, ③

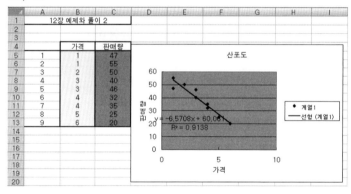

$$\hat{y} = 60.061 - 6.5708x$$

②, ⑨

요약 출력							
회귀분석 통계량							
다중 상관계	0.955952						
결정계수	0.913844						
조정된 결정	0.901536						
표준 오차	3.701005						
관측수	9						
분산 분석							
	자유도	제곱합	제곱 평균	F 비	유의한 F		
회귀	1	1017.007	1017.007	74.24795	5.66E-05		
잔차	7	95.88208	13.69744				
계	8	1112.889					
	계수	표준 오차	t 통계량	P-값	하위 95%	상위 95%	하위 95.0%	상위 95.0%
Y 절편	60.06132	2.749443	21.84491	1.06E-07	53.55993	66.56272	53.55993	66.56272
X 1기울기	-6.57075	0.762558	-8.61673	5.66E-05	-8.37392	-4.76759	-8.37392	-4.76759

추정의 표준오차=3.701005

④

	A	B	C	D	E
1		12장 예제와 풀이 2			
2					
3					
4		가격	판매량		
5	1	1	47		
6	2	1	55		
7	3	2	50		
8	4	3	40		
9	5	3	46		
10	6	4	32		
11	7	4	35		
12	8	5	25		
13	9	6	20		
14					
15					
16			Column 1	Column 2	
17		Column 1	2.617284		
18		Column 2	-17.1975	123.6543	
19					
20					
21		표본공분산	-19.3472		
22					

Excel에 의해 구한 공분산은 모집단 공분산이므로 표본 공분산을 구하기 위해서는 $\frac{n}{n-1}$(모집단 공분산)해야 한다.

표본 공분산$=\frac{9}{8}(-17.1975)=-19.3472$

두 변수 X와 Y는 부(−)의 선형관계를 나타낸다.

⑤

	A	B	C	D	E
1		12장 예제와 풀이 2			
2					
3					
4		가격	판매량		
5	1	1	47		
6	2	1	55		
7	3	2	50		
8	4	3	40		
9	5	3	46		
10	6	4	32		
11	7	4	35		
12	8	5	25		
13	9	6	20		
14					
15					
16			Column 1	Column 2	
17		Column 1	1		
18		Column 2	-0.95595	1	
19					

$r=-0.95595$로서 두 변수 X와 Y는 상당히 밀접한 부(−)의 선형관계를 나타낸다.

⑥ $t_{n-2, \frac{\alpha}{2}} = t_{7, 0.025} = 2.365$

$t_C = -8.61673 < t_{7, 0.025} = -2.365$이므로 귀무가설 H_0을 기각한다. 한편 p값$=5.66E-05 < \alpha = 0.05$이므로 H_0을 기각한다.

따라서 두 변수 X와 Y는 선형관계이다.

⑦ $-8.37392 \leq \beta \leq -4.76759$

⑧ $F_{1, n-2, \alpha} = F_{1, 7, 0.05} = 5.59$

F비$=74.24795 > F_{1, 7, 0.05} = 5.59$이므로 귀무가설 H_0을 기각한다. 한편 p값$=5.66E-05 < \alpha = 0.05$이므로 H_0을 기각한다.

따라서 두 변수 X와 Y는 선형관계이다.

⑩ $\gamma = 60.061 - 6.5708(3.5) = 37.0632$

⑪ $\hat{\gamma} \pm t_{n-2, \frac{\alpha}{2}} S_e \sqrt{\dfrac{1}{n} + \dfrac{(x_0 - \bar{x})^2}{\sum (x_i - \bar{x})^2}}$

$37.0632 \pm 2.365(3.701)(0.338)$

37.0632 ± 2.960

$34.103 \leq \gamma \,|\, x_0 \leq 40.024$

⑫ $\hat{\gamma} \pm t_{n-2, \frac{\alpha}{2}} S_e \sqrt{1 + \dfrac{1}{n} + \dfrac{(x_0 - \bar{x})^2}{\sum (x_i - \bar{x})^2}}$

$37.0632 \pm 2.365(3.701)(1.056)$

37.0632 ± 9.2401

$27.8231 \leq \gamma \leq 46.3033$

연/습/문/제

1. 다음은 같은 계절에 보잉 747을 이용하여 500km를 비행한 12대의 영업용 비행기에 탑승한 여행자 수와 비용(단위: 1,000원)의 관계를 알기 위하여 수집한 자료이다.

여행자 수	비 용
61	4.280
63	4.080
67	4.420
69	4.170
70	4.480
74	4.300
76	4.820
81	4.700
86	5.110
91	5.130
95	5.640
97	5.560

① 자료의 산점도를 작성하라.

② 최소자승법을 사용하여 표본회귀방정식을 구하라.

③ 추정의 표준오차를 구하라.

④ 결정계수를 구하라.

⑤ 회귀선의 기울기에 대한 가설

   $H_0 : \beta = 0$

   $H_1 : \beta \neq 0$

   을 유의수준 5%로 t검정하라.

⑥ 여행자 수(x)가 73일 때 해당하는 모든 비행기 비용(y)의 기대값을 구하라.

2. 다음은 주택의 평수와 판매가격에 관한 자료이다.

평수(x)	판매가격(y)	xy	x^2	y^2
15	145	2,175	225	21,025
38	228	8,664	1,444	51,984
23	150	3,450	529	22,500
16	130	2,080	256	16,900
16	160	2,560	256	25,600
13	114	1,482	169	12,996
20	142	2,840	400	20,164
24	265	6,360	576	70,225
165	1,334	29,611	3,855	241,394

① 최소자승법에 의한 표본회귀방정식을 구하라.

② $x=18$일 때의 $\hat{y}$을 구하라.

③ 산점도를 그려라.

④ 추정의 표준오차를 구하라.

⑤ SST, SSR, SSE를 구하라.

⑥ R^2, r을 구하라.

⑦ 회귀선의 기울기에 대한 가설

　　$H_0 : \beta=0$

　　$H_1 : \beta \neq 0$

　　을 유의수준 5%로 t검정하라.

⑧ 회귀선의 기울기 β에 대한 95% 신뢰구간을 구하라.

3. 다음은 표본으로 선정된 14개의 가계의 넓이(단위: 1,000피트²)와 연간 판매액(단위: 백만 원)의 관계를 나타내는 자료이다.

넓　이	1.7	1.6	2.8	5.6	1.3	2.2	1.3	1.1	3.2	1.5	5.2	4.6	5.8	3.0
연간 판매액	3.7	3.9	6.7	9.5	3.4	5.6	3.7	2.7	5.5	2.9	10.7	7.6	11.8	4.1

① 최소자승법을 사용하여 표본회귀방정식을 구하라.

② 추정의 표준오차를 구하라.

③ 결정계수를 구하라.

④ 4,000피트²의 가게가 달성하는 평균 연간판매액을 예측하라.

⑤ SST, SSR, SSE를 구하라.

⑥ MSR, MSE를 구하라.

⑦ $H_0 : \beta=0$, $H_1 : \beta\neq0$을 유의수준 5%로 t검정하라.

⑧ $H_0 : \beta=0$, $H_1 : \beta\neq0$을 유의수준 5%로 F검정하라.

⑨ 기울기 β의 95% 신뢰구간을 구하라.

4. 다음은 여섯 어린이의 키(단위: 인치)와 몸무게(단위: 파운드)를 측정한 자료이다.

키	몸 무 게
55	92
56	95
57	99
58	97
59	102
60	104

① 최소자승법을 이용하여 표본회귀선을 구하라.

② 추정의 표준오차를 구하라.

③ 결정계수 R^2을 구하라.

④ SST, SSR, SSE를 구하라.

⑤ MSR, MSE를 구하라.

⑥ 분산분석표를 작성하라.

⑦ $H_0 : \beta=0$, $H_1 : \beta\neq0$을 유의수준 5%로 t검정하라.

⑧ $H_0 : \beta=0$, $H_1 : \beta\neq0$을 유의수준 5%로 F검정하라.

⑨ $x_0=55$일 때 γ의 기대값을 구하라.

⑩ 기울기 β의 95% 신뢰구간을 구하라.

5. 다음은 10가정의 소득(단위: 천 원)과 주택의 면적(단위: 100피트^2)과의 관계를 나타내는 자료이다.

소　　득	면　　적
22	16
26	17
45	26
37	24
28	22
50	21
56	32
34	18
60	30
40	20

① 최소자승법에 의한 표본회귀식을 구하라.

② 소득이 40일 때의 면적을 예측하라.

③ $H_0 : \beta = 0$, $H_1 : \beta \fallingdotseq 0$을 유의수준 5%로 t검정하라.

④ $H_0 : \beta = 0$, $H_1 : \beta \fallingdotseq 0$을 유의수준 5%로 F검정하라.

⑤ 기울기 β의 95% 신뢰구간을 구하라.

⑥ 결정계수를 구하라.

⑦ SST, SSR, SSE를 구하라.

6. 다음 자료는 어느 병원에서 증상이 비슷한 여섯 명의 환자를 표본으로 추출하여 투약량(g)의 변화에 따라 소요되는 환자의 회복시간간의 관계를 조사한 것이다.

투 약 량	1.2	1.0	1.5	1.2	1.4	1.6
회복시간	25	30	10	27	16	15

① 산점도와 함께 표본회귀선을 그래프로 나타내라.

② 추정의 표준오차를 구하라.

③ 결정계수 R^2를 구하라.

④ 두 변수의 공분산을 구하라.

⑤ 두 변수의 상관계수를 구하라.

⑥ 분산분석표를 작성하라.

⑦ $H_0 : \beta = 0$, $H_1 : \beta \neq 0$을 유의수준 5%로 t검정하라.

⑧ 회귀선의 기울기 β에 대한 95% 신뢰구간을 구하라.

⑨ $H_0 : \beta = 0$, $H_1 : \beta \neq 0$을 유의수준 5%로 F검정하라.

⑩ $x_0 = 1.3$일 때 y의 기대값을 구하라.

7. 다음은 우리나라 여덟 개 지역에서 가격을 달리 책정하고 판매한 특정 핸드폰의 판매량의 표본자료이다.

지역	가격(단위: 십만 원)	월 판매량
1	4.5	450
2	5.0	420
3	5.0	440
4	5.5	420
5	6.0	380
6	6.0	400
7	6.5	350
8	6.5	380

① 산점도를 그려라.

② 최소자승법에 의한 표본회귀선을 구하라.

③ a값과 b값의 의미는 무엇인가?

④ 추정의 표준오차를 계산하라.

⑤ 결정계수를 구하라.

⑥ 표본공분산을 구하라.

⑦ 표본상관계수를 구하라.

⑧ 유의수준 5%로 다음 가설을 t 검정하라.

$H_0 : \beta = 0$

$H_0 : \beta \neq 0$

⑨ 유의수준 5%로 위 가설을 F검정하라.

⑩ 검정을 위한 분산분석표를 작성하라.

⑪ 어떤 지역에서 가격=6.2로 판매할 때 예상되는 월평균 판매량을 구하라.

⑫ 어떤 지역에서 $x_0=6.2$일 때 y의 기대값에 대한 95% 신뢰구간을 구하라.

⑬ 어떤 지역에서 $x_0=6.2$일 때 y의 기대값에 대한 95% 예측구간을 구하라.

8. 다음과 같이 분산분석표가 주어졌을 때

변동의 원천	제곱합	자유도	평균제곱	F비
회 귀 오 차	50	1		
총변동	500	24		

① 분산분석표의 빈칸을 채워라.

② 표본크기는 얼마인가?

③ 추정의 표준오차를 구하라.

④ 결정계수를 구하라.

9. 표본 20개를 측정하여 계산한 회귀방정식이 다음과 같다.

$\hat{y}=15-5x$

$SST=400$, $SSE=100$일 때

① 분산분석표를 작성하라.

② 추정의 표준오차를 구하라.

③ 결정계수를 구하라.

④ 상관계수를 구하라.

10. Excel 대학교 MBA 과정에 입학한 학생 가운데 12명 학생을 랜덤으로 선정하여 그들의 GMAT와 GPA(grade point average)를 조사한 결과는 다음과 같다.

GMAT(X)	599	689	584	631	594	643	656	594	710	611	593	683
GPA(Y)	9.6	8.8	7.4	10.0	7.8	9.2	9.6	8.4	11.2	7.6	8.8	8.0

① 표본공분산을 구하라.

② 표본상관계수를 구하라.

제 13 장

χ^2검정과 비모수통계학

1. 적합도 검정
2. 독립성 검정
3. 부호검정
4. 런검정

우리는 지금까지 모수통계학(parametric statistics)을 공부하였다. 모수통계학에서는 표본을 추출하는 모집단의 특성에 대해 엄격한 전제가 필요하였다. 예를 들면 모집단분포가 정규분포라든가, 정규분포가 아니더라도 표본크기 n≥30이어야 한다든가, 두 모집단의 분산이 같다는 전제이다.

한편 모수통계학은 구간자료와 비율자료만을 취급한다. 양적 자료의 경우 평균과 표준편차를 구하여 다양한 통계분석을 할 수 있다. 그러나 표본자료가 명목자료이거나 서열자료인 경우에 또는 모집단의 모수나 표본통계량의 분포에 대해 아무런 가정이 필요 없는(모르는) 경우에는 비모수통계학(nonparametric statistics)을 사용할 수 있다. 비모수통계학에서도 표본에서 계산된 통계량을 사용하여 모집단에 대해 검정한다. 비모수통계학에서 사용되는 검정은 χ^2검정이다.

일반적으로 비모수통계학을 사용하기 위해서는 다음 조건 가운데 적어도 하나를 만족시켜야 한다.

- 표본자료가 명목자료이거나 서열자료이다.
- 표본자료가 구간자료 또는 비율자료이더라도 그의 모집단분포에 대한 아무런 가정이 없다.

본장에서는 χ^2분포를 이용한 적합도 및 독립성 검정, 부호검정과 랜덤검정 등을 공부할 것이다.

1　적합도 검정

χ^2검정은 명목자료를 가지고 만든 도수분포표 또는 분할표의 도수(frequency)를 이용하여 모집단의 분포를 추론하는 데 이용한다.

χ^2분포는 모분산의 신뢰구간과 가설검정을 위해서 사용되지만 또한 모집단분포에 대한 가설의 적절성을 검정하는 데도 이용된다. 적합도 검정(goodness-of-fit test)이란 모집단의 어떤 확률분포를 가설로 설정한 경우 표본자료의 분포를 분석하여 모집단에 대한 가설의 타당성을 검정하는 통계적 기법을 말한다. 즉 모집단의 분포가 기대하고 있는 분포와 일치하는가를 분석하는 방법이다.

여기서는 모비율들에 대한 검정에 한하여 설명하고자 한다.

이항분포에서는 각 시행의 모든 결과가 두 범주(성공 또는 실패) 중의 하나에 속하게 된다. 그러나 다항분포(multinomial distribution)에 있어서 각 시행은 세 개 이상의 범주 가운데 하나에 속하는 결과들을 갖는다. 몇 개의 모비율을 갖는 다항실험에 대해 설정하는 가설을 검정하기 위해서는 사상이 발생하는 도수를 따지게 된다.

c개의 범주에 분류할 수 있는 표본크기 n개의 관찰치를 가지고 있다고 할 때 각 범주에 분류되는 관찰치의 수를 $O_1, O_2, \cdots, O_c$라고 하자. 이는 표본의 관찰도수(observed frequency)라고 한다. 한편 귀무가설이 옳다고 가정할 때 기대되는 도수를 구해야 한다. 이를 모집단의 기대도수(expected frequency)라고 한다. 적합도 검정은 명목변수에 관한 자료에서 표본에서 얻은 관찰도수와 귀무가설에서 기대하는 기대도수 사이에 현저한 차이가 있는가를 규명하여 가설을 검정한다.

귀무가설은 관찰치가 각 범주에 분류될 비율이 모두 같다고 한다면 다음과 같이 설정한다.

H_0: $p_1 = p_2 \cdots = p_c$ $\qquad i = 1, 2, \cdots, c$
H_1: 적어도 하나의 비율은 나머지와 같지 않다.

n개의 관찰치가 c개의 범주 중의 하나에 포함되어야 하므로 귀무가설이 옳다고 볼 때 각 범주별 기대도수는 다음과 같다.

$p_1 + p_2 + \cdots + p_c = 1$
$E_i = np_i \ (i = 1, 2, \cdots, c)$

각 범주별 관찰도수와 기대도수를 표로 나타낸 것이 [표 13-1]이다.

■ 표 13-1 | 관찰도수와 기대도수

범 주	1	2	⋯	c	합 계
관찰도수	O_1	O_2	⋯	O_c	n
확률(H_0에 따르는)	p_1	p_2	⋯	p_c	1
기대도수	$E_1 = np_1$	$E_2 = np_2$	⋯	$E_c = np_c$	n

각 범주별 관찰도수가 기대도수에 근접하면 귀무가설은 기각할 수 없게 된다. 만일 각 범주별 기대도수가 적어도 5 이상이면 확률변수 χ^2은 검정통계량으로서

$$\chi^2 = \sum_{i=1}^{c} \frac{(O_i - E_i)^2}{E_i}$$

으로 자유도 $(c-1)$을 갖는 χ^2분포를 따른다. 따라서 세 개 이상의 모비율에 대한 검정은 다음과 같이 정리할 수 있다.

세 개 이상의 모비율에 대한 우측검정

H_0: $p_1 = p_2 \cdots = p_c$

H_1: 적어도 하나는 나머지와 같지 않다.

만일 $\displaystyle\sum_{i=1}^{c} \frac{(O_i - E_i)^2}{E_i} > \chi^2_{c-1, \alpha}$이면 귀무가설 H_0을 기각

만일 p값 $< \alpha$이면 귀무가설 H_0을 기각

적합도 검정에서 귀무가설의 기각여부는 기대도수와 관찰도수의 차이에 의하여 결정한다. 즉 관찰도수와 기대도수가 근접하면 χ^2의 값은 작아지고 귀무가설이 기각될 가능성은 낮아진다. 반면 관찰도수와 기대도수의 차이가 커서 χ^2의 값이 커지면 이들 값들에 차이가 없다고 하는 귀무가설을 기각하게 된다. 검정하는 데 필요한 임계치와 기각영역이 χ^2분포의 오른쪽에만 있으므로 여기서의 검정은 우측검정에 한한다.

예 13-1

우리나라 사람들의 혈액형 분포는 O형 45%, A형 40%, B형 10%, AB형 5% 라는 조사보고가 있었다. 이 보고가 사실인지 확인하기 위하여 Excel 대학교 학생 200명을 랜덤으로 추출하여 혈액형을 조사한 결과 O형 75명, A형 75명, B형 40명, AB형 10명이었다.

　　H_0: $P_O = 0.45$, $P_A = 0.4$, $P_B = 0.1$, $P_{AB} = 0.05$

　　H_1: 모비율이 위와 같지 않다.

라는 가설을 유의수준 5%로 검정하라.

풀 이

범 주	가설의 비율	관측도수(O_i)	기대도수(E_i)	$O_i - E_i$	$(O_i - E_i)^2/E_i$
O	0.45	75	$0.45 \times 200 = 90$	-15	2.5
A	0.4	75	$0.4 \times 200 = 80$	-5	0.3125
B	0.1	40	$0.1 \times 200 = 20$	20	20
AB	0.05	10	$0.05 \times 200 = 10$	0	0
합계	1.00	200	200		22.8125

$$\chi^2_{c-1,\,\alpha} = \chi^2_{3,\,0.05} = 7.8147$$

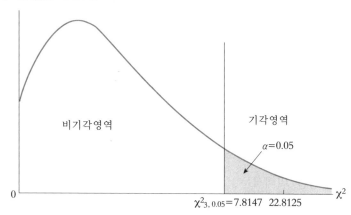

$\chi^2_C = 22.8125 > \chi^2_{3,\,0.05} = 7.8147$이므로 귀무가설 H_0을 기각한다. 한편 컴퓨터 출력결과 p값$=0.00004 < \alpha = 0.05$이므로 귀무가설 H_0을 기각한다. 따라서 조사보고는 Excel 대학교 학생의 경우 맞지 않는다. ◆

---

2 독립성 검정

앞절에서 변수가 하나인 경우 적합도 검정을 위해 χ^2분포를 이용하였는데 χ^2분포는 표본자료를 사용하여 두 변수간의 독립성을 검정하는 데도 응용된다. χ^2을 이용한 독립성 검정(test of independence)이란 두 변수가 독립적일 때의 기대도수와 표본추출 결과 얻은 관찰도수가 일치하는가에 따라 두 변수의 독립성 여부를 검정하는 통계적 기법이다.

두 변수 사이의 독립성 여부와 연관성 여부를 분석하는 연관성분석방법에는 상관분석과 교차분석(crosstabs)이 있다. 분석하려는 변수가 구간척도 또는 비율척도로 측정된 변수인 경우에는 상관분석으로 연관성 정도를 분석하는 반면 명목척도나 서열척도로 측정된 범주변수인 경우에는 분할표를 이용한 교차분석으로 변수간의 독립성 여부를 분석하게 된다.

수많은 양적 자료는 두 개 이상의 범주변수(categorical variable) 또는 분류기준에 따라 분류할 수 있는데 이때 우리는 이러한 기준들이 서로 영향을 전혀 미치지 않는 독립적인가에 관심을 갖게 된다. 예를 들면 동일한 제품의 상표 선호가 성별과 독립적인가를 알고자 할 경우에는 표본으로 고객들을 추출하고 그들의 성별에 따른 상표 선호를 분류한다.

이때 두 개 이상의 독립변수가 관련되어 있기 때문에 사용되는 표가 분할표(contingency table)이다. 분할표는 모집단에서 추출된 표본자료를 한 분류기준에 따른 r개의 행과 다른 분류기준에 따른 c개의 열로 분류하여 작성한 통계표이다. 표의 각 칸(cell)은 행과 열의 교차점이다. 표의 각 칸에는 표본 가운데 해당하는 요소들의 도수를 기록한다.

검정을 위해서는 분할표의 관찰도수와 두 변수가 상호 독립일 때의 기대도수를 비교하여야 한다. 만일 기대도수가 관찰도수와 상당한 차이를 보이면 검정통계량이 큰 값을 갖게 되어 두 변수가 독립적이라는 귀무가설을 기각하게 된다. 즉 기대도수와 관찰도수가 일치하면 두 변수는 독립적이라고 판단할 수 있다.

두 변수간의 독립성을 전제로 할 때 각 칸의 기대도수를 구하는 공식은 다음과 같다.

$$E_{ij} = \frac{(\text{행 } i\text{의 합계})(\text{열 } j\text{의 합계})}{\text{표본크기}} = \frac{R_i \, C_j}{n}$$

R_i: i 번째 행의 합계
C_j: j 번째 열의 합계

귀무가설 H_0을 검정할 검정통계량은 다음과 같이 구한다.

$$\chi_C^2 = \sum_{i=1}^{r} \sum_{j=1}^{c} \frac{(O_{ij} - E_{ij})^2}{E_{ij}}$$

검정의 임계치로 사용할 χ^2값을 구하기 위해서는 자유도를 결정해야 하는

데 $(r \times c)$분할표의 자유도는 다음과 같이 구한다.

$$df = (r-1)(c-1)$$

만일 계산된 χ^2값이 표로부터 구하는 유의수준 α와 자유도 $(r-1)(c-1)$의 χ^2값보다 크면 귀무가설을 기각하게 된다. 따라서 두 변수의 독립성에 관한 검정은 다음과 같이 정리할 수 있다.

📖 ⚖ 두 변수의 독립성에 대한 우측검정

H_0: 두 변수는 독립적이다.

H_1: 두 변수는 종속적이다.

만일 $\sum\limits_{i=1}^{r} \sum\limits_{j=1}^{c} \dfrac{(O_{ij} - E_{ij})^2}{E_{ij}} > \chi^2_{(r-1)(c-1),\,\alpha}$ 이면 귀무가설 H_0을 기각

만일 p값$< \alpha$이면 귀무가설 H_0을 기각

예 13-2

다음은 랜덤하게 추출한 150명의 고객을 대상으로 성별에 따라 동일한 제품의 상표 선호에 차이가 있는지를 조사하기 위하여 수집한 자료이다. 성별과 상표 선호는 독립적인지 유의수준 5%로 검정하라.

성별 ＼ 상표	A	B	C	합　계
남	20	40	20	80
여	30	30	10	70
합　계	50	70	30	150

풀 이 H_0: 두 변수는 독립적이다.

H_1: 두 변수는 종속적이다.

$E_{11} = \dfrac{80(50)}{150} = 26.667 \qquad E_{12} = \dfrac{80(70)}{150} = 37.333$

$E_{13} = \dfrac{80(30)}{150} = 16 \qquad E_{21} = \dfrac{70(50)}{150} = 23.333$

$$E_{22} = \frac{70(70)}{150} = 32.667 \qquad\qquad E_{23} = \frac{70(30)}{150} = 14$$

$$\chi_C^2 = \frac{(20-20.667)^2}{26.667} + \frac{(40-37.333)^2}{37.333} + \frac{(20-16)^2}{16}$$

$$+ \frac{(30-23.333)^2}{23.333} + \frac{(30-32.667)^2}{32.667} + \frac{(10-14)^2}{14} = 6.13$$

$$\chi^2_{(r-1)(c-1),\,\alpha} = \chi^2_{2,\,0.05} = 5.99147$$

$\chi_C^2 = 6.13 > \chi^2_{2,\,0.05} = 5.99147$이므로 귀무가설 H_0을 기각한다. 따라서 상표 선호는 성별과 관련이 있다. ◆

3 | 부호검정

두 모집단의 평균이 동일한지의 여부를 검정하기 위해서는 쌍을 이루는 종속적인 두 표본이 정규분포를 따르는 모집단으로부터 추출되었다고 가정하면 제10장에서처럼 t검정을 사용할 수 있다. 그러나 모집단의 분포형태에 대한 언급이 없는 경우에는 t검정법을 사용할 수 없고 대신 부호검정을 사용해야 한다.

부호검정(sign test)은 관련된 두 표본 사이에 유의한 차이가 있는지를 검정하는 것을 목적으로 한다. 예를 들면 동일한 제품의 두 상표가 있을 때 고객들이 어떤 제품을 다른 제품에 비하여 더욱 선호하고 있는지를 분석할 수 있다.

부호검정에서는 명목자료와 서열자료가 이용되는데 이는 두 표본 사이의 관련된 관찰치의 크기를 비교할 수 있어야 하기 때문이다. 부호검정에서는 관련된 두 관찰치들의 차이는 고려하지 않고 다만 차이의 부호를 이용한다. 이 부호는 두 관찰치를 비교하여 크면 (+)가 되고 작으면 (−)가 된다. 만일 두 관찰치 사이에 차이가 없으면 0이 되므로 이 관찰치는 버려야 한다.

부호검정에서의 귀무가설은 H_0: $p = 0.5$인데 두 표본이 똑같은 중앙치(median)를 갖는 모집단[1]에서 추출되었기 때문에 각 쌍에 대해 (+)나 (−)가

---

1 분포가 대칭인 경우 중앙치에 대한 동일성 검정은 평균에 대한 동일성 검정이 된다.

■■■ 표 13-2 | 프로그램 실시 전과 후의 능력

관리자	전	후	향상(후-전)
1	8	9	+1
2	6	8	+2
3	5	4	-1
4	5	7	+2
5	7	9	+2
6	7	8	+1
7	6	5	-1
8	4	7	+3
9	5	9	+4
10	6	8	+2
11	7	8	+1
12	7	6	-1
13	8	9	+1
14	3	7	+4

나올 확률이 $p=q=\dfrac{1}{2}$로 같다는 것이다. 즉 (+)부호의 수와 (-)부호의 수가 거의 같다는 것이다. 이 가설은 $n \leq 30$인 경우에 이항분포를 이용하여 검정할 수 있다. 왜냐하면 결과는 (+)부호 또는 (-)부호라는 두 개의 범주에 속하게 되고 우리는 고정된 수의 독립적인 짝의 값들을 갖기 때문이다. 그러나 대표본인 경우에는 정규분포를 이용할 수 있다.

간단한 예를 들기로 하자. 종로㈜에서는 관리자들의 컴퓨터 사용능력을 증진시키기 위하여 프로그램을 실시하였다. 14명의 관리자를 랜덤으로 추출하여 프로그램 실시 전과 후의 능력을 비교한 결과 [표 13-2]에서 보는 바와 같이 향상(+)이 11명이었고, 3명은 퇴보(-)를 나타내었다. 컴퓨터 사용능력을 증진시키는 데 프로그램이 효과적이었는지 유의수준 5%로 검정하기로 하자.

귀무가설과 대립가설을 다음과 같이 설정한다.

H_0: $p \leq 0.5$ (컴퓨터 사용능력은 향상되지 않았다.)

H_1: $p > 0.5$ (컴퓨터 사용능력은 향상되었다.)

만일 귀무가설 H_0이 참이라면 (+)부호의 수는 $n=14$, $p=\dfrac{1}{2}$의 이항분포를 따르게 된다. 이항확률분포는 [표 13-3]과 같다.

■ 표 13-3 | 이항분포($n=14$, $p=0.5$)

성공횟수 χ (+부호의 수)	성공확률	누적확률
0	0.000	1.000
1	0.001	0.999
2	0.006	0.998
3	0.022	0.992
4	0.061	0.970
5	0.122	0.909
6	0.183	0.787
7	0.209	0.604
8	0.183	0.395
9	0.122	0.212
10	0.061	0.090
11	0.022	0.029 ←
12	0.006	0.007
13	0.001	0.001
14	0.000	0.000

(합산 ↑)

검정통계량으로 이항분포가 이용되며 검정통계량은 n개의 관찰치로 이루어진 실험의 결과 나타나는 (+)부호의 수(이를 확률변수 X라고 하자)이다. 우리는 귀무가설 H_0의 비기각/기각을 위한 결정규칙으로 이항분포를 이용할 수 있다.

이 문제는 우측검정으로서 기각영역은 오른쪽 꼬리부분에 있게 된다. 누적확률은 밑으로부터 계산하게 되는데 이는 부등호의 방향이 오른쪽을 향하기 때문이다.

유의수준은 0.05이기 때문에 [표 13-3]에서 0.05를 초과하지 않으면서 가장 가까운 누적확률을 찾는다. 이때 누적확률은 0.029이다. 누적확률 0.029에 해당하는 성공횟수, 즉 (+)부호의 수는 11이다. 즉 $P(\chi \geq 11) = 0.022 + 0.006 + 0.001 + 0.000 = 0.029$이다.

그러므로 우측검정의 결정규칙은 이렇다. 만일 표본 가운데 (+)부호의 수가 11 이상이면 귀무가설 H_0은 기각되고 대립가설 H_1을 채택한다.

종로㈜ 문제에서 (+)부호의 수가 11이므로 귀무가설 H_0을 기각한다. 즉 컴퓨터 사용능력을 증진시키는 데 프로그램이 효과적이었다고 결론을 내릴 수 있다.

종로㈜ 문제에서 양측검정을 한다면 귀무가설과 대립가설은 다음과 같다.

H_0: $p = 0.5$

H_1: $p \neq 0.5$

유의수준 $\alpha = 0.05$에서 양측검정을 한다면 기각범위는 양쪽 꼬리부분 0.025에 해당하는 지역이 된다.

왼쪽 꼬리부분에서 0.025에 근접한 (+)부호의 수들의 누적확률은 0.007이고 (+)부호의 수는 2이다. 즉 $P(\chi \leq 2) = 0.000 + 0.001 + 0.006 = 0.007$이다.

한편 오른쪽 꼬리부분에서 0.025에 근접한 누적확률도 0.007이다. 즉 $P(\chi \geq 12) = 0.006 + 0.001 + 0.000 = 0.007$이다.

따라서 양측검정의 결정규칙은 다음과 같다. 만일 (+)부호의 수가 2 이하이거나 12 이상이면 귀무가설 H_0을 기각하고 대립가설 H_1을 채택한다.

종로㈜ 문제에서 (+)부호의 수가 11이므로 귀무가설 H_0을 기각할 수 없다. 즉 컴퓨터 사용능력을 증진시키는 데 프로그램이 도움을 주지 못했다고 결론을 내릴 수 있다.

4 런검정

　　모집단으로부터 추출된 단일표본이 랜덤(randomness)하게 추출되었는지를 검정하는 것을 한 표본에 의한 런검정(one-sample runs test)이라고 한다.

　　우리는 추정과 가설검정에서 랜덤표본을 가정하였고 회귀분석에서 잔차의 랜덤을 가정하였다. 그러나 표본이 랜덤하게 추출되었는지의 여부를 판정하는 방안은 비모수통계학에서만 가능하다. 여기서 랜덤이란 모집단을 구성하는 모든 원소가 표본으로 추출될 확률이 동일함을 의미한다.

　　이 런검정은 표본을 범주별로 구분이 가능할 때 사용된다. 예를 들면 남과 여, 성공과 실패, 양품과 불량품, 흑과 백, 크고 작음 등이다.

　　런검정을 위한 자료 또는 결과는 발생의 순서로 배열되어 있어야 한다. 그러면 런의 수(R)를 셀 수 있다. 표본이 양적 자료인 경우에는 중앙치 또는 평균을 중심으로 이보다 큰 값을 갖는 그룹과 이보다 작은 값을 갖는 그룹으로 구분하여 런의 수를 센다. 런이란 동일한 결과(특성)를 갖는 표본의 연속을 말한다.

　　예를 들어 보자.

$$\underset{①}{\underline{가\ 가}}\ \underset{②}{\underline{나\ 나\ 나}}\ \underset{③}{\underline{가}}\ \underset{④}{\underline{나}}\ \underset{⑤}{\underline{가}}\ \underset{⑥}{\underline{나}}$$

에서 런의 수는 6개이다.

 예 13-3

다음 예에서 런의 수는 얼마인가?
① ABBABAABAB
② 남여여여남남남여남
③ AAAABAAAABBBB
④ 남여남여남여남여

풀 이 ① $R=8$
② $R=5$
③ $R=4$
④ $R=8$ ◆

런검정은 런의 수에 달려 있다. 만일 런의 수가 너무 많거나 또는 적으면 표본이 랜덤하게 추출되었다고 하는 귀무가설을 기각하게 된다.

귀무가설에서 런의 수 R의 분포는 다음과 같이 평균과 표준편차를 갖는다.

$$\mu_R = \frac{2n_1n_2}{n_1+n_2} + 1$$

$$\sigma_R = \sqrt{\frac{2n_1n_2(2n_1n_2 - n_1 - n_2)}{(n_1+n_2)^2(n_1+n_2-1)}}$$

두 종류로 구분한 사상의 수를 n_1과 n_2라고 할 때 $n_1 \geq 10$과 $n_2 \geq 10$이면 검정통계량은 표준정규분포에 근접한다.

$$Z = \frac{R - \mu_R}{\sigma_R}$$

런검정은 단측검정을 위해서도 사용하지만 양측검정을 위해서 자주 사용되므로 이에 대해서만 공부하도록 하겠다.

예 13-4

Excel 대학교 통계학 기말고사는 100개의 O, X 문제인데 문제의 정답이 다음과 같은 순서로 배열되어 있다. 이 정답은 랜덤하게 배열되어 있는지 유의수준 5%로 검정하라.

T	T	T	F	T	T	F	T	F	F	T	T	F	T	T	T	T	F	F	T	F	F	T	T	T
F	F	F	T	T	T	T	F	T	F	T	T	F	F	F	T	F	F	T	T	F	F	F	F	F
T	T	T	F	T	F	F	T	T	T	F	T	T	T	F	F	F	T	F	F	T	T	T	T	F
T	T	F	F	T	F	T	T	T	F	F	F	T	F	F	T	T	T	T	F	F	F	T	T	T

풀 이 H_0: T–F는 랜덤으로 배열되었다.

H_1: $T{-}F$는 랜덤으로 배열되어 있지 않다.

$n_1 = 53$ $n_2 = 47$ $R = 45$

$$\mu_R = \frac{2(n_1 n_2)}{n_1 + n_2} + 1 = \frac{2(53)(47)}{53 + 47} + 1 = 50.82$$

$$\sigma_R = \sqrt{\frac{2n_1 n_2 (2n_1 n_2 - n_1 - n_2)}{(n_1 + n_2)^2 (n_1 + n_2 - 1)}} = \sqrt{\frac{2(53)(47)[\,2(53)(47) - 53 - 47\,]}{(53 + 47)^2 (53 + 47 - 1)}} = 4.957$$

$$Z_C = \frac{R - \mu_R}{\sigma_R} = \frac{45 - 50.82}{4.957} = -1.17$$

$$Z_{\frac{\alpha}{2}} = Z_{0.025} = \pm 1.96$$

$Z_C = -1.17 > Z_{0.025} = -1.96$이고 한편 p값$= 2P(Z < -1.17) = 0.758 > \alpha = 0.05$이므로 귀무가설 H_0을 기각할 수 없다. 따라서 $T{-}F$는 랜덤으로 배열되어 있다고 할 수 있다. ◆

1. 한 주사위를 100번 던진 결과 다음과 같은 자료를 얻었다. 이 주사위는 여섯 개의 결과를 똑같이 발생시킨다고 하는 주장을 유의수준 5%로 검정하라.

결 과	1	2	3	4	5	6
도 수	7	14	12	18	15	34

풀 이

결 과	구성비율	관찰도수(O_i)	기대도수(E_i)	$O_i - E_i$	$(O_i - E_i)^2/E_i$
1	1/6	7	100/6	−9.667	5.6070
2	1/6	14	100/6	−2.667	0.4268
3	1/6	12	100/6	−4.667	1.3068
4	1/6	18	100/6	1.333	0.1066
5	1/6	15	100/6	−1.667	0.1667
6	1/6	34	100/6	17.333	18.0256
		100			25.6395

H_0: $p_1 = p_2 = p_3 = p_4 = p_5 = p_6 = \dfrac{1}{6}$

H_1: 적어도 하나는 아니다.

$\chi^2_{5, 0.05} = 11.0705$

$\chi_c^2 = 25.6395 > \chi^2_{5, 0.05} = 11.0705$이므로 귀무가설 H_0을 기각한다.

따라서 여섯 개의 결과가 똑같지는 않다.

2. 다음은 기업과 인터넷 과목을 수강하는 204명의 학생을 대상으로 성적과 학년은 서로 관련이 있는지를 검정하기 위하여 수집한 자료이다. 유의수준 5%로 두 변수의 독립성을 검정하라.

학년 성적	1	2	3	4	합 계
A	40	16	5	10	71
B	24	12	15	8	59
C	16	12	30	16	74
합 계	80	40	50	34	204

풀 이

H_0: 두 변수는 독립적이다.

H_1: 두 변수는 종속적이다.

O_{ij}	E_{ij}	$O_{ij}-E_{ij}$	$(O_{ij}-E_{ij})^2/E_{ij}$
40	27.843	12.157	5.308
16	13.922	2.078	0.310
5	17.402	-12.402	8.839
10	11.833	-1.833	0.284
24	23.137	0.863	0.032
12	11.569	0.431	0.016
15	14.461	0.539	0.020
8	9.833	-1.833	0.342
16	29.020	-13.020	5.842
12	14.510	-2.510	0.434
30	18.137	11.863	7.759
16	12.333	3.667	1.090
			30.276

$\chi^2_{(r-1)(c-1), \alpha} = \chi^2_{6, 0.05} = 12.5916$

$\chi_c^2 = 30.276 > \chi^2_{6, 0.05} = 12.5916$이므로 귀무가설 H_0을 기각한다. 따라서 두 변수는 종속적이라고 말할 수 있다.

3. 크라운 맥주와 카이트 맥주 사이에 고객들의 선호도가 서로 다른지 검정하기 위하여 12명을 랜덤하게 추출하여 맥주를 시음토록 하였다. 12명의 고객 가운데 2명은 크라운 맥주를 선호하였고 10명은 카이트 맥주를 선호하였다. 고객이 크라운 맥주를 선호하면 (+)부호를, 카이트 맥주를 선호하면 (−)부호를 사용한다고 하자. 두 상표 사이에 고객의 선호도가 다른지 유의수준 5%로 검정하라.

풀이

H_0: $p=0.5$

H_1: $p\neq0.5$

$n=12$, $p=0.5$일 때의 이항분포는 다음과 같다.

(+)부호의 수	확 률	
0	0.0002	
1	0.0029	0.0192
2	0.0161	
3	0.0537	
4	0.1208	
5	0.1934	
6	0.2256	
7	0.1934	
8	0.1208	
9	0.0537	
10	0.0161	
11	0.0029	0.0192
12	0.0002	

$\dfrac{\alpha}{2}=0.025$

　(+)부호가 0, 1, 2일 때의 누적확률은 $0.0002+0.0029+0.0161=0.0192$로서 0.025를 초과하지 않으면서 가장 가까운 누적확률이다. 이때의 (+)부호의 수는 2이다. 마찬가지로 (+)부호의 수가 10 이상일 때 누적확률은 0.025에 가장 근접한 0.0192이다.

만일 (+)부호의 수가 2 이하이거나 10 이상이면 귀무가설 H_0을 기각한다. 그런데 문제에서 (+)부호는 2이므로 귀무가설 H_0은 기각한다. 따라서 고객들은 카이트 맥주를 선호한다고 말할 수 있다.

4. 다음 자료는 미국의 아메리칸 리그(American League)팀과 내셔널 리그(National League)팀이 월드 시리즈(World Series)에서 승리한 것을 순서대로 나열한 것이다. 두 팀의 승리는 랜덤으로 나열된 것인지 유의수준 5%로 검정하라.

A	N	A	N	N	N	A	A	A	A	N	A	A	A	A	N	A	N
N	A	A	N	N	A	A	A	A	N	A	N	N	N	A	A	A	A
N	A	N	A	N	A	N	A	A	A	A	A	A	A	N	N	A	N
A	N	N	A	A	N	N	N	A	N	A	N	A	N	A	A	A	N
N	A	A	N	N	N	N	A	A	A	N	A	N	A	N			

풀이

H_0: A–N은 랜덤으로 배열되었다.

H_1: A–N은 랜덤으로 배열되어 있지 않다.

$R = 48 \qquad n_1 = 50 \qquad n_2 = 37$

$$\mu_R = \frac{2n_1 n_2}{n_1 + n_2} + 1 = \frac{2(50)(37)}{50 + 37} + 1 = 43.53$$

$$\sigma_R = \sqrt{\frac{2n_1 n_2 (2n_1 n_2 - n_1 - n_2)}{(n_1 + n_2)^2 (n_1 + n_2 - 1)}} = \sqrt{\frac{2(50)(37)[2(50)(37) - 50 - 37]}{(50 + 37)^2 (50 + 37 - 1)}}$$

$$= 4.532$$

$$Z_c = \frac{R - \mu_R}{\sigma_R} = \frac{48 - 43.53}{4.532} = 0.99$$

$$Z_{\frac{\alpha}{2}} = Z_{0.025} = 1.96$$

$Z_c = 0.99 < Z_{0.025} = 1.96$이고 한편 p값 $= 2P(Z > 0.99) = 0.3222 > \alpha = 0.05$이므로 귀무가설 H_0을 기각할 수 없다. 따라서 A–N은 랜덤으로 배열되었다고 말할 수 있다.

연/습/문/제

1. 모수통계학과 비모수통계학을 비교 설명하라.

2. χ^2분포가 통계학에서 이용되는 분야는 무엇인지 간단히 설명하라.

3. 종로㈜는 100명의 결근자를 랜덤으로 추출하여 결근한 요일을 조사한 결과 다음과 같은 자료를 얻었다. 결근은 5일 동안 고르게 발생한다는 회사의 주장을 유의수준 5%로 검정하라.

요 일	월	화	수	목	금
결근자 수	27	19	22	20	12

4. 수퍼마켓에서는 판매하는 품목의 형태와 성별이 관련을 맺고 있는지 검정하기 위하여 600명의 고객을 대상으로 조사한 결과 다음과 같은 자료를 얻었다. 유의수준 5%로 품목의 형태와 성별은 독립적인지 검정하라.

성별 \ 품목	냉동식품	세 제	수 프	합 계
여	203	73	142	418
남	97	27	58	182
합 계	300	100	200	600

5. 다음은 고객 10명을 대상으로 상표 A와 상표 B의 선호도를 조사한 자료이다. 상표 A를 선호하면 (+)부호를, 상표 B를 선호하면 (−)부호를 사용하였다. 두 상표 사이에 유의한 선호도 차이가 있는지 5%로 검정하라.

개 인	부 호	개 인	부 호
1	+	6	+
2	+	7	−
3	+	8	+
4	−	9	−
5	+	10	+

6. 다음 자료는 동전 1개를 41회 던져 나타난 윗면을 기록한 것이다(앞면=H, 뒷면=T).

> $H\ T\ H\ T\ H\ T\ H\ T\ H\ T\ H\ T\ H\ T\ H\ T\ H\ T\ H\ T\ H\ T\ H\ T$
> $H\ T\ H\ T\ H\ T\ H\ T\ H\ T\ H\ T\ H\ T\ H\ T\ H\ T\ H\ T\ H$

① 런의 수는 얼마인가?
② $H\text{−}T$는 랜덤으로 나열되어 있는지 유의수준 5%로 검정하라.

7. Excel 대학교에서는 등록한 학생의 일부를 표본으로 추출하여 지역감정에 대한 설문조사를 실시하였다. 각 지역별 학생 수와 조사한 학생 수가 다음 표와 같을 때 조사한 학생 수가 모집단을 잘 대표한다고 할 수 있는지 유의수준 5%로 검정하라.

지 역	학생 수	조사한 학생 수
수도권	6,500	150
중부권	4,000	140
호남권	5,000	100
영남권	4,500	110
	20,000	500

부표

A. 이항분포표

$$P(X=x) = \binom{n}{x} p^x (1-p)^{n-x}$$

n	x	.05	.10	.15	.20	p .25	.30	.35	.40	.45	.50
1	0	.9500	.9000	.8500	.8000	7500	.7000	.6500	.6000	.5500	.5000
	1	.0500	.1000	.1500	.2000	.2500	.3000	.3500	.4000	.4500	.5000
2	0	.9025	.8100	.7225	.6400	.5625	.4900	.4225	.3600	.3025	.2500
	1	.0950	.1800	.2550	.3200	.3750	.4200	.4550	.4800	.4950	.5000
	2	.0025	.0100	.0225	.0400	.0625	.0900	.1225	.1600	.2025	.2500
3	0	.8574	.7290	.6141	.5120	.4219	.3430	.2746	.2160	.1664	.1250
	1	.1354	.2430	.3251	.3840	.4219	.4410	.4436	.4320	.4084	.3750
	2	.0071	.0270	.0574	.0960	.1406	.1890	.2389	.2880	.3341	.3750
	3	.0001	.0010	.0034	.0080	.0156	.0270	.0429	.0640	.0911	.1250
4	0	.8145	.6561	.5220	.4096	.3164	.2401	.1785	.1296	.0915	.0625
	1	.1715	.2916	.3685	.4096	.4219	.4116	.3845	.3456	.2995	.2500
	2	.0135	.0486	.0975	.1536	.2109	.2646	.3105	.3456	.3675	.3750
	3	.0005	.0036	.0115	.0256	.0469	.0756	.1115	.1536	.2005	.2500
	4	.0000	.0001	.0005	.0016	.0039	.0081	.0150	.0256	.0410	.0625
5	0	.7738	.5905	.4437	.3277	.2373	.1681	.1160	.0778	.0503	.0312
	1	.2036	.3280	.3915	.4096	.3955	.3602	.3124	.2592	.2059	.1562
	2	.0214	.0729	.1382	.2048	.2637	.3087	.3364	.3456	.3369	.3125
	3	.0011	.0081	.0244	.0512	.0879	.1323	.1811	.2304	.2757	.3125
	4	.0000	.0004	.0022	.0064	.0146	.0284	.0488	.0768	.1128	.1562
	5	.0000	.0000	.0001	.0003	.0010	.0024	.0053	.0102	.0185	.0312
6	0	.7351	.5314	.3771	.2621	.1780	.1176	.0754	.0467	.0277	.0156
	1	.2321	.3543	.3993	.3932	.3560	.3025	.2437	.1866	.1359	.0938
	2	.0305	.0984	.1762	.2458	.2966	.3241	.3280	.3110	.2780	.2344
	3	.0021	.0146	.0415	.0819	.1318	.1852	.2355	.2765	.3032	.3125
	4	.0001	.0012	.0055	.0154	.0330	.0595	.0951	.1382	.1861	.2344
	5	.0000	.0001	.0004	.0015	.0044	.0102	.0205	.0369	.0609	.0938
	6	.0000	.0000	.0000	.0001	.0002	.0007	.0018	.0041	.0083	.0156
7	0	.6983	.4783	.3206	.2097	.1335	.0824	.0490	.0280	.0152	.0078
	1	.2573	.3720	.3960	.3670	.3115	.2471	.1848	.1306	.0872	.0547
	2	.0406	.1240	.2097	.2753	.3115	.3177	.2985	.2613	.2140	.1641
	3	.0036	.0230	.0617	.1147	.1730	.2269	.2679	.2903	.2918	.2734
	4	.0002	.0026	.0109	.0287	.0577	.0972	.1442	.1935	.2388	.2734
	5	.0000	.0002	.0012	.0043	.0115	.0250	.0466	.0774	.1172	.1641
	6	.0000	.0000	.0001	.0004	.0013	.0036	.0084	.0172	.0320	.0547
	7	.0000	.0000	.0000	.0000	.0001	.0002	.0006	.0016	.0037	.0078

A 계속

n	x	.05	.10	.15	.20	p .25	.30	.35	.40	.45	.50
8	0	.6634	.4305	.2725	.1678	.1001	.0576	.0319	.0168	.0084	.0039
	1	.2793	.3826	.3847	.3355	.2670	.1977	.1373	.0896	.0548	.0312
	2	.0515	.1488	.2376	.2936	.3115	.2965	.2587	.2090	.1569	.1094
	3	.0054	.0331	.0839	.1468	.2076	.2541	.2786	.2787	.2568	.2188
	4	.0004	.0046	.0185	.0459	.0865	.1361	.1875	.2322	.2627	.2734
	5	.0000	.0004	.0026	.0092	.0231	.0467	.0808	.1239	.1719	.2188
	6	.0000	.0000	.0002	.0011	.0038	.0100	.0217	.0413	.0703	.1094
	7	.0000	.0000	.0000	.0001	.0004	.0012	.0033	.0079	.0164	.0312
	8	.0000	.0000	.0000	.0000	.0000	.0001	.0002	.0007	.0017	.0039
9	0	.6302	.3874	.2316	.1342	.0751	.0404	.0207	.0101	.0046	.0020
	1	.2985	.3874	.3679	.3020	.2253	.1556	.1004	.0605	.0339	.0176
	2	.0629	.1722	.2597	.3020	.3003	.2668	.2162	.1612	.1110	.0703
	3	.0077	.0446	.1069	.1762	.2336	.2668	.2716	.2508	.2119	.1641
	4	.0006	.0074	.0283	.0661	.1168	.1715	.2194	.2508	.2600	.2461
	5	.0000	.0008	.0050	.0165	.0389	.0735	.1181	.1672	.2128	.2461
	6	.0000	.0001	.0006	.0028	.0087	.0210	.0424	.0743	.1160	.1641
	7	.0000	.0000	.0000	.0003	.0012	.0039	.0098	.0212	.0407	.0703
	8	.0000	.0000	.0000	.0000	.0001	,0004	.0013	.0035	.0083	.0176
	9	.0000	.0000	.0000	.0000	.0000	.0000	.0001	.0003	.0008	.0020
10	0	.5987	.3487	.1969	.1074	.0563	.0282	.0135	.0060	.0025	.0010
	1	.3151	.3874	.3474	.2684	.1877	.1211	.0725	.0403	.0207	.0098
	2	.0746	.1937	.2759	.3020	.2816	.2335	.1757	.1209	.0763	.0439
	3	.0105	.0574	.1298	.2013	.2503	.2668	.2522	.2150	.1665	.1172
	4	.0010	.0112	.0401	.0881	.1460	.2001	.2377	.2508	.2384	.2051
	5	.0001	.0015	.0085	.0264	.0584	.1029	.1536	.2007	.2340	.2461
	6	.0000	.0001	.0012	.0055	.0162	.0368	.0689	.1115	.1596	.2051
	7	.0000	.0000	.0001	.0008	.0031	.0090	.0212	.0425	.0746	.1172
	8	.0000	.0000	.0000	.0001	.0004	.0014	.0043	.0106	.0229	.0439
	9	.0000	.0000	.0000	.0000	.0000	.0001	.0005	.0016	.0042	.0098
	10	.0000	.0000	.0000	.0000	.0000	.0000	.0000	.0001	.0003	.0010
11	0	.5688	.3138	.1673	.0859	.0422	.0198	.0088	.0036	.0014	.0005
	1	.3293	.3835	.3248	.2362	.1549	.0932	.0518	.0266	.0125	.0054
	2	.0867	.2131	.2866	.2953	.2581	.1998	.1395	.0887	.0513	.0269
	3	.0137	.0710	.1517	.2215	.2581	.2568	.2254	.1774	.1259	.0806
	4	.0014	.0158	.0536	.1107	.1721	.2201	.2428	.2365	.2060	.1611
	5	.0001	.0025	.0132	.0388	.0803	.1321	.1830	.2207	.2360	.2256
	6	.0000	.0003	.0023	.0097	.0268	.0566	.0985	.1471	.1931	.2256
	7	.0000	.0000	.0003	.0017	.0064	.0173	.0379	.0701	.1128	.1611
	8	.0000	.0000	.0000	.0002	.0011	.0037	.0102	.0234	.0462	.0806
	9	.0000	.0000	.0000	.0000	.0001	.0005	.0018	.0052	.0126	.0269
	10	.0000	.0000	.0000	.0000	.0000	.0000	.0002	.0007	.0021	.0054
	11	.0000	.0000	.0000	.0000	.0000	.0000	.0000	.0000	.0002	.0005

A 계속

n	x	.05	.10	.15	.20	p .25	.30	.35	.40	.45	.50
12	0	.5404	.2824	.1422	.0687	.0317	.0138	.0057	.0022	.0008	.0002
	1	.3413	.3766	.3012	.2062	.1267	.0712	.0368	.0174	.0075	.0029
	2	.0988	.2301	.2924	.2835	.2323	.1678	.1088	.0639	.0339	.0161
	3	.0173	.0853	.1720	.2362	.2581	.2397	.1954	.1419	.0923	.0537
	4	.0021	.0213	.0683	.1329	.1936	.2311	.2367	.2128	.1700	.1208
	5	.0002	.0038	.0193	.0532	.1032	.1585	.2039	.2270	.2225	.1934
	6	.0000	.0005	.0040	.0155	.0401	.0792	.1281	.1766	.2124	.2256
	7	.0000	.0000	.0006	.0033	.0115	.0291	.0591	.1009	.1489	.1934
	8	.0000	.0000	.0001	.0005	.0024	.0078	.0199	.0420	.0762	.1208
	9	.0000	.0000	.0000	.0001	.0004	.0015	.0048	.0125	.0277	.0537
	10	.0000	.0000	.0000	.0000	.0000	.0002	.0008	.0025	.0068	.0161
	11	.0000	.0000	.0000	.0000	.0000	.0000	.0001	.0003	.0010	.0029
	12	.0000	.0000	.0000	.0000	.0000	.0000	.0000	.0000	.0001	.0002
13	0	.5133	.2542	.1209	.0550	.0238	.0097	.0037	.0013	.0004	.0001
	1	.3512	.3672	.2774	.1787	.1029	.0540	.0259	.0113	.0045	.0016
	2	.1109	.2448	.2937	.2680	.2059	.1388	.0836	.0453	.0220	.0095
	3	.0214	.0997	.1900	.2457	.2517	.2181	.1651	.1107	.0660	.0349
	4	.0028	.0277	.0838	.1535	.2097	.2337	.2222	.1845	.1350	.0873
	5	.0003	.0055	.0266	.0691	.1258	.1803	.2154	.2214	.1989	.1571
	6	.0000	.0008	.0063	.0230	.0559	.1030	.1546	.1968	.2169	.2095
	7	.0000	.0001	.0011	.0058	.0186	.0442	.0833	.1312	.1775	.2095
	8	.0000	.0000	.0001	.0011	.0047	.0142	.0336	.0656	.1089	.1571
	9	.0000	.0000	.0000	.0001	.0009	.0034	.0101	.0243	.0495	.0873
	10	.0000	.0000	.0000	.0000	.0001	.0006	.0022	.0065	.0162	.0349
	11	.0000	.0000	.0000	.0000	.0000	.0001	.0003	.0012	.0036	.0095
	12	.0000	.0000	.0000	.0000	.0000	.0000	.0000	.0001	.0005	.0016
	13	.0000	.0000	.0000	.0000	.0000	.0000	.0000	.0000	.0000	.0001
14	0	.4877	.2288	.1028	.0440	.0178	.0068	.0024	.0008	.0002	.0001
	1	.3593	.3559	.2539	.1539	.0832	.0407	.0181	.0073	.0027	.0009
	2	.1229	.2570	.2912	.2501	.1802	.1134	.0634	.0317	.0141	.0056
	3	.0259	.1142	.2056	.2501	.2402	.1943	.1366	.0845	.0462	.0222
	4	.0037	.0349	.0998	.1720	.2202	.2290	.2022	.1549	.1040	.0611
	5	.0004	.0078	.0352	.0860	.1468	.1963	.2178	.2066	.1701	.1222
	6	.0000	.0013	.0093	.0322	.0734	.1262	.1759	.2066	.2088	.1833
	7	.0000	.0002	.0019	.0092	.0280	.0618	.1082	.1574	.1952	.2095
	8	.0000	.0000	.0003	.0020	.0082	.0232	.0510	.0918	.1398	.1833
	9	.0000	.0000	.0000	.0003	.0018	.0066	.0183	.0408	.0762	.1222
	10	.0000	.0000	.0000	.0000	.0003	.0014	.0049	.0136	.0312	.0611
	11	.0000	.0000	.0000	.0000	.0000	.0002	.0010	.0033	.0093	.0222
	12	.0000	.0000	.0000	.0000	.0000	.0000	.0001	.0005	.0019	.0056
	13	.0000	.0000	.0000	.0000	.0000	.0000	.0000	.0001	.0002	.0009
	14	.0000	.0000	.0000	.0000	.0000	.0000	.0000	.0000	.0000	.0001

A 계속

n	x	.05	.10	.15	.20	p .25	.30	.35	.40	.45	.50
15	0	.4633	.2059	.0874	.0352	.0134	.0047	.0016	.0005	.0001	.0000
	1	.3658	.3432	.2312	.1319	.0668	.0305	.0126	.0047	.0016	.0005
	2	.1348	.2669	.2856	.2309	.1559	.0916	.0476	.0219	.0090	.0032
	3	.0307	.1285	.2184	.2501	.2252	.1700	.1110	.0634	.0318	.0139
	4	.0049	.0428	.1156	.1876	.2252	.2186	.1792	.1268	.0780	.0417
	5	.0006	.0105	.0449	.1032	.1651	.2061	.2123	.1859	.1404	.0916
	6	.0000	.0019	.0132	.0430	.0917	.1472	.1906	.2066	.1914	.1527
	7	.0000	.0003	.0030	.0138	.0393	.0811	.1319	.1771	.2013	.1964
	8	.0000	.0000	.0005	.0035	.0131	.0348	.0710	.1181	.1647	.1964
	9	.0000	.0000	.0001	.0007	.0034	.0116	.0298	.0612	.1048	.1527
	10	.0000	.0000	.0000	.0001	.0007	.0030	.0096	.0245	.0515	.0916
	11	.0000	.0000	.0000	.0000	.0001	.0006	.0024	.0074	.0191	.0417
	12	.0000	.0000	.0000	.0000	.0000	.0001	.0004	.0016	.0052	.0139
	13	.0000	.0000	.0000	.0000	.0000	.0000	.0001	.0003	.0010	.0032
	14	.0000	.0000	.0000	.0000	.0000	.0000	.0000	.0000	.0001	.0005
	15	.0000	.0000	.0000	.0000	.0000	.0000	.0000	.0000	.0000	.0000
16	0	.4401	.1853	.0743	.0281	.0100	.0033	.0010	.0003	.0001	.0000
	1	.3706	.3294	.2097	.1126	.0535	.0228	.0087	.0030	.0009	.0002
	2	.1463	.2745	.2775	.2111	.1336	.0732	.0353	.0150	.0056	.0018
	3	.0359	.1423	.2285	.2463	.2079	.1465	.0888	.0468	.0215	.0085
	4	.0061	.0514	.1311	.2001	.2252	.2040	.1553	.1014	.0572	.0278
	5	.0008	.0137	.0555	.1201	.1802	.2099	.2008	.1623	.1123	.0667
	6	.0001	.0028	.0180	.0550	.1101	.1649	.1982	.1983	.1684	.1222
	7	.0000	.0004	.0045	.0197	.0524	.1010	.1524	.1889	.1969	.1746
	8	.0000	.0001	.0009	.0055	.0197	.0487	.0923	.1417	.1812	.1964
	9	.0000	.0000	.0001	.0012	.0058	.0185	.0442	.0840	.1318	.1746
	10	.0000	.0000	.0000	.0002	.0014	.0056	.0167	.0392	.0755	.1222
	11	.0000	.0000	.0000	.0000	.0002	.0013	.0049	.0142	.0337	.0667
	12	.0000	.0000	.0000	.0000	.0000	.0002	.0011	.0040	.0115	.0278
	13	.0000	.0000	.0000	.0000	.0000	.0000	.0002	.0008	.0029	.0085
	14	.0000	.0000	.0000	.0000	.0000	.0000	.0000	.0001	.0005	.0018
	15	.0000	.0000	.0000	.0000	.0000	.0000	.0000	.0000	.0001	.0002
	16	.0000	.0000	.0000	.0000	.0000	.0000	.0000	.0000	.0000	.0000
17	0	.4181	.1668	.0631	.0225	.0075	.0023	.0007	.0002	.0000	.0000
	1	.3741	.3150	.1893	.0957	.0426	.0169	.0060	.0019	.0005	.0001
	2	.1575	.2800	.2673	.1914	.1136	.0581	.0260	.0102	.0035	.0010
	3	.0415	.1556	.2359	.2393	.1893	.1245	.0701	.0341	.0144	.0052
	4	.0076	.0605	.1457	.2093	.2209	.1868	.1320	.0796	.0411	.0182
	5	.0010	.0175	.0668	.1361	.1914	.2081	.1849	.1379	.0875	.0472
	6	.0001	.0039	.0236	.0680	.1276	.1784	.1991	.1839	.1432	.0944
	7	.0000	.0007	.0065	.0267	.0668	.1201	.1685	.1927	.1841	.1484

A 계속

n	x	.05	.10	.15	.20	p .25	.30	.35	.40	.45	.50
17	8	.0000	.0001	.0014	.0084	.0279	.0644	.1134	.1606	.1883	.1855
	9	.0000	.0000	.0003	.0021	.0093	.0276	.0611	.1070	.1540	.1855
	10	.0000	.0000	.0000	.0004	.0025	.0095	.0263	.0571	.1008	.1484
	11	.0000	.0000	.0000	.0001	.0005	.0026	.0090	.0242	.0525	.0944
	12	.0000	.0000	.0000	.0000	.0001	.0006	.0024	.0081	.0215	.0472
	13	.0000	.0000	.0000	.0000	.0000	.0001	.0005	.0021	.0068	.0182
	14	.0000	.0000	.0000	.0000	.0000	.0000	.0001	.0004	.0016	.0052
	15	.0000	.0000	.0000	.0000	.0000	.0000	.0000	.0001	.0003	.0010
	16	.0000	.0000	.0000	.0000	.0000	.0000	.0000	.0000	.0000	.0001
	17	.0000	.0000	.0000	.0000	.0000	.0000	.0000	.0000	.0000	.0000
18	0	.3972	.1501	.0536	.0180	.0056	.0016	.0004	.0001	.0000	.0000
	1	.3763	.3002	.1704	.0811	.0338	.0126	.0042	.0012	.0003	.0001
	2	.1683	.2835	.2556	.1723	.0958	.0458	.0190	.0069	.0022	.0006
	3	.0473	.1680	.2406	.2297	.1704	.1046	.0547	.0246	.0095	.0031
	4	.0093	.0700	.1592	.2153	.2130	.1681	.1104	.0614	.0291	.0117
	5	.0014	.0218	.0787	.1507	.1988	.2017	.1664	.1146	.0666	.0327
	6	.0002	.0052	.0301	.0816	.1436	.1873	.1941	.1655	.1181	.0708
	7	.0000	.0010	.0091	.0350	.0820	.1376	.1792	.1892	.1657	.1214
	8	.0000	.0002	.0022	.0120	.0376	.0811	.1327	.1734	.1864	.1669
	9	.0000	.0000	.0004	.0033	.0139	.0386	.0794	.1284	.1694	.1855
	10	.0000	.0000	.0001	.0008	.0042	.0149	.0385	.0771	.1248	.1669
	11	.0000	.0000	.0000	.0001	.0010	.0046	.0151	.0374	.0742	.1214
	12	.0000	.0000	.0000	.0000	.0002	.0012	.0047	.0145	.0354	.0708
	13	.0000	.0000	.0000	.0000	.0000	.0002	.0012	.0045	.0134	.0327
	14	.0000	.0000	.0000	.0000	.0000	.0000	.0002	.0011	.0039	.0117
	15	.0000	.0000	.0000	.0000	.0000	.0000	.0000	.0002	.0009	.0031
	16	.0000	.0000	.0000	.0000	.0000	.0000	.0000	.0000	.0001	.0006
	17	.0000	.0000	.0000	.0000	.0000	.0000	.0000	.0000	.0000	.0001
	18	.0000	.0000	.0000	.0000	.0000	.0000	.0000	.0000	.0000	.0000
19	0	.3774	.1351	.0456	.0144	.0042	.0011	.0003	.0001	.0000	.0000
	1	.3774	.2852	.1529	.0685	.0268	.0093	.0029	.0008	.0002	.0000
	2	.1787	.2852	.2428	.1540	.0803	.0358	.0138	.0046	.0013	.0003
	3	.0533	.1796	.2428	.2182	.1517	.0869	.0422	.0175	.0062	.0018
	4	.0112	.0798	.1714	.2182	.2023	.1491	.0909	.0467	.0203	.0074
	5	.0018	.0266	.0907	.1636	.2023	.1916	.1468	.0933	.0497	.0222
	6	.0002	.0069	.0374	.0955	.1574	.1916	.1844	.1451	.0949	.0518
	7	.0000	.0014	.0122	.0443	.0974	.1525	.1844	.1797	.1443	.0961
	8	.0000	.0002	.0032	.0166	.0487	.0981	.1489	.1797	.1771	.1442
	9	.0000	.0000	.0007	.0051	.0198	.0514	.0980	.1464	.1771	.1762
	10	.0000	.0000	.0001	.0013	.0066	.0220	.0528	.0976	.1449	.1762

A 계속

n	x	.05	.10	.15	.20	p .25	.30	.35	.40	.45	.50
19	11	.0000	.0000	.0000	.0003	.0018	.0077	.0233	.0532	.0970	.1442
	12	.0000	.0000	.0000	.0000	.0004	.0022	.0083	.0237	.0529	.0961
	13	.0000	.0000	.0000	.0000	.0001	.0005	.0024	.0085	.0233	.0518
	14	.0000	.0000	.0000	.0000	.0000	.0001	.0006	.0024	.0082	.0222
	15	.0000	.0000	.0000	.0000	.0000	.0000	.0001	.0005	.0022	.0074
	16	.0000	.0000	.0000	.0000	.0000	.0000	.0000	.0001	.0005	.0018
	17	.0000	.0000	.0000	.0000	.0000	.0000	.0000	.0000	.0001	.0003
	18	.0000	.0000	.0000	.0000	.0000	.0000	.0000	.0000	.0000	.0000
	19	.0000	.0000	.0000	.0000	.0000	.0000	.0000	.0000	.0000	.0000
20	0	.3585	.1216	.0388	.0115	.0032	.0008	.0002	.0000	.0000	.0000
	1	.3774	.2702	.1368	.0576	.0211	.0068	.0020	.0005	.0001	.0000
	2	.1887	.2852	.2293	.1369	.0669	.0278	.0100	.0031	.0008	.0002
	3	.0596	.1901	.2428	.2054	.1339	.0716	.0323	.0123	.0040	.0011
	4	.0133	.0898	.1821	.2182	.1897	.1304	.0738	.0350	.0139	.0046
	5	.0022	.0319	.1028	.1746	.2023	.1789	.1272	.0746	.0365	.0148
	6	.0003	.0089	.0454	.1091	.1686	.1916	.1712	.1244	.0746	.0370
	7	.0000	.0020	.0160	.0545	.1124	.1643	.1844	.1659	.1221	.0739
	8	.0000	.0004	.0046	.0222	.0609	.1144	.1614	.1797	.1623	.1201
	9	.0000	.0001	.0011	.0074	.0271	.0654	.1158	.1597	.1771	.1602
	10	.0000	.0000	.0002	.0020	.0099	.0308	.0686	.1171	.1593	.1762
	11	.0000	.0000	.0000	.0005	.0030	.0120	.0336	.0710	.1185	.1602
	12	.0000	.0000	.0000	.0001	.0008	.0039	.0136	.0355	.0727	.1201
	13	.0000	.0000	.0000	.0000	.0002	.0010	.0045	.0146	.0366	.0739
	14	.0000	.0000	.0000	.0000	.0000	.0002	.0012	.0049	.0150	.0370
	15	.0000	.0000	.0000	.0000	.0000	.0000	.0003	.0013	.0049	.0148
	16	.0000	.0000	.0000	.0000	.0000	.0000	.0000	.0003	.0013	.0046
	17	.0000	.0000	.0000	.0000	.0000	.0000	.0000	.0000	.0002	.0011
	18	.0000	.0000	.0000	.0000	.0000	.0000	.0000	.0000	.0000	.0002
	19	.0000	.0000	.0000	.0000	.0000	.0000	.0000	.0000	.0000	.0000
	20	.0000	.0000	.0000	.0000	.0000	.0000	.0000	.0000	.0000	.0000

B. e^{-k}의 값

k	e^{-k}	k	e^{-k}	k	e^{-k}	k	e^{-k}
0.0	1.0000	3.0	0.0498	6.0	0.00248	9.0	0.00012
0.1	0.9048	3.1	0.0450	6.1	0.00224	9.1	0.00011
0.2	0.8187	3.2	0.0408	6.2	0.00203	9.2	0.00010
0.3	0.7408	3.3	0.0369	6.3	0.00184	9.3	0.00009
0.4	0.6703	3.4	0.0334	6.4	0.00166	9.4	0.00008
0.5	0.6065	3.5	0.0302	6.5	0.00150	9.5	0.00007
0.6	0.5488	3.6	0.0273	6.6	0.00136	9.6	0.00007
0.7	0.4966	3.7	0.0247	6.7	0.00123	9.7	0.00006
0.8	0.4493	3.8	0.0224	6.8	0.00111	9.8	0.00006
0.9	0.4066	3.9	0.0202	6.9	0.00101	9.9	0.00005
1.0	0.3679	4.0	0.0183	7.0	0.00091	10.0	0.00005
1.1	0.3329	4.1	0.0166	7.1	0.00083		
1.2	0.3012	4.2	0.0150	7.2	0.00075		
1.3	0.2725	4.3	0.0136	7.3	0.00068		
1.4	0.2466	4.4	0.0123	7.4	0.00061		
1.5	0.2231	4.5	0.0111	7.5	0.00055		
1.6	0.2019	4.6	0.0101	7.6	0.00050		
1.7	0.1827	4.7	0.0091	7.7	0.00045		
1.8	0.1653	4.8	0.0082	7.8	0.00041		
1.9	0.1496	4.9	0.0074	7.9	0.00037		
2.0	0.1353	5.0	0.0067	8.0	0.00034		
2.1	0.1225	5.1	0.0061	8.1	0.00030		
2.2	0.1108	5.2	0.0055	8.2	0.00027		
2.3	0.1003	5.3	0.0050	8.3	0.00025		
2.4	0.0907	5.4	0.0045	8.4	0.00022		
2.5	0.0821	5.5	0.0041	8.5	0.00020		
2.6	0.0743	5.6	0.0037	8.6	0.00018		
2.7	0.0672	5.7	0.0033	8.7	0.00017		
2.8	0.0608	5.8	0.0030	8.8	0.00015		
2.9	0.0550	5.9	0.0027	8.9	0.00014		

C. 포아송분포표

$$P(X=x) = \frac{e^{-k}k^x}{x!}$$

					k					
x	0.005	0.01	0.02	0.03	0.04	0.05	0.06	0.07	0.08	0.09
0	.9950	.9900	.9802	.9704	0.9608	.9512	.9418	.9324	.9231	.9139
1	.0050	.0099	.0192	.0291	0.0384	.0476	.0565	.0653	.0738	.0823
2	.0000	.0000	.0002	.0004	0.0008	.0012	.0017	.0023	.0030	.0037
3	.0000	.0000	.0000	.0000	0.0000	.0000	.0000	.0001	.0001	.0001
x	0.1	0.2	0.3	0.4	0.5	0.6	0.7	0.8	0.9	1.0
0	.9048	.8187	.7408	.6703	.6065	.5488	.4966	.4493	.4066	.3679
1	.0905	.1637	.2222	.2681	.3033	.3293	.3476	.3595	.3659	.3679
2	.0045	.0164	.0333	.0536	.0758	.0988	.1217	.1438	.1647	.1839
3	.0002	.0011	.0033	.0072	.0126	.0198	.0284	.0383	.0494	.0613
4	.0000	.0001	.0002	.0007	.0016	.0030	.0050	.0077	.0111	.0153
5	.0000	.0000	.0000	.0001	.0002	.0004	.0007	.0012	.0020	.0031
6	.0000	.0000	.0000	.0000	.0000	.0000	.0001	.0002	.0003	.0005
7	.0000	.0000	.0000	.0000	.0000	.0000	.0000	.0000	.0000	.0001
x	1.1	1.2	1.3	1.4	1.5	1.6	1.7	1.8	1.9	2.0
0	.3329	.3012	.2725	.2466	.2231	.2019	.1827	.1653	.1496	.1353
1	.3662	.3614	.3543	.3452	.3347	.3230	.3106	.2975	.2842	.2707
2	.2014	.2169	.2303	.2417	.2510	.2584	.2640	.2678	.2700	.2707
3	.0738	.0867	.0998	.1128	.1255	.1378	.1496	.1607	.1710	.1804
4	.0203	.0260	.0324	.0395	.0471	.0551	.0636	.0723	.0812	.0902
5	.0045	.0062	.0084	.0111	.0141	.0176	.0216	.0260	.0309	.0361
6	.0008	.0012	.0018	.0026	.0035	.0047	.0061	.0078	.0098	.0120
7	.0001	.0002	.0003	.0005	.0008	.0011	.0015	.0020	.0027	.0034
8	.0000	.0000	.0001	.0001	.0001	.0002	.0003	.0005	.0006	.0009
9	.0000	.0000	.0000	.0000	.0000	.0000	.0001	.0001	.0001	.0002
x	2.1	2.2	2.3	2.4	2.5	2.6	2.7	2.8	2.9	3.0
0	.1225	.1108	.1003	.0907	.0821	.0743	.0672	.0608	.0550	.0498
1	.2572	.2438	.2306	.2177	.2052	.1931	.1815	.1703	.1596	.1494
2	.2700	.2681	.2652	.2613	.2565	.2510	.2450	.2384	.2314	.2240
3	.1890	.1966	.2033	.2090	.2138	.2176	.2205	.2225	.2237	.2240
4	.0992	.1082	.1169	.1254	.1336	.1414	.1488	.1557	.1622	.1680
5	.0417	.0476	.0538	.0602	.0668	.0735	.0804	.0872	.0940	.1008
6	.0146	.0174	.0206	.0241	.0278	.0319	.0362	.0407	.0455	.0504
7	.0044	.0055	.0068	.0083	.0099	.0118	.0139	.0163	.0188	.0216
8	.0011	.0015	.0019	.0025	.0031	.0038	.0047	.0057	.0068	.0081
9	.0003	.0004	.0005	.0007	.0009	.0011	.0014	.0018	.0022	.0027
10	.0001	.0001	.0001	.0002	.0002	.0003	.0004	.0005	.0006	.0008
11	.0000	.0000	.0000	.0000	.0000	.0001	.0001	.0001	.0002	.0002
12	.0000	.0000	.0000	.0000	.0000	.0000	.0000	.0000	.0000	.0001

C 계속

x	3.1	3.2	3.3	3.4	k 3.5	3.6	3.7	3.8	3.9	4.0
0	.0450	.0408	.0369	.0334	.0302	.0273	.0247	.0224	.0202	.0183
1	.1397	.1304	.1217	.1135	.1057	.0984	.0915	.0850	.0789	.0733
2	.2165	.2087	.2008	.1929	.1850	.1771	.1692	.1615	.1539	.1465
3	.2237	.2226	.2209	.2186	.2158	.2125	.2087	.2046	.2001	.1954
4	.1734	.1781	.1823	.1858	.1888	.1912	.1931	.1944	.1951	.1954
5	.1075	.1140	.1203	.1264	.1322	.1377	.1429	.1477	.1522	.1563
6	.0555	.0608	.0662	.0716	.0771	.0826	.0881	.0936	.0989	.1042
7	.0246	.0278	.0312	.0348	.0385	.0425	.0466	.0508	.0551	.0595
8	.0095	.0111	.0129	.0148	.0169	.0191	.0215	.0241	.0269	.0298
9	.0033	.0040	.0047	.0056	.0066	.0076	.0089	.0102	.0116	.0132
10	.0010	.0013	.0016	.0019	.0023	.0028	.0033	.0039	.0045	.0053
11	.0003	.0004	.0005	.0006	.0007	.0009	.0011	.0013	.0016	.0019
12	.0001	.0001	.0001	.0002	.0002	.0003	.0003	.0004	.0005	.0006
13	.0000	.0000	.0000	.0000	.0001	.0001	.0001	.0001	.0002	.0002
14	.0000	.0000	.0000	.0000	.0000	.0000	.0000	.0000	.0000	.0001
x	4.1	4.2	4.3	4.4	4.5	4.6	4.7	4.8	4.9	5.0
0	.0166	.0150	.0136	.0123	.0111	.0101	.0091	.0082	.0074	.0067
1	.0679	.0630	.0583	.0540	.0500	.0462	.0427	.0395	.0365	.0337
2	.1393	.1323	.1254	.1188	.1125	.1063	.1005	.0948	.0894	.0842
3	.1904	.1852	.1798	.1743	.1687	.1631	.1574	.1517	.1460	.1404
4	.1951	.1944	.1933	.1917	.1898	.1875	.1849	.1820	.1789	.1755
5	.1600	.1633	.1662	.1687	.1708	.1725	.1738	.1747	.1753	.1755
6	.1093	.1143	.1191	.1237	.1281	.1323	.1362	.1398	.1432	.1462
7	.0640	.0686	.0732	.0778	.0824	.0869	.0914	.0959	.1002	.1044
8	.0328	.0360	.0393	.0428	.0463	.0500	.0537	.0575	.0614	.0653
9	.0150	.0168	.0188	.0209	.0232	.0255	.0280	.0307	.0334	.0363
10	.0061	.0071	.0081	.0092	.0104	.0118	.0132	.0147	.0164	.0181
11	.0023	.0027	.0032	.0037	.0043	.0049	.0056	.0064	.0073	.0082
12	.0008	.0009	.0011	.0014	.0016	.0019	.0022	.0026	.0030	.0034
13	.0002	.0003	.0004	.0005	.0006	.0007	.0008	.0009	.0011	.0013
14	.0001	.0001	.0001	.0001	.0002	.0002	.0003	.0003	.0004	.0005
15	.0000	.0000	.0000	.0000	.0001	.0001	.0001	.0001	.0001	.0002

D. 표준정규분포표

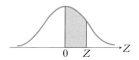

Z	0.00	0.01	0.02	0.03	0.04	0.05	0.06	0.07	0.08	0.09
0.0	0.0000	0.0040	0.0080	0.0120	0.0160	0.0199	0.0239	0.0279	0.0319	0.0359
0.1	0.0398	0.0438	0.0478	0.0517	0.0557	0.0596	0.0636	0.0675	0.0714	0.0753
0.2	0.0793	0.0832	0.0871	0.0910	0.0948	0.0987	0.1026	0.1064	0.1103	0.1141
0.3	0.1179	0.1217	0.1255	0.1293	0.1331	0.1368	0.1406	0.1443	0.1480	0.1517
0.4	0.1554	0.1591	0.1628	0.1664	0.1700	0.1736	0.1772	0.1808	0.1844	0.1879
0.5	0.1915	0.1950	0.1985	0.2019	0.2054	0.2088	0.2123	0.2157	0.2190	0.2224
0.6	0.2257	0.2291	0.2324	0.2357	0.2389	0.2422	0.2454	0.2486	0.2517	0.2549
0.7	0.2580	0.2611	0.2642	0.2673	0.2704	0.2734	0.2764	0.2794	0.2823	0.2852
0.8	0.2881	0.2910	0.2939	0.2967	0.2995	0.3023	0.3051	0.3078	0.3106	0.3133
0.9	0.3159	0.3186	0.3212	0.3238	0.3264	0.3289	0.3315	0.3340	0.3365	0.3389
1.0	0.3413	0.3438	0.3461	0.3485	0.3508	0.3531	0.3554	0.3577	0.3599	0.3621
1.1	0.3643	0.3665	0.3686	0.3708	0.3729	0.3749	0.3770	0.3790	0.3810	0.3830
1.2	0.3849	0.3869	0.3888	0.3907	0.3925	0.3944	0.3962	0.3980	0.3997	0.4015
1.3	0.4032	0.4049	0.4066	0.4082	0.4099	0.4115	0.4131	0.4147	0.4162	0.4177
1.4	0.4192	0.4207	0.4222	0.4236	0.4251	0.4265	0.4279	0.4292	0.4306	0.4319
1.5	0.4332	0.4345	0.4357	0.4370	0.4382	0.4394	0.4406	0.4418	0.4429	0.4441
1.6	0.4452	0.4463	0.4474	0.4484	0.4495	0.4505	0.4515	0.4525	0.4535	0.4545
1.7	0.4554	0.4564	0.4573	0.4582	0.4591	0.4599	0.4608	0.4616	0.4625	0.4633
1.8	0.4641	0.4649	0.4656	0.4664	0.4671	0.4678	0.4686	0.4693	0.4699	0.4706
1.9	0.4713	0.4719	0.4726	0.4732	0.4738	0.4744	0.4750	0.4756	0.4761	0.4767
2.0	0.4772	0.4778	0.4783	0.4788	0.4793	0.4798	0.4803	0.4808	0.4812	0.4817
2.1	0.4821	0.4826	0.4830	0.4834	0.4838	0.4842	0.4846	0.4850	0.4854	0.4857
2.2	0.4861	0.4864	0.4868	0.4871	0.4875	0.4878	0.4881	0.4884	0.4887	0.4890
2.3	0.4893	0.4896	0.4898	0.4901	0.4904	0.4906	0.4909	0.4911	0.4913	0.4916
2.4	0.4918	0.4920	0.4922	0.4925	0.4927	0.4929	0.4931	0.4932	0.4934	0.4936
2.5	0.4938	0.4940	0.4941	0.4943	0.4945	0.4946	0.4948	0.4949	0.4951	0.4952
2.6	0.4953	0.4955	0.4956	0.4957	0.4959	0.4960	0.4961	0.4962	0.4963	0.4974
2.7	0.4965	0.4966	0.4967	0.4968	0.4969	0.4970	0.4971	0.4972	0.4973	0.4974
2.8	0.4974	0.4975	0.4976	0.4977	0.4977	0.4978	0.4979	0.4979	0.4980	0.4981
2.9	0.4981	0.4982	0.4982	0.4983	0.4984	0.4984	0.4985	0.4985	0.4986	0.4986
3.0	0.4987	0.4987	0.4987	0.4988	0.4988	0.4989	0.4989	0.4989	0.4990	0.4990
3.1	0.4990	0.4991	0.4991	0.4991	0.4992	0.4992	0.4992	0.4992	0.4993	0.4993
3.2	0.4993	0.4993	0.4994	0.4994	0.4994	0.4994	0.4994	0.4995	0.4995	0.4995
3.3	0.4995	0.4995	0.4995	0.4996	0.4996	0.4996	0.4996	0.4996	0.4996	0.4997
3.4	0.4997	0.4997	0.4997	0.4997	0.4997	0.4997	0.4997	0.4997	0.4997	0.4998
3.5	0.4998									
4.0	0.49997									
4.5	0.499997									
5.0	0.4999997									

E. t분포표

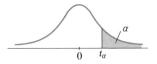

자유도	오른쪽 꼬리면적 α							
	.1	.05	.025	.01	.005	.0025	.001	.0005
1	3.078	6.314	12.706	31.821	63.657	127.32	318.31	636.62
2	1.886	2.920	4.303	6.965	9.925	14.089	22.327	31.598
3	1.638	2.353	3.182	4.541	5.841	7.453	10.214	12.924
4	1.533	2.132	2.776	3.747	4.604	5.598	7.173	8.610
5	1.476	2.015	2.571	3.365	4.032	4.773	5.893	6.869
6	1.440	1.943	2.447	3.143	3.707	4.317	5.208	5.959
7	1.415	1.895	2.365	2.998	3.499	4.029	4.785	5.408
8	1.397	1.860	2.306	2.896	3.355	3.833	4.501	5.041
9	1.383	1.833	2.262	2.821	3.250	3.690	4.297	4.781
10	1.372	1.812	2.228	2.764	3.169	3.581	4.144	4.587
11	1.363	1.796	2.201	2.718	3.106	3.497	4.025	4.437
12	1.356	1.782	2.179	2.681	3.055	3.428	3.930	4.318
13	1.350	1.771	2.160	2.650	3.012	3.372	3.852	4.221
14	1.345	1.761	2.145	2.624	2.977	3.326	3.787	4.140
15	1.341	1.753	2.131	2.602	2.947	3.286	3.733	4.073
16	1.337	1.746	2.120	2.583	2.921	3.252	3.686	4.015
17	1.333	1.740	2.110	2.567	2.898	3.222	3.646	3.965
18	1.330	1.734	2.101	2.552	2.878	3.197	3.610	3.922
19	1.328	1.729	2.093	2.539	2.861	3.174	3.579	3.883
20	1.325	1.725	2.086	2.528	2.845	3.153	3.552	3.850
21	1.323	1.721	2.080	2.518	2.831	3.135	3.527	3.819
22	1.321	1.717	2.074	2.508	2.819	3.119	3.505	3.792
23	1.319	1.714	2.069	2.500	2.807	3.104	3.485	3.767
24	1.318	1.711	2.064	2.492	2.797	3.091	3.467	3.745
25	1.316	1.708	2.060	2.485	2.787	3.078	3.450	3.725
26	1.315	1.706	2.056	2.479	2.779	3.067	3.435	3.707
27	1.314	1.703	2.052	2.473	2.771	3.057	3.421	3.690
28	1.313	1.701	2.048	2.467	2.763	3.047	3.408	3.674
29	1.311	1.699	2.045	2.462	2.756	3.038	3.396	3.659
30	1.310	1.697	2.042	2.457	2.750	3.030	3.385	3.646
40	1.303	1.684	2.021	2.423	2.704	2.971	3.307	3.551
60	1.296	1.671	2.000	2.390	2.660	2.915	3.232	3.460
120	1.289	1.658	1.980	2.358	2.617	2.860	3.160	3.373
∞	1.282	1.645	1.960	2.326	2.576	2.807	3.090	3.291

F. χ²분포표

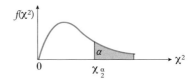

자유도	$\chi^2_{.995}$	$\chi^2_{.990}$	$\chi^2_{.975}$	$\chi^2_{.950}$	$\chi^2_{.900}$
1	0.0000393	0.0001571	0.0009821	0.0039321	0.0157908
2	0.0100251	0.0201007	0.0506356	0.102587	0.210720
3	0.0717212	0.114832	0.215795	0.351846	0.584375
4	0.206990	0.297110	0.484419	0.710721	1.063623
5	0.411740	0.554300	0.831211	1.145476	1.61031
6	0.675727	0.872085	1.237347	1.63539	2.20413
7	0.989265	1.239043	1.68987	2.16735	2.83311
8	1.344419	1.646482	2.17973	2.73264	3.48954
9	1.734926	2.087912	2.70039	3.32511	4.16816
10	2.15585	2.55821	3.24697	3.94030	4.86518
11	2.60321	3.05347	3.81575	4.57481	5.57779
12	3.07382	3.57056	4.40379	5.22603	6.30380
13	3.56503	4.10691	5.00874	5.89186	7.04150
14	4.07468	4.66043	5.62872	6.57063	7.78953
15	4.60094	5.22935	6.26214	7.26094	8.54675
16	5.14224	5.81221	6.90766	7.96164	9.31223
17	5.69724	6.40776	7.56418	8.67176	10.0852
18	6.26481	7.01491	8.23075	9.39046	10.8649
19	6.84398	7.63273	8.90655	10.1170	11.6509
20	7.43386	8.26040	9.59083	10.8508	12.4426
21	8.03366	8.89720	10.28293	11.5913	13.2396
22	8.64272	9.54249	10.9823	12.3380	14.0415
23	9.26042	10.19567	11.6885	13.0905	14.8479
24	9.88623	10.8564	12.4011	13.8484	15.6587
25	10.5197	11.5240	13.1197	14.6114	16.4734
26	11.1603	12.1981	13.8439	15.3791	17.2919
27	11.8076	12.8786	14.5733	16.1513	18.1138
28	12.4613	13.5648	15.3079	16.9279	18.9392
29	13.1211	14.2565	16.0471	17.7083	19.7677
30	13.7867	14.9535	16.7908	18.4926	20.5992
40	20.7065	22.1643	24.4331	26.5093	29.0505
50	27.9907	29.7067	32.3574	34.7642	37.6886
60	35.5346	37.4848	40.4817	43.1879	46.4589
70	43.2752	45.4418	48.7576	51.7393	55.3290
80	51.1720	53.5400	57.1532	60.3915	64.2778
90	59.1963	61.7541	65.6466	69.1260	73.2912
100	67.3276	70.0648	74.2219	77.9295	82.3581

F 계속

자유도	$\chi^2_{.100}$	$\chi^2_{.050}$	$\chi^2_{.025}$	$\chi^2_{.010}$	$\chi^2_{.005}$
1	2.70554	3.84146	5.02389	6.63490	7.87944
2	4.60517	5.99147	7.37776	9.21034	10.5966
3	6.25139	7.81473	9.34840	11.3449	12.8381
4	7.77944	9.48773	11.1433	13.2767	14.8602
5	9.23635	11.0705	12.8325	15.0863	16.7496
6	10.6446	12.5916	14.4494	16.8119	18.5476
7	12.0170	14.0671	16.0128	18.4753	20.2777
8	13.3616	15.5073	17.5346	20.0902	21.9550
9	14.6837	16.9190	19.0228	21.6660	23.5893
10	15.9871	18.3070	20.4831	23.2093	25.1882
11	17.2750	19.6751	21.9200	24.7250	26.7569
12	18.5494	21.0261	23.3367	26.2170	28.2995
13	19.8119	22.3621	24.7356	27.6883	29.8194
14	21.0642	23.6848	26.1190	29.1413	31.3193
15	22.3072	24.9958	27.4884	30.5779	32.8013
16	23.5418	26.2962	28.8454	31.9999	34.2672
17	24.7690	27.5871	30.1910	33.4087	35.7185
18	25.9894	28.8693	31.5264	34.8053	37.1564
19	27.2036	30.1435	32.8523	36.1908	38.5822
20	28.4120	31.4104	34.1696	37.5662	39.9968
21	29.6151	32.6705	35.4789	38.9321	41.4010
22	30.8133	33.9244	36.7807	40.2894	42.7956
23	32.0069	35.1725	38.0757	41.6384	44.1813
24	33.1963	36.4151	39.3641	42.9798	45.5585
25	34.3816	37.6525	40.6465	44.3141	46.9278
26	35.5631	38.8852	41.9232	45.6417	48.2899
27	36.7412	40.1133	43.1944	46.9630	49.6449
28	37.9159	41.3372	44.4607	48.2782	50.9933
29	39.0875	42.5569	45.7222	49.5879	52.3356
30	40.2560	43.7729	46.9792	50.8922	53.6720
40	51.8050	55.7585	59.3417	63.6907	66.7659
50	63.1671	67.5048	71.4202	76.1539	79.4900
60	74.3970	79.0819	83.2976	88.3794	91.9517
70	85.5271	90.5312	95.0231	100.425	104.215
80	96.5782	101.879	106.629	112.329	116.321
90	107.565	113.145	118.136	124.116	128.229
100	118.498	124.342	129.561	135.807	140.169

G. F분포표

$\alpha = .05$

χ_2 \ χ_1	분자의 자유도								
	1	2	3	4	5	6	7	8	9
1	161.4	199.5	215.7	224.6	230.2	234.0	236.8	238.9	240.5
2	18.51	19.00	19.16	19.25	19.30	19.33	19.35	19.37	19.38
3	10.13	9.55	9.28	9.12	9.01	8.94	8.89	8.85	8.81
4	7.71	6.94	6.59	6.39	6.26	6.16	6.09	6.04	6.00
5	6.61	5.79	5.41	5.19	5.05	4.95	4.88	4.82	4.77
6	5.99	5.14	4.76	4.53	4.39	4.28	4.21	4.15	4.10
7	5.59	4.74	4.35	4.12	3.97	3.87	3.79	3.73	3.68
8	5.32	4.46	4.07	3.84	3.69	3.58	3.50	3.44	3.39
9	5.12	4.26	3.86	3.63	3.48	3.37	3.29	3.23	3.18
10	4.96	4.10	3.71	3.48	3.33	3.22	3.14	3.07	3.02
11	4.84	3.98	3.59	3.36	3.20	3.09	3.01	2.95	2.90
12	4.75	3.89	3.49	3.26	3.11	3.00	2.91	2.85	2.80
13	4.67	3.81	3.41	3.18	3.03	2.92	2.83	2.77	2.71
14	4.60	3.74	3.34	3.11	2.96	2.85	2.76	2.70	2.65
15	4.54	3.68	3.29	3.06	2.90	2.79	2.71	2.64	2.59
16	4.49	3.63	3.24	3.01	2.85	2.74	2.66	2.59	2.54
17	4.45	3.59	3.20	2.96	2.81	2.70	2.61	2.55	2.49
18	4.41	3.55	3.16	2.93	2.77	2.66	2.56	2.51	2.46
19	4.38	3.52	3.13	2.90	2.74	2.63	2.54	2.48	2.42
20	4.35	3.49	3.10	2.87	2.71	2.60	2.51	2.45	2.39
21	4.32	3.47	3.07	2.84	2.68	2.57	2.49	2.42	2.37
22	4.30	3.44	3.05	2.82	2.66	2.55	2.46	2.40	2.34
23	4.28	3.42	3.03	2.80	2.64	2.53	2.44	2.37	2.32
24	4.26	3.40	3.01	2.78	2.62	2.51	2.42	2.36	2.30
25	4.24	3.39	2.99	2.76	2.60	2.49	2.40	2.34	2.28
26	4.23	3.37	2.98	2.74	2.59	2.47	2.39	2.32	2.27
27	4.21	3.35	2.96	2.73	2.57	2.46	2.37	2.31	2.25
28	4.20	3.34	2.95	2.71	2.56	2.45	2.36	2.29	2.24
29	4.18	3.33	2.93	2.70	2.55	2.43	2.35	2.28	2.22
30	4.17	3.32	2.92	2.69	2.53	2.42	2.33	2.27	2.21
40	4.08	3.23	2.84	2.61	2.45	2.34	2.25	2.18	2.12
60	4.00	3.15	2.76	2.53	2.37	2.25	2.17	2.10	2.04
120	3.92	3.07	2.68	2.45	2.29	2.17	2.09	2.02	1.96
∞ ¶	3.84	3.00	2.60	2.37	2.21	2.10	2.01	1.94	1.88

분모의 자유도

G 계속

χ_2 \\ χ_1	분자의 자유도									
	10	12	15	20	24	30	40	60	120	∞ ¶
1	241.9	243.9	245.9	248.0	249.1	250.1	251.1	252.2	253.3	254.3
2	19.40	19.41	19.43	19.45	19.45	19.46	19.47	19.48	19.49	19.50
3	8.79	8.74	8.70	8.66	8.64	8.62	8.59	8.57	8.55	8.53
4	5.96	5.91	5.86	5.80	5.77	5.75	5.72	5.69	5.66	5.63
5	4.74	4.68	4.62	4.56	4.53	4.50	4.46	4.43	4.40	4.36
6	4.06	4.00	3.94	3.87	3.84	3.81	3.77	3.74	3.70	3.67
7	3.64	3.57	3.51	3.44	3.41	3.38	3.34	3.30	3.27	3.23
8	3.35	3.28	3.22	3.15	3.12	3.08	3.04	3.01	2.97	2.93
9	3.14	3.07	3.01	2.94	2.90	2.86	2.83	2.79	2.75	2.71
10	2.98	2.91	2.85	2.77	2.74	2.70	2.66	2.62	2.58	2.54
11	2.85	2.79	2.72	2.65	2.61	2.57	2.53	2.49	2.45	2.40
12	2.75	2.69	2.62	2.54	2.51	2.47	2.43	2.38	2.34	2.30
13	2.67	2.60	2.53	2.46	2.42	2.38	2.34	2.30	2.25	2.21
14	2.60	2.53	2.46	2.39	2.35	2.31	2.27	2.22	2.18	2.13
15	2.54	2.48	2.40	2.33	2.29	2.25	2.20	2.16	2.11	2.07
16	2.49	2.42	2.35	2.28	2.24	2.19	2.15	2.11	2.06	2.01
17	2.45	2.38	2.31	2.23	2.19	2.15	2.10	2.06	2.01	1.96
18	2.41	2.34	2.27	2.19	2.15	2.11	2.06	2.02	1.97	1.92
19	2.38	2.31	2.23	2.16	2.11	2.07	2.03	1.98	1.93	1.88
20	2.35	2.28	2.20	2.12	2.08	2.04	1.99	1.95	1.90	1.84
21	2.32	2.25	2.18	2.10	2.05	2.01	1.96	1.92	1.87	1.81
22	2.30	2.23	2.15	2.07	2.03	1.98	1.94	1.89	1.84	1.78
23	2.27	2.20	2.13	2.05	2.01	1.96	1.91	1.86	1.81	1.76
24	2.25	2.18	2.11	2.03	1.98	1.94	1.89	1.84	1.79	1.73
25	2.24	2.16	2.09	2.01	1.96	1.92	1.87	1.82	1.77	1.71
26	2.22	2.15	2.07	1.99	1.95	1.90	1.85	1.80	1.75	1.69
27	2.20	2.13	2.06	1.97	1.93	1.88	1.84	1.79	1.73	1.67
28	2.19	2.12	2.04	1.96	1.91	1.87	1.82	1.77	1.71	1.65
29	2.18	2.10	2.03	1.94	1.90	1.85	1.81	1.75	1.70	1.64
30	2.16	2.09	2.01	1.93	1.89	1.84	1.79	1.74	1.68	1.62
40	2.08	2.00	1.92	1.84	1.79	1.74	1.69	1.64	1.58	1.51
60	1.99	1.92	1.84	1.75	1.70	1.65	1.59	1.53	1.47	1.39
120	1.91	1.83	1.75	1.66	1.61	1.55	1.50	1.43	1.35	1.25
∞	1.83	1.75	1.67	1.57	1.52	1.46	1.39	1.32	1.22	1.00

분모의 자유도

찾아보기

[영문 찾아보기]

공저자 약력

강 금 식

서울대학교 상과대학 경제학과 졸업
한국산업은행 조사부 근무
University of Nebraska대학원 졸업(경제학석사)
University of Nebraska대학원 졸업(경영학박사,
 Ph.D.)
아주대학교 경영대학 부교수 역임
한국경영학회 이사 역임
한국경영과학회 이사 역임
성균관대학교 경영학부 교수 역임

저 서

품질경영(박영사, 전정판 1997)
EXCEL 활용 현대통계학(박영사, 제3판 2008)
EXCEL 경영학연습(형설출판사, 1999)
EXCEL 통계분석(박영사, 1999)
EXCEL 2002 활용 운영관리(박영사, 증보판 2003)
EXCEL 생산운영관리(박영사, 제2개정판 2007, 공저)
EXCEL 통계학(박영사, 제2개정판 2007, 공저)
EXCEL 경영과학(박영사, 2007, 공저)
알기쉬운 생산·운영관리(도서출판 오래, 2011, 공저)
글로벌시대의 경영학(도서출판 오래, 제2판 2011, 공저)

정 우 석

한양대학교 상경대학 무역학과 졸업
신용보증기금 경영지도부 근무(경영도사)
오클라호마 주립대학교 대학원 졸업(경영학 석사)
인하대학교 대학원 졸업(경영학 박사)
세인트루이스 대학교 객원교수
한국경영사학회 이사 역임
한양여자대학교 경영과 교수

저 서

과학적 조사방법론(두양사, 2009)
EXCEL활용 현대통계학(박영사, 2008)
생산운영관리(박영사, 2007)
경영과학(박영사, 2007)
최신 경영학 원론(두양사, 2006)
SSPS활용 과학적 조사방법론(오래, 2012)
운영·공급사슬 관리(오래, 2015)
경영학(진샘미디어, 2016)

제3판
알기쉬운 통계학

발행일 2016년 6월 25일 제3판 1쇄 인쇄
   2016년 6월 30일 제3판 1쇄 발행
공저자 강금식 · 정우석
발행인 황인욱
발행처 圖書出版 오래

주 소 서울특별시 용산구 한강로 2가 156-13
전 화 02-797-8786, 8787, 070-4109-9966
팩 스 02-797-9911
이메일 orebook@naver.com
홈페이지 www.orebook.com
출판신고번호 제302-2010-000029호.(2010.3.17)

ISBN 979-11-5829-016-0

가 격 25,000원